职业教育·土木建筑类专业教材

校企"双元"合作·新形态一体化教材

U0649047

建 筑 构 造

主 编 霍 达 皮丽丽

副主编 杨宇蕙 王睿琦

主 审 葛 宁

人民交通出版社

北 京

内 容 提 要

本书为高等职业教育土木建筑类专业教材,是活页式、"互联网+"数字化资源教材。教材以真实建筑项目为载体,参照"1+X"建筑工程识图职业技能等级标准主要技能点,以岗位分析和具体工作过程为导向,根据行业、企业发展的需要和完成任务所需要的知识、能力、素质要求,选取内容。本书主要内容包括:建筑构造绪论、基础及地下室、墙体、楼地层、楼梯、门和窗、屋顶、建筑施工图识读和建筑施工资料展示。

本书内容全面翔实、由浅入深、易教易学,可作为高职院校建筑工程技术、建设工程监理、建设工程管理、工程造价专业教材,亦可作为相关专业技术人员的自学参考书。

本书配有教学课件,教师可加入高职土建教师交流群(QQ:116091104)获取。

图书在版编目(CIP)数据

建筑构造 / 霍达,皮丽丽主编. — 北京 : 人民交通出版社股份有限公司, 2025.6

ISBN 978-7-114-19111-4

Ⅰ.①建… Ⅱ.①霍…②皮… Ⅲ.①建筑构造—高等职业教育—教材 Ⅳ.①TU22

中国国家版本馆 CIP 数据核字(2023)第 223282 号

Jianzhu Gouzao

书　　名:**建筑构造**
著 作 者:霍　达　皮丽丽
策划编辑:李　娜
责任编辑:陈虹宇
责任校对:龙　雪　武　琳
责任印制:张　凯
出版发行:人民交通出版社
地　　址:(100011)北京市朝阳区安定门外外馆斜街 3 号
网　　址:http://www.ccpcl.com.cn
销售电话:(010)85285911
总 经 销:人民交通出版社发行部
经　　销:各地新华书店
印　　刷:北京科印技术咨询服务有限公司数码印刷分部
开　　本:787×1092　1/16
印　　张:25
字　　数:608 千
版　　次:2025 年 6 月　第 1 版
印　　次:2025 年 6 月　第 1 次印刷
书　　号:ISBN 978-7-114-19111-4
定　　价:69.00 元(含主教材和实训手册)

(有印刷、装订质量问题的图书,由本社负责调换)

前言 | Preface

本教材是以《国家职业教育改革实施方案》为纲领,依据《建筑工程技术专业教学基本要求》《建筑工程技术专业教学标准》等教学指导文件和研究成果进行编写。坚持以学生为中心,服务于建筑施工与管理过程中有关操作的各基本环节,内容由知识的初步认知到知识的综合运用,从浅入深、由细部构造到建筑整体。在"学中做""做中学"的过程中,从点到面构建学生的职业知识体系,逐步培养学生设计领悟、强化分析、清晰表达并解决问题的综合能力。

本教材以一个真实建筑项目作为载体,参照"1 + X"建筑工程识图职业技能等级标准主要技能点,以岗位分析和具体工作过程为导向,根据行业、企业发展的需要和完成职业岗位实际工作任务所需要的知识、能力、素质要求,选取和改革课程教学内容。根据建筑工程技术行业专家对本专业岗位群工作任务及职业能力的分析,通过任务推动真实的学习过程,以行动导向式教学培养学生的综合素养。

本教材为"互联网 + "数字化资源教材,围绕建筑工程各部分构造展开讲解,具体特色有:

1. 完整的建筑各部分构造知识点

每个教学模块均配备思维导图,逻辑清晰,结构层次分明,结合《民用建筑设计统一标准》(GB 50352—2019)、《建筑模数协调标准》(GB/T 50002—2013)、《变形缝建筑构造》(14J936)、《建筑地基基础设计规范》(GB 50007—2011)等国家现行标准规范、图集,尽可能反映工程生产中的新材料、新技术和建筑发展新动态,涵盖民用建筑工程中涉及的常用建筑构造类别,并增加了目前工程中应用较多的工程构造做法。

2. 基于实际技能要求的学习情境和任务

本教材设计了学习情境活页,通过情境导入和详细的操作步骤引导学生进入真实的工作任务中,在"做"中将理论知识点转换为实践应用,进一步加强对施工图纸的认识。

3. 丰富思路和眼界的案例拓展

本教材为学生提供了古今中外多种类型的案例拓展,为学生展示了依据气候、历史、文化、地域变化的丰富多样的建筑构造做法,可帮助学生扩宽思路和眼界,培养学生的创新能力。

4. 形式多样的立体化资源

本教材提供了三维动画、BIM 模型等多种立体化资源,有助于开展线上线下混合式教学,也方便学生利用碎片化时间通过二维码链接进行学习。

5.有机融合的课程思政点

将爱国主义、人文精神、工匠精神、科学精神、合作精神、创新意识以及社会主义核心价值观等内容融入建筑构造知识点中,进行"知识点 + 专业热点 + 思政"的课程思政设计。实现课程思政教育紧跟时代脉搏,在知识传播中强调价值引领,在价值传播中凝聚知识底蕴,促进思政教学与时俱进。

本教材由哈尔滨铁道职业技术学院霍达、皮丽丽担任主编并统稿,哈尔滨铁道职业技术学院杨宇蕙、王睿琦担任副主编,郑环宇、顾航著、任莎莎、李楠、佟辉参编。其中,霍达编写模块一、模块三、模块八,皮丽丽编写模块四、模块七,杨宇蕙编写模块五,王睿琦编写模块二,顾航著编写模块六。郑环宇、任莎莎、李楠、佟辉参与了教材的编写和资源的制作。本书主审为哈尔滨铁道职业技术学院葛宁教授。

由于编者水平及对新规范的学习理解有限,书中尚有不足之处,恳请读者批评指正。

编 者
2025 年 1 月

《建筑构造》资源索引

本教材提供了形式多样、内容丰富的立体化数字资源,包括微课视频、三维动画、BIM模型、电子施工图纸等,有助于开展线上线下混合式教学,也方便学生利用碎片化时间通过二维码链接进行学习。

《建筑构造》微课视频资源表

序号	资源名称	主讲人	资源页码
1	建筑概述(上)	杨宇蕙	4
2	建筑概述(下)	杨宇蕙	4
3	中国建筑发展史(上)	王睿琦	4
4	中国建筑发展史(中)	王睿琦	4
5	中国建筑发展史(下)	王睿琦	4
6	土楼案例鉴赏	杨宇蕙	4
7	土楼建造	杨宇蕙	4
8	"豆腐渣"工程案例	王睿琦	4
9	建筑设计的内容及程序(上)	杨宇蕙	4
10	建筑设计的内容及程序(下)	杨宇蕙	4
11	建筑的平面设计(上)	杨宇蕙	21
12	建筑的平面设计(中)	杨宇蕙	21
13	建筑的平面设计(下)	杨宇蕙	21
14	建筑的剖面设计(上)	杨宇蕙	21
15	建筑的剖面设计(下)	杨宇蕙	21
16	建筑的体型与立面设计	杨宇蕙	21
17	斗拱鉴赏	杨宇蕙	25
18	基础与地基的构造(上)	王睿琦	30
19	基础与地基的构造(下)	王睿琦	30
20	地下室的构造(上)	王睿琦	53
21	地下室的构造(下)	王睿琦	53
22	变形缝的设置与构造(上)	霍达	67
23	变形缝的设置与构造(下)	霍达	67
24	墙的作用及分类	王睿琦	78
25	墙体的设计要求	王睿琦	78
26	幕墙构造	王睿琦	78
27	砖墙构造(上)	王睿琦	87
28	砖墙构造(下)	王睿琦	87

序号	资源名称	主讲人	资源页码
29	隔断墙与阻断的构造	王睿琦	110
30	楼地板构造	王睿琦	120
31	钢筋混凝土楼板	霍达	127
32	顶棚构造	霍达	135
33	地坪与地面构造	霍达	135
34	阳台与雨篷构造	霍达	150
35	楼梯概述(上)	杨宇蕙	162
36	楼梯概述(下)	杨宇蕙	162
37	现浇式混凝土楼梯	杨宇蕙	193
38	室外台阶与坡道构造	杨宇蕙	202
39	门窗概述	王睿琦	214
40	无障碍设计	杨宇蕙	214
41	门的构造	王睿琦	230
42	窗的构造	王睿琦	230
43	屋顶概述	杨宇蕙	246
44	屋顶排水设计	杨宇蕙	253
45	平屋顶防水	杨宇蕙	262
46	屋顶保温	杨宇蕙	272
47	屋顶隔热	杨宇蕙	272
48	坡屋顶构造(上)	杨宇蕙	279
49	坡屋顶构造(下)	杨宇蕙	279
50	建筑施工图识读概述	杨宇蕙	294
51	总平面图识读	霍达	294
52	建筑平面图识读	杨宇蕙	300
53	建筑立面图识读	霍达	303
54	建筑剖面图识读	霍达	305
55	建筑详图识读	霍达	308

《建筑构造》动画资源表

序号	资源名称	资源页码
1	地下水位对基础埋深的影响.mp4	40
2	冰冻深度对基础埋深的影响.mp4	51
3	地下室的分类.mp4	53
4	地下室的组成.mp4	53
5	地下卷材防水.mp4	53
6	地下室防潮做法.mp4	54
7	地下室防水——防水等级.mp4	54

序号	资源名称	资源页码
8	地下水泥砂浆防水施工.mp4	54
9	混凝土结构自防水.mp4	65
10	墙体类型.mp4	78
11	墙体的承重方案.mp4	78
12	墙身防潮.mp4	87
13	门垛和壁柱.mp4	100
14	房屋隔热.mp4	110
15	楼板的类型.mp4	127
16	楼地层——地坪层——分类.mp4	127
17	现浇钢筋混凝土楼板——梁板式楼板.mp4	127
18	现浇钢筋混凝土楼板——平板式楼板.mp4	127
19	预制装配式钢筋混凝土楼板——类型.mp4	127
20	装配整体式钢筋混凝土楼板.mp4	127
21	楼地层——地坪层——构造层次.mp4	135
22	顶棚构造.mp4	135
23	阳台类别及结构布置.mp4	150
24	屋顶排水设计.mp4	253
25	地下涂膜防水.mp4	262
26	合成高分子防水卷材.mp4	262
27	平屋顶保温.mp4	272
28	建筑识图.mp4	294
29	建筑详图.mp4	308

《建筑构造》建筑施工图纸资源表

序号	资源名称	图别	图号	备注	资源页码
1	建筑设计总说明	建施	01	A3	315
2	屋顶平面图	建施	02	A3	315
3	二层平面图	建施	03	A3	315
4	三层平面图	建施	04	A3	315
5	一层平面图	建施	05	A3	315
6	7～3 轴立面图	建施	06	A3	315
7	2～8 轴立面图	建施	07	A3	315
8	7～1 轴立面图	建施	08	A3	316
9	8～1 轴立面图	建施	09	A3	316
10	A～P 轴立面图	建施	10	A3	316
11	墙身详图	建施	11	A3	316
12	楼梯总布置图	建施	12	A3	316

序号	资源名称	图别	图号	备注	资源页码
13	5.90m 标高楼梯平面图	建施	13	A3	316
14	13.70 标高楼梯平面图	建施	14	A3	316
15	2~4 楼梯立面图	建施	15	A3	317
16	9.80m 标高楼梯平面图	建施	16	A3	317
17	2.233m 标高楼梯平面图	建施	17	A3	317
18	6~7 楼梯立面图	建施	18	A3	317
19	结构设计总说明	结施	01	A3	317
20	一层柱平法施工图	结施	02	A3	317
21	基础平面布置图	结施	03	A3	317
22	地沟结构平面布置图	结施	04	A3	318
23	一层顶梁平法配筋图	结施	05	A3	318
24	一层顶板配筋图	结施	06	A3	318
25	电梯机房、风机房梁平法配筋图	结施	07	A3	318

资源使用说明：

1. 扫描封面二维码,注意每个码只可激活一次。

2. 长按弹出界面的二维码关注"交通教育出版"微信公众号并自动绑定资源。

3. 公众号弹出"购买成功"通知,点击"查看详情",进入后即可查看资源。

4. 也可进入"交通教育出版"微信公众号,点击下方菜单"用户服务-图书增值",选择已绑定的教材进行观看。

5. 本教材附录配有整套建筑施工图纸资源,请扫描二维码获取 PDF 文件,建议使用 A3 图幅白纸打印,学习效果更佳。

目录 | Contents

建筑构造绪论

学习情境 1.1　初识建筑
学习情境 1.2　建筑标准化和模数制

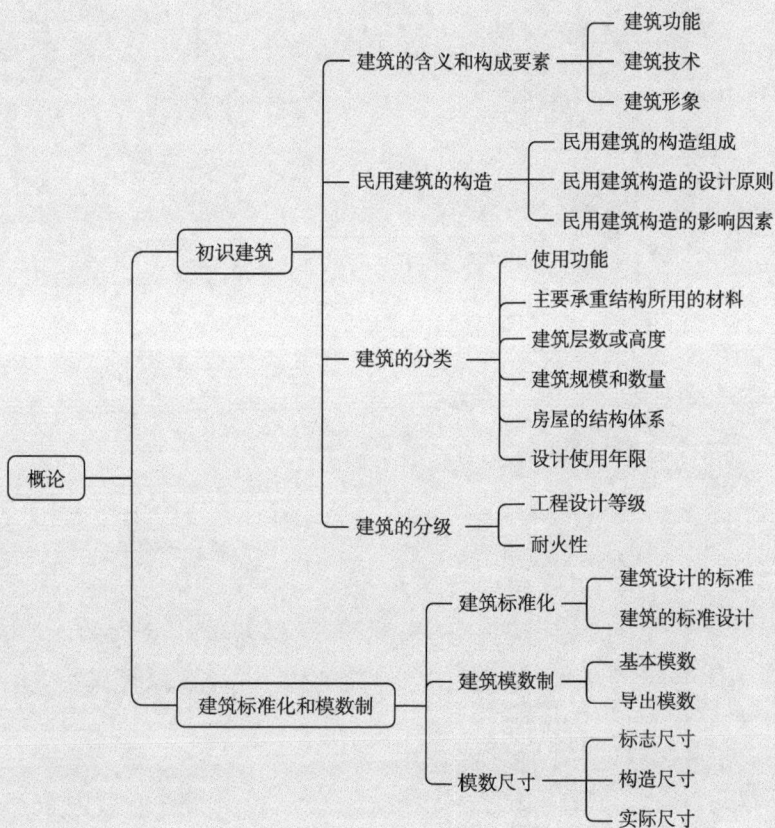

```
                                                        ┌── 建筑功能
                                   建筑的含义和构成要素 ──┼── 建筑技术
                                                        └── 建筑形象

                                                        ┌── 民用建筑的构造组成
                                   民用建筑的构造 ────────┼── 民用建筑构造的设计原则
                                                        └── 民用建筑构造的影响因素

                   初识建筑 ────────┤                    ┌── 使用功能
                                                        ├── 主要承重结构所用的材料
                                                        ├── 建筑层数或高度
                                   建筑的分类 ───────────┼── 建筑规模和数量
                                                        ├── 房屋的结构体系
                                                        └── 设计使用年限

                                                        ┌── 工程设计等级
                                   建筑的分级 ───────────┤
   概论 ──────────┤                                      └── 耐火性

                                                        ┌── 建筑设计的标准
                                   建筑标准化 ───────────┤
                                                        └── 建筑的标准设计

                   建筑标准化和模数制 ─┤                  ┌── 基本模数
                                   建筑模数制 ───────────┤
                                                        └── 导出模数

                                                        ┌── 标志尺寸
                                   模数尺寸 ────────────┼── 构造尺寸
                                                        └── 实际尺寸
```

学习情境 1.1 初 识 建 筑

◎ 学习情境

建筑是人类物质文明的外在表现,某个社会建筑的发展和这个社会的总体文明进程是呈正相关关系的。在漫长的人类文明史中,我们的祖先从建造可供居住的洞穴出发,建造了恢宏的金字塔、延绵万里的长城、豪华宏阔的凡尔赛宫、高耸入云的摩天大楼等。建筑是人类智慧的体现,也是人们生活和工作的场所,我们应如何认识建筑呢?通过本次学习,我们将初步认识建筑。

◆ 学习目标

1. 工作能力目标

(1)能够识别具体建筑的分类和分级。
(2)能根据建筑的类型和级别找出并识读对应的规范内容。

2. 素质目标

根据建筑对应的规范划分其类别与等级,以进行分类设计建造,更好地实现其功能,在学习中体会"无规矩不成方圆"中"规矩"的重要性。

▲ 任务描述

建筑根据规模、功能等可分成不同的类别和等级,阅读附录建筑设计总说明,填写本项目的建筑类型和建筑等级,回答相应问题。

◈ 工作准备

认真学习教材相关知识点,收集施工图设计说明中提到的规范并阅读,熟悉常见建筑类型和分类。

⚠ 任务实施

步骤一:阅读建筑施工图设计说明项目概况部分。
引导问题 1:项目概况包括哪些内容?

_____

_____

引导问题 2:项目概况中涉及哪些建筑类别?哪些建筑等级?

_____

_____

步骤二: 认识建筑如何分类,根据施工图设计说明填写读图报告建筑分类部分。

引导问题1: 建筑按功能分为哪些类型?有哪些常见公共建筑类型?

引导问题2: 高层与多层建筑如何区分?耐久年限如何分类?

步骤三: 认识建筑如何分级,根据施工图设计说明填写读图报告建筑分级部分。

引导问题1: 设计等级如何划分?建筑耐火等级分为几级?高层建筑耐火等级如何划分?

引导问题2: 燃烧性能和耐火极限指的是什么?

步骤四: 查阅施工图设计说明中涉及的规范,进行阅读思考。

引导问题1: 设计依据中列举了哪些规范和标准?

引导问题2: 这些规范和标准中对建筑等级和类别进行了哪些规定?

微课:建筑概述(上)	微课:建筑概述(下)	微课:中国建筑发展史(上)	微课:中国建筑发展史(中)	微课:中国建筑发展史(下)
微课:土楼案例鉴赏	微课:土楼建造	微课:"豆腐渣"工程案例	微课:建筑设计的内容及程序(上)	微课:建筑设计的内容及程序(下)

◇ **成果形式**

完成并提交本教材配套《建筑构造活页实训手册》中的建筑概论读图报告①。

评价反馈

定成并提交本教材配套《建筑构造活页实训手册》中对应学习情境的任务评价反馈表,学生自评后由教师综合评价。

◇◇ 知识链接 ◇◇

知识点 1：建筑的含义和构成要素

有人类历史便有建筑，建筑总是与人类共存。从建筑起源发展到建筑文化，经历了千万年的变迁。有诸多著名格言可以帮助我们加深对建筑的认识，如"建筑是石头的史书""建筑是一切艺术之母""建筑是凝固的音乐""建筑是住人的机器"等。建筑是人工创造的空间环境，通常认为是建筑物和构筑物的总称。

建筑物就是供人们进行生产、生活或其他活动的房屋或场所，如住宅、教学楼、办公楼、医院、学校、商店、厂房、体育馆、影剧院等。

人们不能直接在其内进行生产、生活的建筑称为构筑物，如水塔、烟囱、桥梁、堤坝、纪念碑、挡土墙及蓄水池等。

从根本上看，建筑是由建筑功能、建筑技术及建筑形象三个基本要素构成的，简称"建筑三要素"（图 1-1）。

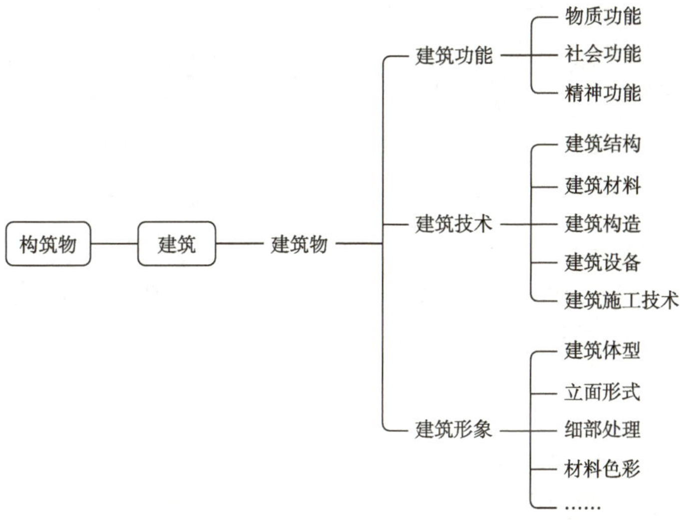

图 1-1　建筑三要素

1. 建筑功能

1）建筑物质功能

建筑功能是指建筑物在物质和精神方面必须满足的使用要求。如图 1-2 所示建筑的物质功能要求是建筑物最基本的要求，也是人们建造房屋的主要目的。主要体现在以下几个方面：

（1）满足人体尺度和人体活动所需的空间尺度。

（2）满足人的生理要求。要求建筑应具有良好的朝向、保温、隔声、防潮、防水、采光及通风的性能，这也是人们进行生产和生活所必需的条件。

（3）满足不同建筑有不同使用特点的要求。不同性质的建筑物在使用上有不同的特点,例如火车站要求人流、货流畅通;影剧院要求听得清、看得见和疏散快;工业厂房要求符合产品的生产工艺流程;某些实验室对温度、湿度的要求等,这些都直接影响着建筑物的使用功能。满足物质功能要求也是建筑的主要目的,在构成的要素中起主导作用。

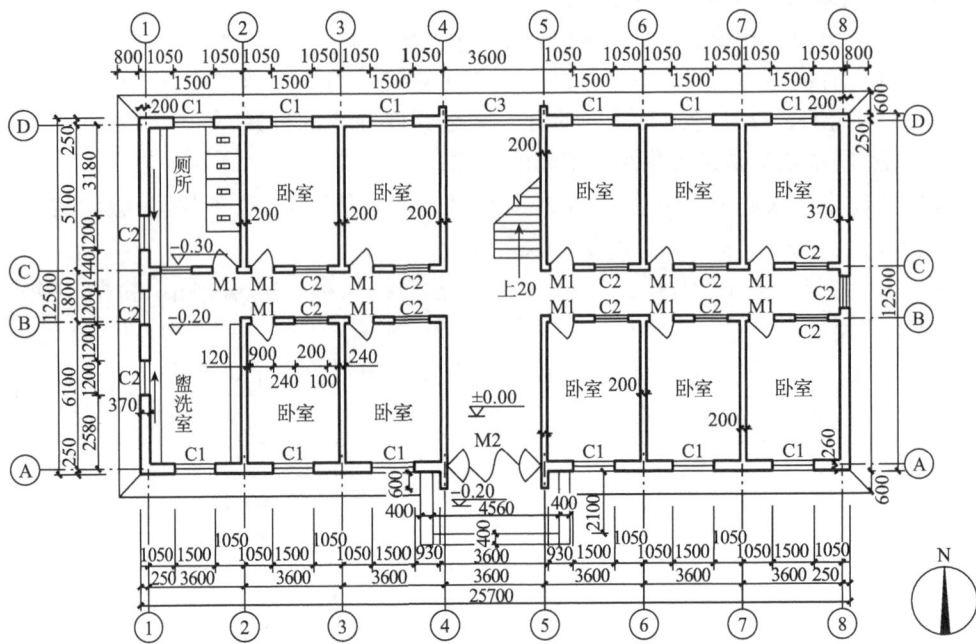

图 1-2　建筑房间平面图(尺寸单位:mm)

2)建筑社会功能与精神功能

在人类社会,建筑的功能除了满足人的物质生活要求之外,还需满足社会生活和精神生活方面的功能要求,因此,建筑功能具有一定的社会性。

人类对建筑的使用与认识都离不开时间要素。建筑功能要求随着社会生产和生活的发展而发展,从构木为巢到高楼大厦,从手工业作坊到高度自动化的大型工厂,建筑的功能越来越复杂多样,人们对建筑功能的要求也越来越高,所以,有人把时间称为"建筑空间的第四维"。建筑具有时间与空间的统一性。如图 1-3、图 1-4 所示。

a)手工作坊

b)大型工厂

图 1-3　豆制品制作工厂

a)   b)

图 1-4　建筑材料

2. 建筑技术

现代建筑的发展主要表现在扩大空间、提高层数以及提高使用舒适度等方面,这些发展都是以技术条件的不断提升来保证的。建筑的物质技术条件一般包含建筑结构、建筑材料、建筑构造、建筑设备及建筑施工技术五个方面:

(1)建筑结构

建筑结构是构成建筑空间环境的骨架,建筑所需的各类可能空间都是由建筑结构提供的,建筑结构承受建筑物的全部荷载,并抵抗由于风雪、地震、土壤沉降、温度变化等可能因素对建筑引起的破坏,以确保建筑坚固耐久,在使用过程中安全稳定。其作用是抵御自然界或人为荷载等。

(2)建筑材料

建筑材料是在建筑工程中所应用的各种材料,是人类从事建设活动的物质基础,它直接影响建筑物或构筑物的性能、功能、寿命和经济成本,从而影响人类生活空间的安全性、方便性、舒适性和经济性。对于建筑的发展意义非常重大,如图 1-4 所示。

建筑材料分为:

①有机材料:它包括植物质材料、合成高分子材料(包括塑料、涂料、胶黏剂)和沥青材料。

②无机材料:它包括金属材料(包括黑色金属材料和有色金属材料)和非金属材料(如天然石材、烧土制品、水泥、混凝土及硅酸盐制品等)。

③复合材料:它包括沥青混凝土、聚合物混凝土等,一般由无机非金属材料和有机材料复合而成。

(3)建筑构造

建筑物由运用各种材料制成的构配件所组成,以建筑构件选型、选材、安装工艺为主要内容,建筑构造方法是建筑物使用安全与有效的可靠保障。建筑的物质技术条件是指建造房屋的手段,包括建筑材料及制品技术、结构技术、施工技术和设备技术等。

(4)建筑设备

建筑的供暖、通风、空调系统和给水、排水系统、供电照明系统等设施、设备,是保证建筑空间真正具有使用功能的基本技术条件。计算机技术和各种自动控制设备的发展及其在建筑领域中的发展应用解决了现代建筑中各种复杂的使用要求,进一步提高了人们的生活质量。建筑设备的不断改进与完善是现代建筑发展的必然趋势,如图 1-5 所示。

图1-5　建筑设备

（5）建筑施工技术

建筑物只有通过施工这个环节才能使设计变为现实。施工机械化、工厂化及装配化等手段不仅改善建筑工人的劳动强度，也大大提高了建筑施工的速度。先进的施工技术是使现代建筑中各种复杂的使用要求得以实现的生产过程和方法，是保证建筑满足一定功能要求和艺术要求的物质技术条件。

3. 建筑形象

构成建筑形象的因素有：建筑的体型、立面形式、细部与重点的处理、材料的色彩和质感、光影和装饰处理等，建筑形象是功能和技术的综合反映。建筑形象处理得当能产生良好的艺术效果，给人以美的享受。有些建筑使人感受到庄严雄伟、朴素大方、简洁明朗等，这就是建筑艺术形象的魅力。

不同社会和时代、不同地域和民族的建筑都有不同的建筑形象，它反映了时代的生产水平、文化传统、民族风格等特点。

建筑三要素是相互联系、约束，又不可分割的，图1-6所示为建筑改造前后情况的对比，在一定功能和技术条件下，充分发挥设计者的主观作用，可以使建筑形象更加美观。历史上优秀的建筑作品，这三要素都是辩证统一的。

图1-6　建筑改造前后情况对比

知识点2：民用建筑的构造

1. 民用建筑的构造组成

一幢民用建筑，一般是由基础、墙或柱、楼板层及地坪、楼梯屋顶和门窗等几部分组成，如图1-7所示。它们在不同的部位，有着不同的作用。

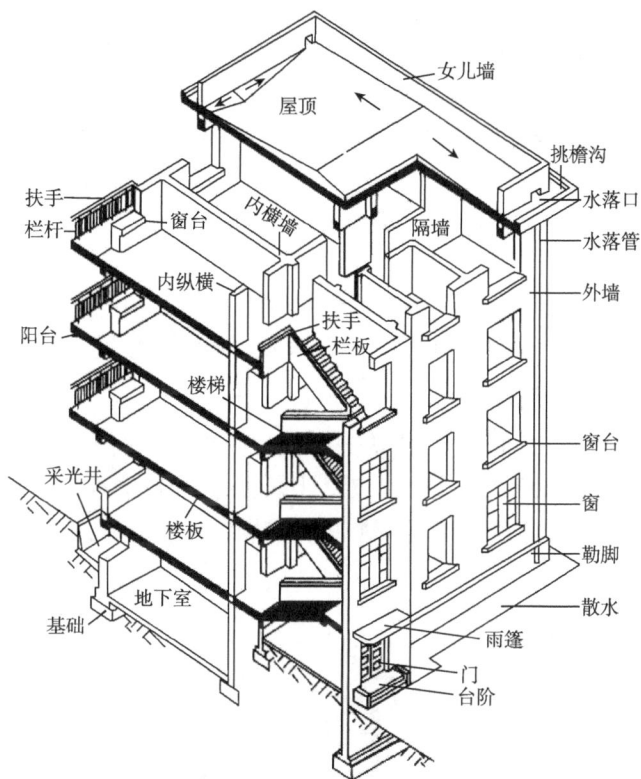

图 1-7　民用建筑构造组成

（1）基础：基础是建筑物埋在地面以下的承重构件。其作用是承受建筑物的全部荷载，并将这些荷载传给地基。

（2）墙或柱：在建筑物基础的上部，墙和柱都是建筑物的竖向承重物件，承受屋顶、楼板层等构件传来的荷载，并将这些荷载传给基础。墙体不仅具有承重作用，同时还具有围护和分隔的作用。不同位置、不同性质的墙，所起的作用不同。例如：承重外墙兼起承重与围护的作用；非承重外墙则只起分隔建筑物内外空间，抵御自然界各种因素对室内侵袭的作用；承重内墙兼起承重和分隔作用；而非承重内墙只起分隔建筑内部空间、保证室内具有舒适环境的作用。

为了扩大建筑使用空间，提高空间布局的灵活性及结构的需要，有时用柱来代替墙体作为建筑物的竖向承重构件，形成框架结构。此时，墙体只起围护和分隔作用，由柱承受屋顶、楼板层等构件传来的荷载。

（3）楼板层及地坪：楼板层及地坪是建筑物分隔竖向空间的构件。楼板层承受家具、设备、人及其自重等荷载，并将这些荷载传给墙或柱，同时楼板层支撑在墙或柱上，对它们又起着水平支撑的作用。地坪是首层房间与地基土层相接的构件，直接承受各种使用荷载的作用，并将这些荷载传给其下的地基。

（4）楼梯：楼梯是楼房建筑的垂直交通设施，供人们平时上下楼层和紧急疏散之用。

（5）屋顶：屋顶是房屋最上层的承重兼围护构件。它既要承受作用于其上的风雪、自重及检修荷载，并将这些荷载传给墙或柱，又要抵抗风吹、雨淋、日晒等各种自然因素的侵袭，起到保温隔热的作用。

9

（6）门和窗：门和窗开在墙上，均属非承重构件，是房屋围护结构的组成部分。门主要供人们出入交通和内外联系之用，有时兼有采光和通风的作用。窗的主要作用是采光、通风和眺望，有时也起到分隔和围护的作用。

在房屋构造组成中，基础、墙或柱、楼板层、屋顶都是承重构件，是建筑物的主要组成部分，它们组成建筑承重的骨架，即称为"结构"。墙体、屋顶还是围护构件，抵御外界气候变化的影响。楼梯、门窗是建筑物的附属组成部分，主要作用分别是疏散、采光和通风。

一幢民用建筑物中除了上述这些基本组成构件以外，还有一些为人们使用、为建筑物本身所必需的其他构件和设施，如壁橱、阳台、雨篷、烟道、垃圾道等。

2. 民用建筑构造的设计原则

对于民用建筑构造设计而言，在建筑剖面、立面、平面设计的前提下，综合考虑建筑物的构造方法、详细分析多种因素、满足建筑设计意图的同时，选择最为合理且经济的构造方案，减少建造成本，提高施工的速度与质量。如图1-8所示，通常民用建筑构造设计中应遵循如下原则：

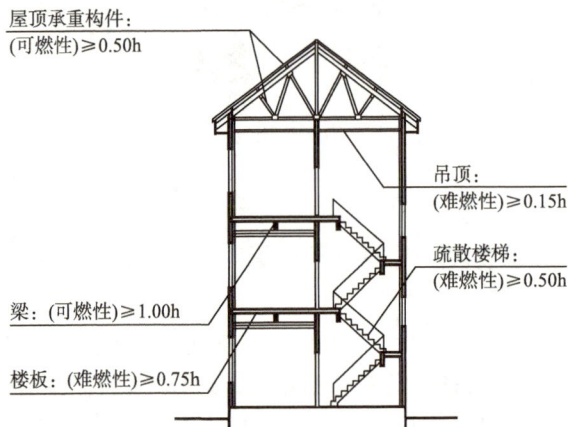

屋顶承重构件：
(可燃性)≥0.50h

吊顶
(难燃性)≥0.15h

疏散楼梯：
(难燃性)≥0.50h

梁：(可燃性)≥1.00h

楼板：(难燃性)≥0.75h

图1-8　某房建剖面示意图

（1）坚固适用。除按荷载大小及结构要求确定构件的基本断面尺寸外，对阳台、楼梯栏杆、顶棚、门窗与墙体的连接等构造设计，都必须保证建筑构、配件在使用时的安全。

（2）技术先进。进行建筑构造设计时，应大力改进传统的建筑方式，从材料、结构、施工等方面引入先进技术，大力推广装配式建筑，实现建筑部品部件工厂化生产、装配化施工，并注意因地制宜，以提高建设速度、改善劳动条件、保证施工质量。

（3）经济合理。在经济上注意降低建筑造价，降低材料的能源消耗，又必须保证工程质量，不能单纯追求效益而偷工减料。降低质量标准，应做到合理降低造价，即注重综合效益。也就是各种构造设计，均要注重整体建筑物的经济、社会及环境的三个效益之间的关系。例如：窗扇采用中空玻璃，虽然一次性投资增加了，但节省了以后的供暖费用。

（4）绿色节能。充分利用太阳能，太阳能与建筑的一体化设计，使建筑舒适且节能。在设计、建造和材料选择中，考虑资源的最大化利用，使用可以重复利用的材料和再生材料。节约水资源，主要包括绿化用水的循环利用、中水的合理利用等，增加中水回收和沉淀处理构造设计。不使用对人体有害的建筑材料和装修材料,尽量使用可以重复利用的材料,减少对土地的占用和污染。

(5)美观大方。除了建筑设计中的体型组合和立面处理影响建筑的形象外,建筑细部的构造设计也会影响建筑物的整体美观,应充分考虑其造型、尺度、质感、色彩等艺术和美观的问题,值得注意的是,构造处理的艺术效果往往不与经济条件存在必然关系。

3. 民用建筑构造的影响因素

建筑存在于自然界之中,在使用过程中经受着人为和自然界的各种影响,为了提高建筑物对外界各种不利因素的抵御能力,满足建筑物使用功能的要求,在进行建筑构造设计时,必须充分考虑到各种因素的影响。

影响建筑构造设计的因素,归纳起来主要有以下三个方面:

1)外界作用的影响

(1)外力作用的影响。直接作用在建筑上的外力又称为荷载,例如结构自重、雪荷载、风荷载等。荷载有不同的分类方法。按随时间的变化分为恒荷载(如结构自重、土压力等),活荷载(如人、家具、设备的重量,雨雪荷载等),特殊荷载(如地震、台风等);按结构的反应分为静荷载和动荷载;按荷载作用方向分为垂直荷载(如结构自重等)、水平荷载(如风荷载等)。

荷载的大小和种类对构件的尺寸和形状及建筑结构形式的选择有重大影响,因此,外力作用是确定建筑构造方案的主要影响因素。比如,在荷载中,风力往往是高层建筑水平荷载的主要因素,特别是沿海地区,风力影响更大,设计时必须遵照有关设计规范要求。此外,地震作用是目前自然界中对建筑物影响最大也是最严重的一种破坏因素,因此必须引起高度重视,采取合理的构造措施予以设防。

(2)自然气候的影响。自然气候的影响是指日照、温度、湿度、降雨、降雪、冰冻、地下水等因素对建筑物造成的影响。对于这些影响,在进行房屋设计时,必须采取相应的防护措施,如防水、防潮、保温、隔热、防震、防温度变形等。

(3)人为因素的影响。人类从事的各种活动(如火灾、爆炸、噪声、机械振动、化学腐蚀等),都会影响建筑物的构造。因此,在进行建筑构造设计时,必须针对这些影响因素,采取相应的防护措施(如防火、防爆、隔声、防振、防腐等),以防止建筑物遭受不应有的损失。

2)建筑技术条件的影响

建筑技术条件是指材料技术、结构技术、施工技术等方面。随着材料技术日新月异、结构技术不断发展、施工技术不断进步,建筑构造也变得丰富多彩。

3)经济条件的影响

随着生活水平的日益提高,人们对建筑的使用要求也越来越高。如家用电器、高档装修、智能系统的普及,对建筑构造提出了新的要求。建筑标准的变化,必然带来建筑质量标准、建筑造价的变化。

知识点 3:建筑的分类

建筑物进行分类的目的:

(1)便于总结各种类型建筑设计的特殊规律,以提高设计水平。

(2)便于研究由于社会生活和科学技术的发展而提出的新的功能要求,了解建筑类型发展的远景,以保证建筑设计更符合实际要求。

(3)便于根据不同类型的建筑特点,提出明确的任务,制定规范、定额、指标,以指导建筑设计和施工。

(4)便于分析研究同类建筑的共性,以便进行标准设计和工业化建造体系设计。

(5)便于掌握建筑标准,合理控制建设工程投资等。

1.按使用功能分类

1)民用建筑

民用建筑是非生产性的居住建筑和公共建筑,是由若干个大小不等的室内空间组合而成的,指供人们工作、学习、生活、居住用的建筑物。

(1)居住建筑:主要是指提供家庭和集体生活起居用的建筑场所,如住宅、宿舍、公寓等。

(2)公共建筑:主要是指提供人们进行各种社会活动的建筑物。按性质不同又可分为 15 类,具体如下:

①文教建筑;②托幼建筑;③医疗卫生建筑;④观演性建筑;⑤体育建筑;⑥展览建筑;⑦旅馆建筑;⑧商业建筑;⑨电信、广播电视建筑;⑩交通建筑;⑪行政办公建筑;⑫金融建筑;⑬饮食建筑;⑭园林建筑;⑮纪念建筑。

2)工业建筑

工业建筑指为工业生产服务的生产车间及为生产服务的辅助车间、动力用房、仓储用房等。

3)农业建筑

农业建筑指供农业、牧业生产和加工用的建筑,如温室、畜禽饲养场、水产品养殖场、农畜产品加工厂、农产品仓库、农机修理厂(站)等。

建筑按使用功能分类如图1-9所示。

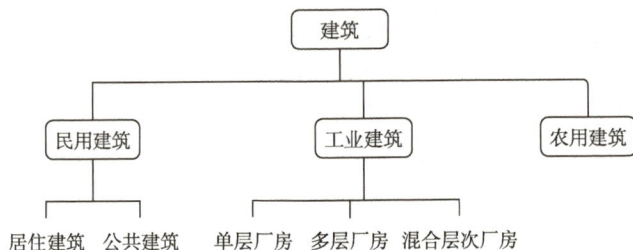

图1-9 建筑按使用功能分类

2.按主要承重结构所用的材料分类

1)木结构

木结构建筑指以木材作房屋承重骨架的建筑(图1-10)。木结构使用得较为广泛,但其有价格高、易燃、易腐蚀和结构变形大等缺点,在现代建筑中应用较少,仅在一些仿古建筑或对古建筑的维修中少量应用。不少地方用砖木混合建筑代替了木结构建筑。

轻型木结构抗沉降、抗干、抗老化,具有显著的稳定性。如果使用得当,木材则是一种稳定、寿命长、耐久性强的材料。

12

2）砌体结构

砌体结构指用块材通过砂浆砌筑而成的结构，如图 1-11 所示，块材包括普通黏土砖、承重黏土空心砖、硅酸盐砖、混凝土中小型砌块、粉煤灰中小型砌块，或料石和毛石等。

图 1-10　木结构建筑　　　　　　图 1-11　砌体结构

砌体结构有就地取材、造价低廉、耐火性能好以及容易砌筑等优点，在一些层数不高、房间开间进深尺寸不大的建筑中广为应用。砌体结构除具有上述一些优点外，还存在着自重大、强度低、抗震性能差等缺点。

3）混凝土结构

混凝土结构包括素混凝土结构、钢筋混凝土结构、预应力混凝土结构，如图 1-12 所示。混凝土结构有以下几方面的优点：

（1）承载力高。相对于砌体结构等，承载力较高。

（2）耐久性好。混凝土材料的耐久性好，不存在锈蚀腐烂的问题，而钢筋被包裹在混凝土中的，正常情况下，它也可保持长期不生锈。

（3）可模性好。可根据工程需要，浇筑成各种形状的结构或结构构件。

（4）耐火性好。混凝土材料耐火性能是比较好的，而钢筋在混凝土保护层的保护下，在发生火灾后的一定时间内，不会很快达到软化温度而导致结构破坏。

图 1-12　混凝土结构建筑

（5）可就地取材。混凝土结构用量最多的是砂石材料，可就地取材。

（6）抗震性能好。钢筋混凝土结构因为整体性好，具有一定的延性，故其抗震性能也较好。

钢筋混凝土缺点是：自重大、抗裂能力差、现浇时耗费模板多、工期长。

4）钢结构

钢结构是由钢材制成的结构。它具有强度高、自重轻（相对于强度和承载力）、材质均匀以及制作简单、运输方便等优点，在现代建筑中也得到了较为广泛的应用，特别是应用于大跨径结构的屋盖、工业厂房、高层建筑、高耸结构等。大跨径的体育场馆的屋

13

图 1-13　钢结构建筑

盖,几乎都是钢结构,如北京的奥运场馆"水立方""鸟巢"等。现代的高层建筑中使用钢结构也非常普遍,如中央电视台总部大楼、上海的金茂大厦等。工业厂房中,采用钢结构的比例也很大(图 1-13)。钢结构的主要缺点是容易锈蚀、维修费用高、耐火性能差等。

5)混合结构建筑

混合结构建筑指采用两种或两种以上材料作承重结构的建筑。如由砖墙、木楼板构成的砖木结构建筑;由砖墙、钢筋混凝土楼板构成的砖混结构建筑;由钢屋架和混凝土(或柱)构成的钢混结构建筑。混合结构房屋平面的外形宜简单规则,宜采用方形、矩形等规则对称的平面,其中砖混结构在民用建筑中应用最广泛(图 1-14)。

图 1-14　砖混结构建筑

3.按建筑层数或高度分类

对于住宅建筑:低层建筑是指 1~3 层的居住建筑;多层建筑是指 4~6 层的居住建筑;中高层建筑是指 7~9 层的居住建筑;高层建筑是指 10 层及 10 层以上的居住建筑,如图 1-15 所示。

对于公共建筑:建筑高度超过 24m 的除住宅外的多层民用建筑为高层建筑,如图 1-16所示;建筑高度在 24m 以下的除住宅外的民用建筑为多层建筑。

图 1-15　居住建筑

图 1-16　公共建筑

建筑物高度超过 100m 时,不论住宅或公共建筑均为超高层。

4.按建筑规模和数量分类

1）大量性建筑

大量性建筑指建筑规模不大,但修建数量多,与人们生活密切相关的分布面广的建筑,如住宅、中小学教学楼、医院、中小型影剧院、中小型工厂等。

2）大型性建筑

大型性建筑指规模大、耗资多的建筑,如大型体育馆、大型剧院、航空港、博览馆、大型工厂等。与大量性建筑相比,其修建数量是很有限的,这类建筑在一个国家或一个地区具有代表性,对城市面貌的影响也较大。

5.按房屋的结构体系分类

1）砖混结构

砖混结构是指由砌体结构构件和其他材料制成的构件所组成的结构。例如,多层住宅楼或学生宿舍等建筑,承重墙体采用砖砌体,水平承重构件、梁和楼板等采用钢筋混凝土结构构件,所以都属于砖混结构。

砖混结构具有就地取材、施工方便、造价低等优点,但也有整体性相对弱、抗震性能低等缺点,多用于层数较少、房间尺寸相对较小的住宅、旅馆、办公楼等建筑。

2）框架结构

框架结构是由纵梁、横梁和柱组成的结构（图 1-17）。框架结构整体性好、抗震性能较好,因墙体为非承重墙且后砌筑,故房间分隔布置灵活。框架结构在需要较大空间的商场、工业生产车间、礼堂、食堂等建筑中广泛应用,也常用于住宅、办公楼、医院、学校等建筑。适用于 6～15 层的建筑。

3）框架-剪力墙结构

当建筑物高度增加,由风荷载及地震作用产生的内力将越来越大,当达到一定高度时,为了使结构具有足够的抗剪能力和侧向刚度,在框架结构的合适位置设置钢筋混凝土墙,又称为"剪力墙"。剪力墙可大大提高结构的侧向刚度,并承担大部分的剪力。这种结构被称为框架-剪力墙结构,如图 1-18 所示。

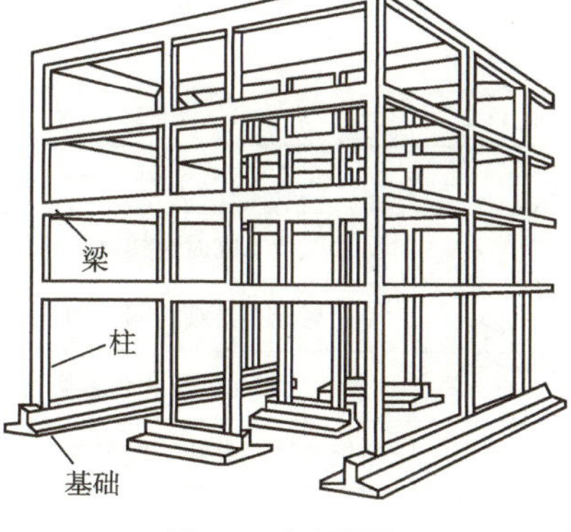

图 1-17 框架结构

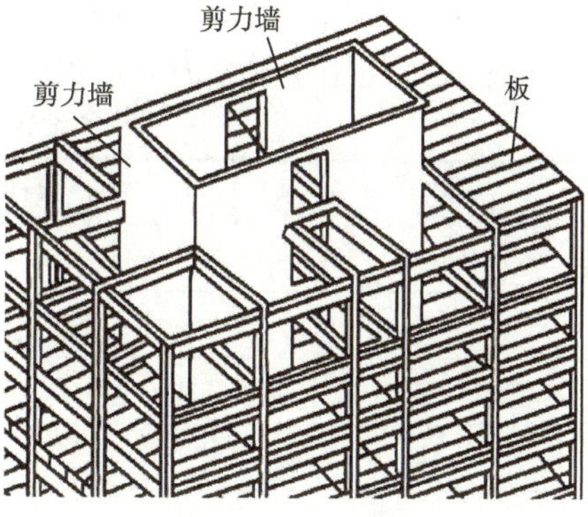

图 1-18 框架-剪力墙结构

优点:这种结构能够承担竖向的重力,同时也可以抵抗台风与地震等。如果宽度小,能够在合适的范围内改造房子的格局,增加了空间的灵活性。

缺点:不能进行拆除,不便于改造成大的空间,而且它的受力性能差,造价高,会浪费很多的钢材,施工起来也有一定的难度。

4)剪力墙结构

剪力墙结构是用钢筋混凝土墙板来代替框架结构中的梁柱,能承担各类荷载引起的内力,并能有效控制结构的水平力。建筑物的纵横墙均做成钢筋混凝土剪力墙,建筑物侧向刚度将大大提高,所以剪力墙结构适合较高的建筑,特别是高层住宅或宾馆。

5)筒体结构

筒体结构可以认为是剪力墙结构的一种特例,钢筋混凝土剪力墙围成了筒状,使得建筑物的整体刚度更强,一般适用于30层以上、平面或竖向布置繁杂、水平荷载大的高层建筑。有时,筒体的内部还有一层钢筋混凝土墙筒体,称为"筒中筒结构"。

6)大跨度结构

大跨度结构一般指横向跨越30m以上空间的各类结构形式。一些大型场馆,如体育馆、车站候车大厅等,需要大空间,屋面需要很大的跨径,为了减轻屋面的自重,常采用网架结构、悬索结构、薄壳结构等。多用于民用建筑中的影剧院、体育馆、展览馆、大会堂、航空港候机大厅及其他大型公共建筑,工业建筑中的大跨度厂房、飞机装配车间和大型仓库等。如图1-19和图1-20所示。

图1-19　膜结构

图1-20　网架结构

6.按设计使用年限分类

建筑物的设计使用年限主要根据建筑物的重要性和规模大小划分,作为基建投资和建筑设计的重要依据。《民用建筑设计统一标准》(GB 50352—2019)中规定:以主体结构确定的建筑设计使用年限分为下列四类(表1-1)。

设计使用年限分类　　　　　　　　　表1-1

类别	设计使用年限(年)	示例
1	5	临时性建筑
2	25	易于替换结构构件的建筑
3	50	普通建筑和构筑物
4	100	纪念性建筑和特别重要的建筑

知识点4:建筑的分级

1.按工程设计等级划分

建筑按工程设计等级的不同可划分为特级、一级、二级和三级(表1-2),它是基本建设投资和建筑设计的重要依据。

民用建筑工程设计等级分类 表 1-2

建筑类别		特级	一级	二级	三级
一般公共建筑	单体建筑面积	8万m² 以上	2万~8万m²	5000~2万m²	5000m² 及以下
	立项投资	2亿元以上	4000万~2亿元	1000万~4000万元	1000万元以下
	建筑高度	100m以上	50~100m	24~50m	24m及以下（其中砌体建筑不得超过抗震规范高度限值要求）
住宅、宿舍	层数	—	20层以上	12~20层	12层及以下（其中砌体建筑不得超过抗震规范层数限制要求）

2. 按耐火性进行划分

所谓耐火等级是衡量建筑物耐火程度的标准。它是由组成建筑物构件的燃烧性能和耐火极限的最低值决定的。民用建筑的耐火等级分为一级、二级、三级、四级，一级耐火性能最好，四级最差。划分建筑物耐火等级的目的在于：根据建筑物的用途不同，提出不同的耐火等级要求，做到既有利于安全，又有利于节约基本建设投资。

《建筑设计防火规范（2018年版）》（GB 50016—2014）中将9层及9层以下住宅建筑、建筑高度不超过24m的单层公共建筑、工业建筑等建筑物的耐火等级划分为四级（表 1-3）。

民用建筑的构件的燃烧性能和耐火极限 表 1-3

构件名称		防火等级（h）			
		一级	二级	三级	四级
墙	防火墙	不燃 3.00	不燃 3.00	不燃 3.00	不燃 3.00
	承重墙	不燃 3.00	不燃 2.50	不燃 2.00	难燃 0.50
	楼梯间、前室的墙，电梯井的墙，住宅单元之间的墙和分户墙	不燃 2.00	不燃 2.00	不燃 1.50	难燃 0.50
	疏散走道两侧的隔墙	不燃 1.00	不燃 1.00	不燃 0.50	难燃 0.25
	非承重外墙	不燃 1.00	不燃 1.00	不燃 0.50	可燃
	房间隔墙	不燃 0.75	不燃 0.50	难燃 0.50	难燃 0.25
柱		不燃 3.00	不燃 2.50	不燃 2.00	难燃 0.50
梁		不燃 2.00	不燃 1.50	不燃 1.00	难燃 0.50
楼板		不燃 1.50	不燃 1.00	不燃 0.50	可燃
屋顶承重构件		不燃 1.50	不燃 1.00	难燃 0.50	可燃
疏散楼梯		不燃 1.50	不燃 1.00	不燃 1.00	可燃
吊顶（包括吊顶棚顶）		不燃 0.25	不燃 0.25	难燃 0.25	可燃

1）建筑构件的燃烧性能

建筑构件的燃烧性能指主要构件在明火或高温作用下燃烧与否以及燃烧的难易。可分为三类：

(1)非燃烧体：指用非燃烧材料做成的建筑构件，如天然石材、人工石材、钢筋混凝土、金属材料等。

(2)燃烧体：指用容易燃烧的材料做成的建筑构件，如木材、纸板、胶合板等。

(3)难燃烧体：指用不易燃烧的材料做成的建筑构件，或者用燃烧材料做成，但用非燃烧材料作为保护层的构件，如沥青混凝土构件、木板条抹灰等。

2)建筑构件的耐火极限

耐火极限是指任一建筑构件在规定的耐火试验条件下，从受到火的作用时起，到失掉支承能力或发生穿透性裂缝或背火一面温度升高到220℃时所延续的时间，用小时(h)表示。只要以下三个条件中任一个条件出现，就可以确定是否达到其耐火极限：

(1)失去支承能力，指构件在火焰或高温作用下，由于构件材质性能的变化，使承载能力和刚度降低，承受不了原设计的荷载而破坏。例如受火作用后的钢筋混凝土梁失去支承能力、钢柱失稳破坏、非承重构件自身解体或垮塌等，均属失去支承能力。

(2)完整性被破坏，指薄壁分隔构件在火或高温作用下，发生爆裂或局部塌落，形成穿透裂缝或孔洞，火焰穿过构件，使其背面可燃物燃烧起火。例如受火作用后的板条抹灰墙，内部可燃板条先行自燃，一定时间后，背火面的抹灰层龟裂脱落，引起燃烧起火；预应力钢筋混凝土楼板使钢筋失去预应力，发生炸裂，出现孔洞，使火苗窜到上层房间。这类火灾相当多。

(3)失去隔火作用，指具有分隔作用的构件，背火面任一点的温度达到220℃时，构件失去隔火作用。例如一些燃点较低的可燃物(纤维系列的棉花、纸张、化纤品等)烤焦后以致起火。

民用建筑的耐火等级应根据其建筑高度、使用功能、重要性和火灾扑救难度等确定，并应符合下列规定：

①地下或半地下建筑(室)和一类高层建筑的耐火等级不应低于一级。

②单、多层重要公共建筑和二类高层建筑的耐火等级不应低于二级(表1-4)。

民用建筑的分类   表1-4

名称	高层民用建筑		单、多层民用建筑
	一类	二类	
住宅建筑	建筑高度大于27m，但不大于54m的住宅建筑(包括设置商业服务网点的住宅建筑)	建筑高度大于27m，但不大于54m的住宅建筑(包括设置商业服务网点的住宅建筑)	建筑高度不大于27m的住宅建筑(包括设置商业服务网点的住宅建筑)
公共建筑	(1)建筑高度大于50m的公共建筑； (2)建筑高度24m以上部分任一楼层建筑面积大于1000m²的商店、展览、电信、邮政、财贸金融建筑和其他多种功能组合的建筑； (3)医疗建筑、重要公共建筑、独立建造的老年人照料设施； (4)省级及以上的广播电视和防灾指挥调度建筑、网局级和省级电力调度建筑； (5)藏书超过100万册的图书馆、书库	除一类高层公共建筑外的其他高层公共建筑	(1)建筑高度不大于24m的单层公共建筑； (2)建筑高度不大于24m的其他公共建筑

广州国际金融中心

广州国际金融中心位于珠江新城西南部核心金融商务区,在广州的新中轴线上,是集办公、酒店、休闲、娱乐为一体的综合体商务中心,高 440.75m(图 1-21),占地面积 3.1 万 m²,总建筑面积 45.6 万 m²,由地下 4 层和地上 103 层的主塔楼和 28 层辅楼组成,钢结构总量 4 万 t,建筑投资概算约 60 亿元。

图 1-21　广州国际金融中心

建筑结构为筒中筒结构,分外筒和内筒。外筒为混凝土斜交网格柱加玻璃幕墙,构成"蓝色水晶"外形;内筒为混凝土结构,构成辅助功能核心(图 1-22)。建筑结构在平面和竖向不断地交织变化,尤其是在 69 层酒店层的变化最为突出(图 1-23)。

图 1-22　结构模型图

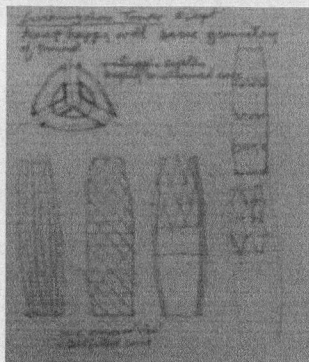

图 1-23　设计草图

此结构体系具有足够的抗侧刚度和优异的抗震性能,能有效抵御强风、地震的侵袭。以混凝土填充的斜肋钢管外筒结构不仅耐用,还具备绝佳的防火性能。

广州国际金融中心在严格遵循相关建筑分类和等级规范的基础上,依靠具有创造力和艺术性的结构形式,满足了规范中对超高层建筑的抗震、防风和防火要求。

学习情境 1.2　建筑标准化和模数制

○ 学习情境

　　为使建筑工业化适应社会主义市场经济发展的需要,要求发展建筑构配件、制品、设备生产并形成适度的规模经营,为建筑市场提供各类建筑使用的系列化通用建筑构配件和制品;制定统一的建筑模数和重要的基础标准(模数协调、公差与配合、合理建筑参数、连接等),合理解决标准化和多样化的关系,建立和完善产品标准、工艺标准、企业管理标准、工法等,不断提高建筑标准化水平。学习并应用建筑模数进行建筑标准化设计和施工是建筑从业者的必备技能。

◇ 学习目标

1.工作能力目标

(1)能够理解建筑的标准化的内涵。
(2)能根据建筑模数协调标准灵活运用模数设计建筑尺寸。

2.素质目标

　　建筑建造要适应工业化发展,培养学生积极学习先进技术的意识,跟上时代发展潮流,为社会主义市场经济作出贡献。

▲ 任务描述

　　阅读附录图纸《建筑模数协调标准》(GB/T 50002—2013),对建筑整体尺寸、房间尺寸和构件尺寸所采用的模数进行分析,完成读图报告。

◈ 工作准备

　　观察身边的建筑及其构件的尺寸范围,进行概括分类,建立其和建筑模数规范之间的联系。

△ 任务实施

步骤一:阅读本项目平、立面图,识别建筑长宽高采用的模数。
引导问题1:建筑基本模数为多少?

_____

_____

引导问题2:导出模数包括什么?

_____

_____

引导问题 3：常见扩大模数有哪些？分别适用于建筑哪些尺寸？

_____

步骤二：阅读门窗大样图，识别不同建筑构件的模数。
引导问题 1：窗宽、窗高一般采用什么模数？

_____

引导问题 2：门宽、门高一般采用什么模数？

_____

引导问题 3：建筑哪些常见构件尺寸采用分模数？

_____

引导问题 4：分模数包括哪些？

_____

步骤三：根据模数数列，在实际案例中应用模数。
引导问题 1：房间的开间和进深适用哪些模数尺寸？

_____

引导问题 2：公共教室对门窗大小有何要求？

微课：建筑的
平面设计（上）

微课：建筑的
平面设计（中）

微课：建筑的
平面设计（下）

微课：建筑的
剖面设计（上）

微课：建筑的
剖面设计（下）

微课：建筑的
体型与立面设计

◇ **成果形式**

完成并提交本教材配套《建筑构造活页实训手册》中的建筑概论读图报告②。

评价反馈

定成并提交本教材配套《建筑构造活页实训手册》中对应学习情境的任务评价反馈表，学生自评后由教师综合评价。

◇◆ 知识链接 ◆◇

知识点 1：建筑标准化

建筑设计标准化、系列化、通用化是建筑工业化的重要前提。众所周知，任何一项社会生产活动，要达到高质量、高速度，就必须实行机械化、工业化，而当它的生产过程走向机械化、工业化时，就必然要对设计、制造、安装和使用提出标准化、系列化和通用化的要求。要实现建筑工业化，就必须使建筑构配件尺寸统一、类型最少，并做到一种构件多种使用。

建筑标准化就是把不同用途的建筑物，分别按照统一的建筑模数、建筑标准、设计规范、技术规定等进行设计，并经实践检验具有足够科学性的建筑物形式、平面布置、空间参数、结构方案，以及建筑构件和配件的形状、尺寸等，在全国或一定地区范围内，统一定型，编制目录，并作为法定标准，在较长时间内统一重复使用，例如目前广泛使用的各种标准设计、标准构配件等（图 1-24）。

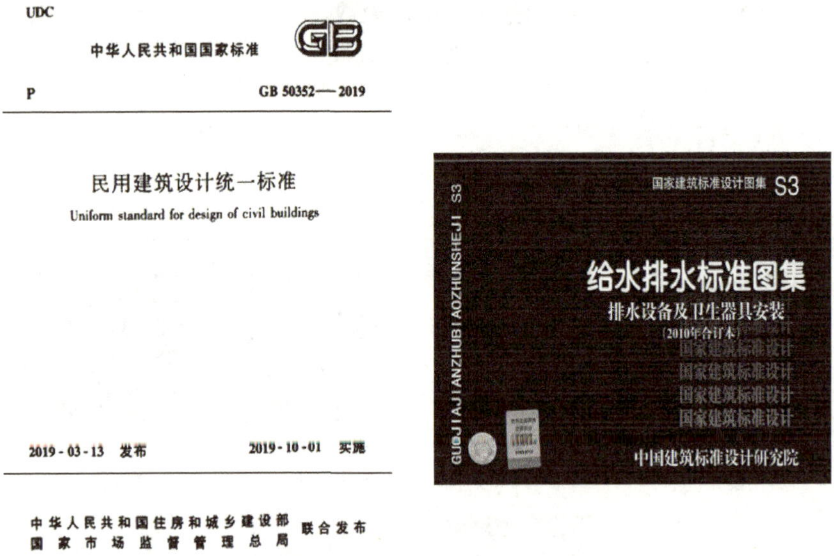

图 1-24　建筑设计的标准和标准图集示范

我国建筑设计统一化、定型化、标准化工作，在加快建设速度、提高工程质量、节约建筑材料、降低工程造价、推广使用先进技术、促进建筑工业化等方面，已起到了很显著的作用。但总的来说，我国建筑设计标准化的程度还很低，通用性、灵活性不够，构件规格太多，管理也比较混乱，因此还远远不能适应建筑工业化的要求。为了提高建筑设计标准化的程度和扩大建筑设计标准化的范围，还必须使建筑设计标准化进一步满足系列化和通用化的要求。

（1）所谓系列化，就是在标准化的基础上，把同类型建筑物和构配件的主要参数（包括几何参数、技术参数、工艺参数）经过技术经济比较，按一定规律排列起来，形成系列，尽可能以较少的品种规格，满足多方面的需要，为集中专业化、大批量生产创造条件。

（2）所谓通用化，就是对那些能够在各类建筑中可以互换通用的构配件加以归类，如楼板与屋面板的统一、单层厂房墙板与多层厂房墙板的统一等。应逐步打破各类建筑中专用构配件的界限，研究适合于住宅、宿舍、学校、旅馆、医院、幼儿园等建筑的通用构配件,实现"一件多用",并尽可能使工业和民用建筑的构配件也能通用。

建筑设计标准化、系列化、通用化的范围,应随着科学技术的发展而扩大,它不仅应包括建筑构配件,而且应包括整幢建筑物和建筑群组;不仅应包括建筑、结构、设备,而且还应包括生产工艺和施工机具等,而要做到这些的关键是设计。

知识点 2:统一模数制

1. 建筑模数

为实现建筑设计标准化、生产工厂化、施工机械化、管理科学化,提高建筑工业化的水平,必须使各类不同的建筑物及其组成部分之间尺寸统一协调。为此,我国颁布了《建筑模数协调标准》(GB/T 50002—2013)。

建筑模数即建筑设计中选定的标准尺寸单位。它是建筑物、建筑构配件、建筑制品及有关设备等尺寸相互间协调的基础。我国规定以 100mm 作为统一与协调建筑尺度的基本单位,称为基本模数,以 M 表示。

模数尺寸中凡为基本模数的整数倍叫作扩大模数,如 300mm、600mm、1500mm、3000mm 和 6000mm,以 3M、6M、15M、30M 和 60M 表示。

模数尺寸中凡为基本模数的分数倍的叫作分模数。10mm、20mm 和 50mm,以 1/10M、1/5M 和 1/2M 表示。

扩大模数和分模数统称为导出模数。基本模数和导出模数构成一个完整的模数数列,见表 1-5。

模数数列
表 1-5

模数名称	扩大模数						分模数		
模数基数 基数数值	1M 100	3M 300	6M 600	12M 1200	15M 1500	30M 3000	60M 6000	1/10M 10	1/5M 20	1/2M 50
模数数列	100	300						10		
	200	600	600					20	20	
	300	900						30		
	400	1200	1200	1200				40	40	
	500	1500			1500			50		50
	600	1800	1800					60	60	
	700	2100						70		
	800	2400	2400	2400				80	80	
	900	2700						90		
	1000	3000	3000		3000	3000		100	100	100
	1100	3300						110		
	1200	3600	3600	3600				120	120	
	1300	3900						130		
	1400	4200	4200					140	140	
	1500	4500			4500			150		150
	1600	4800	4800	4800				160	160	
	1700	5100						170		
	1800	5400	5400					180	180	

模数名称		扩大模数						分模数		
模数基数 基数数值	1M 100	3M 300	6M 600	12M 1200	15M 1500	30M 3000	60M 6000	1/10M 10	1/5M 20	1/2M 50
模数数列	1900	5700						190		
	2000	6000	6000	6000	6000	6000	6000	200	200	200
	2100	6300						220		
	2200	6600	6600					240		
	2300	6900								250
	2400	7200	7200	7200				260		2400
	2500	7500			7500			280		2500
	2600		7800					300	300	2600
	270	8400	8400					320		2700
	2800	9000		9000	9000			340		2800
	2900	9600	9600							
	3000			10500					360	
	3100		10800						380	
	3200		12000	12000	12000	12000		400		
	3300					15000				

（1）1M、3M 和 6M 模数数列及其幅度主要用于建筑构件截面、建筑制品、门窗洞口、建筑构配件及建筑物跨度(进深)、柱距(开间)及层高尺寸。

（2）1/10M、1/5M 和 1/2M 模数数列及其幅度主要用于缝隙、构造节点、建筑物构配件截面及建筑制品的尺寸。

（3）15M、30M、60M 模数数列及其幅度主要用于建筑物跨度(进深)、柱距(开间)、层高及建筑构件的尺寸。

建筑模数理论和建筑模数制度,是根据建筑标准化和工业化的要求而产生的。因此它也将随着建筑标准化和工业化程度的发展而发展。例如:随着建筑物构配件向大型、轻质、高强方面发展,就有可能要修改基本模数值和模数级差,这样就必然会创立新的模数理论和模数制度。

2. 模数尺寸

由于建筑物构配件在制造时有加工的误差,在安装时又有位置的误差,因此在实际上就产生了下面三种尺寸:标志尺寸、构造尺寸、实际尺寸。

（1）标志尺寸也称虚尺寸或基本计算尺寸。如跨度、间距、层高构件界限之间的距离以及参数等一般都是由标志尺寸表示的。标志尺寸应符合模数数列的规定,不考虑构件的接缝大小以及制造、安装时所引起的误差,这种尺寸可作为选择建筑、结构方案的依据。

（2）构造尺寸又称生产尺寸,是建筑构配件、建筑制品等生产用的设计尺寸,是设计构件或绘制施工详图时所用的尺寸。构造尺寸也符合模数数列的规定。构造尺寸与标志尺寸不同的地方在于构造尺寸应考虑构件之间由于连接而应减去(或加上)灰缝或其他空隙的尺寸,即构造尺寸加(减)缝隙不小于标志尺寸。

(3)实际尺寸也称竣工尺寸,是指建筑物、建筑制品与构配件竣工后或成品的实有尺寸。实际尺寸与构造尺寸间的差数应由一定的公偏差数值加以限制。

综上所述,可知标志尺寸是确定方案时所需的,不考虑构造细部及误差;构造尺寸是构配件相互连接的尺寸,可作为施工的依据;而实际尺寸是施工以后,在允许误差范围内的尺寸。因此,在施工图设计阶段以前,一般应采用标志尺寸;施工详图上,一般采用构造尺寸。

📡 **案例拓展** ▶▶▶

中国古代建筑模数

我国古代不论是大式建筑还是小式建筑,在确定房屋建筑尺度时都存在着模数等级的概念,建筑单体与建筑构件之间也是通过模数严格控制的。

宋代《营造法式》中把建筑物的各种构件,包括斗拱的宽和广(高),都用"份数"订出标准,这是中国古代的模数制。这种模数制的基本单位为"分",规定 1 材 = 15 分。另以"契"和"足材"作为辅助单位。1 契 = 2/5 材 = 6 分;1 足材 = 1 材 + 1 契 = 21 分。矩形构件均为高 15 分度、宽 10 分度,即高:宽 = 3:2。上下拱之间的距离为契,高 6 分度、宽 4 分度。单材拱断面也是高 15 分度、宽 10 分度;足材拱高 21 分度,宽仍为 10 分度,按建筑物等级将"材"分为八等。

清代《工程做法则例》规定,以平身科斗拱中坐斗承托翘昂的卯口宽度作为模数的基本单位,叫作"斗口"。清代单材高度比为 14:10,足材 20:10。斗口制为宋制"分值"的十倍,斗拱按建筑等级分为十一等。将宋制和清制相比,可以看出用材普遍减小。随着历史的发展,斗拱用材的趋势是由大变小(图 1-25)。

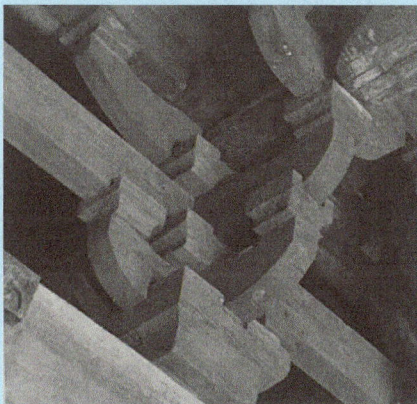

a)宋式斗拱

b)清式斗拱

图 1-25 斗拱演变

中国古代建筑模数制度体现了我国劳动人民的智慧与创造力,丰富多彩的古建筑艺术就是在此基础上进行规模化的创建。

微课:斗拱鉴赏

模块 2

基础及地下室

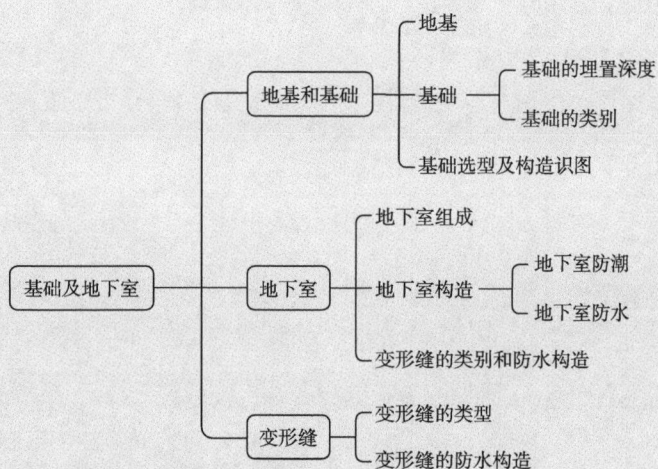

基础及地下室
- 地基和基础
  - 地基
  - 基础
    - 基础的埋置深度
    - 基础的类别
  - 基础选型及构造识图
- 地下室
  - 地下室组成
  - 地下室构造
    - 地下室防潮
    - 地下室防水
  - 变形缝的类别和防水构造
- 变形缝
  - 变形缝的类型
  - 变形缝的防水构造

学习情境 2.1　地基及基础的相关概念

学习情境

千里之行始于足下,建筑之行始于基础,做任何事情都要打好基础,做建筑更是如此,但不少人常常会混淆建筑的地基与基础的概念,那么建筑的地基与基础有什么关系和区别呢?

学习目标

1. 工作能力目标

(1)能够根据具体影响因素,初步确定基础埋深。

(2)能够读懂地基处理方案。

2. 素质目标

(1)培养严谨细致的工作态度。

(2)培养脚踏实地的实干精神。

任务描述

将地基分析读图报告填写完整,计算埋置深度,判断该埋置深度是否合适,并根据土层情况、水文情况(根据地质报告获取)等,粗略选择地基处理方案,并阐述理由。地质基本情况见表 2-1。

地质基本情况　　　　　　　　　　　表 2-1

建筑名称	拟建建筑	基底岩性	砂砾(土)状强风化岩埋深(m)	碎块状强风化岩埋深(m)	中、微风化岩埋深(m)	地下水位
1 号楼	6 层教学楼,无地下室	主要为残积土、局部脉岩残积土和填充土	5.0~11.6	6.0~12.7	2.7~13.6	-1.0

工作准备

学习相应的知识,并回顾阅读剖面图的技能点。

任务实施

步骤一:找出基底标高。

引导问题 1:基础与地基的根本区别是什么?

引导问题 2：地基与基础有关联吗？

_____

_____

步骤二：计算基础的埋置深度。

引导问题 1：基础的埋置深度是指哪个高度？该基础属于深基础还是浅基础？

_____

_____

引导问题 2：基础埋置深度的影响因素有哪些？

_____

_____

步骤三：分析该建筑的工程概况。

步骤四：分析该建筑应采取的地基处理方案。

引导问题：常见的地基处理有哪几种？分别用在什么情况中？

_____

_____

步骤五：对该建筑的地基处理方案做出最后结论。

微课：基础   微课：基础
与地基的构造（上）   与地基的构造（下）

◇ 成果形式

简述地基处理方法，完成并提交本教材配套《建筑构造活页实训手册》中的地基分析读图报告。

评价反馈

完成并提交本教材配套《建筑构造活页实训手册》中对应学习情境的任务评价反馈表，学生自评后由教师综合评价。

◇◇ 知识链接 ◇◇

知识点 1：地基与基础的基本概念

1. 基本概念

在建筑工程中，建筑物与土层直接接触的部分称为基础，支承建筑物重量的土层叫地基。

2. 地基与基础的关系

1）概念不同

（1）地基：承受由基础传下来荷载的土体或岩体。地基承受建筑物荷载而产生的应力和应变是随着土层深度的增加而减小，在达到一定的深度以后就可以忽略不计。

（2）基础：建筑物地面以下的承重构件。它承受建筑物上部结构传下来的荷载，并把这些荷载连同本身的自重一起传给地基。

（3）持力层：具有一定的地基承载力，直接支承基础，具有一定承载能力的土层称为持力层；持力层以下的土层称为下卧层。

地基和基础上部结构如图 2-1 所示。

（4）基础埋深：由室外地坪至基础底面的距离。基础埋深由勘测部门根据地基情况决定。

2）相互关联

为保证建筑物的安全和正常使用，必须要求基础和地基都有足够的承载力与稳定性。基础是建筑物的组成部分，它承受建筑物的上部荷载，并将这些荷载传给地基，地基不是建筑物的组成部分。基础的承载力与稳定性既取决于基础的材料、形状与底面积的大小以及施工的质量等因素，又与地基的性质有着密切的关系。地基应满足承载力的要求，如果天然地基不能满足要求，应考虑采用人工地基；地基的变形应有均匀的压缩量，以保证有均匀的下沉。若地基下沉不均匀，建筑物上部会产生开裂变形；地基的稳定性要有防止产生滑坡、倾斜方面的能力，必要时（特别是较大的高度差时）应加设挡土墙，以防止滑坡变形的出现。

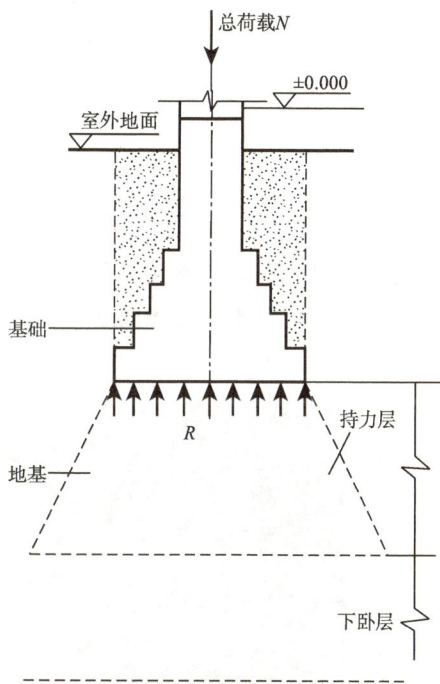

图 2-1　地基和基础上部结构

3. 地基与基础的设计要求

（1）具有足够的承载力、刚度和稳定性。基础是建筑物的底部构件，对建筑物的安全起着决定性作用，因此基础需要具有足够的承载力来承担和传递整个建筑物的上部荷载。基础处理不当会使建筑物发生不均匀沉降，引起墙体开裂，严重时会影响建筑物的正常使用，为保证建筑物的正常工作，还应保证基础和上部结构有足够的刚度。

（2）具有良好的耐久性能。由于基础埋置在地下土层中，给建成后的检修和加固带来了困难，在选择基础的构造形式与材料时，要充分考虑建筑物的耐久年限，防止基础的提前破坏，影响整个建筑物的使用与安全。

（3）具有较高的经济合理性。基础工程的工程量、造价和工期在整个建筑物中占有相当的比例，通常基础工程的造价可占工程造价的 10%～40%。应通过选择良好的地基场地、合理的构造方案、价廉质优的建筑材料等措施，减少基础工程的投资，降低工程总造价。

知识点 2：地基的分类

地基可分为天然地基和人工地基（图 2-2）。

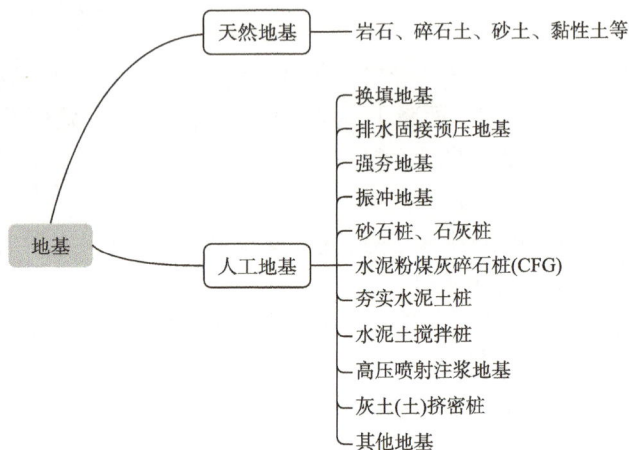

图 2-2　地基的分类

1. 天然地基

天然地基是指自然状态下即可满足承担基础全部荷载要求，不需要人工处理的地基。当天然岩土体达不到上述要求时，可以对地基进行补强和加固。天然地基土分为四大类：岩石、碎石土、砂土、黏性土（图 2-3）。

a)　　　　　　　　　　b)

图 2-3　天然地基

1）土层的分类

《建筑地基基础设计规范》（GB 50007—2011）中规定，作为建筑地基的岩土可分为岩石、碎石土、砂土、粉土、黏性土和人工填土。

(1)岩石。岩石为颗粒间牢固联结,呈整体或具有节理裂隙的岩体。根据其坚固程度可分为坚硬岩、较硬岩、较软岩、软岩、极软岩;根据其完整程度可划分为完整、较完整、较破碎、破碎和极破碎;根据风化程度可分为未风化岩、微风化岩、中风化岩、强风化岩和全风化岩。

(2)碎石土。碎石土为粒径大于 2mm 的颗粒含量超过全重的 50% 的土。碎石土根据颗粒形状和粒组含量不同又分为漂石、块石、卵石、碎石、圆砾、角砾。根据碎石土的密度又可分为松散碎石土、稍密碎石土、中密碎石土及密实碎石土。

(3)砂土。砂土为粒径大于 2mm 的颗粒含量不超过全重的 50% ,粒径大于 0.075mm 的颗粒超过全重的 50% 的土。砂土根据其粒组含量又分为砾砂、粗砂、中砂、细砂、粉砂。根据砂土的密实程度也可分为松散砂土、稍密砂土、中密砂土和密实砂土。

(4)粉土。粉土为塑性指数 $I_p \leqslant 10$,且粒径大于 0.075mm 的粒径含量不超过全重的 50% 的土。其性质介于砂土和黏性土之间。

(5)黏性土。黏性土为塑性指数 $I_p > 10$ 的土,按其塑性指数值的大小又分为黏土($I_p > 17$)和粉质黏土($10 < I_p \leqslant 17$)两大类。黏性土的状态可分为坚硬、硬塑、可塑、软塑及流型状态。

(6)人工填土。人工填土根据其组成和成因可分为素填土、压实填土、杂填土、冲填土。素填土为由碎石土、砂土、粉土、黏性土等组成的填土。压实填土为经过压实或夯实的素填土;杂填土为含有建筑垃圾、工业废料、生活垃圾等杂物的填土;冲填土为水力冲填泥沙形成的填土。人工填土的承载力(标准值)为 65 ~ 160kPa。

2)对天然地基的要求

(1)强度要求。地基应具备足够的承载力。地基竣工后其强度或承载力必须达到设计标准,并进行现场检验,符合设计要求方可进行下一步的施工。

(2)变形要求。地基应有均匀压缩变形的能力,以保证建筑物下沉在控制范围内。若地基不均匀下沉超过地基变形允许值时,建筑物上部会产生裂缝和变形。

(3)稳定要求。地基应具有防止产生滑坡、倾斜方面的能力。必要时(特别是较大的高度差时)应加设挡土墙以防止滑坡变形的发生。

(4)抗震要求。地基应有抵御地震、爆破等动力荷载的能力。如果天然地基无法满足抗震的要求,应采取相应的地基处理措施。

2. 人工地基

天然地基的承载力不能承受基础传递的全部荷载,需经人工处理后作为地基的土体称为人工地基。人工地基造价高、施工复杂,一般只在建筑物荷载或天然地基承载力差的情况下采用。常用的处理的方法如下:

1)换填法

当建筑物基础下的持力层比较软弱、不能满足上部荷载对地基的要求时,常采用换土垫层来处理软弱土地基,即将基础以下一定深度内的土层挖去,然后回填以强度较高的砂、碎石或灰土等,并夯至密实,如图 2-4 所示。

实践证明,换土垫层可以有效地处理某些荷载不大的建筑物地基问题。换土垫层按其回填的材料可分为砂垫层、碎石垫层、灰土垫层等。

a) b)

图 2-4 换填法

垫层的主要作用包括:
(1)提高地基承载力;
(2)减少沉降量;
(3)加速软弱土层的排水固结;
(4)防止冻胀;
(5)消除膨胀土的胀缩作用。
换填法适用于浅层地基处理,包括淤泥、淤泥质土、松散素填土、杂填土等。
2)强夯法
强夯法是用几吨至几十吨的重锤从高处落下,反复多次夯击地面,对地基进行强力夯实。这种强大的夯击力在地基中产生动应力和振动,从夯击点发出纵波和横波,向地基纵深方向传播,使地基浅层和深处产生不同程度的加固作用,如图 2-5 所示。

a) b)

图 2-5 强夯法

强夯法主要用于砂性土、非饱和黏性土与杂填土地基。对非饱和黏性土地基,一般采用连续夯击或分遍间歇夯击的方法,并需要通过现场试验确定夯实次数和有效夯实深度。
3)振冲(置换)法
振冲法是利用振冲器,在高压水流的作用下边振边冲,使松砂地基变密;或在黏性土地基中成孔,在孔中填入碎石制成一根根的桩体,这样的桩体和原来的土构成复合地基,如图 2-6 所示。在砂土中和黏性土中,振冲法的加固机理是不同的。在砂土中主要是振

34

动挤密和振动液化作用;在黏性土中主要是振冲置换作用,置换的桩体与土组成复合地基。振冲法适用于各类可液化土的加密和抗液化处理,以及碎石土、砂土、粉土、黏性土、人工填土、湿陷性土等地基的加固处理。采用振冲法地基处理技术,可以达到提高地基承载力、减小建(构)筑物地基沉降量、提高土石坝(堤)体及地基的稳定性、消除地基液化的目的。

4)振冲碎石桩法

振冲碎石桩是利用在地基中就地振冲制成的碎石快速加固松软地基的方法,近几年来在高层建筑地基的加固及处理中得到了广泛的应用,如图2-7所示。

图2-6　振冲法 　　　　　　　　　　图2-7　振冲碎石桩施工

它具有技术可靠、设备简单、操作技术易于掌握、施工简便快速、工期短、不用水泥和钢材、加固后地基承载力显著提高等优点,适用于中、粗砂和部分细砂或粉砂土地基。

5)真空排水固结预压法

真空预压指的是砂井真空预压,即在黏土层上铺设砂垫层,然后用薄膜密封砂垫层,用真空泵对砂垫及砂井进行抽气,使地下水位降低,同时在地下水位作用下加速地基固结。即真空预压是在总压力不变的条件下,使孔隙水压力减小、有效应力增加而使土体压缩和强度增大。

6)堆载预压法

在建筑场地临时堆填土石等,对地基进行加载预压,使地基沉降能够提前完成,并通过地基土固结提高地基承载力,然后卸去预压荷载建造建筑物,以消除建筑物基础的部分均匀沉降,这种方法称为堆载预压法,如图2-8所示。

a)　　　　　　　　　　　　　　b)

图2-8　堆载预压法施工

一般情况是预压荷载与建筑物荷载相等,但有时为了减少再次固结产生的障碍,预压荷载也可大于建筑物荷载,一般预压荷载的大小约为建筑物荷载的1.3倍,特殊情况则可根据工程具体要求来确定。

7)挤密法

挤密法的加固机理主要靠桩管打入地基中,对土产生横向挤密作用,在一定挤密功能作用下,土粒彼此移动,小颗粒填入大颗粒的空隙,颗粒排列紧密,孔隙体积减小,地基土的强度也随之增强。所以挤密法主要是使松软土地基挤密,改善土的强度和变形特性,如图2-9所示。

8)深层搅拌法

深层搅拌法是一种化学加固地基的方法。它通过特制机械——各种深层搅拌机,沿深度将固化剂(水泥浆、水泥粉或石灰粉,外掺一定的添加剂)与地基土强制就地搅拌,利用固化剂自身及其与地基土之间所产生的一系列物理、化学反应,使地基土硬结成为具有整体性、稳定性、较低渗透性和一定强度的复合土桩(体),或与地基土构成复合地基,从而提高软土地基的承载力、减小地基的变形,如图2-10所示。

图2-9　挤密法现场施工 　　　　　　图2-10　水泥深层搅拌施工

9)高压喷射注浆法

高压喷射注浆法是利用高压射流技术,喷射化学浆液,破坏地基土体,并强制土与化学浆液混合,形成具有一定强度的加固体,来处理软弱地基的一种方法,如图2-11所示。高压喷射注浆法适用于处理淤泥、淤泥质土、流塑、软塑或可塑黏性土等。高压喷射注浆法同时适用于地基或土体的防渗处理,形成防渗帷幕,防止渗流破坏、流土或管涌。

a)　　　　　　　　　　　　b)

图2-11　地铁大量采用高压喷射旋喷桩施工止水帷幕

水泥粉煤灰碎石桩(CFG 桩)水泥粉煤灰碎石桩是在碎石桩基础上加进一些石屑、粉煤灰和少量水泥,加水拌和,用振动沉管打桩机或其他成桩机具制成的一种具有一定黏结强度的桩。桩和桩间土通过褥垫层形成复合地基,如图 2-12 所示。这种桩是一种低强度混凝土桩,由它组成的复合地基能够较大幅度地提高承载力。

a)水泥粉煤灰碎石桩施工    b)CFG头破除前后

图 2-12　水泥粉煤灰碎石桩(CFG 桩)

几种常用地基处理方法的特点见表 2-2。

常用地基处理方法　　　　　　　　　　表 2-2

序号	处理工艺	具体措施	适用范围	选用材料
1	换填法	将天然软弱土层挖去或部分挖去,分层回填强度较高、压缩性较低且无腐蚀性的砂石、素土、灰土、工业废料等材料,压(夯)实后作为地基垫层(持力层)	适用于处理淤泥、湿陷性土壤、素填土、杂填土等浅层处理	砂石、粉质黏土、灰土、粉煤灰、矿渣、其他工业废渣、土工合成材料
2	强夯法	利用强大的夯击能,迫使深层土液化和动力固结,使土体密实,用以提高地基土的强度并降低其压缩性,消除土的湿陷性、胀缩性和液化性	适用于碎石土、砂土素填土、杂填土、低饱和度的粉土与黏性土及湿陷性黄土	强夯锤质量在 10~40kg,圆形或多边形锤体
3	振冲法	依靠振冲器强力振动饱和砂层,使砂粒重新排列,孔隙比减少;依靠振冲器的水平振动力,形成垂直孔洞,在其中加入回填料,使砂层挤压密实	适用于砂性土和小于 0.005mm 的黏粒含量低于 10% 的黏性土	
4	水泥粉煤碎石桩法	长螺旋钻孔灌注成桩、管内泵压混合料灌注成桩、振动沉管成桩等工艺	适用于处理黏性土、粉土、砂土和已完成自重固结的素填土等地基	水泥
5	预压法	确定预压区范围、荷载大小、荷载分级、加荷速率和预压时间,设置持水竖井,计算竖井断面尺寸、间距、排列方式和深度,预压区面积和分块大小	适用于处理淤泥质土、冲填土等饱和黏性土地基	排水带或砂井

序号	处理工艺	具体措施	适用范围	选用材料
6	砂石桩法	砂桩直径300~800mm,可根据地基情况确定,砂桩长度不宜小于4m。采用振动沉管锤击沉管或冲击成孔等成桩法	适用于挤密松散砂土、粉土、黏性土、素填土、杂填土等地基	—
7	灰土挤密桩法和土挤密桩法	桩深度5~15m,选用沉管(振动锤击)或冲击法;当地基含水率大于24%、饱和度大于65%时不宜采取此法	适用于处理地下水位以上的黄土、素填土、杂填土等地基	消石灰、素土比为2:8或3:7
8	高压喷射注浆法	按工程和土质需要可分为单管法、双管法及三管法;按加固形状可分为柱状、壁状、条状及块状	适用于处理淤泥、软塑、流塑的黏土、粉土、碎石土、砂土、素填土等地基	高强度水泥

知识点3:基础埋深

基础的埋深是指室外设计地面至基础底面的深度。基础按基础埋置深度大小分为浅基础和深基础。若浅层土质不良,需加大基础埋深,此时需采取一些特殊的施工手段和相应的基础形式,如桩基、沉井和地下连续墙等,这样的基础称为深基础。基础埋深的确定受如下因素影响:

1. 建筑的特点

高层建筑一般有地下室,地基打桩处理,基础埋深是地上建筑高度的1/15左右;多层建筑则要考虑地基土的情况、地下水位及冻土深度来确定埋深尺寸。

2. 地基土的好坏

土质好而承载力高的土层可以浅埋,土质差而承载力低的土层则应该深埋。一般应尽可能浅埋,但通常不浅于500mm。

3. 地下水位的影响

土壤中地下水含量的多少对承载力的影响很大。一般应尽量将基础放在地下水位之上,这样可以避免施工时排水,并防止基础的冻胀。当地下水位较高,基础不能埋在地下水位以上时,宜将基础埋置在最低地下水位以下不少于200mm的深度,且同时考虑施工时基坑的排水和坑壁支护等因素。

4. 冻结深度的影响

土层的冻结深度由各地气候条件决定,如北京地区一般为0.8~1.0m,哈尔滨地区一般少2m左右。建筑物的基础若放在冻胀土上,冻胀力会将建筑物拱起,使建筑物产生变形;解冻时,又会产生陷落,使基础处于不稳定状态。冻融不均匀使建筑物产生变形,严重时会产生开裂等破坏情况,因此,一般应将基础的灰土垫层部分放在冻结深度以下不少于200mm处。

5.建筑物或建筑物基础的影响

新建建筑物基础埋深不宜大于相邻原有建筑物的基础埋深,当新建筑基础埋深小于等于原有建筑基础埋深时,应考虑附加压力对原有基础的影响。若新建筑的基础埋深大于原有建筑的基础埋深时,应考虑原有基础的稳定性问题。两基础间应保持一定的净距,其数值应根据原有荷载的大小、基础形式和土质情况确定。当不满足上述要求时,应采取分段施工。设临时加固支撑、打板桩、地下连续墙等措施,加固原有建筑物基础。如图 2-13 所示。

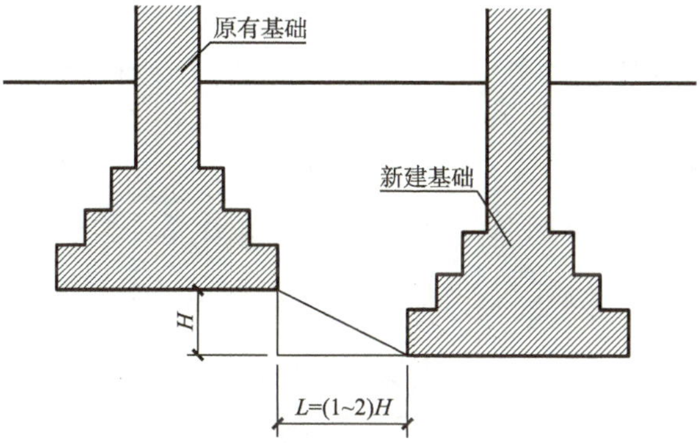

图 2-13　相邻基础的关系

📶 **案例拓展** ▶▶▶

某住宅小区高含水率杂填土地基处理

一、工程概况及地质条件

某工程拟建住宅楼,原场地为多个鱼塘,由于工期较紧,建设单位未将鱼塘内的水排放和清淤,就直接用渣土回填,故杂填土下部还存有含水率较高的淤泥土。地基处理方法经过几种方案比较后,决定采用孔内深层超强夯(SDDC)渣土桩对该地基进行处理。

二、地基处理的目的和要求

(1)复合地基承载力 $f_k \geqslant 160$ kPa。

(2)地基整体刚度均匀。

三、地基处理方法

(1)采用孔内深层超强夯(SDDC)渣土桩及孔内深层超强夯(SDDC)淤泥置换法。

(2)成孔直径 1400mm,平均成桩直径 2600mm,处理深度 5m。

(3)桩体填料为:渣土(碎砖瓦、混凝土块、石料、工业无毒废料以及它们的混合物等)。

四、处理效果

由建设单位委托具有国家检测资质的第三方检测单位对该地基进行检测,其结论为:由孔内深层强法技术处理的该工程复合地基承载力全部满足设计要求,而且整体刚度均匀。

五、结论

由于该工程的原鱼塘积水和大厚度淤泥没有进行清淤和碾压,在地基处理施工中地表多处出现冒水、冒砂、冒淤泥等现象,针对这种情况,对软弱的桩间土部位采取了孔内深层超强夯(SDDC)淤泥置换法,从而保证了工程质量。孔内深层超强夯(SDDC)技术在处理含水率较高、大厚度淤泥质土时有其独特的优势。

动画:地下水位对基础埋深的影响

学习情境 2.2　基础选型及构造识图

○ 学习情境

基础是由人工建造的建筑物的主要承重构件,处在建筑物地面以下。不同的建筑物采用不同基础形式,工程师须弄清楚基础形式的选择范围和原则。

◇ 学习目标

1.工作能力目标

(1)了解基础按不同原则的分类、浅基础的类型及选用原则。

(2)具有根据实际建筑物合理确定基础形式的能力。

(3)能阅读简单的刚性基础的构造做法图。

2.素质目标

明白基础的重要性,并学会多维度思考问题的方式。

▲ 任务描述

上海的三大地标建筑金融中心、环球中心和上海中心,高耸入云,其基础采用的是桩基础和筏形基础相结合的形式;我们常见的三层自建房,高度 12m 左右,采用的则是条形基础。

根据基础的构造分类,可以将基础分成独立基础、条形基础(包括十字交叉条形基础)、筏形基础、箱形基础、桩基等。分析该基础类型,并根据这些基础的特点和使用范围,请完成基础类型认知表。

◇ 工作准备

学习相应的知识链接,并准备好《建筑地基基础设计规范》(GB 50007—2011),阅读条文 8.1.1。

⚠ 任务实施

步骤一:学习基础的类型的概念,查阅相关规范。

引导问题:基础的类型的概念是什么?

步骤二:完成砖基础的细部构造图的读图报告。

步骤三:填写各种类型基础的特点和适应范围。

引导问题 1:基础分类有很多分法,按照形式分类有哪些?

引导问题 2：各类基础的适应范围分别是什么？

步骤四：分析工程概况，并进行初步匹配。

◇ **成果形式**

完成并提交本教材配套《建筑构造活页实训手册》中的基础类型认知表及刚性基础细部构造读图报告。

评价反馈

完成并提交本教材配套《建筑构造活页实训手册》中对应学习情境的任务评价反馈表，学生自评后由教师综合评价。

◈◈ 知识链接 ◈◈

知识点 1：基础的类型

建筑上部结构通过墙、柱等承重构件传递的荷载,在其底部横截面上引起的压强往往大于地基承载力,这就要求必须在墙或柱下部设置水平截面向下扩大的基础,以便将墙或柱传来的荷载扩散分布于基础底面,达到分散后基础底截面上的压强小于地基所能承受的压强,即满足地基承载力和变形的要求。

基础有许多类型,划分方法不尽相同。

(1)按材料和受力特点分,可分为无筋扩展基础(刚性基础)和扩展基础(柔性基础)。无筋扩展基础一般用砖石、混凝土、毛石、三合土等材料建造,扩展基础一般用钢筋混凝土建造。

(2)按基础的外形分,又可分为独立基础、条(带)形基础、筏(板)形基础及箱形基础。

(3)按持力层深度分,可分为浅基础和深基础。一般情况下,基础埋深不超过 5m 时为浅基础,反之为深基础。

基础的类型较多,按基础所采用的材料和受力特点分,有刚性基础和柔性基础;按构造形式分,有条形基础、独立基础、井格基础、筏形基础、箱形基础及桩基础等。

1.按构造方式分类

1)条形基础

当建筑物上部结构采用墙承重时,基础沿墙身设置,多做成连续的长条形状,这种基础称为条形基础,如图 2-14、图 2-15 所示。

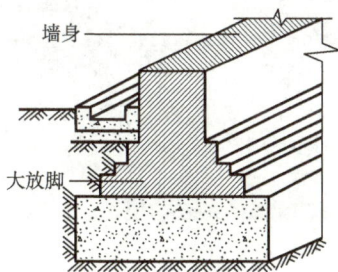

图 2-14　条形基础 　　　　图 2-15　条形基础实例

2)独立基础

当建筑物上部采用柱承重时,常采用单独基础,这种基础称为独立基础。独立基础的形状有阶梯形、锥形及杯形等,如图 2-16、图 2-17 所示。

3)桩基础

当建筑物荷载较大时,地基软弱土层的厚度在 5m 以上,基础不能埋在软弱土层内,或对软弱土层进行人工处理比较困难或不经济时,通常采用桩基础。桩基础一般由设置于土中的桩和承接上部结构的承台组成,如图 2-18～图 2-20 所示。其优点是能够节省基础材料,减少挖填土方工程量,改善劳动条件,缩短工期。在季节性冰冻地区,承台梁下应铺设 100 ~ 200mm 厚的粗砂或焦砟,以防止承台梁下的土壤受冻膨胀,引起承台梁的反拱破坏。

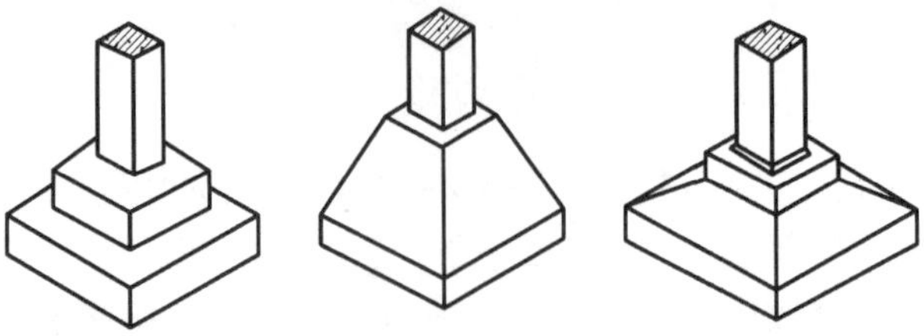

a)阶梯形基础　　　b)锥形基础　　　c)杯形基础

图 2-16　独立式基础

图 2-17　独立基础实例

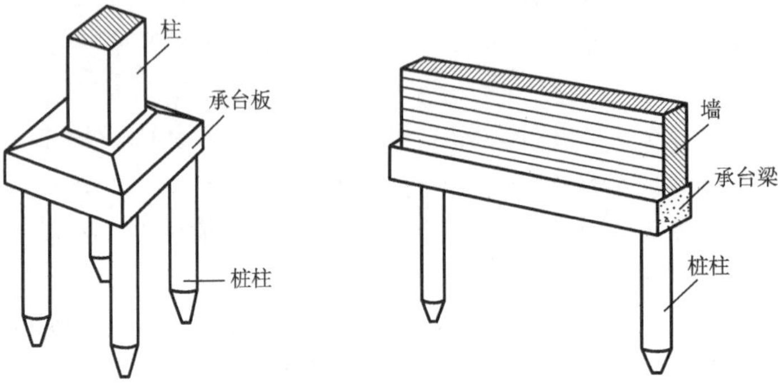

a)　　　　　　　　　　　b)

图 2-18　桩基础

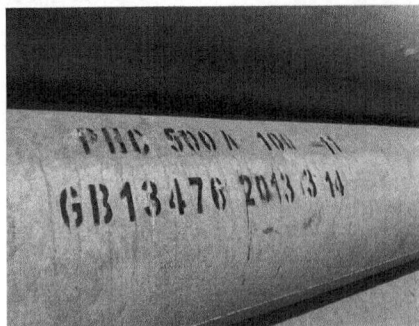

a)　　　　　　　　　　　b)

c)

图 2-19　桩基础实例

图2-20　桩基础承台实例

桩基础的种类很多,按材料可分为:钢筋混凝土桩(预制桩、灌注桩)、钢桩、木桩;按断面形式分为:圆形、方形、环形、六角形、工字形等;按入土方法可以分为:打入桩、振入桩、压入桩、灌入桩;按桩的受力性能又可分为端承桩和摩擦桩。

端承桩把建筑物的荷载通过柱端传给深处坚硬土层,适用于表层软土层不太厚,而下部为坚硬土层的地基情况。桩上的荷载主要由桩端阻力承受。

摩擦桩把建筑物的荷载通过桩侧表面与周围土的摩擦力传给地基,适用于软土层较厚,而坚硬土层距土表很深的地基情况。桩上的荷载由桩侧摩擦力和桩端阻力共同承受。

当前采用最多的是钢筋混凝土桩,包括预制和灌注桩两大类,灌注桩又分为振动灌注桩、钻孔灌注桩、爆扩灌注桩等。

预制桩是在混凝土构件厂或施工现场预制,待混凝土强度达到设计强度的 100% 时,进行运输打桩。这种桩截面尺寸和桩长规格较多,制作简便,容易保证质量。但造价较灌注桩高,施工有较大的振动和噪声,市区施工时应注意。

灌注桩与预制桩相比较,灌注桩具有较大优越性。其直径变化幅度大,可达到较高的承载力;桩身长度、深度可达到几十米;并且施工工艺简单,节约钢材,造价低。但在施工时要进行泥浆处理,程序麻烦。

(1)振动灌注桩。将端部带有分离式桩尖的钢管用振动法沉入土中,在钢管中灌注混凝土至设计标高后徐徐拔出,混凝土在孔中硬化形成桩。灌注桩直径一般为 300 ~ 400mm,桩长一般不超过 12m。其优点是造价较低,桩长、桩顶标高均可控制;缺点是施工产生振动噪声,对周围环境有一定影响。

(2)钻孔灌注桩。使用钻孔机械在桩位上钻孔,排出孔中的土,然后在孔内灌注混凝土。桩直径常为 400mm 左右。优点是无振动噪声,施工方便,造价较低,特别适用于周围有较近的房屋或深挖基础不经济的情况。严寒冬季亦可安装能钻冻土的钻头施工。缺点是桩尖处的虚土不易清除干净,对桩的承载力有一定影响。

(3)爆扩灌注桩。爆扩灌注桩简称爆扩桩。有两种成孔方法:一种是人工或机钻成孔;另一种是先钻一个细孔,放入装有炸药的药条,经引爆后成孔。桩身成孔后,再用炸药爆炸扩大孔底,然后灌注混凝土形成爆扩桩。桩端扩大部分略呈球体,因而有一定的端承作用。爆扩桩的直径为 300 ~ 500mm,桩尖端直径为桩身的 2 ~ 3 倍,桩长一般为 3 ~ 7m。其优点是承载力较高,施工不复杂;缺点是爆炸振动影响环境,易出事故。

(4)箱形基础。箱形基础是由钢筋混凝土底板、顶板、侧墙和一定数量内隔墙构成的封闭箱形结构,如图 2-21 所示。该基础具有相当大的整体性和空间刚度,能抵抗地基的不均匀沉降,并具有良好的抗震作用,是具有人防、抗震及地下室要求的高层建筑的理想基础形式之一。

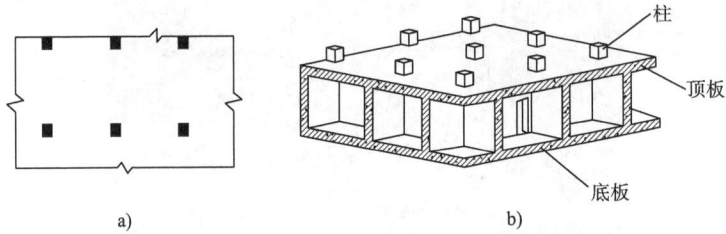

图 2-21　箱形基础

(5)筏形基础。当建筑物地基条件较弱或上部结构荷载较大时,条形基础或井格基础已经不能满足建筑物的要求,常将基础底面进一步扩大,从而连成一块整体的基础板,形成筏形基础,如图 2-22 所示。筏形基础分为平板式和梁板式,一般根据地基土质、上部结构体系、柱距、荷载大小及施工条件等确定。

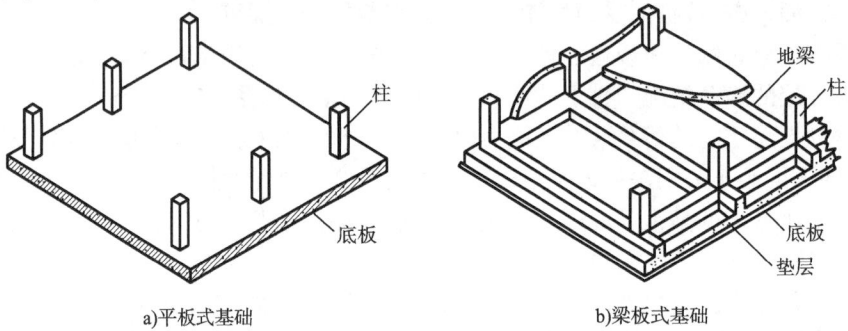

a)平板式基础　　　　　　　　　　　　b)梁板式基础

图 2-22　筏形基础

(6)井格基础。当框架结构处在地基条件较差的情况时,为了提高建筑物的整体性,避免不均匀沉降,常将柱下基础沿纵、横方向连接起来,做成十字交叉的井格基础,如图 2-23 所示。

图 2-23　井格基础

(7)其他特殊形式。除上述几种常见的基础结构形式外,实际工程中还因地制宜采用着许多其他的基础结构形式,如壳体基础、不埋板式基础等。

2. 按采用材料及受力特点分类

1)刚性基础

刚性材料制作的基础称为刚性基础。

刚性材料指抗压强度高而抗拉和抗剪强度低的材料,如砖、石、混凝土等。用这类材料做基础,应设法不使其产生拉应力。当拉应力超过材料的抗拉强度时,基础底面将因受拉而产生开裂,造成基础破坏。

刚性材料构成的基础中,墙或柱传来的压力是沿一定角度分布的。在压力分布角度内基础底面受压而不受拉,这个角度称为刚性角。刚性基础底面宽度不可超出刚性角的控制范围,多用于地基承载力较高的地基上建造的低层和多层房屋。

(1)砖基础。用黏土砖砌筑的基础称为砖基础。台阶式逐级放大,形成大放脚。

为满足基础刚性角的限制,台阶的宽高比应不大于1:1.5。每2匹砖挑出1/4砖,或2匹挑与1匹挑相间。砌筑前基槽底面要铺50mm厚砂垫层。

砖基础取材容易、价格低、施工简单,但大量消耗耕地。同时,由于砖的强度、耐久性、抗冻性和整体性均较差,只适合于地基土好、地下水位较低、五层以下的砖木结构或砖混结构。

(2)混凝土基础。混凝土基础也称为素混凝土基础。坚固、耐久、抗水和抗冻,可用于有地下水和冰冻作用的基础。断面形式有阶梯形、梯形等。梯形截面的独立基础称为锥形基础。

对于梯形或锥形基础的断面,应保证两侧有不小于200mm的垂直面,原因是混凝土基础的刚性角为45°。同时,为防止因石子堵塞影响浇筑密实性,减少基础底面的有效面积,施工中不宜出现锐角。

2)柔性基础

在混凝土基础的底部配以钢筋,利用钢筋来抵抗拉应力,可使基础底部能够承受较大弯矩,基础的宽度就可以不受刚性角的限制,称为柔性基础。

柔性基础可以做得很宽,也可以尽量浅埋,用于建筑物的荷载较大和地基承载力较小的情况。其下需要设置保护层以保护基础钢筋不受锈蚀。

知识点2:防止建筑物不均匀沉降的措施

建筑物一般都有不同程度的沉降,沉降的速度、沉降量与地基的关系密切。一般建筑主体结构完成,建筑物的沉降量能够达到60%~80%,其余部分的沉降大约要用10年的时间完成。为了避免建筑物沉降对建筑使用的不利影响,建筑物往往要采用室内外高差等措施。建筑在使用过程中,必须要解决的沉降问题是不均匀的沉降。当建筑物中部沉降量大于两端时,出现中部下凹的拱曲变形,墙面出现八字裂缝(图2-24)。当建筑物两端沉降量大时,出现中部上凸的拱曲变形,墙面出现倒八字裂缝(图2-25)。建筑物裂缝上端通常向沉降量大的一边发展,且开裂往往集中在刚性薄弱的部位或构件断面削弱的部位,如门窗洞口等。裂缝的出现将会直接影响建筑物的使用。

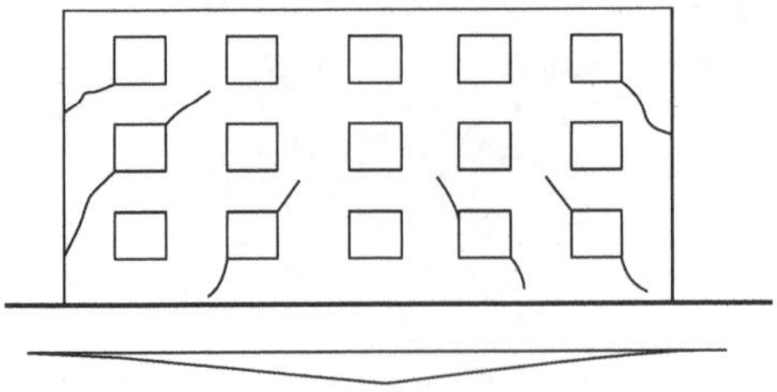

图 2-24　八字形裂缝 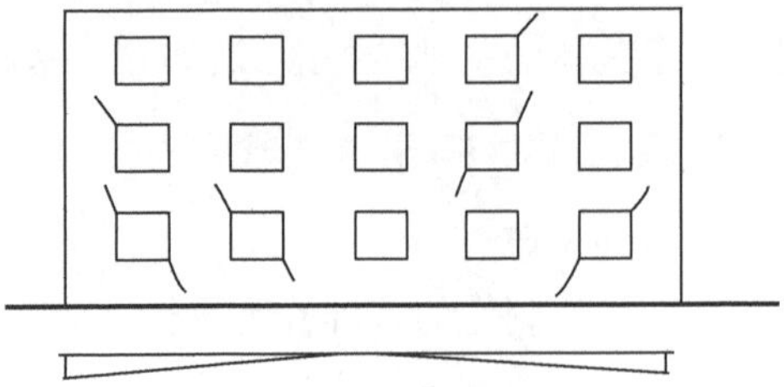　　　　　　　　　　图 2-25　倒八字形裂缝

防止建筑物产生不均匀沉降,首先应找出产生不均匀沉降的原因,在设计和施工方面采取相应的措施,通常的方法有:

(1)按地基容许变形来控制设计。为达到均匀沉降的目的,必须按地基变形调整基础的宽度和深度,在软土层厚度较大的区域,将基础底面适当加宽或将基础埋置深度适当加大,为基础获得均匀沉降创造条件。

不同的地基条件直接影响建筑基础的形式,在能够满足经济条件要求的前提下,选用更为稳定的基础有利于防止建筑的不均匀沉降。

(2)提高基础和上部结构的刚度。基础本身的刚度是整个建筑物刚度的重要组成部分。采用刚度好的基础材料和基础形式是提高建筑物整体性、调节建筑物不均匀沉降的有效措施。混合结构中常用刚性墙基础和基础圈梁的办法提高建筑物的整体性。在有条件的前提下,采用桩基础、箱形基础等基础形式防止建筑物不均匀沉降。

上部结构的刚度控制。首先是要保证建筑的形心尽量与建筑的中心能够重合,以保证结构的变形能够保持同步性,从而大大提高上部结构的共同变形能力,防止建筑的不均匀沉降。其次选用刚度大的结构形式,如高层住宅现多采用剪力墙结构而不再采用框架结构,究其原因,剪力墙结构既有利于空间的使用,整体的刚度又大。

(3)设置沉降缝。根据建筑物变形的可能设置沉降缝。由于同一建筑不同部分结构形式或基础形式的不同以及其他多方面的原因,在建筑可能发生不均匀沉降的部位均应设置从基础、墙体、楼板、屋顶全部断开的沉降缝,使两部分能够自由地沉降,以防止不均匀沉降引起的开裂。

知识点 3:基础方案的比较与选择

(1)总体原则。在实际情况下,一般遵循刚性基础—柱下独立基础—墙下条形基础—井格式条形基础—筏形基础—箱形基础的顺序来选择基础形式。当然,在选择过程中应尽量做到经济、合理。只有在上述情况下不行时,才考虑运用桩基础等深基础的形式,以避免过多的浪费。究竟采用何种形式的浅基础,应根据建筑物的工程地质条件、技术经济和施工条件等因素综合确定。

(2)方案重要性。基础设计的方案要进行详细的比较,通过对适合工程实际条件的基础类型的比较,将上部结构传导给地基的力扩散,从而让上部结构保持一个良好的工作状态,达到一个承上启下的作用。由于很多工程所处位置的地理条件并不是很好,所以基础工程则关系到整个工程的成败。基础造价的投入一般将达到整个工程造价的1/3左右,这是工程施工中最为重要的一个环节,基础设计完成得好,工程才可以继续,否则整个工程很可能会因为基础设计的马虎失误而前功尽弃。基础设计的方案还应根据地形的地质特点、水文条件进行科学、合理的部署。

基础选型详细分析报告案例

1. 工程概况

本工程位于××市,上部为7栋高层住宅,拟建地块范围内设置单层整体地下室。1号、4~7号为18层高层,2、3号为24层高层,带满铺单层地下室。地块用地面积约2万m²,地上总建筑面积约6万m,地下室建筑面积约1万m。抗震设计,丙类建筑,七度设防,设计基本地震加速度值0.15g,地震分组为二组,二类场地,特征周期0.40s,水平地震影响系数0.12,阻尼比0.05。抗风设计,地面粗糙度为B类,基本风压0.80kPa,体型系数暂取1.4。

2. 地质条件

根据《××岩土工程详细勘察报告》,拟建场地地层结构较复杂,岩土层种类较多,岩土层的埋深、厚度及性能变化较大。各拟建建筑物地质情况见表2-3。

拟建建筑物地质情况   表2-3

建筑名称	拟建建筑	基底岩性	砂砾(土)状强风化岩埋深(m)	碎块状强风化岩埋深(m)	中、微风化岩埋深(m)	孤石遇见率/大致所在层位
1号楼	18层,带单层地下室	主要为残积土(3a),局部脉岩残积土(3b)	6.6~11.1	8.1~14.9	13.0~17.0	16%土状强风化岩

注:各土层埋深从地下室底板顶标高算起。

3. 基础适用性分析

1)天然筏形基础可行性分析

经PKPM软件建模试算,上部总荷载加筏板自重标准值($F_k + G_k$)为199862kN,建筑底层面积约为445m²,上部荷载标准组合下的平均基地反力F约为450kPa。基底持力层坐落在残积土(3a)层,地基承载力特征值220kPa,显然天然地基的承载力难以满足设计需求。以4号楼为例,该楼为18层高层剪力墙结构,带单层地下室,基底主要持力层为残积土(3a)层,地基承载力特征值为220kPa。经试算,当筏板外挑出主楼的距离控制在1~1.5m的情况下,拟用地基承载力特征值350kPa,具备采用天然平板式筏形基础的条件(图2-26)。

经过进一步建模计算,主楼基底修正后的地基承载力特征值为260kPa,刚好满足上部平均基底反力的要求。但由于高层风荷载引起的倾覆弯矩较大,筏板边角处的基底反力为400kPa,远大于偏心荷载作用下标准组合下基底边缘的最大压力控制$P = 1.2f_0 = 312$kPa。虽然可通过扩大筏板基础面积的方式来满足偏心荷载的要求,但经济性较差。由沉降计算分析,由于主楼基底下可压缩土层较薄,地基沉降较小，根据地质剖面，土层起伏较大，基床反力系数变化较不规则，但由于地基沉降较小，主体沉降差不大，地基沉降处于可控状态。地下室中庭部分几乎无沉降，主楼与地下室可设后浇带减小沉降差异影响，并通过合理的构造方式使主楼和中庭地下室刚性连接。经上述分析，4 号楼为 18 层剪力墙高层建筑，基底平均反力与修正后的地基承载力较为接近，且地基沉降基本可控，具备一定的条件采用天然筏形基础。综合上述情况，建议业主采用原位平板荷载试验，对筏板基底标高以下的承压板下应力主要影响范围内的地基承载力和压缩模量进行原位测试。

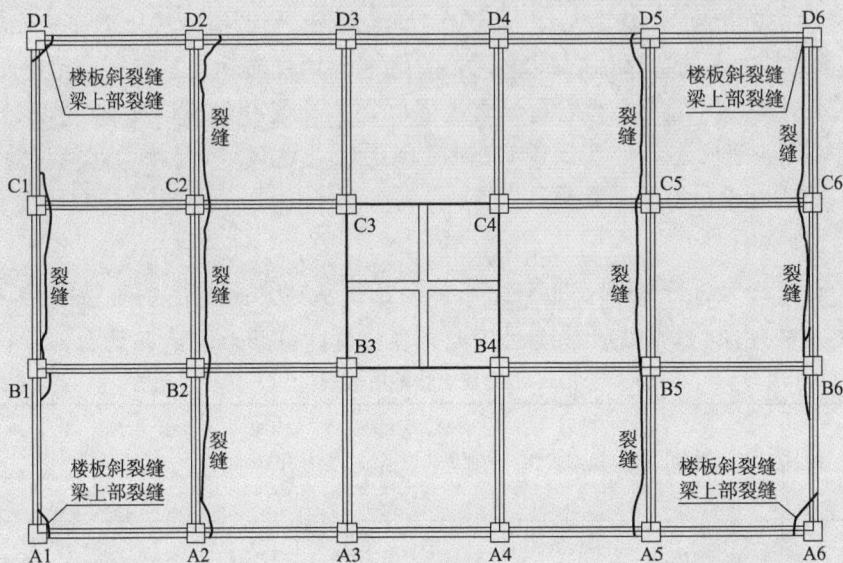

图 2-26　4 号楼筏形基础方案

2) 桩基础可行性分析

根据地质勘察报告，结合该地区比较成熟的工程桩设计施工经验，本工程可选桩型为：人工挖孔桩、冲钻孔灌注桩、旋挖桩、预应力管桩，各桩型相应岩土设计参数见勘察报告。4 号楼经现场原位平板载荷试验后，可能存在试验得到的地基承载力特征值无法达到设计要求，或压缩模量值无法满足上部结构沉降量和沉降差要求的情况。故对以上桩型均提供桩基选型方案。选桩原则按照安全、可靠、经济和节约工期的原则做取舍。各栋适用桩型比选如下：根据计算模型分析结果，最大剪力墙轴力约为 2500kN/m，选用 $1000 桩径（不扩孔）能够满足承载力要求，4 号楼人工挖孔桩基础布置方案如图 2-27 所示。

人工挖孔桩经济指标见表 2-4。

人工挖孔桩经济指标　　　　　　　　　　　表 2-4

层数	桩径（mm）	桩长（m）	桩数	混凝土用量（m³）	综合单价（元/m³）	桩费用（万元）	承台混凝土用量（m³）	综合单价（元/m³）	承台费用（万元）	合计费用（万元）
18	1000	14	47	516.63	1600	82.7	260	720	18.7	101.4

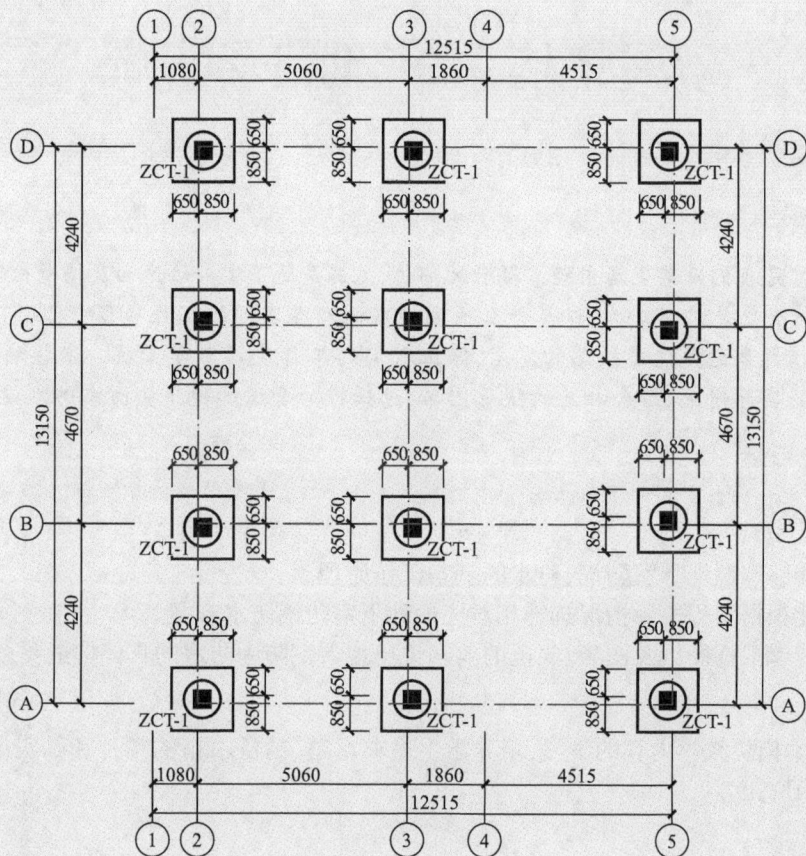

图 2-27　桩基础布置方案(尺寸单位:mm)

筏形基础经济指标见表 2-5。

筏形基础经济指标

表 2-5

层数	板厚 (mm)	混凝土用量 (m³)	综合单价 (元/m³)	筏板费用 (万元)	差价 (万元)
18	1000	577.16	760	43.9	−57.5

　　综合以上分析,天然基础与人工挖孔桩相比,其施工速度快、经济性好。后经现场原位检测发现,场地的残积土层的地基承载力无法满足设计要求,故 4 号楼均建议采用人工挖孔桩基础。

动画:冰冻深度对基础埋深的影响

学习情境 2.3　地下室构造

◎ 学习情境

　　地下室是我们日常生活中经常接触的部位,尤其是地下室外墙地面及墙壁出现返潮、渗水漏水的情况更是时有发生,这是什么原因造成的? 在实际的工程项目中,我们应该采取什么样的措施来避免这类缺陷的发生,保证人们的工作生活不受干扰。本模块根据所给工程的现场实际情况,结合相应的规范图集,选择较为合适的地下室防潮防水设计方案。

◆ 学习目标

1.工作能力目标

(1)能够掌握地下室防潮、防水的基本工作原理。
(2)能根据工程实际情况选择相对应的地下室防潮防水方案。
(3)能够根据图纸及图集、规范的要求说出地下室防潮防水的具体构造要点。

2.素质目标

通过本模块教学内容的学习,培养学生追求卓越、精益求精的精神和踏实严谨、刻苦钻研的学习态度。

▲ 任务描述

　　本工程是某公司办公楼,其工程概况如下:地下1层、地上7层,建筑高度24.9m,二类高层建筑,建筑物耐火等级为二级,其抗震等级为三级。现假设经地质勘探,距自然地面1.8m以内是淤泥层,1.8m以下是坚硬的黏土层,设计最高水位在自然地面下5.0m,周围无相邻建筑,上部传到基础顶面的轴力为200kN/m。具体参照附录中建筑施工图的地下一层平面图及结构施工图地下一层基础布置图、结构施工总说明。对照图集,讨论分析图纸中地下室采用哪种防水类型及构造做法,重点分析图纸中地下室细部构造部位,如穿墙管线部位、后浇带部位的防水构造做法。

◈ 工作准备

　　阅读课后知识点及相关图纸,查阅图集《地下室防水》(11ZJ311)、《地下工程防水技术规范》(GB 50108—2008),了解地下室防潮防水的适用范围及工作原理,地下室防潮防水常用的构造做法及各自的使用特点。

⚠ 任务实施

　　步骤一:阅读地下室基本知识和结构施工图总说明,了解图纸的基本概况,完成工程概况的读图内容。
　　引导问题1:地下室的分类有哪些?

引导问题2：地下室的主要组成部分有哪些？

_____

引导问题3：地下室的防水等级及各种等级的主要防水要求分别是什么？

_____

步骤二：阅读知识点内容，了解地下室防潮防水的工作原理。
引导问题：地下室防潮防水的适用范围是什么？

_____

步骤三：地下室防潮部位及构造做法。
引导问题1：水平防潮层和垂直防潮层一般设置在什么位置？

_____

引导问题2：地下室水平防潮层和垂直防潮层的材料有哪些？ 它们的适用范围是什么？

_____

引导问题3：地下室防潮层的构造做法是什么？

_____

步骤四：卷材防水层的构造要求。
引导问题1：卷材防水层的分类方式和特点是什么？

_____

引导问题2：外防外贴法与外防内贴法的主要优缺点及区别是什么？

_____

引导问题3：卷材防水层的铺贴要求是什么？

_____

步骤五：地下室细部防水的构造要求。
引导问题1：地下室的细部构造部位有哪些？

_____

引导问题2：各细部构造部位的防水构造措施是什么？

_____

动画：地下室的
分类

动画：地下室的
组成

微课：地下室的
构造（上）

微课：地下室的
构造（下）

动画：地下卷材
防水

动画:地下室
防潮做法

动画:地下室防水
——防水等级

动画:地下水泥
砂浆防水施工

◇ **成果形式**

识读地下室防水构造做法,完成并提交本教材配套《建筑构造活页实训手册》中的地下室读图报告。

评价反馈

完成并提交本教材配套《建筑构造活页实训手册》中对应学习情境的任务评价反馈表,学生自评后由教师综合评价。

知识链接

知识点 1：地下室的作用及分类

1. 按埋入深度不同分类

1）全地下室

全地下室是指地下室地面与室外地面的高差超过该地下室净高的 1/2。

2）半地下室

半地下室是指地下室地面与室外地面的高差超过该地下室净高 1/3，但不超过 1/2。

2. 按使用功能不同分类

1）普通地下室

普通的地下空间，一般按地下的楼层进行设计。可以用作高层建筑的地下停车库、设备用房。

2）人防地下室

人防地下室，一般指有人民防空要求的地下空间。人防地下室应能妥善解决紧急状态下的人员隐蔽与疏散，应有保证人身安全的技术措施。

知识点 2：地下室的构造组成

地下室一般由底板、顶板、墙体、门窗和楼梯、采光井等部分组成，地下室构造组成如图 2-28 所示。

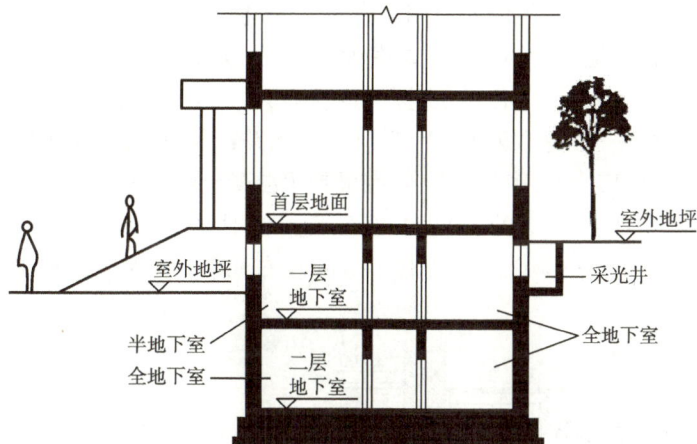

图 2-28　地下室示意图

1. 底板

底板处于最高地下水位以上，且无压力作用时，可按一般地面工程处理，即垫层上现浇混凝土 60～80mm 厚，再做面层；如底板处于最高地下水位以下时，底板不仅承受上部垂直荷载，还承受地下水的浮力荷载，因此应采用钢筋混凝土底板，并配双层筋，底板下垫层上还应设置防水层，以防渗漏。

2. 顶板

可用预制板、现浇板或者预制板上做现浇层（装配整体式楼板）。如为防空地下室，必须采用现浇板,并按防空设计的有关规定决定其厚度和混凝土强度等级,在无采暖的地下室顶板上,即首层地板处应设置保温层,以利于首层房间的使用舒适。

3. 墙体

地下室的外墙不仅承受垂直荷载,还承受土壤、地下水和土壤冻胀的侧压力,因此地下室的外墙应按挡土墙设计。如用钢筋混凝土或素混凝土墙,应按计算确定厚度,其最小厚度除应满足结构要求外,还应满足抗渗厚度的要求。其最小厚度不低于 300mm,同时外墙还应做防潮或防水处理。人防地下室对于墙体厚度的一般要求是:当采用钢筋混凝土墙体时,墙体厚度不应小于 200mm;当采用砖墙时,厚度不应小于 370mm。

4. 门窗

普通地下室的门窗与地上房间门窗相同,地下室外墙窗如在室外地坪以下时,应设置采光井,以利室内采光、通风。防空地下室一般不允许设置窗,如确需开窗,应设置战时封堵措施。防空地下室的外门应按防空等级要求,设置相应的防护构造。

5. 楼梯

可与地面上房间的楼梯结合设置,层高小或用作辅助房间的地下室,可只设置单跑楼梯。防空要求的地下室至少要设置两部楼梯通向地面的安全出口,并且必须有一个是独立的安全出口,这个安全出口周围不得有较高建筑物,以防空袭时建筑物倒塌,堵塞出口,影响疏散。

6. 采光井

地下室窗外应设采光井。一般每个窗设一个独立的采光井,当窗的距离很近时,也可将采光井连在一起。采光井侧墙一般用砖砌筑,井底板则用混凝土浇筑。

采光井的深度视地下室的窗台高度而定。一般采光井底面应低于窗台 250 ~ 300mm,采光井的深度为 1 ~ 2m,其宽度在 1m 左右,其长度则应比窗宽大 1m 左右。地下室窗外应设采光井。一般每个窗设一个独立的采光井,当窗的距离很近时,也可将采光井连在一起。采光井侧墙一般用砖砌筑,井底板则用混凝土浇筑。

采光井的深度视地下室的窗台高度而定。一般采光井底面应低于窗台 250 ~ 300mm,采光井的深度为 1 ~ 2m,其宽度在 1m 左右,其长度则应比窗宽大 1m 左右,如图 2-29 所示。

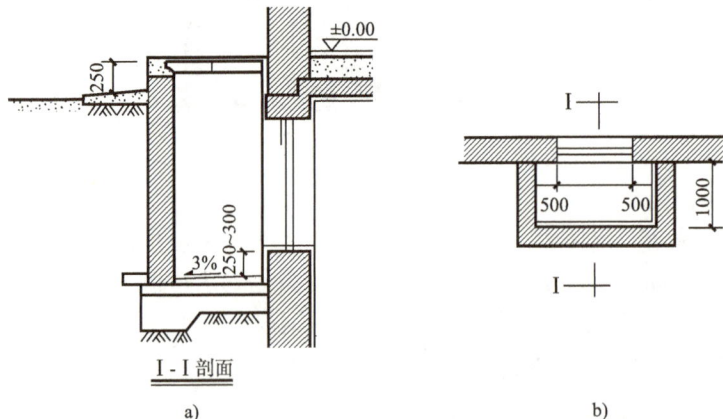

图 2-29 采光井构造(尺寸单位:mm)

知识点 3:地下室的设置原则

(1)地下室的设置,除根据使用要求外,还应考虑以下因素的影响:

①多层建筑结合人防或地形设置。

对于多层建筑来说,如无功能上的特殊要求,一般是不需设置地下室的,但随着城市的不断发展和城市化进程的加快,城市用地越来越紧张,拓展地下空间的要求也就日益迫切了。因此,多层建筑可以结合城市人防设置地下室,以充分利用地下空间。

另外,对于位于特殊地段(如坡地等)的多层建筑,其地下部分可设置地下室或半地下室。

②高层建筑结构要求。

高层建筑的地下部分通常设有地下室,这是高层建筑结构的自身特点决定的。高层建筑设计地下室不仅可充分利用地下空间,而且对结构有利。

③广场或绿地下设置地下室。

随着城市广场和绿地面积的不断增加,利用广场、绿地的地下部分设置地下室的做法也逐渐增多,这种地下空间通常可作为公共空间(如地下停车场等)。它还可以和建筑物下的地下室或城市人防工程连接在一起,从而构成地下空间网络。

地下室的围护结构由于受到各种水和潮气的侵蚀,应采取有效的防潮防水措施。地下室的防潮、防水设计必须全面考虑各种自然因素及使用要求,选择适宜的结构形式,合理确定防水等级。

(2)地下室的埋设深度。

地下室的埋置深度主要由使用要求和结构要求确定。对于多层建筑而言,地下室的埋深主要是由使用要求决定的;对于高层建筑和超高层建筑来说,地下室的埋深除使用要求外,还应结合结构计算来确定。此外,地下室的埋置深度还应综合考虑水文地质条件及城市基础设施情况等因素,尽量设在最高地下水位以上。

(3)地下室的布置原理。

地下室的外形应力求简单平整,避免平面凹凸或平面变化过多,以方便施工,保证工程质量。应尽量避免管道穿越地下室外墙,若必须穿越地下室外墙时,应尽可能提高至最高地下水位以上,以减少地下水的影响。

知识点 4:地下室设计前的准备工作

在设计前,建筑师应会同结构工程师共同收集和使用下列资料:

(1)了解勘察最高地下水位标高及出现年代、近几年实际水位标高和随季节变化情况。

(2)地下水类型、补给来源、水质、流量、流向、渗透系数、压力等。

(3)工程地质构造,岩石走向、倾角、节理及缝隙,含水地层及不透水地层的特殊性及分布情况,溶洞、陷穴以及填土区和松软土情况。

(4)历年气温变化情况、降雨量、蒸发量及地层冻结深度。

(5)区域地形、地貌、天然水流、水库、水沟、废弃坑井以及地表水、洪水和给水排水系统资料。

(6)工程所在区域的地震、地热及含瓦斯等有害物质情况的资料。

(7)施工技术水平和材料条件。

上述资料应根据地下室所建的地理位置及埋深等情况尽可能收集齐全。

知识点5：地下室的防潮处理

1. 防潮处理

地下水的常年设计水位和最高地下水位均低于地下室地坪标高，且地基及回填土范围内无上层滞水时，只需做防潮处理。

构造做法：墙体必须采用水泥砂浆砌筑，在外墙外表面先抹一层20mm厚水泥砂浆找平层后，涂刷冷底子油一道和热沥青两道，需涂刷至室外散水坡处。然后在防潮层外侧回填低渗透性土壤，并逐层夯实，土层宽500mm左右，以防地表水的影响，如图2-30a)所示。

地下室所有的墙体都必须设两道水平防潮层。一道设在地下室地坪附近，一般设置在地坪的结构层之间；另一道设在室外地面散水坡以上150~200mm的位置，以防地潮沿地下墙身或勒脚处墙身入侵室内。地下室地坪的防潮构造如图2-30b)所示。

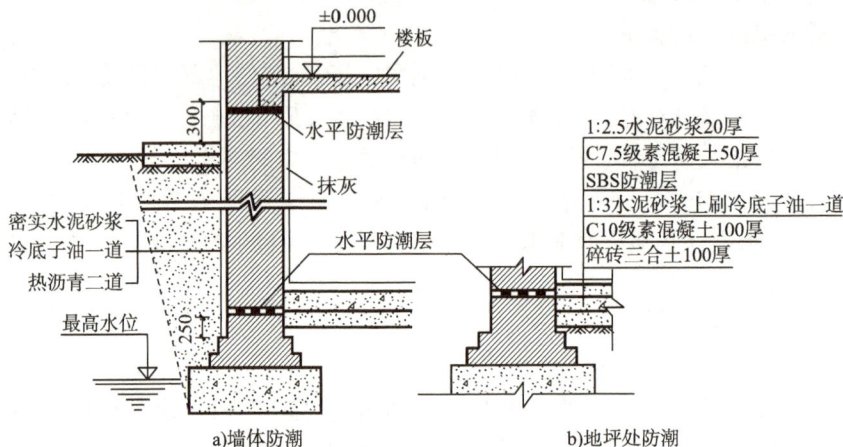

图2-30 地下室的防潮处理（尺寸单位：mm）

2. 合理确定防潮设计方案

地下室浸水的主要来源是上层土滞水和地下水。上层土滞水主要是降雨(雪)、生活用水和生产废水的滞留，它与土的性质有关。如砂类土的透水性好，不易存在滞水；黏性土的透水性差，具有滞水的可能。地下水位以下土中的地下水具有一定压力，离地面越深，其静水压也越大。地下水通过建筑围护结构渗入室内，不仅影响地下室的使用，且当地下水含有酸、碱等化学成分时，还会使结构遭到破坏。因此，地下室应采取有效的防潮、防水措施，以保证其正常使用。

地下室防水设计方案主要有：隔水法、降排水法及综合法。

1) 隔水法

隔水法是利用各种材料的不透水性隔绝地下室外围水及毛细管水的渗透，通常采用地下室外围作防水层或地下室外墙作整体式混凝土自防水结构(可多道防线)，是目前常用的最有效的措施，如图2-31所示。

2) 降排水法

降排水法是用人工降低地下水位的办法来消除地下水对地下室的影响，降排水法又分为外排法和内排法。外排法是当地下水位较高时，设置永久性排水措施，使水位降低至底板以下，以减少或消除地下水影响，如图2-32a)所示。外排法适用于地下水位高于地下室底板且不宜采用隔水法的建筑，同时在地形、地质、经济、功能上有条件时采用。内排法是将渗入地下室的水通过永久性自流排水系统排至集水坑再排至室外管道,如图 2-32b)所示。内排法适用于当水位高、水量大,难以采用外排法,或常年水位虽低于底板,但丰水期高于底板且水位小于 500mm 时。

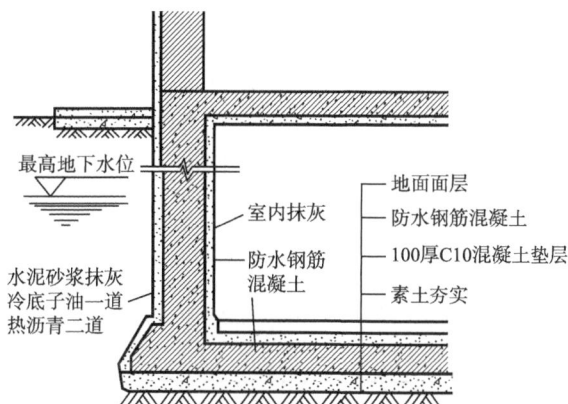

图 2-31 隔水法示意图

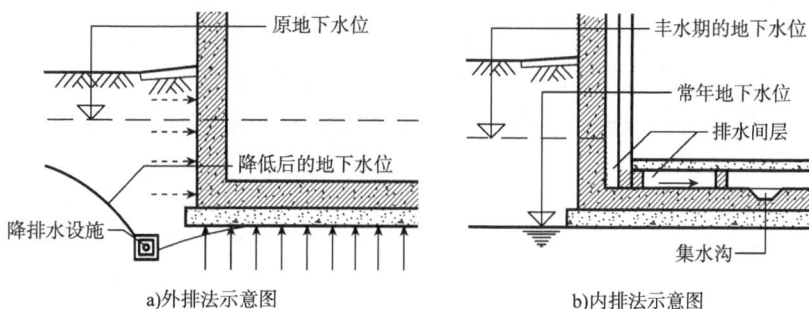

a)外排法示意图   b)内排法示意图

图 2-32 降排水法

3)综合法

综合法是同一工程中采用多种措施,以达到防水要求,提高防水可靠性。采用综合法应分清主次,以降排为主、隔水为辅;或以隔水为主、降排为辅。通常,当地下室的防水要求较高时,必须确保防水的可靠性,并在有效高度允许情况下采用综合法。

总之,地下室防水设计应贯彻"挡、排、截、堵"相结合,以挡为主、以排为辅的基本原则,因地制宜、经济合理,制定防水可靠的设计方案。

知识点 6:地下室的防水适用范围

当地下室底板处于设计最高地下水位以下时,地下室外墙和地坪受到水的侵蚀。同时,地下室还受到侧向水压力和浮力的影响。水位越高,侧向水压力和浮力越大,此时地下室应采取防水措施。地下室防潮、防水与地下水位的关系如图 2-30 所示。当建筑基底范围内的土壤透水性较差,回填土有形成上层滞水的可能,并且没有采取一定的疏导或隔绝措施时,无论地下水位高低,均应按全防水处理。

《地下工程防水技术规范》(GB 50108—2008)第 3.2.2 条规定,地下室防水工程分为四级。地下工程不同防水等级的标准和适用范围,应根据工程的重要性和使用中对防水的要求按表 2-6 选定。

防水等级	防水标准
一级	不允许渗水,结构表面无湿渍
二级	不允许漏水,结构表面可有少量湿渍;工业与民用建筑:总湿渍面积不应大于总防水面积(包括顶板、墙面、地面)的1/1000,任意100m防水面积上的湿渍不超过2处,单个湿渍的最大面积不大于0.1m²其他地下工程:总湿渍面积不应大于总防水面积的2/1000;任意100m防水面积上的湿渍不超过3处,单个湿渍的最大面积不大于0.2m²,其中,隧道工程还要求平均渗水量不大于0.05L/(m·d),任意100m²防水面积上的渗水量不大于0.15L/(m·d)
三级	有少量漏水点,不得有线流和漏泥沙;任意100m²防水面积上的漏水或湿渍点数不超过7处,单个漏水点的最大漏水量不大于2.5L/d,单个湿渍的最大面积不大于0.3m
四级	有漏水点,不得有线流和漏泥沙;整个工程平均漏水量不大于2L/(m²·d);任意100m防水面积上的平均漏水量不大于4L/(m·d)

建筑构造

地下工程的防水设防要求,应根据使用功能、使用年限、水文地质、结构形式、环境条件、施工方法及材料性能等因素确定。

知识点7:防水混凝土防水的构造做法

当地下室的地坪与墙体都采用钢筋混凝土结构时,可通过调整配合比,增加混凝土的密实度或在混凝土中掺加外加剂、掺合料等方法来提高混凝土的抗渗能力,这种防水做法称为混凝土构件自防水,混凝土构件自防水以采用防水混凝土为主,因此又称为防水混凝土防水。

《地下工程防水技术规范》(GB 50108—2008)第4.1条规定,当采用防水混凝土防水时,其抗渗等级不得小于P6。防水混凝土结构底板的混凝土垫层,强度等级不应小于C15,厚度不应小于100mm,在软弱土层中不应小于150mm。结构厚度不应小于250mm,迎水面钢筋保护层厚度不应小于50mm,以保证其抗渗效果。为防止地下水对钢筋混凝土结构的侵蚀,地下室墙体钢筋防水混凝土防水构造做法如图2-33所示。

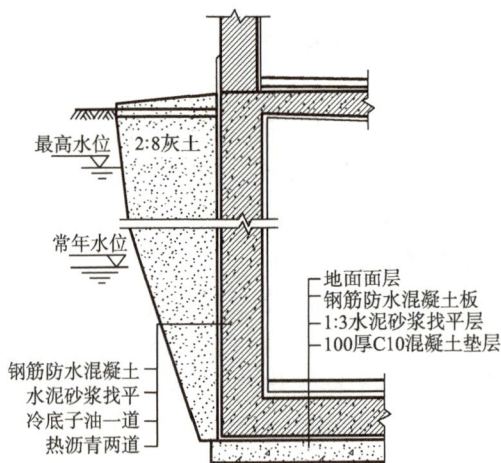

图2-33　防水混凝土防水构造做法

知识点8:卷材防水的防水构造做法

卷材防水是以防水卷材和相应的胶结材料分层粘贴,铺贴在地下室底板垫层至墙体顶端的基面上，形成封闭的防水层的做法。卷材防水宜用于经常处在地下水环境且受侵蚀性介质作用或受振动作用的地下工程。卷材防水层应铺设在混凝土结构的迎水面，根据卷材与墙体的关系可分为外防水和内防水。地下室卷材防水构造做法如图 2-34 所示。

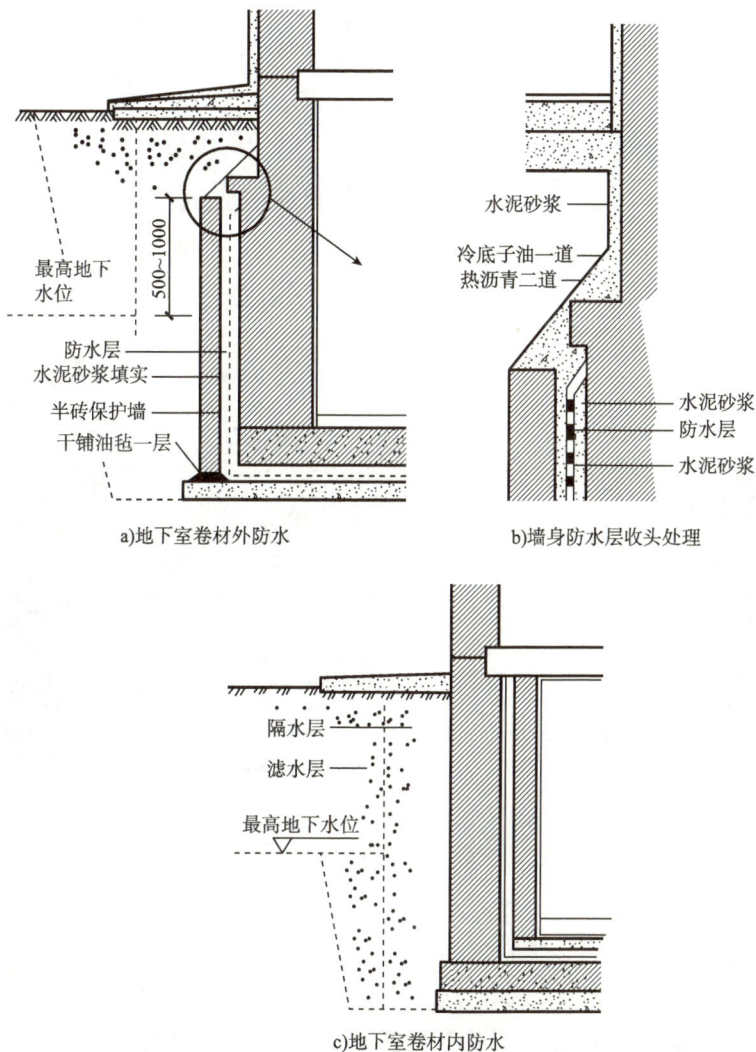

a)地下室卷材外防水   b)墙身防水层收头处理

c)地下室卷材内防水

图 2-34 地下室卷材防水的做法(尺寸单位:mm)

1. 外防水

外防水是将防水卷材粘贴在地下室外墙和底板外侧的外表面,这对防水有利,但维修困难,一般用于新建建筑的地下防水。根据施工工艺的不同,又分为外防外贴法和外防内贴法。外防外贴法是将立面防水卷材层直接粘贴在需要做防水的钢筋混凝土结构的表面上,其构造如图 2-35 所示;而外防内贴法则是由于施工条件受限,外防外贴法施工难以实施时,在垫层保护层混凝土边沿上砌筑永久性保护墙,并在平、立面上同时抹砂浆找平层后,先在永久性保护墙和垫层上粘贴卷材防水层,最后进行底板和钢筋混凝土结构的施工,其构造如图 2-36 所示。

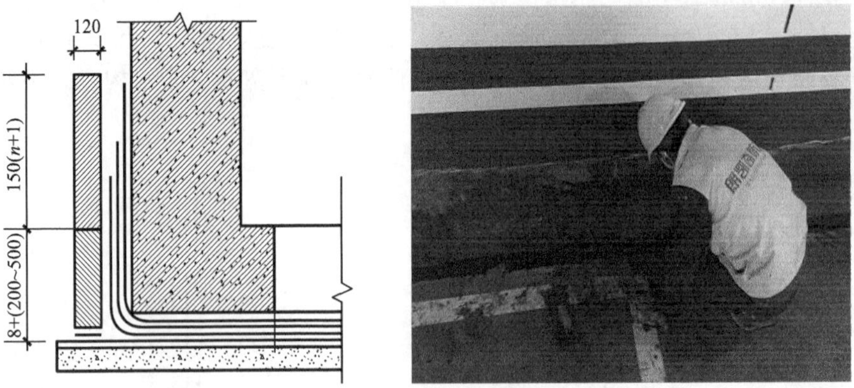

图 2-35　外防外贴法(尺寸单位:mm)

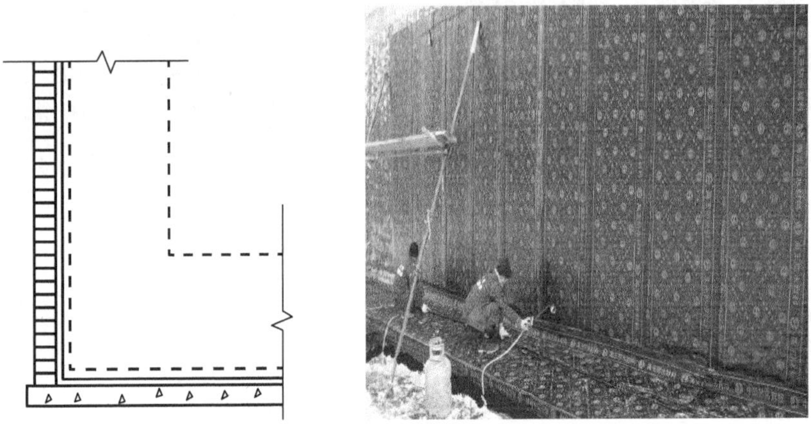

图 2-36　外防内贴法

　　依据《地下工程防水技术规范》(GB 50108—2008)的规定,当采用外防外贴法铺贴防水层时,应符合下列规定:①应先铺平面,后铺立面,交接处应交叉搭接;②临时性保护墙宜采用石灰砂浆砌筑,内表面宜做找平层;③从底面折向立面的卷材与永久性保护墙的接触部位,应采用空铺法施工;卷材与临时性保护墙或围护结构模板的接触部位,应将卷材临时贴附在该墙上或模板上,并应将顶端临时固定;④当不设保护墙时,从底面折向立面的卷材接槎部位,并应采取可靠的保护措施;⑤混凝土结构完成,铺贴立面卷材时,应先将接槎部位的各层卷材揭开,并应将其表面清理干净,如卷材有局部损伤,应及时进行修补;卷材接槎的搭接长度,高聚物改性沥青类卷材应为 150mm,合成高分子类卷材应为100mm;当使用两层卷材时,卷材应错槎接缝,上层卷材应盖过下层卷材。卷材防水构造如图 2-37 所示。

　　当采用外防内贴法铺贴卷材防水层时,应符合下列规定:①混凝土结构的保护墙内表面应抹厚度为 20mm 的 1:3 水泥砂浆找平层,然后铺贴卷材;②卷材宜先铺立面,后铺平面;铺贴立面时,应先铺转角,后铺大面。

　　外防外贴与外防内贴的区别见表 2-7。

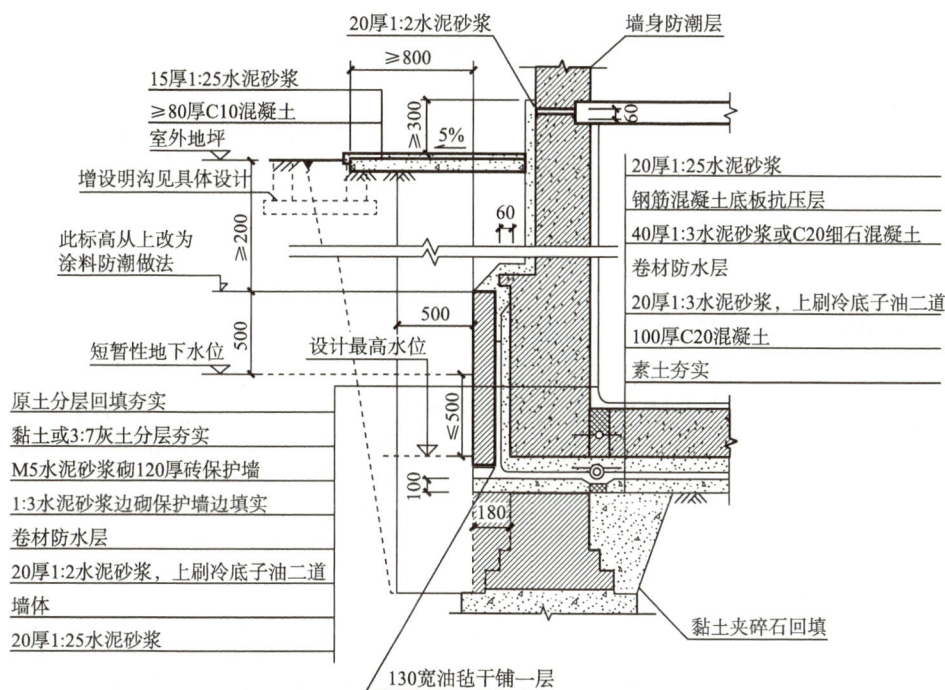

图 2-37　卷材防水构造(尺寸单位:mm)

外防外贴与外防内贴的主要区别及优点　　　　表 2-7

铺贴方法	外防外贴法	外防内贴法
适用范围	操作空间大	空间狭小
防水卷材粘贴位置	地下室结构外墙外贴	保护墙
铺贴顺序	先平后立	先立后平
优点	方便修理	无接槎
缺点	有接槎	沉降影响大、无法修理

依据《地下工程防水技术规范》(GB 50108—2008)规定,铺贴防水卷材时,其卷材防水层的基面应坚实、平整、清洁,阴阳角处应做圆弧角或45°折角,并在阴阳角等特殊部位增铺卷材加强层,加强层宽度宜为 300 ~ 500mm。卷材搭接处和接头部位应粘贴牢固。接缝口应封严或采用材性相容的密封材料封缝。铺贴立面卷材防水层时,应采取防止卷材下滑的措施。铺贴双层卷材时,上下两层和相邻两幅卷材的接缝应错开 1/3 ~ 1/2 幅宽,且两层卷材不得相互垂直铺贴。

2. 内防水

内防水是将卷材防水层铺贴在地下室外墙内表面的防水做法,这种防水方案属于被动式防水,对防水不利,但施工方便,易于维修,多用于修缮工程。

3. 地下室地坪防水

地下室地坪的防水构造是先浇筑一层厚度约 100mm 的混凝土垫层,再以选定的油毡层数在地坪垫层上做防水层,并在防水层上抹 20 ~ 30mm 厚的水泥砂浆保护层,以便在上面浇筑钢筋混凝土。为保证水平防水层与垂直墙面交接部位的防水性能,同时避免因转折交界处油毡断裂而影响地下室防水,地坪防水层必须留出足够长度以便与垂直防水层搭接。

知识点9：地下室细部构造部位防水构造做法

1. 穿墙管线

地下穿墙套管是地下室建筑施工中经常遇到的，如供气管、排水管、强弱电导线管等，都需要由室外地下隐蔽穿墙进入地下室内。此时，为避免穿墙管线与地下室外墙之间出现渗水路径，穿墙管可采用主管加焊止水环的方式埋入混凝土内固定埋管的防水做法。

2. 地下室变形缝

变形缝处是地下室最容易发生渗漏的部位，因而地下室应尽量不要做变形缝，如必须做变形缝(一般为沉降缝)，应采用止水带、遇水膨胀止水条等高分子防水材料和接缝密封材料做多道防线。止水带构造有中埋式和可拆卸式两种，对水压大于0.3MPa、变形量为20~30mm、结构厚度不小于300mm的变形缝，应采用中埋式橡胶止水带；对环境温度高于20℃处的变形缝，可采用2mm厚的紫铜片或3mm厚的不锈钢等金属止水带，其中间呈圆弧形，以适应变形。

3. 施工缝

施工缝是在混凝土浇筑过程中，因设计要求或施工需要分段浇筑，从而在先、后浇筑的混凝土之间所形成的接缝。施工缝并不是一种真实存在的"缝"，它只是因先浇筑混凝土超过初凝时间，而与后浇筑的混凝土之间存在一个结合面，该结合面就称之为施工缝。

由于地下室受到水的侵蚀，施工缝处就成为地下室渗水漏水的隐患点，因此，施工缝处需要采取一定的方法进行防水处理，比较常见的方法就是在施工缝处预埋止水带。

4. 后浇带

当建筑采用后浇带解决问题时要求如下：

(1)后浇带应设在受力和变形较小的部位，间距和位置应按结构设计要求确定，宽度宜为700~1000mm。

(2)后浇带可做成平直缝或阶梯缝，主筋不宜在缝中断开，如必须断开，则主筋搭接长度应大于42倍主筋直径，并应按设计要求加设附加钢筋。

(3)后浇带需超前止水时，后浇带部位混凝土应局部加厚，并增设外贴式或中埋式止水带，后浇带超前止水构造。

💻 **案例拓展** ▶▶▶

1. 工程概况

某小区别墅建了一层地下室，地下埋深约3m。开挖地基时，开挖土含水率较低，未见明水，开发商据此认为该地下室不会发生渗漏，在地下防水设计时将底板防水设计为钢筋混凝土自防水，抗渗等级为P6，结构墙体为黏土砖，外贴一层SBS改性沥青防水卷材。

地下室建成后，穿墙管周围和墙体均出现严重的渗漏，水通过墙体上的穿墙管和墙体之间的缝隙"流"进地下室。

2.渗漏原因分析

1) 对水源的认识不正确

在本工程中,雨水是地下水的主要补给源,它不仅可以引起地下水位的升高,而且雨水从地表渗入土层,途经地下室结构层时,很容易渗入防水不严密的地下室。在该工程的设计中,也未考虑地下排水管网对地下水位的影响。

2) 防水等级不明晰

该地下室供人们居住、会客,是人员长期停留的场所,设防要求应当为不允许任何渗漏,结构表面无湿渍。根据《地下工程防水技术规范》(GB 50108—2008)第3.2.1、3.2.2条的规定,防水等级应定为一级,而原设计中,防水等级不明晰,严格地说,达不到防水等级为四级的标准要求。

3) 防水设防不合理

该建筑采用明挖法施工,根据《地下工程防水技术规范》(GB 50108—2008)第3.3.1条的规定,一级设防的要求如下:①主体结构应选防水混凝土,主体结构包括结构底板和结构墙体;②应从防水卷材、防水涂料、塑料防水板、膨胀土防水材料、防水砂浆、金属防水板中选取1~2种做防水设防。在原设计方案中结构底板为防水混凝土,结构墙体用黏土砖取代防水混凝土,结构底板下没有其他的防水层,原设计严重违背了规范规定。

4) 未形成全封闭的防水结构

地下室防水层应形成具有整体性的全封闭的U形防水结构,在该工程中:①结构底板采用防水混凝土,具备防水能力,但结构墙体采用黏土砖,不具备防水能力,结构层未形成具有整体性的U形防水结构;②结构底板下没有柔性防水层,结构墙体外有一道SBS改性沥青卷材防水层,柔性防水层也未形成具有整体性的U形防水结构。

5) 穿墙管道设计不合理

穿墙管道是地下防水工程中的常见细部节点,一些施工单位对穿墙管周围的防水结构缺乏,致使该节点部位常出现渗漏。穿墙管道周围的防水做法较多,这里仅列举两种,如图2-38和图2-39所示。

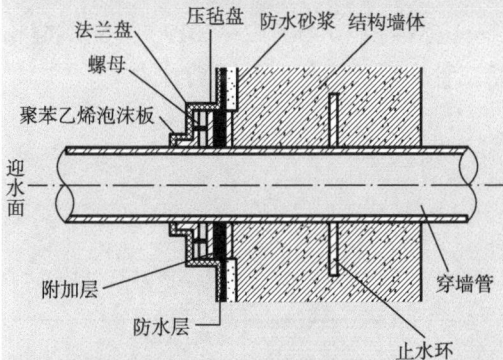

图2-38 压盘式固定穿墙管防水构造

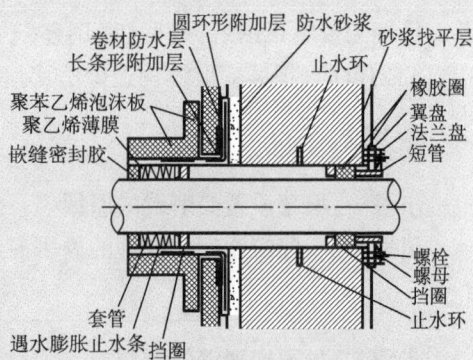

图2-39 套管式穿墙管防水构造

动画:混凝土结构自防水

学习情境 2.4　变形缝的类型与构造

🔵 学习情境

阅读《民用建筑设计统一标准》(GB 50352—2019)、《变形缝建筑构造》(11ZJ111)、《建筑制图标准》(GB/T 50104—2010)等规范、图集,准确判断变形缝的类型。

◆ 学习目标

1.工作能力目标

(1)熟悉变形缝的类型、作用、设置原则以及变形缝设缝宽度;
(2)熟练掌握建筑物不同部位处变形缝的构造形式。

2.素质目标

从变形缝的"变"字,让学生明白"变与不变"的哲学道理,变是永恒的,不变的是保证房屋的质量安全,始终把"房子是用来住的"放在建筑从业人员心中最重要的位置,为广大人民群众修建舒适、安全的房子。

▲ 任务描述

根据变形缝类型特点进行填空,查阅规范和构造图集,判断变形缝大样图的类型,并根据变形缝构造图集,完善缺失的部分。

◆ 工作准备

仔细阅读附录图纸,根据《民用建筑设计统一标准》(GB 50352—2019)、《变形缝构造》(11ZJ111),识读变形缝构造做法,分析判断三种变形缝的作用和区别。

⚠ 任务实施

步骤一:思考设置变形缝的原因。
引导问题:建筑物产生裂缝的原因有哪些?

_____

步骤二:学习变形缝的作用。
引导问题1:三种变形缝各有什么作用?

_____

引导问题2:三种变形缝的设缝原则是什么?

_____

步骤三：分析墙体变形缝的构造。

引导问题 1：墙体变形缝的截面形式有哪几种？

_____

引导问题 2：墙体变形缝内外墙做法有何区别？

_____

步骤四：分析平屋顶变形缝构造做法。

引导问题 1：平屋顶变形缝做法分为哪两大类？

_____

引导问题 2：平屋顶变形缝如何盖缝？

_____

微课：变形缝的
设置与构造(上)

微课：变形缝的
设置与构造(下)

◇ **成果形式**

完成并提交本教材配套《建筑构造活页实训手册》中的变形缝分析报告。

评价反馈

完成并提交本教材配套《建筑构造活页实训手册》中对应学习情境的任务评价反馈表，学生自评后由教师综合评价。

◇◇ 知识链接 ◇◇

知识点 1：变形缝的类型

为了防止因气温变化、地基不均匀沉降以及地震等因素使建筑物发生裂缝或导致破坏，设计时预先在变形敏感部位将建筑物断开，分成若干个相对独立的单元，且预留的缝隙能保证建筑物有足够的变形空间，设置的这种构造缝称为变形缝。变形缝按其所起作用的不同，分为三种：伸缩缝、沉降缝及防震缝。

1. 伸缩缝

伸缩缝又叫温度缝，建筑物处于昼夜、冬夏的温度变化环境中，由于热胀冷缩使结构内部产生温度应力和应变，这种变化随着建筑物长度的增加而增加，当应力和应变达到一定数值时，建筑物将会出现开裂甚至破坏。为避免这种情况的发生，常常沿建筑物长度方向，每隔一定距离或在结构变化较大处预留缝隙，将建筑物断开。当建筑物较长时，为避免建筑物因热胀冷缩剧烈而使结构构件产生裂缝和破坏所设置的变形缝称为伸缩缝。

2. 沉降缝

沉降缝是为了防止由于地基的不均匀沉降，结构内部产生附加应力引起的破坏而设置的缝隙。

3. 防震缝

防震缝是为了防止建筑物各部分在地震时相互撞击引起破坏面设置的缝隙，通过防震缝将建筑物划分成若干形体简单、结构刚度均匀的独立单元。

知识点 2：变形缝的设缝原则

建筑中须设置伸缩缝的情况主要有三类：一是建筑物长度超过一定限度；二是建筑平面复杂，变化较多；三是建筑中结构类型变化较大。

设置伸缩缝时，通常沿建筑物长度方向，每隔一定距离或在结构变化较大处，在垂直方向预留缝隙，将基础以上的建筑构件全部断开，分为各自独立的、能在水平方向自由伸缩的部分。基础部分因受温度变化影响较小，一般不需断开。

伸缩缝的最大间距，即建筑物的允许连续长度与结构的形式、材料、构造方式及所处的环境有关。规范对钢筋混凝土结构及砌体结构建筑物中伸缩缝的最大间距所作规定见表 2-8 和表 2-9。

钢筋混凝土结构伸缩缝最大间距（m） 表 2-8

结构类别	施工方法	室内或土中	露天
排架结构	装配式	100	70
框架结构	装配式	75	65
	现浇式	55	30

结构类别	施工方法	室内或土中	露天
挡土墙、地下室墙壁等	装配式	40	30
	现浇式	30	20

砌体结构伸缩缝最大间距（m）　　　　　　　表2-9

房屋或楼盖类型	有无保温或隔热层	间距
整体式或装配整体式钢筋混凝土结构	有	50
	无	40
装配式无檩体系钢筋混凝土结构	有	60
	无	50
装配式有檩体系钢筋混凝土结构	有	75
	无	60
瓦材屋盖、木屋盖或楼盖、轻钢屋盖		100

注：1. 层高大于5m的混合结构单层房屋缩缝的间距可按表中数值乘以1.3后采用。但当墙体采用硅酸盐砖硅酸盐砌块和混凝土砌筑时，不得大于75mm。

　　2. 严寒地区、不供暖的温度差较大且变化频繁地区，墙体伸缩缝的间距，应按表中数值予以适当减少后采用。

　　3. 墙体的伸缩缝内应嵌以轻质可塑材料，在进行立面处理时，必须使缝隙能起伸缩作用。

当建筑采用以下构造措施和施工措施减小温度变化和收缩应力时，可增大伸缩缝的间距：

(1) 在顶层、低层、山墙和纵墙端部开间等温度变化影响较大的部位提高配筋率。

(2) 顶层加强保温、隔热措施或采用架空通风屋面。

(3) 顶部楼层应该用刚度较小的结构形式或顶部设局部温度缝，将结构划分为长度较短的区段。

(4) 间距留出施工后浇带，带宽800~1000mm，钢筋可采用搭接接头。后浇带混凝土宜在2个月后浇灌，浇灌时的温度宜低于主体混凝土浇灌时的温度。

📶 **知识拓展** ▶▶

1. 后浇带的设置

后浇带是指现浇整体钢筋混凝土结构中，在施工期间保留的临时性温度和收缩变形缝，着重解决钢筋混凝土结构在强度增长过程中因温度变化、混凝土收缩等产生的裂缝，以释放大部分变形，减小约束力，避免出现贯通裂缝。后浇带应设在对结构无严重影响的部位，即结构构件内力相对较小的位置，通常每隔30~40m一道，缝宽70~100cm。一般在两部分混凝土浇灌后两周至一个月的时间段，再用比原结构强度高5~10N/mm的微膨胀水泥或无收缩水泥混凝土补浇成为连续、整体、无伸缩缝的结构，如图2-40和图2-41所示。

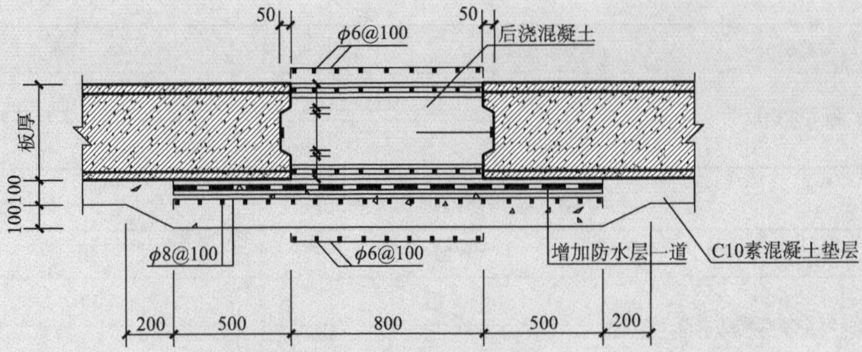

图2-40 基础底板后浇带(尺寸单位:mm)

图2-41 地下室底板后浇带

2.沉降缝的设置

为满足沉降缝两侧的结构体能自由沉降,设置沉降缝时,必须将建筑的基础、墙体楼层及屋顶等部分全部在垂直方向断开,使各部分形成能自由沉降的独立的刚度单元,凡符合下列情况之一者,均应设置沉降缝:

(1)建筑物建造在不同的地基上,且难以保证不出现不均匀沉降。荷载相差悬殊或结构形式变化较大时,易导致不均匀沉降。

(2)同一建筑物相邻部分的层数相差两层以上或层高相差超过10m。

(3)新建建筑物与原有建筑相毗邻。

(4)建筑平面形式复杂、连接部位又较薄弱。

(5)相邻的基础宽度和埋置深度相差较大。

沉降缝可兼有伸缩缝的作用,其构造与伸缩缝基本相同,但盖缝条和调节片构造必须能保证在水平方向和垂直方向自由变形。

3.防震缝的设置

在地震设防烈度为7~9度的地区,有下列情况之一时,需设防震缝:

(1)建筑平面复杂,有较大突出部分。

(2)建筑物立面高差在6m以上。

(3)建筑物有错层,且楼板高差较大。

(4)建筑物相邻部分的结构刚度、质量相差较大。

防震缝应沿建筑物全高设置。一般情况下,基础可以不分开,但当平面较复杂时,也应将基础分开。缝的两侧一般应布置双墙或双柱,以加强防震缝两侧房屋的整体刚度。

知识点 3:变形缝的宽度尺寸

1. 伸缩缝

由于建筑及基础埋于土中,受温度变化影响较小,因此,仅于基础以上部分设缝。伸缩缝的宽度一般为 20~30mm。

2. 降缝

由于沉降缝的设缝目的是解决不均匀沉降变形,故应从基础开始断开。沉降缝的宽度按表 2-10 所列尺寸选取。

沉降缝宽度 表 2-10

地基性质	建筑物高度或层数	缝宽(mm)
一般地基	$H < 5m$	30
	$H = 5~8m$	50
	$H = 10~15m$	70
软弱地基	2~3 层	50~80
	4~5 层	80~120
	6 层以上	>120
湿陷性黄土地基	—	30~50

3. 防震缝

防震缝的宽度应根据建筑物的高度和抗震设计烈度来确定。

(1)在多层砖混结构中,防震缝宽一般取 50~70mm。

(2)在多层钢筋混凝土框架结构中,当高度不超过 15m 时,可取 100mm;当高度超过 15m 时,按不同设防烈度增加缝宽,当设防烈度分别为 6 度、7 度、8 度、9 度时,相应每增加 5m、4m、3m、2m,防震缝宽宜增加 20mm。

(3)在框架-抗震墙结构中,防震缝的宽度可采用上述值的 50%,且均不宜小于 100mm,防震缝两侧结构类型不同时,宜按照需要较宽防震缝结构类型和较低建筑高度确定缝宽。

(4)当采用以下措施时,高层部分与裙房之间可连接为整体而不设沉降缝:

①采用桩基,桩支撑在基岩上,或采取减少沉降的有效措施,并且满足经过计算沉降差在允许范围内。

②主楼与裙房采用不同的基础形式,并宜先施工主楼、后施工裙房,调整土压力使后期基本接近。

③地基承载力较高、沉降计算较为可靠时,主楼与裙房的标高预留沉降差,先施工主楼,后施工裙房,使最后二者标高基本一致。

在后两种情况下,施工时,应在主楼与裙房之间留后浇带,待沉降基本稳定后再连为整体。设计中应考虑后期沉降差的不利影响。

知识点 4:变形缝的构造做法

伸缩缝应保证建筑构件在水平方向自由变形,沉降缝应满足构件在垂直方向自由沉降变形,防震缝主要是防地震水平波的影响,但三种缝的构造基本相同。

变形缝的构造要点是:将缝两侧建筑构件全部断开,以保证自由变形。砖混结构变形缝处,可采用单墙或双墙承重方案,框架结构可采用悬挑方案。变形缝应隐蔽,如设置在平面形状有变化处,还应在构造上采取措施,防止风雨对室内的侵袭。

1.墙体变形缝

墙体变形缝的构造,在外墙与内墙的处理中,由于位置不同而各有侧重。缝的宽度不同,构造处理不同。

砖砌外墙厚度在一砖以上者,应做成错口缝或企口缝的形式,厚度在一砖或小于一砖时可做成平缝,如图 2-42 所示。为保证外墙自由变形,并防止风雨影响室内,应用沥青麻丝等弹性填缝材料填嵌缝隙。

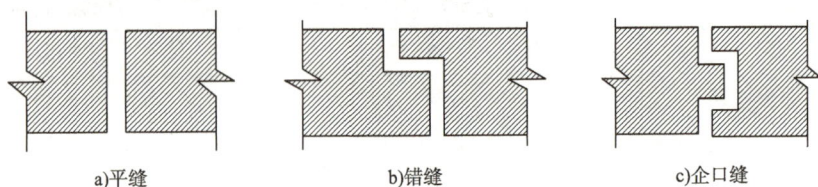

a)平缝　　　　　　　　b)错缝　　　　　　　　c)企口缝

图 2-42　变形缝的形式

当变形缝宽度较大时,应考虑盖缝处理,如图 2-43 所示。缝口可采用镀锌薄钢板或铝板盖缝调节。

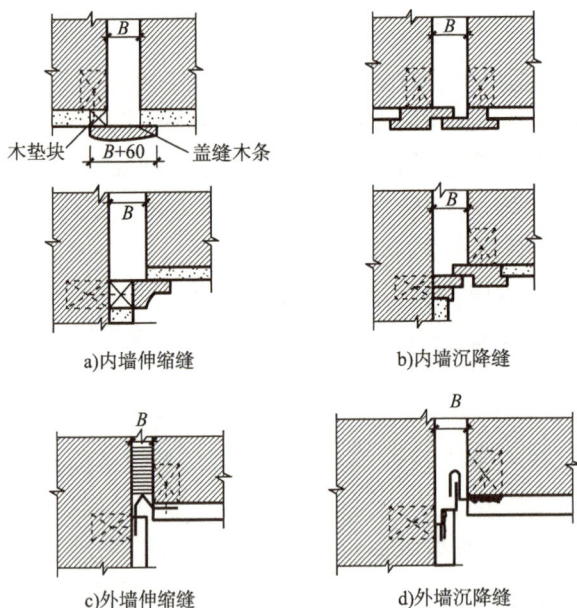

a)内墙伸缩缝　　　　　　　　b)内墙沉降缝

c)外墙伸缩缝　　　　　　　　d)外墙沉降缝

图 2-43　变形缝构造(尺寸单位:mm)

内墙变形缝着重表面处理,可采用木条或金属盖缝,仅一边固定在墙上,允许自由移动,如图 2-44 所示。

图2-44 墙体变形缝

2. 地面变形缝

地面变形缝包括温度伸缩缝、沉降缝及防震缝。其设置的位置和大小应与墙面、屋面变形缝一致,大面积的地面还应适当增加伸缩缝。变形缝的构造要求从基层到饰面层脱开,使其产生位移或变形时,能自由位移、不被破坏。还可以根据需要在变形缝内配置止水带、阻火带和保温带等装置,使变形缝满足防水、防火、保温等设计要求。为了美观,还应在面层加设盖缝板,盖缝板可以选用铝合金板、不锈钢、橡胶等材质,盖缝板应不妨碍构件之间的变形需要(伸缩、沉降),通常为单侧固定的滑动盖缝板,此外,盖缝板的形式和色彩应和室内装修协调。图2-45和图2-46为地面变形缝构造示意及实例。

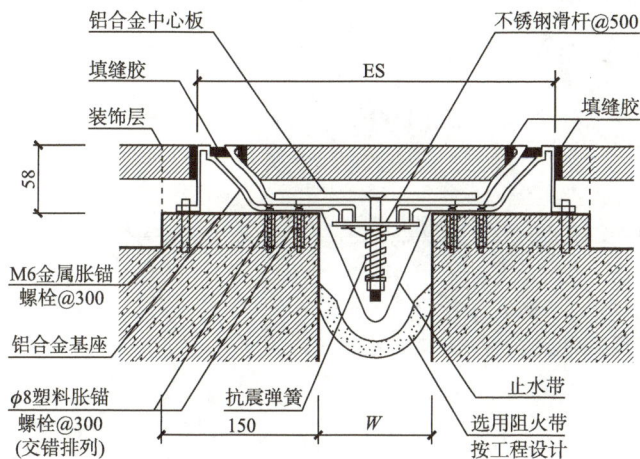

图2-45 地面变形缝构造(尺寸单位:mm)

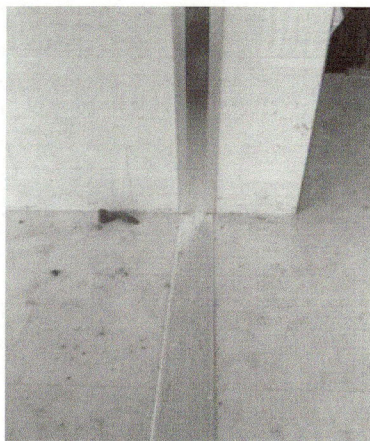

图2-46 地面变形缝

3. 屋面变形缝构造

屋面变形缝的构造处理原则是既要保证屋面有自由变形的可能,又能防止雨水经由变形缝渗入室内。屋面变形缝按建筑设计可设于同层等高屋面上,也可设在高低屋面的交接处。

等高屋面的变形缝的做法是:在缝两边的屋面板上砌筑或现浇矮墙,在防水层下增设附加层,附加层在平面和立面的宽度不应小于250mm,且铺贴至泛水墙的顶部;变形缝内应预填不燃保温材料,上部应采用防水卷材封盖,并放置衬垫材料,再在其上干铺一层卷材。变形缝顶部宜加扣镀锌铁皮盖板,或采用混凝土盖板压顶,如图2-47所示。

73

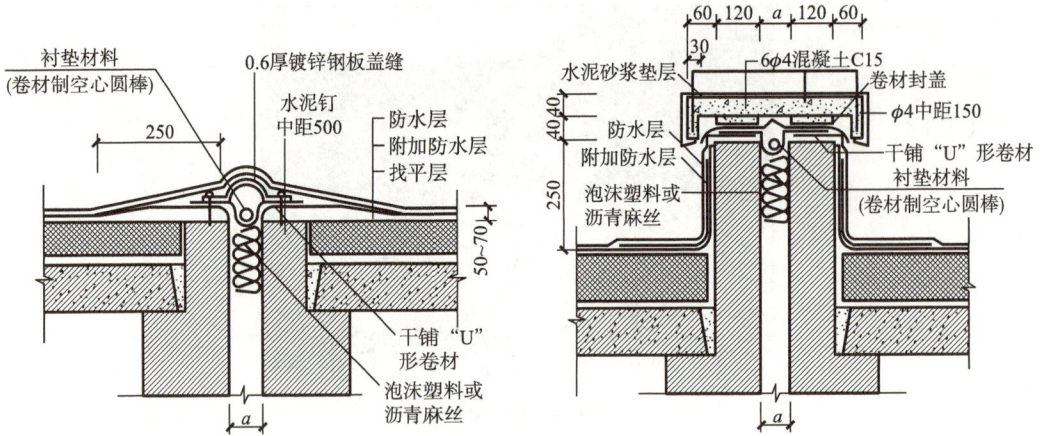

图 2-47 高低屋面变形缝构造(尺寸单位:mm)

高低屋面的变形缝则是在低侧屋面板上砌筑或现浇矮墙。当变形缝宽度较小时,可用镀锌薄钢板盖缝并固定在高侧墙上,做法同泛水构造,也可从高侧墙上悬挑钢筋混凝土板盖缝,如图 2-48 所示。

图 2-48 屋面变形缝

4.基础变形缝

建筑物因高度、荷载、结构类型或地基承载力等不同将会产生不均匀沉降,导致建筑物开裂、破坏而影响使用,因此需设沉降缝,沉降缝应使建筑物从基础底面到屋顶全部断开,此时基础有以下三种处理方法:

(1)双墙式处理方法。将基础平行设置,沉降缝两侧的墙体均位于基础的中心,两墙之间有较大的距离。若两墙间距小,基础则受偏心荷载,适用于荷载较小的建筑。

(2)悬挑式处理方法。将沉降缝一侧的基础按一般设计,而另一侧采用挑梁支承基础梁,在基础梁上砌墙,墙体材料尽量采用轻质材料。

(3)交叉式处理方法。将沉降缝两侧的基础交叉设置,在各自的基础上支承基础梁,墙砌筑在梁上。用于荷载较大、沉降缝两侧的墙体间距较小的建筑。

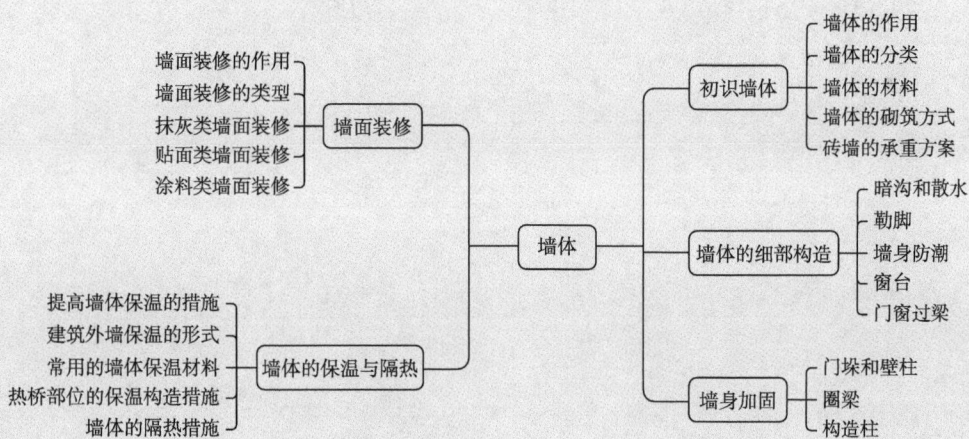

墙面装修的作用
墙面装修的类型
抹灰类墙面装修 ── 墙面装修
贴面类墙面装修
涂料类墙面装修

墙体的作用
墙体的分类
初识墙体 ── 墙体的材料
墙体的砌筑方式
砖墙的承重方案

墙体

暗沟和散水
勒脚
墙体的细部构造 ── 墙身防潮
窗台
门窗过梁

提高墙体保温的措施
建筑外墙保温的形式
常用的墙体保温材料 ── 墙体的保温与隔热
热桥部位的保温构造措施
墙体的隔热措施

门垛和壁柱
墙身加固 ── 圈梁
构造柱

学习情境 3.1 初 识 墙 体

○ 学习情境

墙体是建筑物的重要组成部分,在一般建筑中,墙体占到房屋总重的 40% ~ 65% 。那么你知道它由哪些材料组成吗? 是运用哪些构造方法建造起来的? 本模块主要学习墙体的设计方案及其组砌方式等。

◆ 学习目标

1. 工作能力目标

(1)能够判断常规墙体的组砌方式及对应厚度。

(2)能够阅读墙体的承重方案,并初步选择墙体承重方案。

2. 素质目标

通过本模块教学内容的学习,可以提升学生基本职业素养和掌握一定的解决问题的逻辑思考方式。

▲ 任务描述

项目概况:本工程是某公司办公楼,其工程概况如下:地下 1 层,地上 7 层,建筑高度 24.9m,为二类高层建筑,建筑物耐火等级为二级,抗震等级为三级。具体详见附录图纸中建筑平面图、建筑立面图及相应知识点内容。

◈ 工作准备

阅读知识点及图纸,了解墙体的构造作用有哪些,如何进行分类,分析图纸中背立面墙体所在的空间位置及其作用是什么;了解组成墙体的建筑材料(砖、砂浆)的特点、规格及其适用范围;熟悉砖墙的组砌方式及组砌方式与墙体厚度之间的关系。结合图纸分析图纸中用到哪种砌体,墙体厚度是多少,可以采用哪种种组砌方式以及各部位采用哪种砌筑砂浆。

⚠ 任务实施

步骤一:学习墙体的分类和作用,判断图纸中各部位的墙体是哪种类型。

引导问题:墙体的作用有哪些? 墙体的分类方式有哪些? 是否能够认识各种类型的墙体?

步骤二:学习墙体的组砌材料有哪些,翻阅图纸读出各部位墙体的组砌材料。

引导问题1:墙体的砌筑材料有哪些? 各有什么特点? 分别适用于哪种环境?

引导问题 2:阅读建筑设计总说明,了解各部位墙体的组砌材料,分析它们所用的环境。

步骤三:学习墙体组砌方式与墙体厚度的关系,掌握墙体组砌的原则。

引导问题:保证墙体的强度所必须采取的组砌原则是什么? 图纸中 B 轴线墙体应该采用的组砌方式是什么?

步骤四:了解墙体的承重方案。

引导问题:附录办公楼图纸中二层办公室如果采用墙体承重方案,采用哪种承重方案比较合适?

| 微课:墙的作用及分类 | 动画:墙体类型 | 微课:墙体的设计要求 | 微课:幕墙构造 | 动画:墙体的承重方案 |

◇ **成果形式**

结合图纸,参照知识点内容,了解图纸中墙体基本构造方法(墙体砌筑材料、承重方案、组砌方式及厚度等),完成并提交本教材配套《建筑构造活页实训手册》中的初识墙体分析报告。

评价反馈

完成并提交本教材配套《建筑构造活页实训手册》中对应学习情境的任务评价反馈表,学生自评后由教师综合评价。

◇◇ 知识链接 ◇◇

知识点 1：初识墙体

1. 墙体的作用

墙体是建筑物竖直方向的主要构件，墙体在房屋中的作用主要有以下四点：

1）承重作用

墙体承受楼板、顶或梁传来的荷载及墙体自重、风荷载、地震作用，墙体是砌体结构、混合结构中的主要承重构件。需要注意的是，对于钢筋混凝土承重的框架结构、剪力墙结构、筒体结构等，墙体一般仅具有分隔和围护作用，不具有承重作用。

墙体承受楼板、顶或梁传来的荷载及墙体自重、风荷载、地震作用，墙体是砌体结构、混合结构中的主要承重构件。需要注意的是，对于钢筋混凝土承重的框架结构、剪力墙结构、筒体结构等，墙体一般仅具有分隔和围护作用，不具有承重作用。

2）围护作用

建筑外墙可以抵御自然界中风、雨、雪等的侵袭，防止太阳辐射、噪声的干扰，起到保温、隔热、隔声、防风、防水等作用，是建筑围护结构的主体。

3）分隔作用

墙体把房屋内部划分为若干房间，以适应人的使用要求。

4）装饰作用

墙面装饰是建筑装饰的重要部分，墙面装饰尤其是外墙面装饰对整个建筑物的装饰效果作用很大。

2. 墙体的分类

墙体的分类如图 3-1 所示。

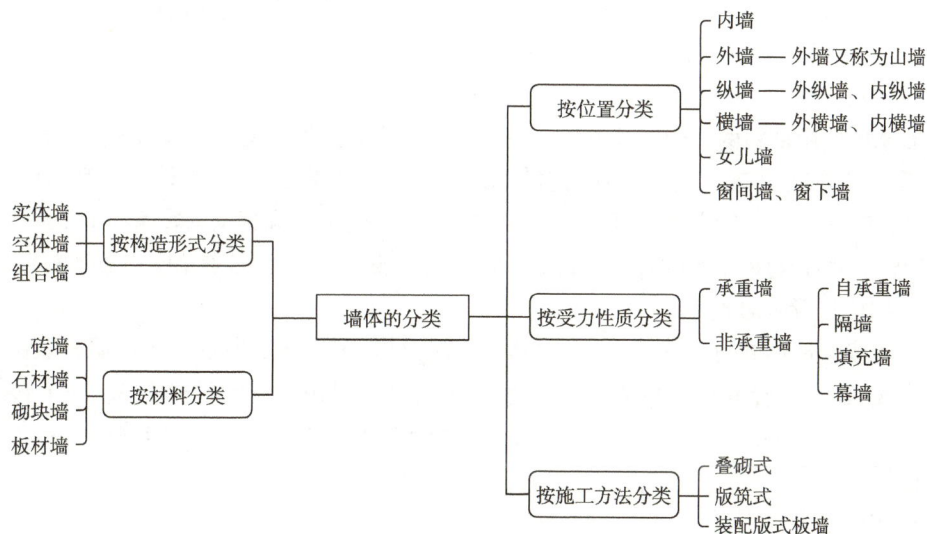

图 3-1　墙体的分类

1)按位置分类

按墙体在平面上所处位置不同,可分为外墙和内墙、纵墙和横墙,如图 3-2 所示。其中,外横墙又称为山墙,屋顶上部的墙体称为女儿墙,窗与窗之间的墙称为窗间墙,窗洞下面的墙称为窗下墙。

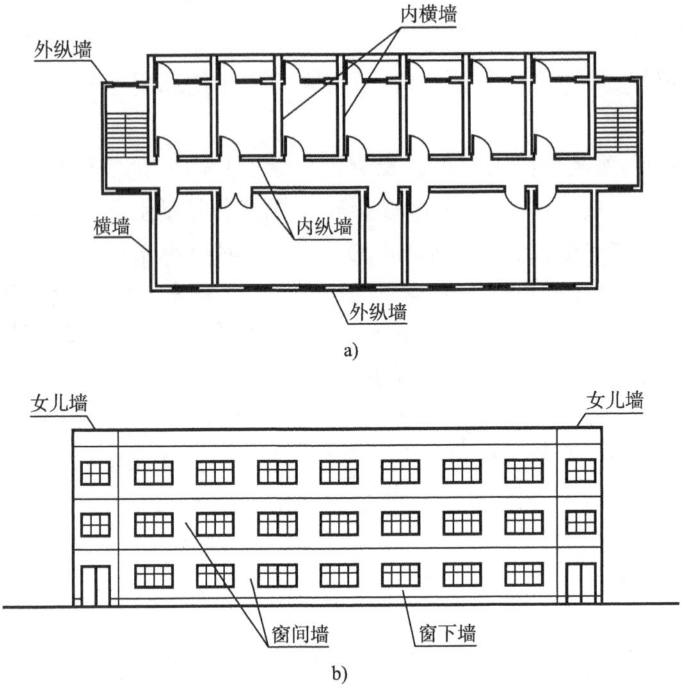

图 3-2 不同位置的墙体名称

2)按受力性质分类

墙体根据受力情况不同可分为非承重墙和承重墙。非承重墙又分为自承重墙、隔墙、填充墙和幕墙。自承重墙只承受自身重量,并把自重传给基础;隔墙仅对空间起到分隔的作用,可不做基础;框架结构中的墙体称为框架填充墙。

3)按材料分类

墙体按所用材料的不同可分为砖墙、石材墙、砌块墙和板材墙。用作墙体的砖有黏土多孔砖、黏土空心砖、灰砂砖和焦渣砖等,砖块之间用砌筑砂浆黏结;石材墙包括乱石墙、整石墙和包石墙;砌块墙多用于非承重墙或框架结构填充的加气混凝土砌块墙和承重混凝土空心小型砌块墙;板材墙常用的有钢筋混凝土板材、加气混凝土板材、玻璃幕墙和金属幕墙等。

4)按构造形式分类

墙体按构造形式可分为实体墙、空体墙及组合墙,如图 3-3 所示。实体墙一般由单一材料构成,如普通砖墙和实心砌块墙等;空体墙通常也是由单一的材料组成,如空斗墙,或用具有孔洞的材料砌筑而成,如空心砖墙等;组合墙由几种材料组成,如混凝土与加气混凝土板材墙。

5)按施工方法分类

墙体按施工方法可分为叠砌式、板筑式和装配式板材墙。叠砌式墙是用砖、石块或砌块与砂浆等胶结材料组砌而成,又称为块材墙;板筑式墙是在施工现场立模现浇而成的墙体,如现浇混凝土墙;装配式板材墙是预先制成墙板,在施工现场安装、拼接而成的墙体,如预制混凝土大板墙。

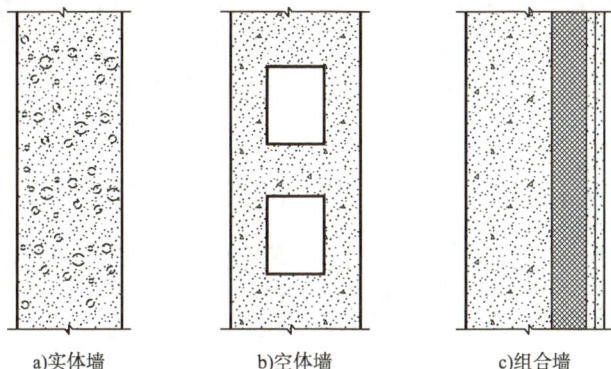

a)实体墙　　　　b)空体墙　　　　c)组合墙

图3-3　墙体构造形式

3.墙体的设计要求

(1)具有足够的承载和稳定性,其中包括合适的材料性能、适当的截面形状和厚度以及连接的可靠性。

(2)具有必要的保温、隔热等方面的性能。

(3)选用的材料及截面厚度,都应符合防火规范中相应燃烧性能和耐火极限所规定的要求。

(4)满足隔声的要求。

(5)满足防潮、防水等的要求。

(6)满足建筑工业化以及经济方面的要求。

知识点 2:砖墙的材料和砌筑方式

砖墙是用砂浆将一块块砖按一定规律砌筑而成的砌体,其主要材料是砖和砂浆。砖墙具有保温、隔热、隔声等优点,也存在施工速度慢、自重大、劳动强度大等不足。

1.砖和砂浆

1)砖

砖的种类很多,从所采用的原材料上看有黏土砖、灰砂砖、页岩砖、煤矸石砖、水泥砖、矿渣砖等,如图 3-4 所示。从形状上看有实心砖及多孔砖。当前砖的规格与尺寸也有多种形式,普通黏土砖是全国统一规格的标准尺寸,即 240mm × 112mm × 53mm,砖的长宽厚之比为 4∶2∶1,但与现行的模数制不协调。有的空心砖尺寸为 190mm × 190mm × 90mm 或 240mm × 112mm × 180mm 等。考虑到国家保护耕地的需要,目前已禁止使用实心黏土砖,从而达到节约能源、节约耕地的目的。

砖的强度等级按抗压强度划分为五级:MU30、MU25、MU20、MU15、MU10,抗压强度单位为 N/mm^2。

2)砂浆

砂浆由胶结材料(水泥、石灰、黏土)和填充材料(砂、石屑、矿渣、粉煤灰)用水搅拌而成,当前我们常用的有水泥砂浆、混合砂浆及石灰砂浆。水泥砂浆的强度和防潮性能最好,混合砂浆次之,石灰砂浆最差,但它的和易性好,在墙体要求不高时采用。

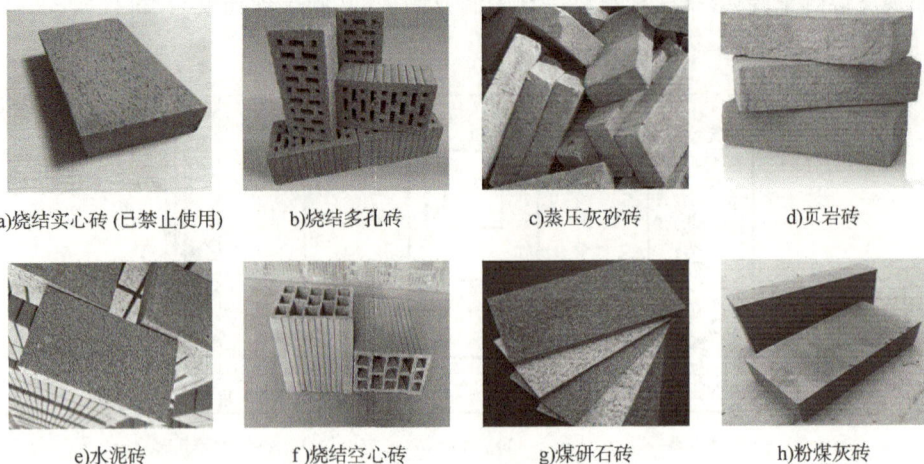

| a)烧结实心砖(已禁止使用) | b)烧结多孔砖 | c)蒸压灰砂砖 | d)页岩砖 |
| e)水泥砖 | f)烧结空心砖 | g)煤研石砖 | h)粉煤灰砖 |

图 3-4　砖的类型

砂浆的强度等级以抗压强度来进行划分,从高到低依次为 M15、M10、M7.5、M5、M2.5,抗压强度单位为 N/mm^2。

2. 砖墙的砌筑方式

(1)砖墙的基本尺寸。

砖墙的砌筑主要是指砖块在砌体中的排列方式。以标准砖为例,砖墙可根据砖块的尺寸和数量采用不同的排列,借砂浆形成的灰缝,组合成各种不同的墙体。

标准砖的规格为 240mm × 115mm × 53mm(长 × 宽 × 厚),如图 3-5a)所示。以灰缝为 10mm 进行组合时,从尺寸上不难看出,它以砖长、砖宽加灰缝与砖厚加灰缝之间呈 4:2:1 为基本特征,如图 3-5b)所示。常见的墙体厚度名称见表 3-1。

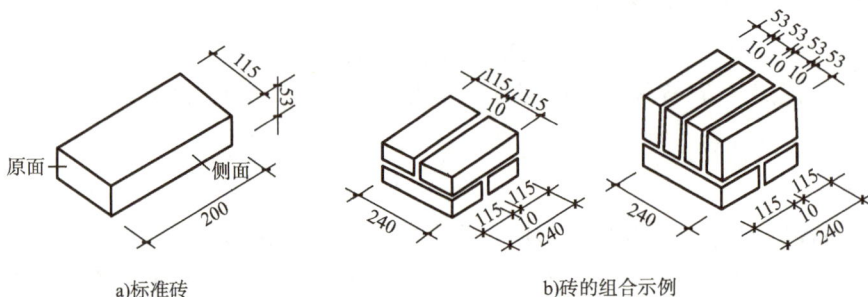

a)标准砖　　　　　　　　　b)砖的组合示例

图 3-5　标准砖的尺寸关系(尺寸单位:mm)

墙厚名称　　　　　　　　　　　　　　　　　　　　　表 3-1

墙厚名称	习惯称呼	实际尺寸(mm)	墙厚名称	习惯称呼	实际尺寸(mm)
半砖墙	12 墙	115	一砖半墙	37 墙	362
3/4 砖墙	18 墙	178	二砖墙	49 墙	490
一砖墙	24 墙	240	二砖半墙	62 墙	612

墙体在砌筑时,即以这些尺寸为基础,并以 115 + 10 = 125(mm)为其组合的模数。而这一模数在使用过程中往往与《建筑模数协调标准》(GB/T 50002—2013)中的扩大模数 3M 不协调,因此在使用中须注意标准砖这一特性。

（2）砖墙的砌筑方式。砖墙的砌筑方式可分为以下几种：全顺式、一顺一丁式、多顺一丁式、十字式，如图3-6所示。

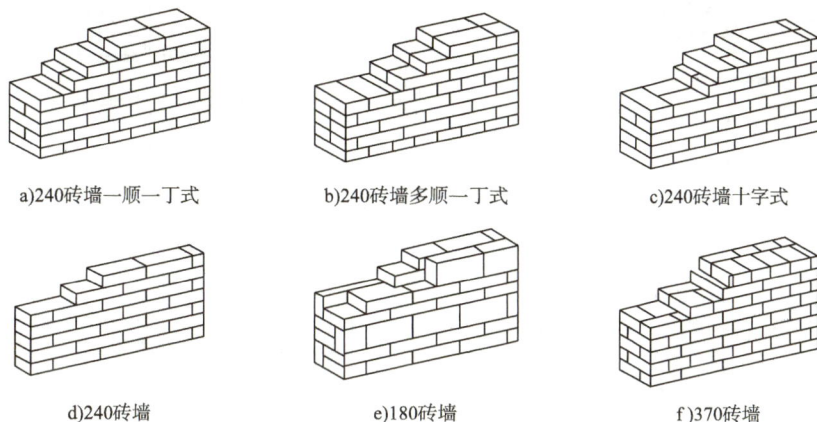

a)240砖墙一顺一丁式   b)240砖墙多顺一丁式   c)240砖墙十字式

d)240砖墙   e)180砖墙   f)370砖墙

图3-6　砖墙的砌筑方式

为了保证墙体的承载力，作为砖砌体，砖缝必须横平竖直、错缝搭接，避免上下通缝。同时，砖缝砂浆必须饱满、厚薄均匀。

知识点3：砖墙的承重方案

1. 横墙承重

承重墙体主要由垂直于建筑物长度方向的横墙组成，如图3-7a)所示。楼面荷载依次通过楼板、横墙、基础传递给地基。由于横墙主要起承重作用且间距较小，建筑物的横向刚度较强，则整体性好、抗风抗震能力强，但其建筑空间组合不够灵活。这一布置方式适用于房间的使用面积不大、墙体位置比较固定的建筑，如住宅、宿舍和旅馆等。

2. 纵墙承重

承重墙体主要由平行于建筑物长度方向的纵墙承受楼板或屋面板荷载，如图3-7b)所示。楼面荷载依次通过楼板、梁、纵墙、基础传递给地基。特点是内外纵墙起主要承重作用，室内横墙的间距可以增大，建筑物的纵向刚度强而横向刚度弱。为了抵抗横向水平力，应适当设置承重横墙，与楼板一起形成纵墙的侧向支撑，以保证房屋空间刚度及整体性的要求。

此种方法空间划分灵活，适用于在使用上要求有较大空间、墙位置在同层或上下层之间可能有变化的建筑，如教室和阅览室等。其缺点是对在纵墙上开门窗的限制较大，整体刚度较差，板材料用量多。

3. 纵横墙承重

承重墙体由纵横两个方向的墙体混合组成，如图3-7c)所示。纵横墙承重体系是在两个方向抗侧力的能力都较好，抗震能力强。此方案建筑组合灵活，空间刚度较好，适用于开间、进深变化较多的建筑，如医院等。

4. 内框架承重

当建筑需要大空间时，采用内部框架承重，四周为墙体承重。楼板自重及活荷载传给梁、柱或墙。房屋的刚度主要由框架保证，因此水泥及钢材用量较多，如图3-7d)所示，如商场等。

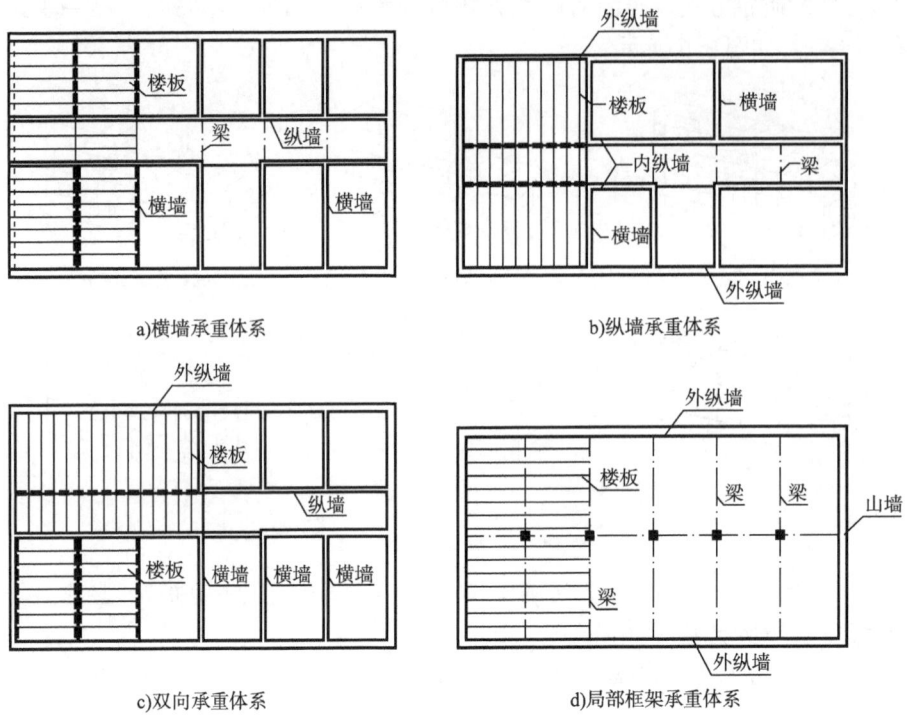

a)横墙承重体系

b)纵墙承重体系

c)双向承重体系

d)局部框架承重体系

图 3-7 墙体承重方案

学习情境 3.2　墙体的细部构造

○ 学习情境

墙体是由许多细部构造组成的。我们经常看到建筑物外墙面有各种各样的构造组成形式。你知道要采用什么样的做法才能使这些构造部位发挥相应的作用吗？本模块根据目前工程的实际情况,结合相应的规范图集,让大家了解这些内容。

◇ 学习目标

1. 工作能力目标

(1)能够了解图纸中外墙面的基本构造节点。

(2)能够根据设计要求补绘墙身节点大样图。

2. 素质目标

通过本模块内容的学习,培养学生意识到学习规范条文的重要性并追求卓越、精益求精的学习态度。

▲ 任务描述

本工程是某公司办公楼,工程概况如下:地下 1 层,地上 7 层,建筑高度 24.9m,为二类高层建筑,建筑物耐火等级为二级,抗震等级为三级。墙体采用烧结多孔砖,厚度为240mm,门窗洞口位置见附录图纸中建筑平面图及立面图。

◇ 工作准备

阅读知识点及图纸,查阅《建筑构造用料做法》(15ZJ001)、《室外装修及配件》(11ZJ901)、《内墙装修及配件》(111ZJ50)、《砌体结构设计规范》(GB 50003—2011),了解外墙身从基础到女儿墙压顶等各节点构造,如暗沟、散水、防潮层、勒脚、门窗过梁等这些构造节点的位置、作用、常用构造做法、特点及适用范围。重点了解这些构造节点的位置、常用构造做法,结合它们的特点,分析这些节点构造的适用范围。

▲ 任务实施

步骤一:阅读知识点内容,了解散水与暗沟的构造做法。

引导问题 1:散水与暗沟的位置在哪里?

_____

引导问题 2:散水与暗沟的作用是什么?

_____

引导问题 3:散水与暗沟的常用构造做法是什么?

_____

引导问题 4：散水与建筑外墙交接处的处理要求是什么？散水沿纵向方向伸缩缝的设置要求是什么？

步骤二：阅读知识点内容，了解勒脚的构造做法。

引导问题 1：勒脚的位置在哪里？

引导问题 2：勒脚的作用是什么？

引导问题 3：勒脚的常用构造做法是什么？

步骤三：阅读知识点内容，了解墙身防潮层的构造做法。

引导问题 1：墙身防潮层的作用是什么？

引导问题 2：墙身水平防潮层与垂直防潮层分别设置在什么位置？

引导问题 3：墙身水平防潮层的常用构造做法是什么？这几种构造做法的适用范围分别是什么？

引导问题 4：墙身垂直防潮层的常用构造做法是什么？

步骤四：阅读建筑施工总说明、结构施工总说明，对照图集《室外装修及配件》（**11ZJ901**），理解图纸中散水所采用的各种构造做法，并补绘出图纸中散水的构造详图。

引导问题 1：图纸中散水、勒脚、暗沟及墙身防潮层所采用的构造做法分别是什么？

引导问题 2：建筑施工图的绘图要求是什么？

步骤五：阅读知识点内容，了解窗台分类及其构造做法。

引导问题 1：如何对窗台进行分类？

引导问题 2：窗台的滴水线是怎么设置的？

引导问题3:图纸中窗台采用的是哪种窗台形式？窗台的坡度应该朝内还是朝外？坡度是多少？

_____

_____

步骤六:阅读知识点内容,了解门窗过梁的构造做法。

引导问题1:门窗过梁的类型有哪些？各自的适用范围是什么？

_____

引导问题2:各种门窗过梁的构造要求是什么？

_____

引导问题3:阅读结构施工总说明,了解图纸中门窗过梁所采用的形式是哪种？构造做法是什么？

_____

_____

步骤七:结合图纸和图集,补绘出窗台部位的构造做法。

引导问题1:图纸中窗台的构造做法是什么？

_____

引导问题2:图纸中门窗过梁的构造做法是什么？

_____

引导问题3:建筑施工图详图的绘制要求是什么？

_____

微课:砖墙构造(上)　　微课:砖墙构造(下)　　动画:墙身防潮

◇ **成果形式**

结合图纸,参照知识点内容,了解散水、门窗洞口等节点细部构造做法,完成并提交本教材配套《建筑构造活页实训手册》中的墙体读图报告。

评价反馈

完成并提交本教材配套《建筑构造活页实训手册》中对应学习情境的任务评价反馈表,学生自评后由教师综合评价。

◇◇ 知识链接 ◇◇

知识点1:暗沟和散水

为了防止雨水及室外地面水浸入墙体和基础,沿建筑物四周勒脚与室外地坪相接处设暗沟或散水,使其附近的地面积水迅速排走。暗沟为有组织排水,其构造做法见《室外装修及配件》(11ZJ901),如图3-8所示。可用砖砌、石砌和混凝土浇筑。沟底应有不小于1%的坡度,以保证排水通畅。若用砖砌暗沟,应根据砖的尺寸来砌筑,槽内需用水泥砂浆抹面。散水暗沟常见工程现场照片如图3-9所示。

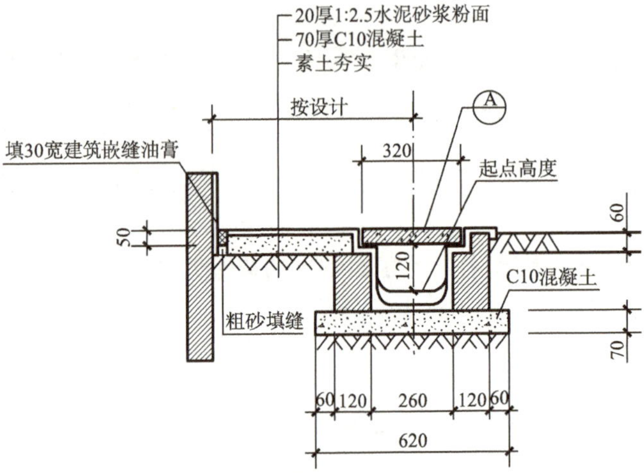

图3-8 暗沟构造做法(尺寸单位:mm)

图3-9 散水暗沟

依据《室外装修及配件》(11ZJ901)规定,散水是沿建筑物外墙设置的倾斜坡面,坡度一般为3%~5%。散水又称为散水坡或护坡。散水为无组织排水,散水的宽度一般不小于800mm,同时应比挑檐宽度大200~300mm,且散水外缘应超过建筑基础200mm。散水纵向应每隔6m设一道伸缩缝,缝宽10~20mm(缝深为基层与面层混凝土厚度之和),并用沥青或油膏嵌缝。为防止房屋沉降后,散水与勒脚结合处出现裂缝,应在此部位设通长变形缝,并用弹性材料进行柔性连接。散水的外延应设滴水砖(石)带,散水与外墙交接处应设分隔缝,并以弹性材料嵌缝,以防墙体下沉时散水与墙体裂开,起不到防潮、防水的作用,散水构造做法如图 3-10 所示。

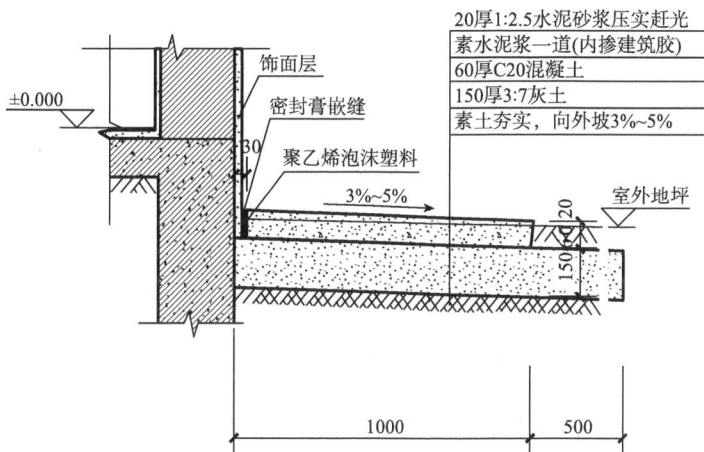

图 3-10　散水构造做法(尺寸单位:mm)

知识点 2:勒脚

勒脚一般是指室内地坪以下、室外地面以上的这段墙体。勒脚的作用是防止外界碰撞、防止地表水对墙脚的侵蚀,增强建筑物的立面美观,所以要求勒脚坚固、防水和美观,常见的工程做法如图 3-11 所示。勒脚构造做法如图 3-12 所示。

a)　　　　　　　　b)　　　　　　　　c)

图 3-11　常见勒脚做法

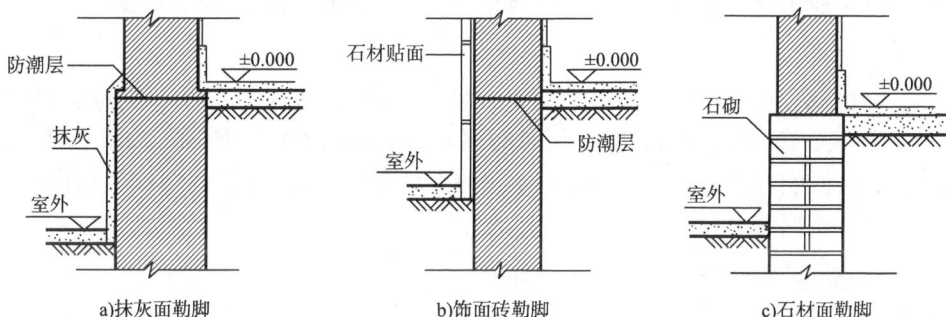

a)抹灰面勒脚　　　　b)饰面砖勒脚　　　　c)石材面勒脚

图 3-12　勒脚构造方法

1. 表面抹灰

对一般建筑物,可用20mm厚1:2水泥砂浆抹面,也可根据立面需要做防水刷石或干粘石等饰面,如图3-12a)所示。

2. 勒脚贴面

选用坚硬的天然石材、人工石材或外墙面砖等贴面,如花岗石、水磨石板和面砖等,如图3-12b)所示。

3. 坚硬材料砌筑

整个勒脚采用强度高、防水性和耐久性好的材料砌筑,如天然石材、混凝土等,如图3-12c)所示。

知识点3:墙身防潮

在墙身设置防潮层的目的是防止土壤中的水分沿基础上升,防止位于勒脚处的地面水深入墙内,使墙身受潮。因此,必须在内外墙脚部位连续设置防潮层。防潮层按构造形式分为水平防潮层和垂直防潮层。

当地面垫层为混凝土等密实材料时,水平防潮层设在垫层范围内,并低于室内地坪60mm(即一皮砖)处,如图3-13a)所示。当室内地面垫层为炉渣、碎石等透水材料时,水平防潮层的位置应平齐或高于室内地面60mm(即一皮砖)处,如图3-13b)所示。

当内墙两侧室内地面有标高差时,防潮层设在两不同标高的室内地坪以下60mm(即一皮砖)的地方,并在两防潮层之间墙的内侧设垂直防潮层,如图3-13c)所示。

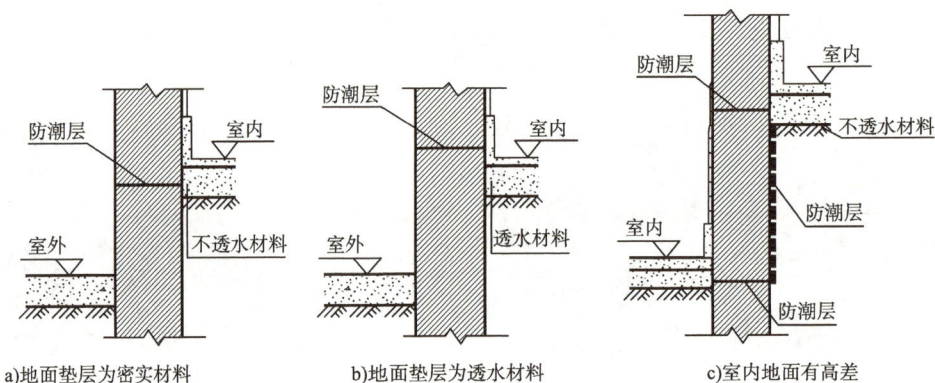

a)地面垫层为密实材料　　　　b)地面垫层为透水材料　　　　c)室内地面有高差

图3-13　墙身防潮层的位置

按防潮层所用材料不同,一般有油毡防潮层、防水砂浆防潮层、细石混凝土防潮层等。

1. 油毡防潮层

在防潮层部位先抹20mm厚砂浆找平,然后用热沥青贴一毡二油。油毡的搭接长度应不小于100mm,油毡的宽度比找平层每侧宽10mm,如图3-14a)所示。油防潮层具有一定的韧性、延伸性和良好的防潮性能,但容易老化失效。同时,油毡将墙体隔离削弱了砖墙的整体性和抗震能力。

2. 防水砂浆防潮层

在防潮层部位抹一层1:2水泥砂浆加2%~3%的防水剂,厚度为20~22mm,或用防水砂浆砌三皮砖做防潮层,如图3-14b)所示。用防水砂浆做防潮层适用于抗震地区、独立砖柱和振动较大的砖砌体中,但砂浆开裂或不饱满时会影响防潮效果。

3. 细石混凝土防潮层

在防潮层铺设 60mm 厚细石混凝土带,内配 3 根 6 或 8 钢筋做防潮层,如图 3-14c)所示。由于混凝土密实性好,有一定的防水性能,并与砌体结合紧密,故适用于整体刚度要求较高的建筑。

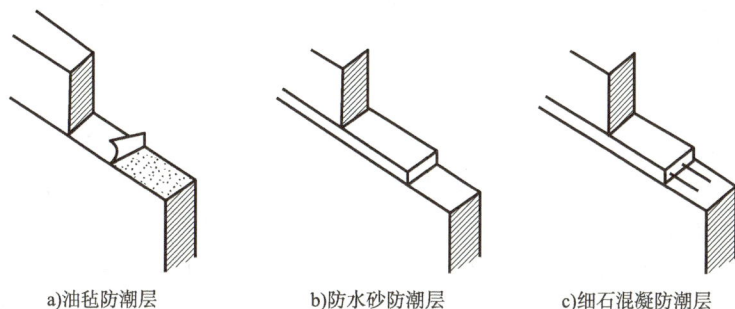

a)油毡防潮层   b)防水砂防潮层   c)细石混凝防潮层

图 3-14   墙身防潮层的构造

知识点 4:窗台

窗台按位置可以分为内窗台和外窗台;按形式可分为悬挑式窗台和非悬挑式窗台;按材料分为砖砌窗台、钢筋混凝土窗台等,如图 3-15 所示。外窗台应设置排水构造,防止雨水积聚在窗下并侵入墙身或向室内渗透。

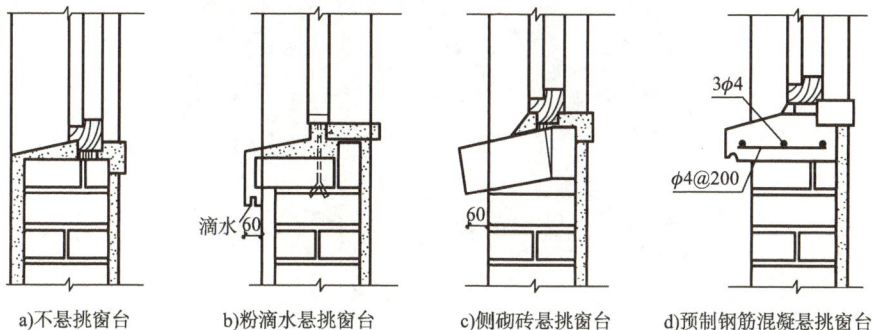

a)不悬挑窗台   b)粉滴水悬挑窗台   c)侧砌砖悬挑窗台   d)预制钢筋混凝悬挑窗台

图 3-15   砖墙窗台构造(尺寸单位:mm)

外窗台表面应做一定的排水坡,坡度一般为 3% ~5%,悬挑窗台应做滴水槽或抹成斜面,有利于排水。滴水槽应整齐顺直,内高外低,滴水槽宽度和深度均不得小于 10mm,如图 3-16 所示。当外墙面为面砖贴面时可不必设悬挑窗台,仅将窗洞底面用面砖贴成斜面即可。

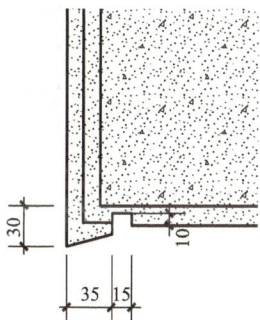

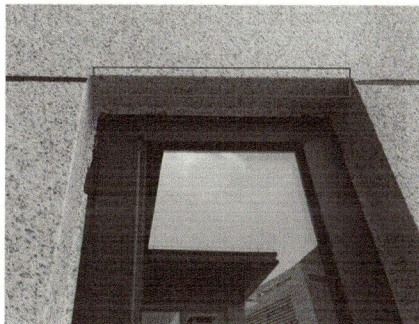

图 3-16   砖墙窗台构造(尺寸单位:mm)

91

内窗台一般为水平放置,可结合室内装饰做成水泥砂浆、木板或贴面砖等形式。当用暖气片时,可在窗台下预留凹龛,便于暖气片的安装。

知识点 5:门窗过梁

当墙体上开设有门、窗洞口时,为支承洞口上部砌体自重和其上部传来的荷载,并把这些荷载传给两侧的墙体,常在洞口上方设置门窗过梁。过梁的形式较多,常见的有砖拱过梁、钢筋砖过梁和钢筋混凝土过梁等。

1. 砖拱过梁

拱砖过梁有砖平拱过梁和弧拱过梁两种,其中平拱过梁用得较多。砖平拱过梁平拱高度不小于 240mm,灰缝上宽下窄,灰缝上部宽度不大于 20mm,下部不小于 5mm,拱的两端下部伸入墙内 20 ~ 30mm,中部起拱高度约为跨度的 1/50,常见做法如图 3-17 所示。砖拱过梁适用于跨度不大于 1.2m 的门窗洞口。砖拱过梁可节约钢筋和水泥,但是施工复杂,整体性较差,不适用于过梁上部有集中荷载、振动较大、地基承载力不均匀以及地震区的建筑。

图 3-17　砖拱过梁

2. 钢筋砖过梁

钢筋砖过梁即在洞口顶部配置钢筋,其上用砖平砌,形成能承受弯矩的加筋砖砌体,钢筋为 $\phi6$,间距小于 120mm,伸入墙内 1 ~ 1.2 倍砖长。过梁跨度不超过 2m,高度不应少于 2 皮砖,且不小于 1/2 洞口跨度。该种过梁的砌法是:先在门窗顶支模板,铺 M2 水泥砂浆 20 ~ 30mm 厚,按要求在其中配置钢筋,然后再砌砖。钢筋砖过梁如图 3-18 所示。

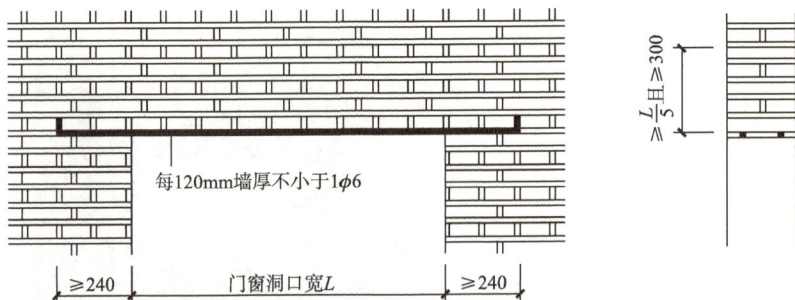

每120mm墙厚不小于1ϕ6

≥240　门窗洞口宽 L　≥240

$\geqslant \dfrac{L}{5}$ 且 ≥300

图 3-18　钢筋砖过梁(尺寸单位:mm)

3. 钢筋混凝土过梁

钢筋混凝土过梁承载能力强、跨度大、适应性好。可分为现浇和预制两种。现浇钢筋混凝土过梁在现场支模、轧钢筋、浇筑混凝土;预制装配式过梁事先预制好后直接进入现场安装,施工速度快,属于最常用的一种方式。钢筋混凝土过梁如图 3-19 所示。

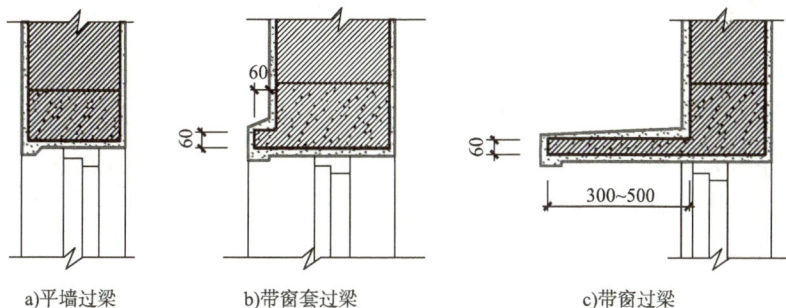

a)平墙过梁　　　　b)带窗套过梁　　　　c)带窗过梁

图 3-19　钢筋混凝土过梁(尺寸单位:mm)

常用的钢筋混凝土过梁有矩形和 L 形两种断面形式。钢筋混凝土过梁断面尺寸主要根据荷载的多少、跨度的大小计算确定。过梁的宽度一般同墙宽,如 240mm 等(即宽度等于半砖的倍数)。过梁的高度可做成 60mm、120mm、180mm、240mm 等(即高度等于砖厚的倍数)。过梁两端搁入墙内的支撑长度不小于 240mm。矩形断面的过梁用于没有特殊要求的外立面墙或内墙中,如图 3-20 所示;L 形断面多用于有窗套的窗、带窗帽板的窗,出挑部分尺寸一般厚 60mm、长 200 ~ 300mm。

图 3-20　矩形混凝土过梁

学习情境 3.3 墙 身 加 固

○ 学习情境

墙体是由许多砌体通过砂浆黏结而形成的、在地震作用下,这些砌块极易受到破坏产生脱落进而造成人员伤亡。那么怎样加强墙体本身的整体性,从而抵抗地震或地基不均匀沉降而造成的墙体破坏?本模块内容根据所给工程的现场实际情况,结合相应的规范图集,让大家掌握墙身的加固措施,并给出墙身加固的处理方案。

◆ 学习目标

1.工作能力目标

(1)能看懂图中的圈梁、构造柱的设置要求;
(2)能对给定的图纸制定墙身加固处理方案。

2.素质目标

能够从本模块的教学内容中学习并理解规范条文的重要性,以及严谨细致的工作作风和对职业的认同感、责任感。

▲ 任务描述

项目概况:本工程是某公司办公楼,总建筑面积 7174.97m²,地下 1 层,地上 7 层,建筑高度 24.9m,二类高层建筑,框架剪力墙结构形式,建筑耐火等级为二级,设计使用年限 50 年,框架抗震等级为四级,剪力墙抗震等级为三级。

参见附录该办公楼图纸,分析建筑在哪些位置设置了圈梁或构造柱?圈梁和构造柱的设置要求是什么?楼梯间部位圈梁是怎么设置的,有哪些要求?构造柱与框架梁之间是怎么连接的,施工的先后顺序是什么?构造柱与周边墙体钢筋的拉结在图纸中是怎么表达的?

◈ 工作准备

通过阅读相关知识点及图纸设计说明部分,查看《建筑抗震设计规范》(GB 50011—2010),了解设置圈梁和构造柱的目的、设置位置及构造要求。

⚠ 任务实施

步骤一:阅读文中知识点内容及《建筑抗震设计规范》(GB 50011—2010),了解圈梁的作用及构造要求。

引导问题1:圈梁的作用是什么?

建筑构造

引导问题 2:圈梁一般设置在什么位置?

引导问题 3:规范中圈梁的构造要求是什么?

引导问题 4:结构设计总说明中圈梁的构造要求是什么?

步骤二:区分圈梁与框架梁。
引导问题 1:圈梁和框架的区别是什么? 它们相互之间有什么联系?

引导问题 2:图纸中很多部位已经设置框架梁了,此时还需要另外设置圈梁吗?

步骤三:了解附加圈梁的设置要求。
引导问题 1:设置附加圈梁的原因是什么?

引导问题 2:设置附加圈梁的构造要求是什么?

引导问题 3:图纸中哪些部位需要设置附加圈梁?

步骤四:阅读文中知识点内容及《建筑抗震设计规范》(GB 50011—2010),了解构造柱的作用及构造要求。
引导问题 1:构造柱的作用是什么?

引导问题 2:构造柱一般设置在什么位置?

引导问题 3:规范中构造柱的构造要求是什么?

引导问题 4:结构设计总说明中构造柱的构造要求是什么?

步骤五:区分构造柱与框架柱。

引导问题1:构造柱和框架柱的区别是什么？它们相互之间有什么联系？

_____

_____

引导问题2:图纸中很多部位已经设置了框架柱,此时还需要设置构造柱吗？

_____

步骤六:了解构造柱的施工要求。

引导问题1:构造柱的施工顺序是什么？

_____

引导问题2:构造柱与周边墙体拉结筋的设置要求是什么？

_____

　　步骤七:结合图纸和规范中构造柱的设置要求,试在局部平面图中补绘构造柱的定位图,并绘制出构造柱与墙体拉结部位的节点大样。现假设有某5层的砌体结构房屋,层高**3m,建筑总高度15.3m,抗震设防烈度为7度。**

◇ 成果形式

　　结合图纸,参照规范图集,试设计出构造柱的位置及大样图,完成并提交本教材配套《建筑构造活页实训手册》中的墙体读图报告②。

评价反馈

　　完成并提交本教材配套《建筑构造活页实训手册》中对应学习情境的任务评价反馈表,学生自评后由教师综合评价。

知识点 1：门垛和壁柱

1. 门垛

在墙体上开设门洞，特别是在转角处和丁字墙处应设门垛，以便安装门窗和保证墙体的稳定。门垛宽度同墙厚，长度一般为 120mm 或 240mm，长度过大会影响房间的使用，如图 3-21 所示。

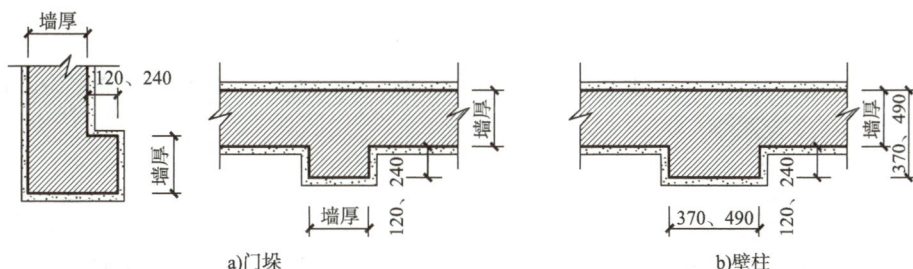

a)门垛   b)壁柱

图 3-21 门垛和壁柱示意(尺寸单位:mm)

2. 壁柱

壁柱是墙中柱状的突出部分，通常直通到顶，以承受上部梁及屋架的荷载，并增加墙身强度及稳定性。壁柱突出墙面的尺寸要符合规定，或根据结构计算确定，如图 3-22 所示。

a)门垛现场图   b)壁柱现场图

图 3-22 门和壁柱

知识点 2：圈梁

圈梁是沿建筑物外墙及部分内墙布置的连续封闭的钢筋混凝土梁,目的是增加房屋的整体刚度和稳定性,减轻地基不均匀沉降及地震作用的影响。在抗震设防地区,圈梁与构造柱一起形成骨架,可提高建筑物的抗震能力。需要注意的是,圈梁不是结构梁,它是从构造的角度考虑而设置的,圈梁本身属于墙体的一部分。如图 3-23 所示。

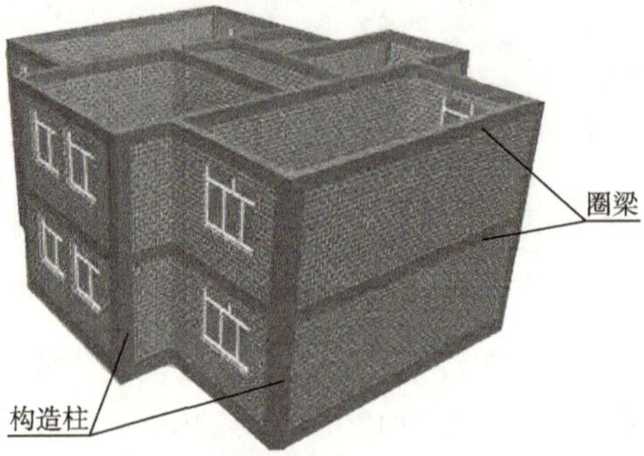

图 3-23　圈梁和构造柱整体布置图

1. 圈梁设置的方式

单层建筑至少设置一道圈梁,多层建筑一般隔一层设置一道圈梁。在抗震设防地区,往往每层都要设置圈梁。

2. 圈梁设置的位置

通常设置在建筑的基础墙处、檐口处和楼板处。主要沿纵墙设置,内横墙每隔 $16 \sim 32\,\mathrm{m}$ 设一道,屋顶处横墙间距不大于 $7\,\mathrm{m}$,圈梁的设置还与抗震设防有关。圈梁应闭合,如遇洞口必须断开时,应在洞口上端设附加圈梁,并应上下搭接,附加圈梁如图 3-24 所示。

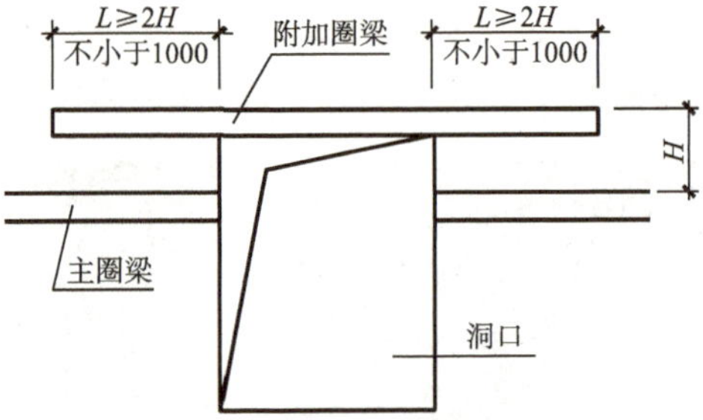

图 3-24　附加圈梁(尺寸单位:mm)

3. 圈梁的种类和构造要求

圈梁有钢筋混凝土和钢筋砖两种,钢筋混凝土圈梁按施工方式又分为整体式和装配式两种。圈梁宽度同墙厚且不小于 180mm,高度应与砖的皮数相配合,一般为 240mm、180mm 且不小于 120mm。圈梁一般按照构造要求配置钢筋,通常纵向钢筋不小于 $4\phi10$,箍筋间距不大于 300mm。

知识点 3:构造柱

为了增强建筑物的整体性和稳定性,多层砖混结构建筑的墙体中还应设置钢筋混凝土构造柱,并与各层圈梁相连接,形成能够抗弯抗剪的空间框架,它是防止房屋倒塌的一种有效措施。构造柱在墙体内部与水平设置的圈梁相连,相当于将圈梁在水平方向将楼板和墙体箍住,构造柱则从竖向加强层与层之间墙体的连接,共同形成具有较大刚度的空间骨架,从而较大地加强建筑物的整体刚度,提高墙体抵抗变形的能力。需要注意的是,同圈梁一样,构造柱也不是承重柱,是从构造角度考虑而设置的,构造柱属于墙体的一部分。圈梁和构造柱与结构梁柱有很多不同,具体表现见表 3-2。

圈梁和构造柱与结构梁柱的区别与联系　　　　　　　　　　　表 3-2

	圈梁与构造柱	结构梁与结构柱
目的不同	圈梁与构造柱形成钢筋骨架,增加结构整体性,满足结构抗震需要,属于结构抗震的第二道防线	承重作用,承担整个建筑的所有荷载
受力不同	不参与结构受力计算,钢筋按构造要求进行配筋	参与结构力学计算,按照结构受力计算结果进行配筋
属性不同	圈梁属于墙体的一部分	结构梁属于混凝土结构

1. 构造柱的设置部位

构造柱一般设置在建筑物四角、内外墙交接处、楼梯间、电梯间以及某些较长墙体的中部和较大洞口两侧等。此外,房屋的层数不同、地震烈度不同,构造柱的设置要求也不一致。

2. 构造柱的构造要求

构造柱可不单独设置基础,但应深入室外地面以下 500mm,或锚入浅于 500mm 的基础圈梁内,上部与楼层圈梁连接。如圈梁隔层设置,应在无圈梁的楼层增设配筋砖带。构造柱应通至女儿墙顶部,与其钢筋混凝土压顶相连。

构造柱的最小截面尺寸为 240mm × 180mm,竖向钢筋多用 4φ12,筋间距不大于 250mm,随抗震设防烈度和层数的增加,建筑四角的构造柱可适当加大截面和钢筋等级构造柱的施工方式是先砌墙,后浇混凝土,形成"马牙槎"并沿墙每隔 500mm 设置不小于 1m 的 2φ6 拉结钢筋,构造柱做法如图 3-25 所示。

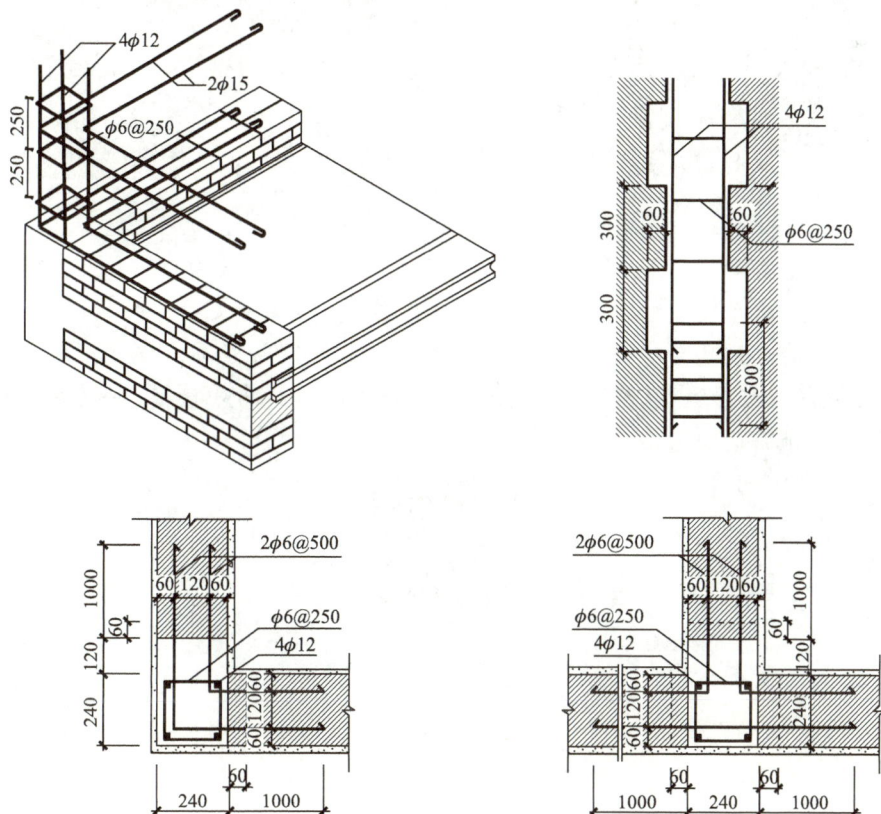

图 3-25　构造柱(尺寸单位:mm)

模块 3 墙体

建筑构造

　　2008 年 5 月 12 日 14 时 28 分,四川省汶川县发生里氏 8.0 级大地震,震中位于汶川县映秀镇,震源深度为 14km,全国大部分地区有明显震感。震中地区房屋成片倒塌,剩下尚存的建筑也受到严重破坏。

　　通过对地震震害分析发现,砌体结构房屋的圈梁和构造柱对整个结构抗震的影响不可忽视。如果没有圈梁和构造柱或仅有圈梁而没有构造柱,构件(墙、楼板)之间、砖块之间的联系很弱,像积木玩具一样,在地震作用下很容易解体,造成重大灾害。

　　位于 9 度区的某砖混住宅,仅有圈梁而无构造柱,局部倒塌;位于 10 度区的某三层砖混结构,未设圈梁和构造柱,破坏严重,而位于 10 度区的某三层砖混结构,由于在规范要求的位置均设置了圈梁和构造柱,实现了"大震不倒"的设计目标,没有造成任何伤亡;某教室部分仅有圈梁而无构造柱,结构抗侧力体系不堪一击,房屋倒塌,造成 200 余人死亡。如图 3-26 和图 3-27 所示。

图 3-26　没有构造柱的砖墙倒塌

图 3-27　没有圈梁的砖墙角部破坏

　　构造柱要有足够的截面尺寸和配筋,否则地震时很容易拉断,丧失拉结、约束砖墙的功能。除了圈梁对所有墙体起拉结作用外,纵横墙交会处的构造措施也非常重要。横墙应设马牙槎,还要设置拉结钢筋。拉结钢筋宜每六皮砖一道,至少两根 6mm 钢筋伸入砖缝,长度不小于 500mm。若不设凹凸马牙接槎,则横墙根本"拉不住"纵墙,地震时纵墙会向外倒塌。

动画:门垛和壁柱

学习情境 3.4　墙面装修

○ 学习情境

随着人民生活水平的不断提高,人们对建筑的要求也越来越高,建筑装饰的需求也呈现出多样化的格局。瓷砖、石材、墙漆、墙纸等墙面装饰构造做法已经普遍使用。那么你知道这些墙面装饰的构造要求是怎样的吗? 它们之间的构造做法又有哪些不同呢? 本模块主要介绍室内外墙面的装饰构造做法,让你了解各种墙面装饰的构造要点。

◇ 学习目标

1. 工作能力目标

(1)能够看懂图纸中墙面装修的构造层次。
(2)能够理解各构造层次的作用和功能。
(3)能够掌握墙面装修细部构造节点的构造做法。

2. 素质目标

能够从本模块的教学内容中培养建筑审美观和精益求精的学习态度。

▲ 任务描述

某办公楼工程概况如下:地下 1 层,地上 7 层,建筑高度 24.9m,建筑占地面积 867.90m²,总建筑面积 7174.97m²。本工程为二类高层建筑,建筑物耐火等级为二级。结合阅读建筑外立面图,对照建筑构造做法表(工程做法表)及相关图集要求,了解图纸中建筑外立面及建筑内墙都采用了哪些装修构造做法,它们具体都有哪些主要的构造层次。

◈ 工作准备

通过阅读文中知识点、图纸的设计说明部分及建筑构造做法表,收集《建筑构造用料做法》(15ZJ001)、《内墙装修及配件》(11ZJ501)、《室外装修及配件》(11ZJ901)。

⚠ 任务实施

步骤一:了解墙体的装修类型及作用。
引导问题:墙体的装修类型有哪些? 装修的作用有哪些?

_____

步骤二:识读建筑内墙的装修构造做法和内墙阳角部位的处理办法,并绘制其大样图。
引导问题 1:建筑内墙常见的装修类型有哪些?

_____

101

引导问题2：什么是阳角部位？图纸中建筑内墙阳角部位的处理方法是什么？

步骤三：了解建筑外墙的装修构造做法。
引导问题：建筑外墙常见的装修类型有哪些？图纸中建筑外墙有哪些装修类型？

步骤四：建筑外墙分隔缝的构造要求，请绘制其大样图。
引导问题1：墙体分隔缝的作用是什么？

引导问题2：建筑外墙分隔缝的常见构造做法是什么？

引导问题3：分隔缝处大样图的绘制方法是怎样的？

◇ **成果形式**

试绘制背立面外墙面装修大样图，完成并提交本教材配套《建筑构造活页实训手册》中的墙面装修分析报告。

✎ **评价反馈**

完成并提交本教材配套《建筑构造活页实训手册》中对应学习情境的任务评价反馈表，学生自评后由教师综合评价。

◇◇ 知识链接 ◇◇

知识点 1：墙面装修的作用

1. 保护作用

墙体饰面可以改善墙体的吸水性能，提高对风、霜、雨、雪和太阳辐射侵蚀的抵御能力，增加墙体的耐久性。

2. 改善墙体的使用功能

墙体饰面可以提高墙体的保温、隔热和隔声能力，改善室内光照度和音质效果。

3. 提高建筑物的艺术效果

利用墙体饰面的材料色彩、质感和线脚纹样等处理，可以提高建筑的艺术效果，丰富和美化室内外空间。

知识点 2：墙面装修的类型

由于材料和施工方式的不同，常见的墙面装修可分为抹灰类、贴面类、涂料类、裱糊类和铺钉类，见表 3-3。限于篇幅，后文仅介绍抹灰类墙面装修、贴面类墙面装修、涂料类墙面装修。

墙面装修分类表 表 3-3

类别	室外装修	室内装修
抹灰类	水泥砂浆、混合砂浆，聚合物水泥砂浆、拉毛、水刷石、干粘石、斩假石、拉假石、假面砖、喷涂、滚涂等	纸筋灰、麻刀灰粉面、石膏粉面、膨胀珍珠岩灰浆、混合砂浆、拉毛、拉条等
贴面类	外墙面砖、陶瓷锦砖、玻璃锦砖、人造水磨石板、天然石板等	釉面砖、人造石板、天然石板等
涂料类	石灰浆、水泥浆、溶剂型涂料、乳液涂料、彩色胶砂涂料、彩色弹涂等	大白浆、石灰浆、油漆、乳胶漆、水溶性涂料弹涂等
裱糊类	—	塑料墙纸、金属面墙纸、木纹墙纸、花纹玻璃纤维布、纺织面墙纸及锦缎等
铺钉类	各种金属饰面板、石棉水泥板、玻璃	各种木夹板、木纤维板、石膏板及各种装饰面板等

知识点 3：抹灰类墙面装修

抹灰又称粉刷，它是用砂浆涂抹在房屋结构表面上的一种传统装修方法，其材料来源广泛、施工简便、造价低，通过工艺的改变可以获得多种装饰效果，因此在建筑墙体装饰中应用广泛。

墙面抹灰有一定的厚度，一般外墙为 20～22mm、内墙为 12～20mm。为避免抹灰出现裂缝、保证抹灰与基层黏结牢固，墙面抹灰层不宜太厚，而且需分层构造，如图 3-28 和图 3-29 所示。普通标准的装修，抹灰由底层和面层组成；对标准较高的抹灰装修，在面层和底层之间还设有一层或多层中间层。

103

图 3-28　墙面抹灰

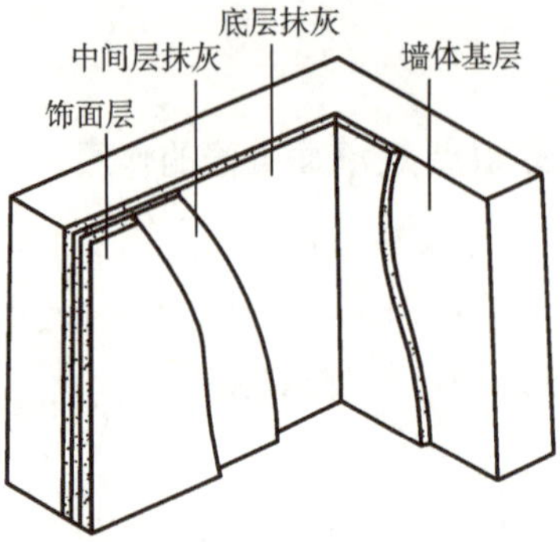

图 3-29　墙面抹灰的分层构造

（1）底层的底灰（又叫刮糙）根据基层材料的不同和受水侵蚀的情况而定。一般的砖石基层可采用水泥砂浆或混合砂浆打底。如遇骨架板条基层时，则采用掺入纸筋、麻刀或其他纤维的石灰砂浆做底灰，加强黏结、防止开裂。

（2）中层抹灰材料同底层，起到进一步找平的作用。采用机械喷涂时，底层与中层可同时进行。

（3）面层主要起装饰作用，根据所选材料和施工方法形成各种不同性质与外观的抹灰。面层上的刷浆、喷浆或涂料不属于面灰。

根据面层材料的不同，常见的抹灰装修构造，包括分层厚度、用料比例以及适用范围，见表 3-4。

常用抹灰做法举例表　　　　　　　　　　　表 3-4

抹灰名称	构造及材料配合比	适用范围
纸筋（麻刀）灰	12～17 厚 1:2～1:2.5 石灰砂浆（加草筋）打底 2～3 厚纸筋（麻刀）灰粉面	普通内墙抹灰
混合砂浆	12～15 厚 1:1:6 水泥、石灰膏砂混合砂浆打底 5～10 厚 1:1:6 水泥、石灰膏、砂、混合砂浆粉面	外墙、内墙均可
水泥砂浆	15 厚 1:3 水泥砂浆打底 10 厚 1:2.5～1:2 水泥砂浆粉面	多用于外墙或内墙受潮侵蚀部位
水刷石	15 厚 1:3 水泥砂浆打底 10 厚 1:1.4～1:1.2 水泥石渣抹面后水刷	用于外墙
干粘石	10～12 厚 1:3 水泥砂浆打底 7～8 厚 1:0.5:2 外加 5% 107 胶的混合砂浆黏结层 3～5 厚彩色石渣面层（用喷或甩方式进行）	用于外墙
斩假石	15 厚 1:3 水泥砂浆打底刷素水泥浆一道 8～10 厚水泥石渣粉面用剁斧斩去表面层水泥浆或石尖部分使其显出凿纹	用于外墙或局部内墙
水磨石	15 厚 1:3 水泥砂浆打底 10 厚 1:1.5 水泥石渣粉面、磨光、打蜡	多用于室内潮湿部位
膨胀珍珠岩	12 厚 1:3 水泥砂浆打底 9 厚 1:16 膨胀珍珠岩灰浆粉面 （面层分 2 次操作）	多用于室内有保温或吸声要求的房间

在室内抹灰中,对人群活动频繁、易受碰撞的墙面,或有防水、防潮要求的墙身,常采用1:3水泥砂浆打底,1:2水泥砂浆或水磨石罩面,高约1.2m的墙裙。

对于易被碰撞的内墙阳角,宜用1:2水泥砂浆强度 M20 以上抹出护角,或预埋角钢做成护角,护角高度从地面起不宜小于1.8m,每侧宽度宜为50mm,如图3-30所示。

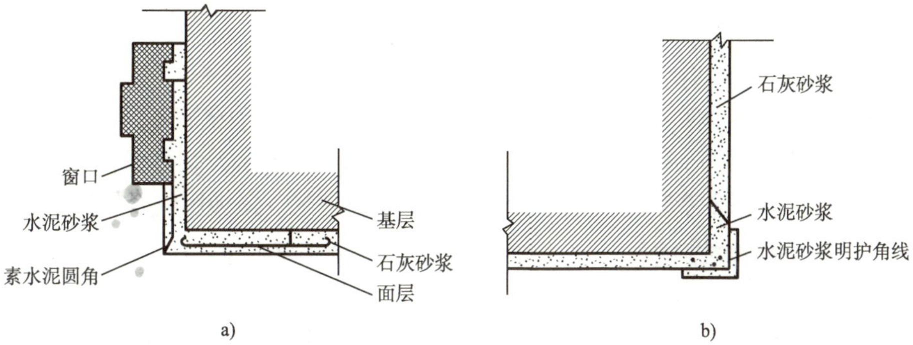

a)   b)

图3-30 护角处理

外墙面抹灰面积较大,由于材料干缩和温度的变化,容易产生裂缝,故常在抹灰面层作分格,称为引条线。引条线的做法是在底灰上埋放不同形式的木引条,面层抹灰完毕后及时取下引条,再用水泥砂浆勾缝,以提高抗渗能力。如图3-31所示。

图3-31 抹灰面层的分缝处理

知识点 4:贴面类墙面装修

贴面类墙面装修是指利用各种天然的或人造的板、块对墙面进行装修处理。这类装修具有耐久性强、施工方便、质量高、装饰效果好等特点。常见的贴面材料包括陶瓷锦砖面砖、玻璃锦砖、预制水刷石、水磨石板、花岗石和大理石等天然石材。其中质感细腻等瓷砖、大理石板多用作室内装修;而质感粗放、耐候性好的陶瓷锦砖、面砖、墙砖、花岗石板等多用于室外装修。

1.面砖、锦砖饰面

面砖多数是以陶土和瓷土为原料,压制成型后经高温烧制而成。面砖有上釉和不上釉两类,上釉的釉面砖又分为有光釉和无光釉两种。面砖有多种规格尺寸和色彩花纹。

105

1）面砖饰面

面砖多由瓷土或陶土焙烧而成，常见的面砖有：无釉面砖、釉面砖、仿花岗石瓷砖劈离砖等。

（1）无釉面砖多用于外墙，其质地坚硬、强度高、吸水率低，是高级建筑外墙装修的常用材料。

（2）釉面砖表面光滑、色彩丰富美观、易于清洗、吸水率低，可用于建筑外墙装饰，大多用于厨房、卫生间的墙裙贴面。

面砖饰面的做法如图3-32所示。先在基层上抹1∶3水泥砂浆底灰，厚约15mm，分层两遍抹平，用厚度不小于10mm的黏结砂浆贴面砖，再用1∶1水泥细砂浆填缝，常用的黏结砂浆有1∶2.2水泥砂浆或掺入108胶的1∶2.2水泥砂浆。面饰砖装修如图3-33所示。

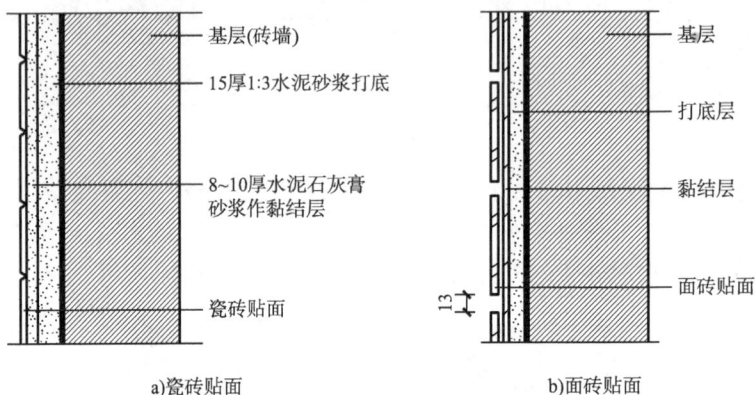

图3-32　瓷砖、面砖贴面（尺寸单位：mm）

a)外墙饰面砖

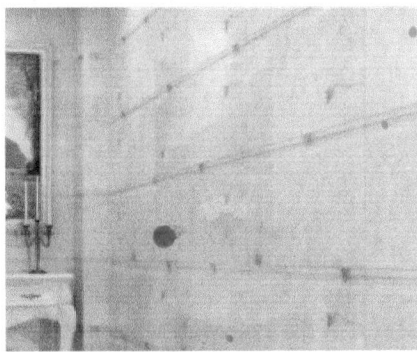
b)内墙饰面砖

图3-33　饰面砖装修

2）锦砖饰面

陶瓷锦砖（玻璃锦砖）俗称马赛克（玻璃马赛克），是高温烧制而成的小块型材。为了便于粘贴，先将其正面粘贴于一定尺寸的牛皮纸上，施工时，纸面向上，待砂浆半凝，将纸洗去，校正缝隙，修正饰面。此类饰面质地坚硬、耐磨、耐酸碱、不易变形，价格便宜，但较易脱落。

锦砖的饰面构造与面砖类似，施工时将纸面朝外整块粘贴在1∶1水泥细砂砂浆上并用木板压平，待砂浆硬结后洗去牛皮纸即可。

2. 人造石材、天然石材饰面

人造石材和天然石材按厚度有薄型和厚型两种，一般将厚度在 30 ~ 40mm 的称为板材，厚度在 40 ~ 130mm 的称为块材。

常用的人造石板有人造大理石板和水磨石板等；常用的天然石材有大理石、花岗石板材或块材。在石材的选择上要了解其结构特征、物理学性能，以适应不同场合的需要。

人造大理石板有水泥型、树脂型、复合型、烧结型。饰面板材施工时容易破碎，为了防止这类情况发生，预制时应配以 8 号镀锌铁丝或配以 φ4、φ6 钢筋网。面积超过 $0.22m^2$ 的板面，一般在板的上边预埋铁件或 U 型钢件。

石材的自重较大，在安装前必须做好准备工作，如颜色、规格的统一编号，天然石材的安装孔、砂浆巢的打凿，石材接缝处的处理等。

模块 3 墙体

知识点 5：涂料类墙面装修

涂料类饰面是在已经做好的墙面基层上，先经局部或满刮腻子处理使墙面平整，然后再涂刷选定的材料，起到保护和装饰墙面的作用。这种方法省工省料、工效高、工期短、自重轻、更新方便、造价较低（图 3-34）。

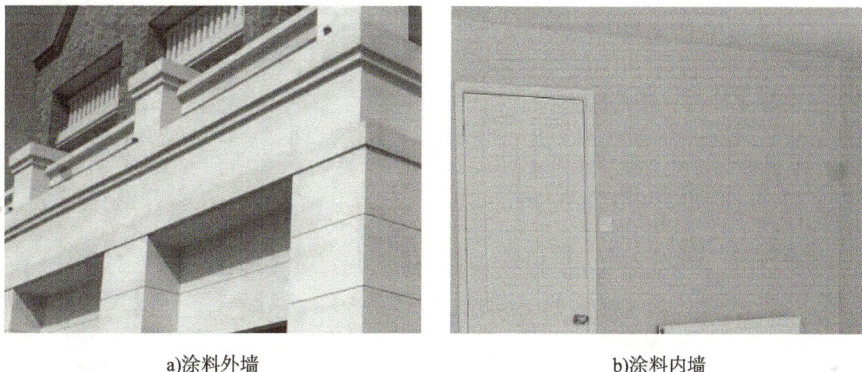

a)涂料外墙　　　　　　　　　　　　b)涂料内墙

图 3-34　涂料装修

涂料类饰面的涂层一般由底层、中间层及面层构成。

1. 底层

底层的主要作用是增加涂层与基层之间的黏结力，还可以进一步清理基层表面灰尘，使一部分悬浮的灰尘颗粒固定于基层。

2. 中间层

中间层是涂层构造的成型层，通过特定的工艺可以形成一定的厚度，达到保护基层和形成装饰的效果。

3. 面层

面层的作用能体现涂层的色彩和光感，为保证色彩均匀，并满足耐久、耐磨性等要求，面层最少应涂刷两遍。

涂料按施工方式的不同，分为涂刷、弹涂、滚涂等，不同的施工方式会产生不同的质感效果。涂料按成膜物的不同，分为无机涂料和有机涂料两类。

几种涂料类墙面的做法及选料见表 3-5。

涂料类墙面的做法及选料表　　　　　　　　表 3-5

分类	名称	做法说明	适用范围	备注
刷浆类	石灰浆	清理基层； 局部刮腻子，砂纸磨平； 刷浆 2 遍	多用于室内墙面及顶棚	耐久性、耐水性和耐污染性较差
	大白浆	清理基层； 局部刮腻子，砂纸磨平； 刷浆 2 遍	多用于室内墙面及顶棚	涂层细腻洁白、价格低、覆盖力强、施工维修方便
	可赛银浆	清理基层； 局部刮腻子，砂纸磨平； 刷浆 2 遍	多用于室内墙面及顶棚	颜色均匀，附着力及耐磨、耐碱性较好
涂料类	过氯乙烯涂料	清理基层； 过氯乙烯腻子批孔缝；过氯乙烯底漆 1 遍； 过氯乙烯腻子 2 遍，砂纸磨平； 过氯乙烯面漆 2~3 遍	水泥地面； 墙面	良好的防腐蚀性能，防油、防霉，但不耐温
	瓷釉涂料	清理基层； 满刮水泥腻子 1~2 遍；表面打磨平整； 瓷釉底涂料 1 遍； 瓷釉底涂料 2 遍	可用于厨房、卫生间、顶棚	耐磨、硬度高、涂料光亮，类似搪瓷
	氯磺化聚乙烯防腐涂料	清理基层； 满刮腻子； 刷底涂料 1 遍； 喷刷面层涂料	墙面或地面	附着力强、硬度高、耐酸碱
油漆类	调合漆	木基层清理、除污、打磨等； 刮腻子、磨光； 底油 1 遍； 调合漆 2 遍	油性调合漆适用于室内外各种木材、金属、砖石表面；磁性调合漆适用于室内	油性调合漆附着力好，便于涂刷，漆膜软，干燥性差； 磁性调合漆漆膜硬；光亮平滑，但易龟裂
	防锈漆	清理金属面除锈； 防锈漆或红丹 1 遍； 刮腻子、磨光； 调合漆 2 遍	金属表面打底	渗透性、润滑性、柔韧性、附着力均匀

学习情境 3.5　墙体的保温和隔热

○ 学习情境

　　建筑外墙是建筑围护结构的主体,容易受到自然界气候变化而产生过热或过冷的情况,影响人们的使用感受。因此,合理解决建筑外墙的保温和隔热,是建筑构造设计的重要内容,其目的也是保证室内基本的热环境质量,有效地提高能源利用效率。本模块主要介绍墙体保温和隔热的常见措施及细部构造做法。

◇ 学习目标

1. 工作能力目标

(1)能够了解常见墙体保温构造类型及其特点;

(2)能够了解外墙热桥部位的局部保温措施及其做法。

2. 素质目标

　　能够从本模块的教学内容中培养学生熟悉人文环境在建筑中的体现和精益求精、合理利用生态资源的精神。

▲ 任务描述

　　任务要求 1:结合附录图纸中建筑设计说明,参照规范图集,识别图纸中外墙墙体保温的构造做法并回答墙体保温节能分析报告中的问题。

　　任务要求 2:根据本工程热桥保温做法,参照规范图集,绘制楼板热桥保温大样图。

◆ 工作准备

　　通过阅读课后知识点、图纸的设计说明部分及节能设计建筑专篇,查看《民用建筑热工设计规范》(GB 50176—2016)、《外墙外保温工程技术标准》(JGJ 144—2019)。

⚠ 任务实施

　　步骤一:区分墙体保温类型。

　　引导问题 1:墙体保温节能的目的是什么?

_____

　　引导问题 2:墙体的保温类型有哪几种?

_____

　　引导问题 3:外墙外保温与外墙内保温的区别是什么?

_____

步骤二：识别建筑外墙保温材料。

引导问题1： 墙面保温常用的材料有哪些？

_____

引导问题2： 图纸中采用了哪种外墙面保温材料？

_____

步骤三：进行热桥部位的保温处理。

引导问题1： 哪些部位是热桥部位？

_____

引导问题2： 热桥部位的保温构造做法是什么？

_____

步骤四：图纸中采用哪种墙体隔热措施？

引导问题1： 墙体常用的隔热措施有哪些？

_____

引导问题2： 图纸中采用了哪种隔热措施？

_____

动画：房屋隔热　　　　微课：隔断墙
　　　　　　　　　　　与阻断的构造

◇ **成果形式**

完成并提交本教材配套《建筑构造活页实训手册》中的墙体保温节能分析报告。

评价反馈

完成并提交本教材配套《建筑构造活页实训手册》中对应学习情境的任务评价反馈表，学生自评后由教师综合评价。

$$\diamond\!\!\diamond\ \text{知识链接}\ \diamond\!\!\diamond$$

知识点1：提高墙体保温的措施

建筑外墙应具有良好的保温能力,在供暖期尽量减少热量损失、降低能耗,保证室内温度不至于过低或在墙体内表面产生冷凝水。通常采用的保温措施有:

(1)适当增加外墙的厚度,提高墙体的热阻。墙体的保温能力与墙体的厚度成正比,室内外温差越大,墙体的厚度就越厚。增加墙体的厚度能提高墙体的内表温度,减少墙体内表面与室内空气的温差,减少水蒸气在墙体的内部及内表面凝结的可能性,从而延缓传热过程,起到保温的目的。如北方地区的外墙厚度一般可达到370mm、490mm。

(2)选择导热系数小的墙体材料。要增加墙体的保温性能,通常选用导热系数小的材料,如泡沫混凝土、加气混凝土、陶粒混凝土、膨胀珍珠岩、浮石混凝土等材料进行破墙。当采用几种不同材料层进行组砌时,把导热系数小的材料放在低温一侧,导热系数大的材料放在高温一侧。

(3)设置隔汽层等构造措施。冬季时,外墙两侧存在温度差,高温一侧的水蒸气随着空气一同向外渗透,遇到低温界面时会产生凝结,从而使墙体的内部产生凝结水,大大地降低了墙体的保温效果。为了防止墙体内部产生凝结,常在墙体高温一侧,设置一道隔汽层。隔汽层一般采用沥青、卷材、隔汽涂料、铝箔等防潮、防水材料。

知识点2：建筑外墙保温的形式

为提高建筑物的保温性能,合理利用围护结构,建筑外墙保温构造大致有以下两种:

1.单一材料的保温结构

单一材料的保温结构一般是采用一种导热系数小的材料所构成的结构。它构造简单、使用灵活,是较理想的保温结构。可是在一般情况下,建筑外墙必须具有一定的承载能力,而许多保温材料强度较低,无法起到承受荷载的作用。

2.复合材料的保温结构

当轻质、高强材料尚缺的情况下,或采用单一构造处理有困难时,则可采用多层材料复合的办法解决,即利用不同性能的材料进行组合,构成既能承重又能保温的复合结构。在这种结构中,轻质材料起到保温作用,强度高的材料负责承重,让不同性质的材料各自发挥其功能,如图3-35所示。在这种结构中,保温材料放置的位置是构造设计中必须要考虑的问题。

按保温材料所处位置不同,外墙保温的主要有内保温、外保温及夹芯保温三类。

1)外墙内保温

外墙内保温是将保温隔热体系置于外墙内侧,使建筑达到保温的施工方法。通常是在外墙内表面使用预制保温材料粘贴、拼接、抹面或直接做保温砂浆层,以达到保温目的。外墙内保温结构保温效果差,会多占建筑使用面积,热桥效应(内保温不能隔断梁、横墙与柱子在墙体中形成的热桥,因而不可能杜绝由于热桥存在而带来的热损失,保温隔热性能差)不易解决,影响居民二次装修,容易产生裂缝,内墙悬挂和固定物件容易破坏内保温结构,因此逐步被外保温结构所取代。

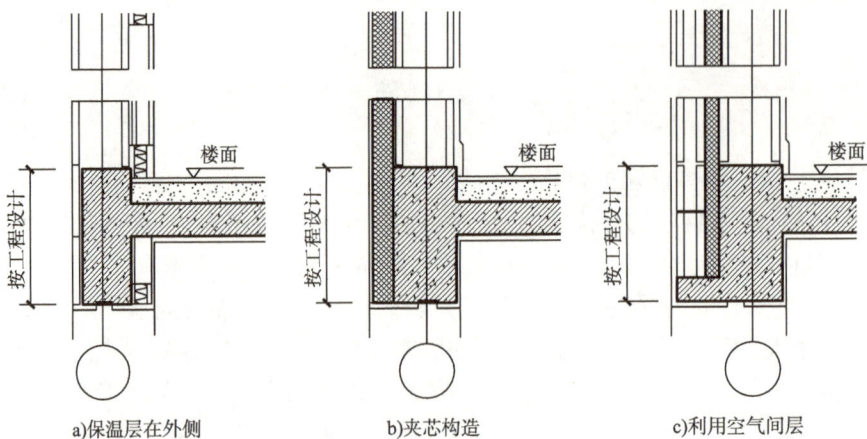

a)保温层在外侧   b)夹芯构造   c)利用空气间层

图 3-35　保温结构构造

2）外墙外保温

外墙外保温是将保温隔热体系置于外墙外侧，使建筑达到保温的施工方法。通常是在基层墙体外侧利用黏结材料固定一层保温材料，并在保温材料的外侧用玻璃纤维网或镀锌钢丝网加强并涂刷黏结胶浆，最外层是饰面层。外墙外保温效果好，不占用室内空间，但成本高，施工难度大（特别是高层），施工工艺要求高，对外墙装饰有影响（外墙贴砖时工艺要求高）。

3）夹芯保温

随着近年来装配式建筑的发展，出现了一种新型外墙夹芯保温技术——预制复合外墙保温板技术，即将保温材料放在混凝土墙体结构中间，与整个墙体一起在预制构件厂内浇筑成整体，形成的新绝热保温体系。预制外墙内侧是受力的结构层，中间为保温层，最外侧是保护层。通过阻热性能非常好的玻璃纤维连接件把结构层、保温层和保护层连成一个整体，以保证保温层与结构同寿命，并且避免热桥，提高保温效果。保护层是 5cm 厚的钢筋混凝土，以保证保温层与房屋的寿命同步。保护层可在工厂做成清水、涂料、贴砖、石材等多种效果。夹芯保温结构对内侧墙片和保温材料形成有效的保护，对保温材料的选材要求不高，对施工季节和施工条件的要求不高，不影响冬季施工。

知识点 3：常用的墙体保温材料

保温材料是指导热系数不大于 0.2 的材料。使用保温材料可以保护建筑墙体，延长建筑物寿命，保持室温的稳定，降低室内能耗。好的保温材料还可以起到防水防霉、替代墙体抹灰层的功能。目前市面上常用的墙体保温材料主要分为有机类（如聚苯板、挤塑板、聚氨、酚醛板等），无机类（如珍珠岩类、泡沫水泥、膨胀玻化微珠、发泡陶瓷、岩棉等），复合材料类（胶粉聚苯颗粒等）三大类。

1. 挤塑聚苯板

挤塑聚苯板简称 XPS 板，导热系数 $0.028 \sim 0.030 \text{W}/(\text{m} \cdot \text{K})$，如图 3-36 所示，以聚苯乙烯树脂或其共聚物为主要成分，添加少量添加剂，通过加热挤塑成型而制得的具有闭孔结构的硬质泡沫塑料制品。挤塑聚苯板刚度大、抗压性能好、导热系数低，用于屋面、地面、地下室墙体覆土内的保温。但是这种板材造价高，透气性差，尺寸稳定性差，与无机黏结砂浆的可黏结性较差，用于外墙保温中常会造成系统脱落、饰面开裂等质量事故。

112

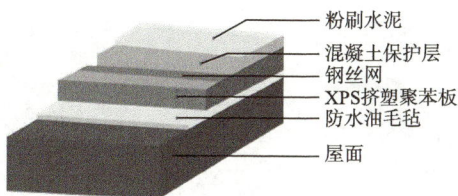

图 3-36　挤塑聚苯板构造分层图

2. 膨胀聚苯板

膨胀聚苯板(图 3-37)的导热系数 $0.041W/(m \cdot K)$，由可发性聚苯乙烯珠粒经加热预发泡后在模具中加热成型而制得，是具有闭孔结构的聚苯乙烯泡沫塑料板材，简称 EPS 板。膨胀聚苯板是应用最广泛的一种保温材料，常应用薄抹灰体系、保温装饰一体化体系、大模内置体系等，该材料在保温系统市场里占据极大的比重。膨胀聚苯板防火性能差、自身强度低，特别在用于外贴面砖时，应进行加强处理。此外，板材出厂时应经过一段熟化期，如果熟化时间不足而直接上墙施工，板材容易收缩变形。

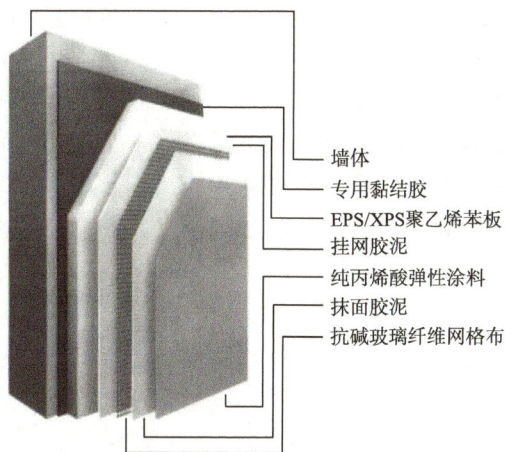

图 3-37　膨胀聚苯板构造分层图

3. 玻璃棉板

玻璃棉是将熔融玻璃纤维化，形成棉状的材料，导热系数为 $0.042W/(m \cdot K)$，化学成分属玻璃类，是一种无机质纤维，具有成型好、体积密度小、热导率低、保温绝热、吸声性能好、耐腐蚀、化学性能稳定等优点。玻璃棉板(图 3-38)是将玻璃棉施加热固性黏结剂制成的具有一定刚度的板状制品，其施工简单、可随意切制、抗菌防霉、耐老化、抗腐蚀、降噪性好，能有效阻断声音传播。

4. 玻化微珠保温砂浆

玻化微珠保温砂浆(图 3-39)是应用于外墙内外保温的一种新型无机保温砂浆材料，导热系数为 $0.07W/(m \cdot K)$，以玻化微珠为轻质集料、玻化微珠保温胶粉料按一定比例搅拌均匀混合而成，具有强度高、质轻、保温、隔热好、电绝缘性能好、耐磨、耐腐蚀、防辐射等特点。

图 3-38　玻璃棉板

113

图 3-39　玻化微珠保温砂浆

知识点 4:热桥部位的保温构造措施

由于结构上的需要,外墙上会有一些嵌入构件,如钢筋混凝土柱、梁、垫块、圈梁、过梁等。因为混凝土材料比起砌墙材料有较高的热传导性(混凝土材料的导热性是普通砖块导热性的 2~4 倍),所以在寒冷地区,热量很容易从这些部位传出去。因为这些部位传热能力强、热流较密集、内表面温度较低,故这些部位通常称为"热桥"部位。当室内外温差较大时,冷热空气频繁接触,墙体保温层导热不均匀,将产生热桥效应,造成房屋内墙结露、发霉甚至滴水。热桥效应在砖混结构的建筑中出现较多,且由于温度、湿度、热量等多方面因素的影响,会出现"同一座楼,有的住户家发霉严重,有的住户家里却没事"的情况。

为了防止热桥部位内表面出现结露,应采取局部保温措施。寒冷地区外墙中钢筋混凝土过梁部位的保温处理,将过梁截面做成 L 形,在外侧附加保温材料。对于框架柱,当柱子位于外墙的内侧时,可不必做保温处理,只有当柱子的外表面与外墙面平齐或突出外墙面时,才对柱子外侧做保温处理。

知识点 5:墙体的隔热措施

建筑外墙应具有良好的隔热能力,以阻止太阳辐射热传入室内,避免影响到室内的舒适程度。隔热应采取绿化环境、加强自然通风、遮阳及围护结构隔热等综合措施。墙体隔热的通常做法如下:

(1)外墙宜采用浅色平滑的外饰面,如采用浅色的粉刷、涂料或饰面砖等,以减少围护结构的表面对日辐射的吸收率,从而降低室外综合温度。

(2)在外墙上设置遮阳设施,利用遮阳设施的遮挡,避免太阳光的直接照射。

(3)设置通风间层,利用热压和风压作用使间层内的空气流动,从而带走大部分进入间层的热辐射,减少了通过下层围护结构向室内的传热,可以有效地降低外墙内表面的温度。这比较适合于湿热地区,要求围护结构白天隔热好而夜间又散热快的居住建筑。

(4)使用实体隔热材料或带有封闭空气间层的墙体。设置带铝箔的封闭空气间层,以减少辐射热量,封闭的铝箔空气间层质量轻且隔热效果好。当采用单面铝箔空气间层时,铝箔宜设在温度较高的一侧。

(5)西向外墙可适当栽种爬山虎等攀缘植物,利用植被对太阳能的转化作用来降温。

1. 项目概况

深圳某大楼工程总投资为 7055 万元,用地面积 3000m²,容积率为 4,总建筑面积 18170m²,建筑高度 57.9m。建筑主体层数为地上 12 层、地下 2 层,是首批获得国家绿色建筑设计评价标识三星级的项目,也是首个通过验收的国家级可再生能源示范工程项目。

2. 绿色墙体技术措施

建筑布局构成"功能遮阳""自保温复合墙体""本体隔热""节能玻璃""自遮阳",遮阳反光板在自然采光之余具有遮阳作用。在此基础上,结合绿化景观设计和太阳能利用技术,进一步进行立体遮阳隔热,如图 3-40 和图 3-41 所示。

图 3-40　建筑外墙细部

图 3-41　办公空间连续条形窗设计

(1)垂直绿化。大楼每层均种植攀岩植物,包括中部楼梯间采用垂直遮阳格栅北侧楼梯间和平台组合种植垂吊的绿化。在改善大楼景观的同时,进一步强化了遮阳隔热的作用。

(2)光电幕墙遮阳。针对夏季太阳西晒强烈的特点,在大楼的西立面和部分南立面设置了光电幕墙,既可发电,又可作为遮阳设施减少西晒辐射的热量,提高西面房间热舒适度;幕墙背面聚集的多余热量利用通道的热压被抽向高空排放,如图 3-42 所示。

图 3-42　光电幕墙全景

(3)光电板遮阳。大楼南侧设置光电板遮阳构件,在发电的同时,起到遮阳作用。

模块 4

楼地层

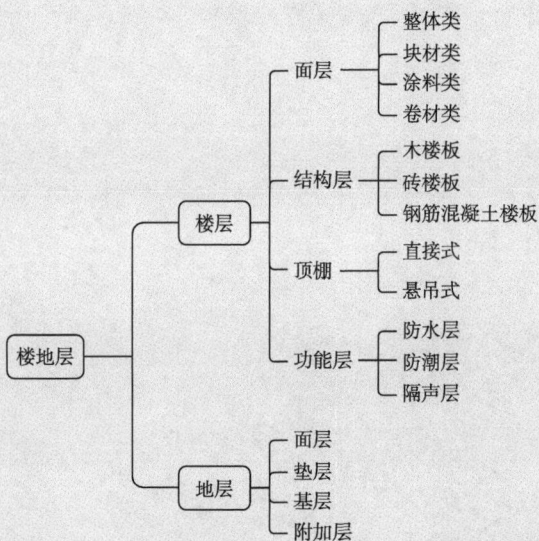

楼地层
- 楼层
  - 面层
    - 整体类
    - 块材类
    - 涂料类
    - 卷材类
  - 结构层
    - 木楼板
    - 砖楼板
    - 钢筋混凝土楼板
  - 顶棚
    - 直接式
    - 悬吊式
  - 功能层
    - 防水层
    - 防潮层
    - 隔声层
- 地层
  - 面层
  - 垫层
  - 基层
  - 附加层

学习情境 4.1　初识楼地层

○ 学习情境

楼地层是我们生活中常见的横向受力构件,与柱子、墙体等竖向构件一起组成了我们使用的居室、教室、会议室等空间。同时,在结构设计流程中,由于荷载直接施加在楼地层上,往往是作为第一个受力构件进行设计。因此楼地层是我们要重点学习的构件之一。

◇ 学习目标

1. 工作能力目标

(1)能够区分地层与楼层。

(2)能根据设计说明完成楼地层构造图绘制。

2. 素质目标

楼地层是建筑重要的承重构件,楼层的结构安全是建筑结构的重中之重,通过学习楼地层构造专业知识,培养"安全重于泰山"的安全观和责任感。

▲ 任务描述

项目概况:本项目是某办公楼,地下 1 层、地上 7 层,建筑高度 24.9m,为二类高层建筑,建筑物耐火等级为二级,楼板采用传统现浇式钢筋混凝土楼板施工工艺。请认真学习本学习情境内容,查阅附录图纸,回答问题,绘制楼地层大样图。

◈ 工作准备

认真阅读教材相关学习知识点,学习在线课程视频。

⚠ 任务实施

步骤一:阅读楼地层知识点。

引导问题 1:楼层的概念是什么? 地层的概念是什么?

_____

_____

引导问题 2:楼层与地层有什么区别?

_____

步骤二:认识楼层和地层的构造组成。

119

引导问题1:楼板层与地层分别有多少层构造层?

引导问题2:每一层构造层的设置顺序是什么?

步骤三:查阅项目图纸。
引导问题1:本项目地层构造有多少种做法?

引导问题2:本项目楼层构造有多少种做法?

步骤四:补图绘制楼层做法大样。
引导问题1:材料图例如何绘制?

引导问题2:建筑制图绘制规范要求有哪些?

微课:楼地板构造

◇ **成果形式**

完成并提交本教材配套《建筑构造活页实训手册》中的楼地层绘图报告。

评价反馈

完成并提交本教材配套《建筑构造活页实训手册》中对应学习情境的任务评价反馈表,学生自评后由教师综合评价。

知识点 1:楼地层的概念

楼地层是楼板层与地坪层的总称。

楼板层是房屋的水平承重构件,既是把建筑物沿高度方向分隔成若干楼层的水平分隔构件,也是承受楼板层上的永久荷载和可变荷载的受力构件,并把这些荷载连同自重传给墙或柱的承重构件。其承重体系通常是:小面积房间的楼板直接架设在下层房间的承重墙上;大面积房间的楼板荷载通过次梁(小梁)或主梁(大梁)传递给承重墙或柱;无梁楼板层的荷载直接传递给柱子。

地坪层是指建筑物底层与土层相接触的部分,由面层、结构层、垫层和素土夯实层构成。根据需要,还可以设各种附加构造层,如找平层、结合层、防潮层、保温层、管道敷设层等。

知识点 2:楼地层的构造组成

1. 楼层的构造组成

为了满足使用要求,楼板层通常由面层、楼板、顶棚三部分组成,如图 4-1 和表 4-1 所示。

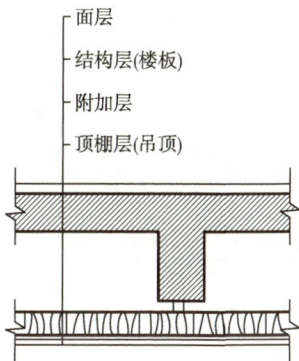

图 4-1 楼层构造

楼层的构造组成   表 4-1

构造组成	作用及特点
面层	位于楼层的最上层,起到保护楼板、分布荷载、绝缘、美化装饰等作用
结构层	主要作用为承受楼层上的全部荷载并将荷载传递给竖向构件(墙、柱),同时还对竖向构件起到水平支撑作用,加强建筑物的整体刚度
附加层	附加层又称功能层,根据楼板层的具体要求而设置,主要作用是隔声、隔热、保温、防水、防潮、防腐蚀、防静电等。根据需要,有时和面层或吊顶合为一体
顶棚层	位于楼板层最下层,主要作用是保护楼板、安装灯具,遮挡各种水平管线,改善使用功能、装饰美化室内空间

2.地层的构造组成

地坪的基本组成部分有面层、垫层和基层,对有特殊要求的地坪,常在面层和基层之间增设一层附加层,如图4-2和表4-2所示。

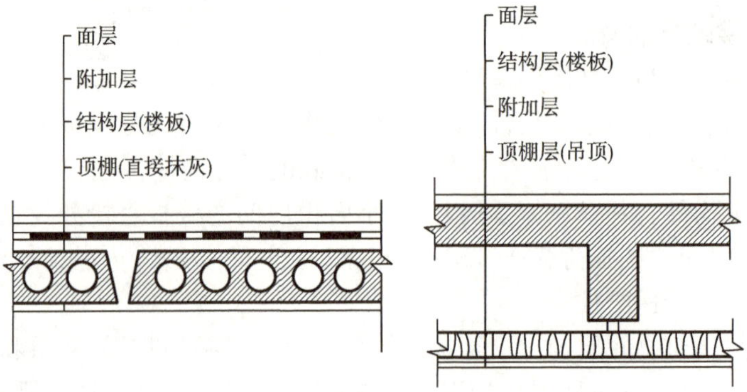

图4-2　地层构造

地层构造组成　　　　　　　　　　　　　　　　　　　　　　　　　表4-2

构造组成	作用及特点
素土夯实层	素土夯实层是地坪的基层。素土即为不含杂质的砂质黏土,经夯实后,才能承受垫层传下来的地面荷载
基层	基层通常做法是用原土层或填土分层夯实。当上部荷载较大时,增设 2:8 灰土 100～150mm 厚,或碎砖、三合土 100～150mm 厚
垫层	垫层是承受并传递荷载给地基的结构层,垫层有刚性垫层和非刚性垫层之分。刚性垫层常用低强度等级混凝土,一般采用 C15 混凝土,其厚度为 80～100mm;非刚性垫层,常用的有:50mm 厚砂垫层、80～100mm 厚碎石灌浆、50～70mm 厚石灰炉渣、70～120mm 厚三合土(石灰、炉渣、碎石)等
面层	面层应坚固耐磨、表面平整、光洁、易清洁、不起尘。面层材料的选择与室内装修的要求有关

知识点 3:楼板层的设计要求

楼板应该满足以下设计要求

1.具有一定的承载力和刚度

楼板层直接承受着自重和作用在其上的各种荷载,因此设计楼板时应使楼板具有一定的承载力,保证在荷载作用下不致因楼板承载力不足而引起结构的破坏。为了满足建筑物的正常使用要求,楼板还应具有一定的刚度要求,保证在正常使用的状态下,不会发生过大的影响使裂缝和挠度等变形,刚度要求通常是通过限定板的最小厚度来保证的。

2.具有一定的防火能力

楼板作为分割竖向空间的承重构件,应具有一定的防火能力。《建筑设计防火规范(2018 年版)》(GB 50016—2014)对于多层建筑楼板的耐火极限作了明确规定:建筑物耐火等为一级时,楼板采用不燃烧体,耐火极限不小于 1.50h;建筑物耐火等级为二级时,楼板采用不燃烧体,耐火极限不小于 1.00h;建筑物耐火等级为三级时,楼板采用不燃烧体,耐火极限不小于 0.50h;建筑物耐火等级为四级时,楼板可采用燃烧体。

3. 具有一定的隔声能力

为了防止噪声通过楼板传到上下相邻的房间,影响其使用,楼板层应具有一定的隔声能力。不同使用性质的房间对隔声的要求不同,但均应满足各类建筑房间的允许噪声级和撞击声隔声量(表4-3、表4-4)。

室内允许噪声级(昼间) 表4-3

建筑类别	房间名称		允许噪声级(A声级)(dB)			
住宅	卧室		普通住宅		高要求住宅	
			昼间	夜间	昼间	夜间
			≤45	≤37	≤40	≤30
	起居室(厅)		≤45		≤40	
学校	教学用房	语言教室、阅览室	≤40			
		普通教室、实验室、计算机房	≤45			
		音乐教室、琴房	≤45			
		舞蹈教室	≤50			
	辅助用房	教师办公室、休息室、会议室	≤45			
医院	房间名称		高要求标准		低要求标准	
			昼间	夜间	昼间	夜间
	病房、医护人员休息室各类重症监护室		≤40 ≤40	≤35 ≤35	≤45 ≤45	≤40 ≤40
	诊室		≤40		≤45	
	手术室、分娩室		≤40		≤45	
	听力测试区		—		≤25	
	入口大厅、候诊厅		≤50		≤55	
旅馆	房间名称		特级		一级	二级
			昼间	夜间	昼间 夜间	昼间 夜间
	客房		≤35	≤30	≤40 ≤35	≤45 ≤40
	办公室、会议室		≤40		≤45	≤45
	多用途厅		≤40		≤45	≤50
	餐厅、宴会厅		≤45		≤50	≤55
办公	房间名称		高要求标准		低要求标准	
	单人办公室		≤35		≤40	
	多人办公室		≤40		≤45	
	电视电话会议室		≤35		≤40	
	普通会议室		≤40		≤45	
商业	房间名称		高要求标准		低要求标准	
	商场、商店、购物中心、会展中心		≤50		≤55	
	餐厅		≤45		≤55	
	员工休息室		≤40		≤45	
	走廊		≤50		≤60	

撞击声隔声标准表 表 4-4

建筑名称	楼板部位	计权标准化撞击声压级（dB）			
住宅	卧室、起居室（厅）的分户楼层	普通住宅		高要求住宅	
		实验室测量	现场测量	实验室测量	现场测量
		<75	≤75	<65	≤65
学校	构件名称	实验室测量		现场测量	
	语言教室、阅览室与上层房间之间的楼板	<65		≤65	
	普通教室、实验室、计算机房与上层产生的噪声的房间之间的楼板	<65		≤65	
	音乐教室、琴房之间的楼板	<65		≤65	
	普通教室之间的楼板	<65		≤65	
医院	构件名称	高要求标准		低要求标准	
		实验室测量	现场测量	实验室测量	现场测量
	病房、手术室与上层房间之间的楼板	<65	≤65	<75	≤75
	听力测听室与上层房间之间的楼板	—	—	—	≤60
旅馆	客房与上层房间之间的楼板	特级		一级		二级	
		实验室测量	现场测量	实验室测量	现场测量	实验室测量	现场测量
		<55	≤55	<65	≤65	<75	≤75
办公	办公室、会议室顶部的楼板	高要求标准		低要求标准	
		实验室测量	现场测量	实验室测量	现场测量
		<65	≤65	<75	≤75
商业	健身中心、娱乐场所等与噪声敏感房间之间的楼板	高要求标准		低要求标准	
		实验室测量	现场测量	实验室测量	现场测量
		<45	≤45	<50	≤50

4.具有一定的防潮、防水能力

若建筑物在使用当中遇到有水侵蚀的房间,如厨房、卫生间、浴室、实验室等,楼板层应进行防潮、防水处理,防止影响相邻空间的使用和建筑物的耐久性。

5.满足各种管线的敷设要求

随着科学技术的发展和生活水平的提高,现代建筑中电器等设施应用越来越多。楼板层的顶棚层应满足设备管线的敷设要求。

知识点4：地层的设计要求

1.具有足够的坚固性

家具设备等作用下不易被磨损和破坏,且表面平整、光洁、易清洁和不起灰。

2. 保温性能好

要求地面材料的导热系数小,给人以温暖舒适的感觉,冬期时走在上面不致感到寒冷。

3. 具有一定的弹性

当人们行走时不致有过硬的感觉,同时,有弹性的地面有利于防撞击。

4. 易清洁、经济

5. 满足某些特殊要求

防水、防潮、防火、耐腐蚀等。

📶 案例拓展 ▶▶▶

某市某医院楼板坍塌事故

2018 年,某市某医院发生楼板坍塌事故,造成 21 人不同程度受伤,如图 4-3 所示。这家医院的主楼共四层,正在进行改造,外面搭着脚手架。医院二楼楼板塌了一大块,露出了一个大窟窿,楼板等构件掉到一楼。事故原因是医院房屋房龄较老,楼板承载能力不足。

图 4-3　事故现场

楼板事故对社会、企业和个人都会造成恶劣的影响,而在众多案例中人为因素的影响不可忽略,因此在我们的工作生活中要做到精益求精,按规范设计、按图施工,减少人员伤亡事故的发生。

学习情境 4.2　楼板的分类

◎ 学习情境

在实际项目中,楼板的类型并不是单一的,在建筑设计过程中需要根据不同现实情况选择不同类型的楼板。若构件的类型选择错误,往往容易导致破坏,因此我们应该如何选择楼板的类型? 不同类型的楼板有什么特点? 适用范围是什么? 通过本学习情境,初步认识楼板类型。

◇ 学习目标

1. 工作能力目标

(1)能够识别楼板的类别及特点;
(2)能够区分单向板及双向板;
(3)能够明确不同类型楼板层的适用范围。

2. 素质目标

在区分和应用不同类型的楼板特点的实践过程中,做到学精理论、学深知识、学透要义、学活应用,将理论与实际紧密结合。

▲ 任务描述

钢筋混凝土楼板是现代建筑常用的楼板类型,楼板可按构造进行划分,适应不同情况下的工程。请根据楼板认知表中的图片,填写楼板类型的名称及其相应的使用范围。

◈ 工作准备

认真阅读教材相关知识点,学习在线课程视频。分析照片中楼板工程具体情况,初步选择与之匹配的楼板形式并确定适用范围。

⚠ 任务实施

步骤一:认真学习任务相关知识点。
引导问题1:现浇钢筋混凝土楼板分类有哪些?

引导问题2:各类型楼板的外形特点分别是什么?

步骤二:区分各类型现浇钢筋混凝土楼板的适用范围。
引导问题1:不同类型的现浇钢筋混凝土楼板的受力特点是什么?

引导问题 2：不同类型的建筑对楼板的要求是什么？

___

步骤三：分析梁板式楼板的类型。
引导问题 1：什么是单向板和双向板？

___

引导问题 2：如何区分单向板和双向板？

___

动画：楼板的类型

微课：钢筋混凝土
楼板

动画：楼地层——
地坪层——分类

动画：现浇钢筋
混凝土楼板——
梁板式楼板

动画：现浇钢筋
混凝土楼板——
平板式楼板

动画：预制装配式
钢筋混凝土
楼板——类型

动画：装配整体式
钢筋混凝土楼板

◇ **成果形式**

完成并提交本教材配套《建筑构造活页实训手册》中的楼板层认知表。

评价反馈

完成并提交本教材配套《建筑构造活页实训手册》中对应学习情境的任务评价反馈表，学生自评后由教师综合评价。

◈ 知识链接 ◈

楼板根据材料的不同可分为木楼板、砖拱楼板及钢筋混凝土楼板等多种类型。

知识点1:木楼板

木楼板框架通常是由木搁栅、U形龙骨或者平行弦杆桥架沿着地基墙体周长由室内的梁和柱来支撑的结构,承重的墙骨如砖石墙或混凝土墙也可以用于结构内部地板搁栅的支撑。木楼板自重轻、保温隔热性能好、舒适、有弹性,在木材产地采用较多,但耐火性和耐久性均较差,造价偏高,为节约木材和满足防火要求,采用较少。如图4-4和图4-5所示。

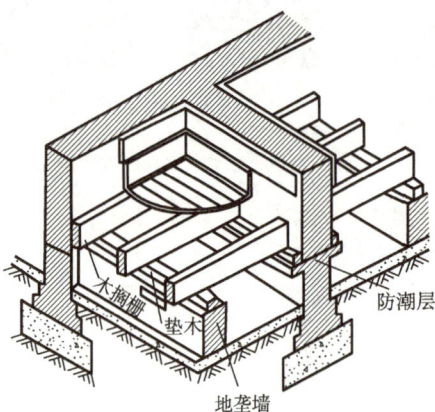

图4-4 木楼板构造

图4-5 木楼板实例

知识点2:砖拱楼板

钢筋混凝土倒T形梁密排,其间填以普通黏土砖或特制的拱壳砖砌筑成拱形,故称为砖拱楼板,如图4-6和图4-7所示。这种楼板虽比钢筋混凝土楼板节省钢筋和水泥,但是自重大,作地面时使用材料多。砖拱楼板的抗震性能较差,需按抗震设防要求采用。

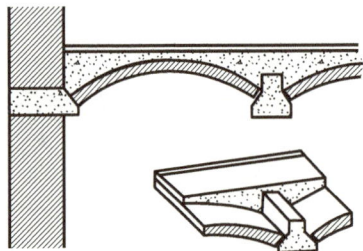

图4-6 砖拱楼板构造

图4-7 砖拱楼板实例

知识点3:钢筋混凝土楼板

钢筋混凝土楼板采用混凝土与钢筋共同制作。这种楼板坚固、耐久、刚度大、承载力高、防火性能好,应用比较普遍。钢筋混凝土按施工方法可分为:现浇钢筋混凝土楼板、装

128

配式钢筋混凝土楼板及装配整体式钢筋混凝土楼板。

现浇式钢筋混凝土板是通过施工现场支模、绑扎钢筋、浇筑混凝土等施工程序而成型的楼板结构,是目前使用最为广泛的楼板类型之一。根据《建筑抗震设计规范》(GB 50011—2010)的规定,多、高层的混凝土楼、屋盖宜优先采用现浇混凝土板。现浇式钢筋混凝土板有着整体性好、防水好、可塑性强,利于抗震,便于穿过管道,能够适用于各种平面形状的房间的优点。

1. 基本施工方法

(1)首先需要搭建钢筋,且将其固定好,钢筋的方向一定要准确,之间的钢筋接头要绑牢固。

(2)安装模板是比较重要的一个步骤,且设置的模板应该在钢筋的接头相对应的位置,每个位置都应该有通孔。

(3)待稳定后即可浇筑混凝土,且钢筋接头底端的混凝土要凝固。

(4)之后的养护也是非常重要的步骤,决定着后期混凝土楼板的质量好坏。

①跨度在 8m 以上的楼板混凝土强度达到 100%,8m 及 8m 以下的楼板混凝土强度大于 75% 时方可拆模;混凝土强度大于 1.2MPa 时楼面方可上人及施工。一般在浇灌后 24h 强度可达 1.2MPa。

春、夏、秋季节正常养护下 7~9d,冬季在正常养护下 10~15d 能够拆模。

②在正常保养情况下,每天不得少于 2 次,每次要确保楼面有 11~16mm 的积水。

③混凝土的保湿养护对其强度增长和各类性能的提高十分重要,特别是早期的妥善养护可以避免表面脱水并大量减少混凝土初期伸缩裂缝的出现,所以,楼层混凝土浇筑完后需做必要养护(一般宜不小于 24h)。

④待楼板混凝土强度达到 75% 方可拆模。

(5)待楼板硬度及承载力经过检测,满足要求之后方可拆除模板。

在施工过程中应注意,绑扎钢筋的时候最好采用螺纹钢,而且要采用一定的方式绑成网状,其间距也有一定的要求;搅拌混凝土,要选择适合的水泥和河沙,而且要按照规定配合比来配置,从而使强度能够达到要求;浇筑后期一定要做好养护。

2. 分类

现浇式钢筋混凝土板按楼板受力和支承条件不同可以分为:板式楼板、梁板式楼板、井式楼板、无梁楼板。

1)板式楼板

在墙体承重的建筑中,当房间跨度较小时,楼面荷载可直接通过楼板传给墙体,而不需要另设梁,形成厚度一致的楼板,称为板式楼板。板式楼板的特点是板底平整、美观,施工方便,适用于小跨度房间。通常在走廊、储藏间、卫生间、厨房等房间采用。

楼板根据受力特点和支承情况不同分为单向板和双向板,如图 4-8 所示。为满足施工要求和经济要求,对各种板式楼板的最小厚度和最大厚度,一般规定如下:

(1)单向板(板的长边与短边之比大于 2):屋面板板厚 60~80mm;民用建筑楼板厚 70~100mm;工业建筑楼板厚 80~180mm。

(2)双向板(板的长边与短边之比≤2):板厚为 80~160mm;荷载传递途径:荷载板—墙—基础。

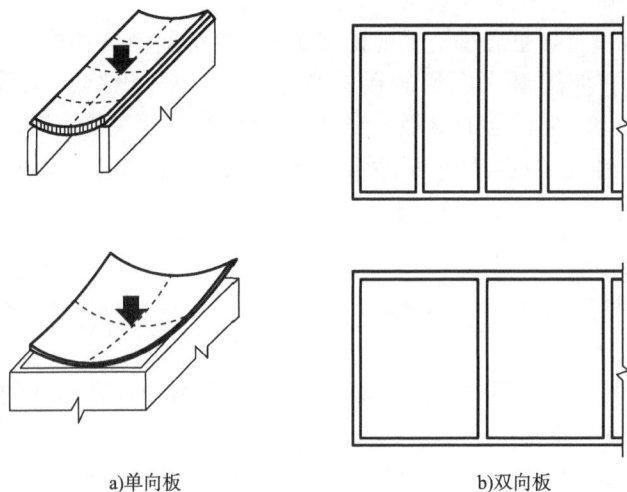

a)单向板   b)双向板

图 4-8　单向板楼板与双向板楼板

此外,板的支承长度规定:当板支承在砖石墙体上,其支承长度不小于 120mm 或板厚;当板支承在钢筋混凝土梁上时,其支承长度不小于 60mm;当板支承在钢梁或钢屋架上时,其支承长度不小于 50mm。

2)梁板式楼板

当房间的跨度和面积较大时,为使楼板结构的受力和传力较为合理,常在板下设梁以减小板的跨度和厚度,这种板称为梁板式楼板。梁板式楼板由板、次梁和主梁组成。两梁间一般垂直相交,板搁置在次梁上,次梁搁置在主梁上,主梁搁置在墙或柱上。其主次梁布置对建筑的使用、造价和美观等有很大影响,如图 4-9 和图 4-10 所示。

图 4-9　梁板式楼板示意

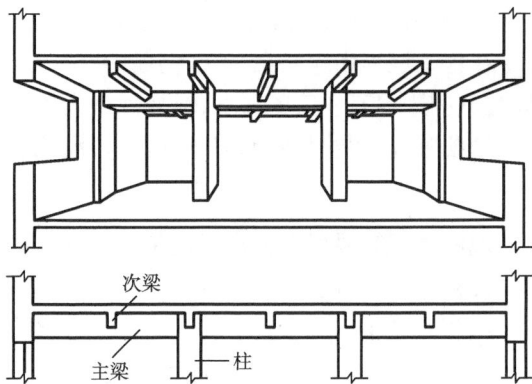

图 4-10　梁板式楼板

（1）特点。

①优点是混凝土用量较小、受力明确、设计简单。

②缺点是施工难度大,工期较长。原因是:底模复杂,砖模用量较多,土方量稍大;柔性外防水面积增加,阴阳角增多,防水施工难度增加,容易出现防水盲点;在梁柱节点处钢筋集中,搭接、锚固复杂,混凝土容易出现蜂窝,施工难度大;如在雨期施工,梁地模内易积水,增加施工排水费用;地模内易积垃圾。

（2）布置原则。

楼板内设置梁,梁有主梁和次梁,主梁沿房间布置,次梁与主梁一般垂直相交,板搁置在次梁上,次梁搁置在主梁上,主梁搁置在墙或柱上,所以板内荷载通过梁传至墙或者柱上,适用于厂房等大开间房间。

①单向肋梁楼板。

单向肋梁楼板由板、次梁和主梁组成。其荷载传递路线为板—次梁—主梁—柱子(墙)主梁:经济跨度:$L=6\sim9m$;梁高 $h=(1/14\sim1/8)L$;梁宽 $b=(1/2\sim1/3)h$。

次梁:经济跨度:$L=4\sim7m$;梁高 $h=(1/18\sim1/12)L$;梁宽 $b=(1/2\sim1/3)h$;经济跨度 $L=1.8\sim3.0m$;板厚 $b>(1/40)L$。

②双向板肋梁楼板。

肋梁楼板中的板为双向板时,称为双向板肋梁楼板。

荷载传递途径:荷载—板—梁—柱—基础。

单跨简支板板厚不小于短边跨度的 1/45,连续双向板的板厚不小于短边跨度的 1/50。双向板肋梁楼板沿两个方向设置受力钢筋,短边方向的钢筋放在板的下侧。

3）井式楼板

当房间的尺寸较大并接近于正方形时,常沿两个方向等距交叉布置梁,梁截面高度相等,不分主次,形成的楼板结构称为井式楼板,根据梁布置形式不同,可以分为正井式和斜井式。其特点是适用空间跨度较大,一般边长多为 10m 左右;楼板底部的井格富有韵律,具有较强的装饰效果,常做暴露结构顶棚处理,如图 4-11 所示。

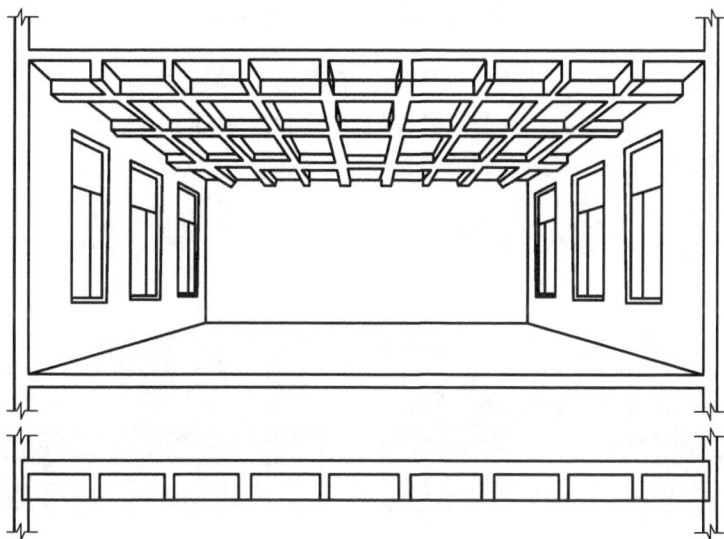

图 4-11 井式楼板

井式楼板与现浇单向板肋形楼盖的主要区别是:两个方向梁的截面高度通常相等,不分主次梁,共同承受楼板传来荷载;井式楼盖与现浇双向楼板肋形楼盖的主要区别是:在梁的交叉处不设柱,梁的间距一般为 $1.5\sim3m$,比双向板肋形楼盖中梁的间距小。

井式楼盖中两个方向梁具有相同的截面,而且截面高度较小,但梁的跨度却可做得较大。两个方向梁的间距最好相等,要考虑板的合理跨度,这样不仅结构比较经济、施工方便,而且容易满足建筑处理和美观要求。

131

井式楼盖梁板的布置一般有以下四种情况：①正交正放网井式网格梁；②正交斜放网井式网格梁；③三向网格梁；④有外伸悬挑的井式网格梁。

4）无梁楼板

若楼板不设梁，直接将等厚的楼板支承在墙和柱子上，所形成的楼板为无梁楼板，如图4-9所示。其特点是顶棚平整，净空高度较大，有利于采光通风，卫生条件好，施工简便。柱顶构造分为有柱帽和无柱帽两种。当楼面荷载较小时，采用无柱帽的形式；当楼面荷载较大时，为提高板的承载能力、刚度和抗冲切能力，可以在柱顶设置柱帽和托板来减小板跨，增加柱对板的支托面积。

无梁楼板的柱间距宜为6m，呈方形布置。由于板的跨度较大，故板厚不宜小于150mm，一般为160～200mm。无梁楼板的板底平整，室内净空高度大，采光、通风条件好，便于采用工业化的施工方式，适用于楼面荷载较大的公共建筑（如商店、仓库、展览馆等）和多层工业厂房。为了提高柱顶处平板的受冲切承载力，往往在柱顶设置柱帽无梁楼板；采用的柱网通常为正方形或接近正方形，这样较为经济，通常采用的柱网尺寸为6m×6m。无梁楼板可以获得较大的内部空间，适用于楼堂、大厅等需要大空间的地方，现实生活中有抗震要求的建筑都不采用无梁楼板，因为对抗震不利。

📶 案例拓展 ▶▶

约翰逊制蜡公司总部大楼

约翰逊制蜡公司总部大楼造型独特，伞形圆柱融空间划分、力学承载、建构形态于一体。伞形结构体系被称作"树柱"，其设计灵感来自赖特对亚利桑那仙人掌空心结构的研究。如图4-12和图4-13所示。

图4-12　办公空间

图4-13　室外空间

"树柱"构成办公实体的矩形柱网，柱子顶部相互连接形成稳定的结构体系，四周以实墙围合。柱几乎中空，花尊连接柱身和圆盘形柱头，表面有一条条肋带，花瓣即柱头，内部是起加固作用的混凝土主干。在花尊和花瓣的内部同时配有钢筋网和钢筋条。"树柱"系统最大的特点是结构系统的均质性与整体性。当这些圆柱被固定在地板上，并在四面八方与顶端相连时，这种结构体系已经有效地成为一种连续刚架。树柱结构的整体性得益于线性杆件的均质排布，这从距离上消减了个别杆件单独承受的巨大应力,从而保护了杆件使用的寿命。凭借对结构材料的自然使用,该建筑的重量仿佛在空气与光影中升高和漂浮,在支撑的同时塑造了美妙的空间。

在该作品中,结构不仅是力学整体性的保证,更是空间与体量生成的母体,起着控制全局的作用。结构呈现出生长特征,这种结构的完整性不仅体现在力学方面,还表现在结构本身与空间划分乃至审美特征方面。

学习情境 4.3 楼地层的装饰

○ 学习情境

在现代生活中,楼地层的装饰非常重要,因为它不仅可以保护结构层,具有良好的保温性和弹性,并且起到了防潮、防火和耐腐蚀性的作用,更重要的是还起到了漂亮美观、美化房间的作用,创造了良好的空间氛围,因此楼地层装饰是我们学习的重点之一。

◆ 学习目标

1. 工作能力目标

(1)能够认识楼层面层装饰的分类及做法。
(2)能够认识顶棚层装饰的分类及做法。

2. 素质目标

楼地层的装饰做法看似只是很细微的部分,但是不同的装饰做法不仅影响美观,还影响着楼地层的耐久性以及居住者的居住感受,在今后的学习和工作过程中要注意细节,不要放过任何一个细节上的失误,以免因小失大。

▲ 任务描述

本项目是某办公楼,其工程概况如下:地下1层,地上7层,建筑高度24.9 m。为二类高层建筑,建筑物耐火等级为二级,楼板采用传统现浇式钢筋混凝土楼板施工工艺。请认真学习本模块内容,查阅项目图纸,根据变更单绘制变更后的构造大样图。

◈ 工作准备

认真阅读教材相关知识点,学习在线课程视频,查阅《建筑构造用料做法》(15Z1001)和《房屋建筑制图统一标准》(GB/T 50001—2017)。

⚠ 任务实施

步骤一:识读楼地面构造做法表。
引导问题1:楼层面层装饰有多少种类型,地面面层装饰有多少种类型?

_____

引导问题2:楼地面面层装饰适用范围是什么? 特点分别是什么?

_____

_____

步骤二:识读顶棚构造做法表。

引导问题1: 顶棚层装饰常用类型有哪些?

_____

引导问题2: 顶棚层装饰各类型适用范围是什么? 特点分别是什么?

_____

_____

步骤三:补绘楼层面层、顶棚层装饰做法大样。

引导问题1: 材料图例如何绘制?

_____

引导问题2: 如何根据工程做法说明绘制做法构造大样图?

_____

| 微课:地坪与地面构造 | 动画:楼地层——
地坪层——
构造层次 | 微课:顶棚构造 | 动画:顶棚构造 |

◇ **成果形式**

完成并提交本教材配套《建筑构造活页实训手册》中的楼地层绘图报告。

评价反馈

完成并提交本教材配套《建筑构造活页实训手册》中对应学习情境的任务评价反馈表,学生自评后由教师综合评价。

◇◇ 知识链接 ◇◇

知识点 1：楼地层面层的装饰

楼地面按其材料和做法可分为：整体地面、块材地面、木地面、塑料地面及涂料地面。

1. 整体地面

整体地面包括水泥砂浆地面、水泥石屑地面、水磨石地面等现浇地面。

1) 水泥砂浆地面

水泥砂浆地面的特点是构造简单、坚固耐用、防潮防水、价格低廉，但蓄热系数气温低时人体感觉不适，易产生凝结水，表面易起尘。通常有单层和双层两种，做法：单层做法只抹一层 20 ～ 25mm 厚 1:2 或 1:2.5 水泥砂浆，双层做法是增加一层 10 ～ 20mm 厚 1:3 水泥砂浆找平，表面再抹 5 ～ 10mm 厚 1:2 水泥砂浆抹平压光，如图 4-14 所示。

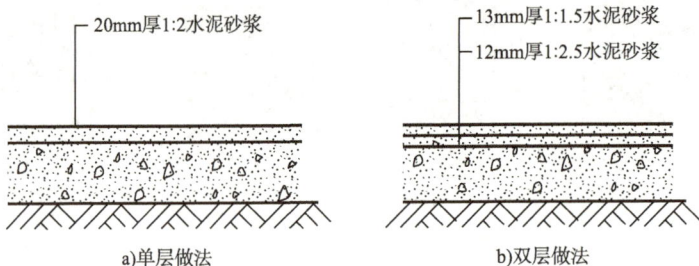

图 4-14　水泥砂浆地面

2) 水磨石地面

水磨石地面是指在水泥砂浆找平层上面铺水泥白石子，面层达到一定强度后加水用磨石机磨光、打蜡而成。为了适应地面变形，防止开裂，在做法上要注意的是：在做好找平层后，用玻璃、铜条、铝条将地面分隔成若干小块（1000mm × 1000mm）或各种图案，然后用水泥砂浆将嵌条固定，固定用水泥砂浆不宜过高，以免嵌条两侧仅有水泥而无石子，影响美观。也可以用白水泥替代普通水泥，并掺入颜料，形成美术水磨石地面，但造价较高。

水磨石地面为分层构造，底层为 18mm 厚 1:3 水泥砂浆找平，面层为 12mm 厚 1:1.5 或 1:2 水泥石渣，石渣粒径为 8 ～ 10mm，分格条一般高 10mm，用 1:1 水泥砂浆固定，如图 4-15 和图 4-16 所示。

图　4-15

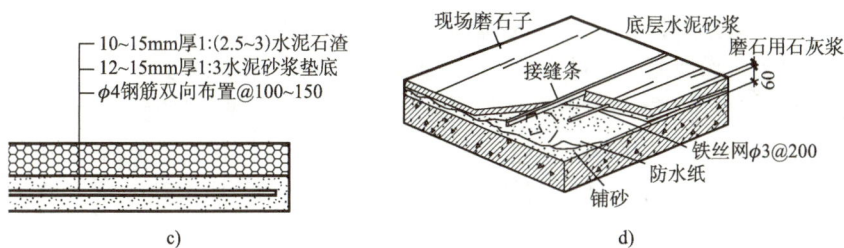

图 4-15 水磨石地面构造(尺寸单位:mm)

a)

b)

图 4-16 水磨石地面施工

2. 块材地面

块材地面铺设前,预先做好水泥砂浆找平层(也可以在结构层上直接铺设),待其抗压强度标准值达到 1.2MPa 后,由中央向四周弹分块线;同时,在四周墙壁弹出水平控制线。按设计要求预先排列块材,并在块材背后编号,以便安装时对号入座。铺设时,需按两个方向拉水平线,先铺中间块材,后向房间两侧退铺,以控制板面平整度,对较大房间,尚应做灰饼和标筋。块材地面铺设前,基层上要扫水泥浆,按确定铺设位置,随扫水泥浆随铺坐底砂浆,应采用 1:3 干硬性或半干硬性砂浆坐底,块材底面刮水泥净浆与坐底砂浆粘贴。

1)铺砖地面

铺砖地面有黏土砖地面、水泥砖地面、预制混凝土块地面等。铺设方式有两种:干铺和湿铺。干铺是在基层上铺一层 20~40mm 厚砂子,将砖块等直接铺设在砂上,板块间用砂或砂浆填缝;湿铺是在基层上铺 1:3 水泥砂浆 12~20mm 厚,用 1:1 水泥砂浆灌缝。

2)缸砖、地面砖及陶瓷锦砖地面

缸砖是陶土加矿物颜料烧制而成的一种无釉砖块,主要有红棕色和深米黄色两种。缸砖质地细密坚硬,强度较高,耐磨、耐水、耐油、耐酸碱,易于清洁、不起灰,施工简单,因此广泛应用于卫生间、盥洗室、浴室、厨房、实验室及有腐蚀性液体的房间地面,如图 4-17 所示。

图 4-17 缸砖地面构造

137

地面砖的各项性能都优于缸砖,且色彩图案丰富,装饰效果好,造价也较高,多用于装修标准较高的建筑物地面。缸砖、地面砖构造做法:20mm厚1:3水泥砂浆找平,3~4mm厚水泥胶(水泥:108胶:水=1:0.1:0.2)粘贴缸砖,用素水泥浆擦缝。

陶瓷锦砖质地坚硬,经久耐用,色泽多样,耐磨、防水、耐腐蚀、易清洁,适用于有水、有腐蚀的地面,如图4-18所示。做法类同缸砖,后用滚筒压平,使水泥胶挤入缝隙,用水洗去牛皮纸,用白水泥浆擦缝。

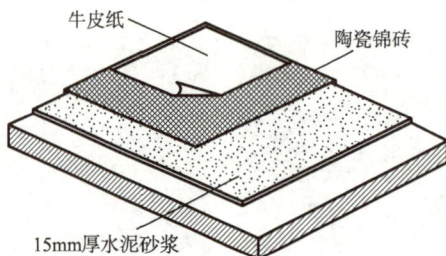

图4-18 陶瓷锦砖构造

3)天然石板地面

常用的天然石板指大理石和花岗石板,由于它们质地坚硬、色泽丰富艳丽,属高档地面装饰材料,一般多用于高级宾馆、会堂、公共建筑的大厅、门厅等处。做法是在基层上刷一道素水泥浆后用30mm厚1:3干硬性水泥砂浆找平,面上撒2mm厚素水泥(洒适量清水),粘贴石板,如图4-19所示。

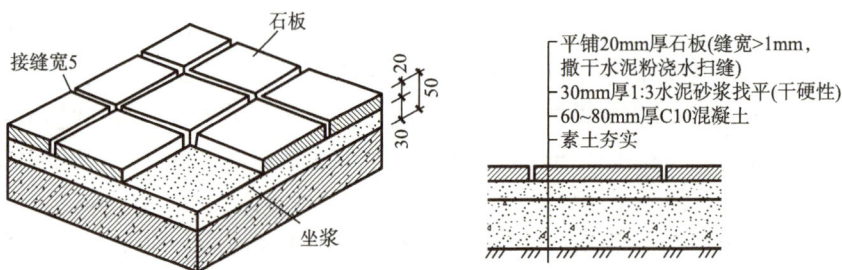

图4-19 天然石板地面构造(尺寸单位:mm)

3．木地面

木地面是指用木材制成的楼地面层,按照材料不同主要分为实木地板、强化木地板、实木复合地板、多层复合地板、竹材地板及软木地板六大类,以及新兴的木塑地板,按构造方式分为架空、实铺及粘贴三种。

1)架空

架空式木地板常用于底层地面,主要用于舞台、运动场等有弹性要求的地面,如图4-20所示。

2)实铺

实铺木地面是将木地板直接钉在钢筋混凝土基层上的木搁栅上。木搁栅为50mm×60mm方木,中距400mm。横撑为40mm×50mm的方木,中距1000mm,并与木搁栅钉牢。为了防腐,可在基层上刷冷底子油和热沥青,搁栅及地板背面满涂防腐油或煤焦油,如图4-21和图4-22所示。

138

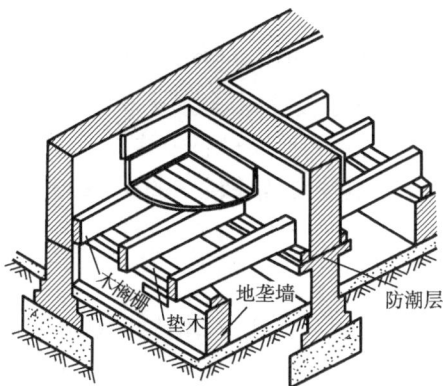

图 4-20　空铺木地面构造

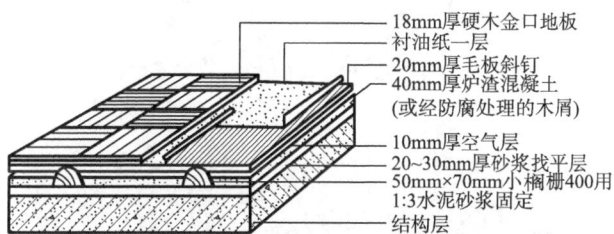

图 4-21　实铺双层木地面构造

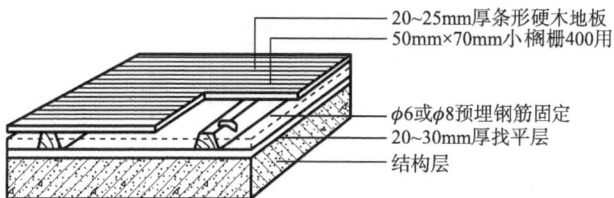

图 4-22　实铺单层木地面构造

3）粘贴

粘贴木地面的做法是先在钢筋混凝土基层上采用沥青砂浆找平,然后刷冷底子油一道、热沥青一道,用2mm厚沥青胶环氧树脂乳胶等随涂随铺贴20mm厚硬木长条地板,如图 4-23 所示。

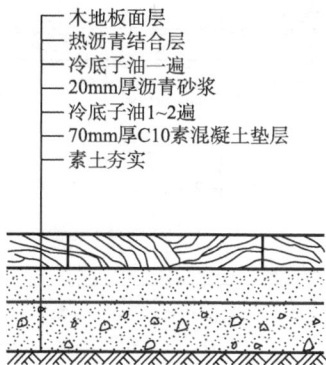

图 4-23　粘贴式木地面构造

139

4. 塑料地面

常用的塑料地毡为聚氯乙烯塑料地毡和聚氯乙烯石棉地板。

(1)聚氯乙烯塑料地毡(又称地板胶)是软质卷材,可直接干铺在地面上。

(2)聚氯乙烯石棉地板是在聚氯乙烯树脂中掺入 60% ~ 80% 的石棉绒和碳酸钙填料,由于树脂少、填料多,所以质地较硬,常做成 300mm×300mm 的小块地板,用胶黏剂拼花对缝进行粘贴。

5. 涂料地面

涂料地面耐磨性好、耐腐蚀、耐水防潮,整体性好,易清洁,不起灰,弥补了水泥砂浆和混凝土地面的缺陷,同时价格低廉、易于推广,如图 4-24 所示。

图 4-24　涂料地面

知识点 2:细部构造

1. 地层防潮

楼地层与土层直接接触,土壤中的水分会因毛细现象作用上升引起地面受潮,严重影响室内卫生和使用。为有效防止室内受潮,避免地面因结构层受潮而破坏,需对地层做必要的防潮处理,如图 4-25 所示。

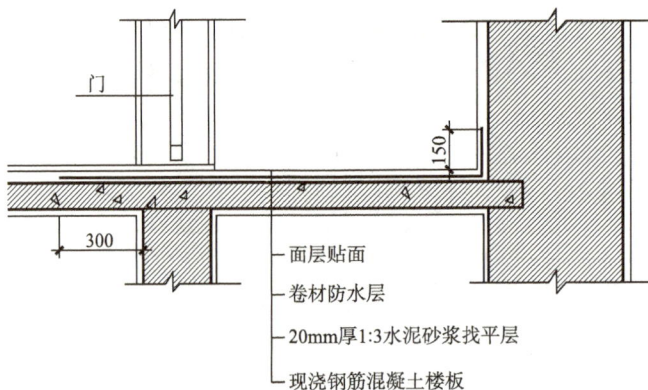

图 4-25　防水构造(尺寸单位:mm)

1)架空式地坪

架空式地坪是将地坪底层架空,使地坪不接触土壤,形成通风间层,以改变地面的温度状况,同时带走地下潮气。

2）保温地面

对地下水位低、地基土壤干燥的地区，可在水泥地坪以下铺设一层 150mm 厚 1：3 水泥煤渣保温层，以降低地坪温度差。在地下水位较高地区，可将保温层设在面层与混凝土结构层之间，并在保温层下铺防水层、上铺 30mm 厚细石混凝土层，最后做面层，如图 4-26 所示。

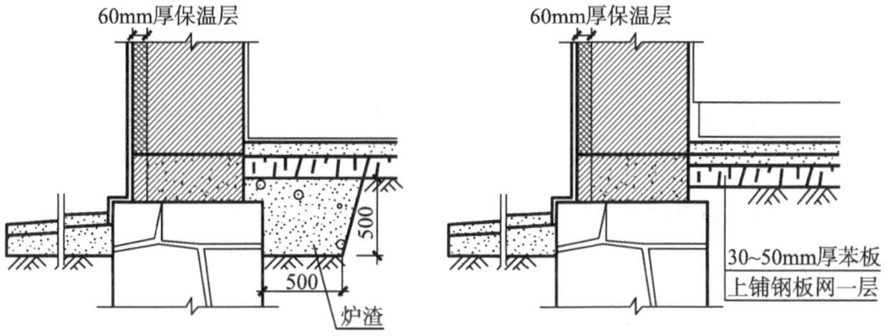

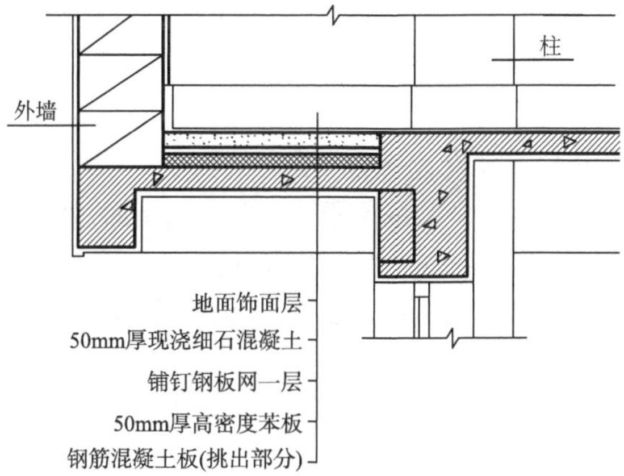

a) 板上保温

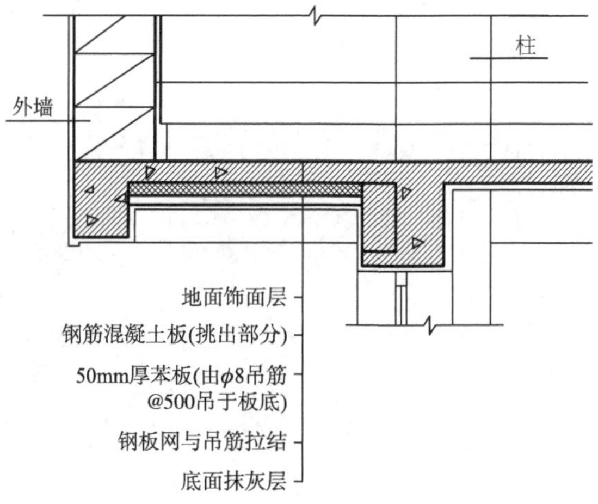

b) 板下保温

图 4-26　地层的保温（尺寸单位：mm）

3）吸湿地面

吸湿地面是指采用钻土砖、大阶砖、陶土防潮砖等来做地面的面层。由于这些材料中

141

存在大量孔隙,当返潮时,面层会暂时吸收少量冷凝水,待空气湿度较小时,水分又能自动蒸发掉,因此地面不会有明显的潮湿现象。

4)防潮地面

在地面垫层和面层之间加设防潮层的地面称为防潮地面。其一般构造为:先刷冷底子油一道,再铺设热沥青、油毡等防水材料,阻止潮气上升,也可在垫层下均匀铺设卵石碎石或粗砂等,切断毛细水的通路。

2. 楼地面排水

为使楼地面排水畅通,需将楼地面设置一定的坡度,一般为 1% ~1.5% ,并在最低处设置地漏。为防止积水外溢,用水房间的地面应比相邻房间或走道的地面低 20~30mm,或在门口做 20~30mm 高的挡水门槛。

3. 楼地面防水

现浇楼板是楼地面防水的最佳选择,楼面面层应选择防水性能较好的材料,如防水砂浆、防水涂料、防水卷材等。对防水要求较高的房间,还需在结构层与面层之间增设一道防水层,同时,将防水层沿四周墙身上升 150~200mm。

4. 楼地面隔声

噪声的传播途径有空气传声和固体传声两种。

(1)空气传声,如说话声及吹号、拉提琴等乐器声都是通过空气来传播的。隔绝空气传声可采取使楼板密实、无裂缝等构造措施来达到。

(2)固体传声,指步履声、移动家具对楼板的撞击声、缝纫机和洗衣机等振动对楼板发出的噪声等,是通过固体(楼盖层)传递的。由于声音在固体中传递时声能衰减很少,所以固体传声较空气传声的影响更大。因此,楼盖层隔声主要是针对固体传声,隔绝固体传声对下层空间的影响。其方法有:

①在楼盖面铺设弹性面层,以减弱撞击楼板时振动所产生的声能,如铺设地毯、橡皮、塑料等。这种方法比较简单,隔声效果也较好,同时还起到了装饰美化室内空间的作用,是采用得较广泛的一种方法,如图 4-27 所示。

图 4-27　木楼地面拼图案

②设置片状、条状或块状的弹性垫层(如橡胶垫、软木片、玻璃棉板等),其上做面层形成浮筑式楼板。这种楼板是通过弹性垫层的设置来减弱由面层传来的固体声能,达到隔声的目的。浮筑式楼盖层虽造价增加不多,效果也较好,但施工较麻烦,因而采用较少。

③结合室内空间的要求,在楼板下设置弹性吊顶棚(吊顶),使撞击楼板产生的振动

不能直接传入下层空间。在楼板与顶棚间留有空气层,吊顶与楼板采用弹性挂钩连接,使声能减弱。对隔声要求高的房间,还可在顶棚上铺设吸声材料,或顶棚直接使用吸声板面层,加强隔声效果。弹性吊顶棚主要用于使用空间内部针对上层楼板隔声的加强措施,并且对施工质量要求较高,如图 4-28 所示。

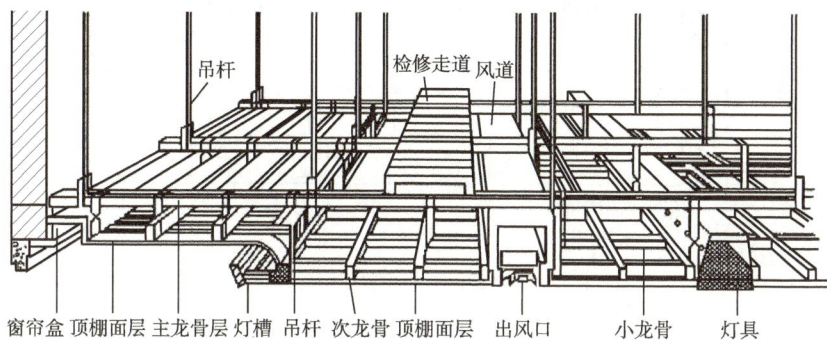

图 4-28　悬吊式顶棚构造

知识点 3:顶棚的装饰

顶棚又称天花板,是楼板层最下面的装修层。通常对顶棚的基本要求是平整、光洁、美观,且能反射光照,改善室内采光和卫生状况。对某些房间还要求具有防火、隔声、保温、隐蔽管线等功能。

1. 直接式顶棚

即直接在钢筋混凝土屋面板或楼板下表面喷浆、抹灰或粘贴装修材料的一种构造方法,如图 4-29 所示。当板底平整时,可直接喷、刷大白浆或涂料。当楼板结构层为钢筋混凝土预制板时,可用 1:3 水泥砂浆填缝刮平,再喷刷涂料。这类顶棚构造简单、施工方便,具体做法和构造与内墙面的抹灰类、涂刷类、裱糊类基本相同,常用于装饰要求不高的一般建筑,如图 4-30 所示。

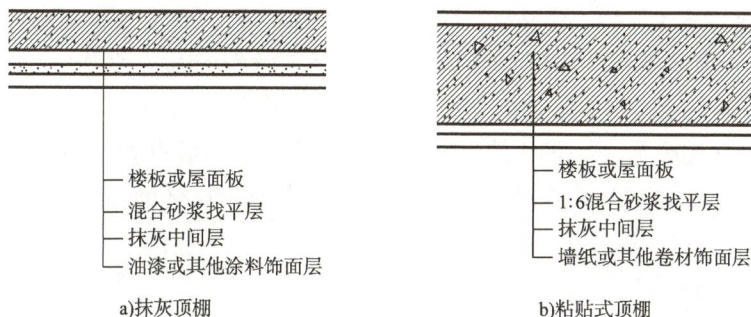

a)抹灰顶棚　　　　　　　　　　　b)粘贴式顶棚

图 4-29　直接式顶棚常见做法

2. 悬吊式顶棚

悬吊式顶棚又称"吊顶",它离屋顶或楼板的下表面有一定的距离,通过悬挂物与主体结构连接在一起,是室内装饰的重要部分之一。吊顶具有保温、隔热隔声、吸声的作用,也是电气、通风空调、通信和防火、报警管线设备等工程的隐蔽层家装。吊顶是家装中常见的环节。根据装饰板的材料不同,吊顶分类也不相同。吊顶装修材料是区分吊顶

图 4-30　粘贴固定装饰板顶棚构造

143

名称的主要依据,包括:轻钢龙骨石膏板吊顶、石膏板吊顶、矿棉板吊顶异形长条铝扣板吊顶、方形镀漆铝扣板吊顶、彩绘玻璃吊顶、铝蜂窝穿孔吸声板吊顶等,如图4-31所示。

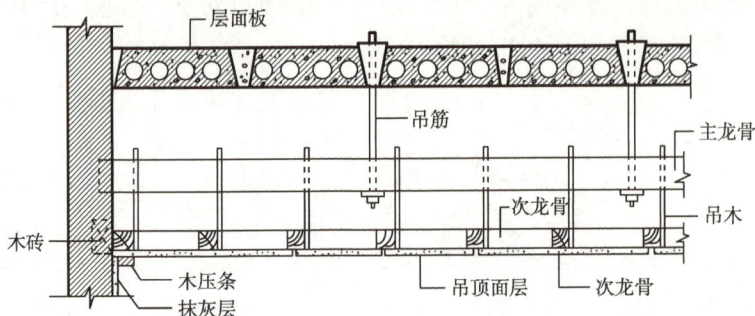

图 4-31　悬吊式顶棚构造

3. 结构顶棚

利用楼层或屋顶的结构构件作为顶棚装饰,采用调节色彩、强调光照效果、改变构件材质、借助装饰品等加强装饰效果。

在选择吊顶装饰材料与设计方案时,要遵循既省材、牢固、安全,又美观、实用的原则。对居室顶面作适当的装饰,不仅能美化室内环境,还能营造出丰富多彩的室内空间艺术形象。

1)吊顶的类型

(1)根据结构构造形式的不同,吊顶可分为整体式吊顶、活动式装配吊顶、隐蔽式装配吊顶和开敞式吊顶等。

(2)根据材料的不同,吊顶可分为板材吊顶、轻钢龙骨吊顶、金属吊顶等。

2)吊顶的构造组成

(1)吊顶龙骨。

吊顶龙骨分为主龙骨与次龙骨。主龙骨为吊顶的承重结构,通过吊筋或吊件固定在楼板结构上;次龙骨则是吊顶的基层,次龙骨用同样的方法固定在主龙骨上。龙骨可用木材、轻钢、铝合金等材料制作,其断面大小视其材料品种、是否上人和面层构造做法等因素而定。主龙骨断面比次龙骨大,间距约为2m。悬吊主龙骨的吊筋为$\phi 6 \sim \phi 8mm$钢筋,间距一般不超过2m。次龙骨间距视面层材料而定,间距一般不超过600mm,吊顶龙骨如图4-32~图4-36所示。

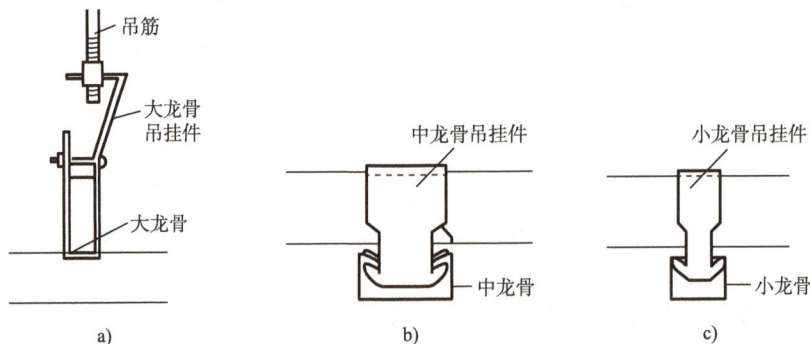

图 4-32　轻型龙骨

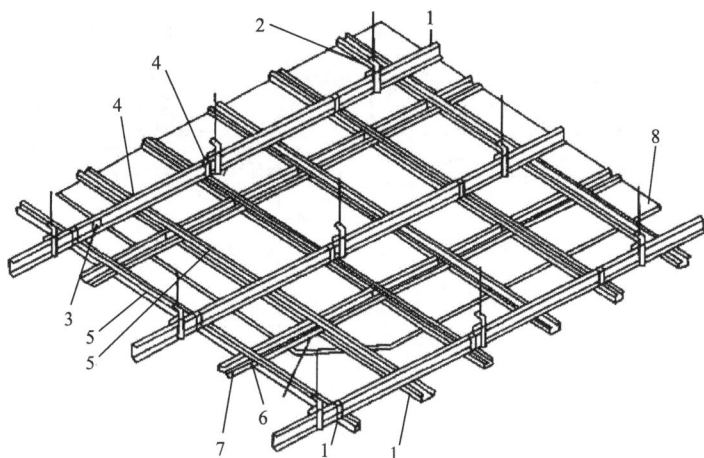

图 4-33 U 形吊顶龙骨示意图

1-主龙骨;2-主龙骨吊件;3-主龙骨连接件;4-龙骨吊挂;5-龙骨连接件;6-龙骨支托连接;7-横撑龙骨;8-吊顶板材

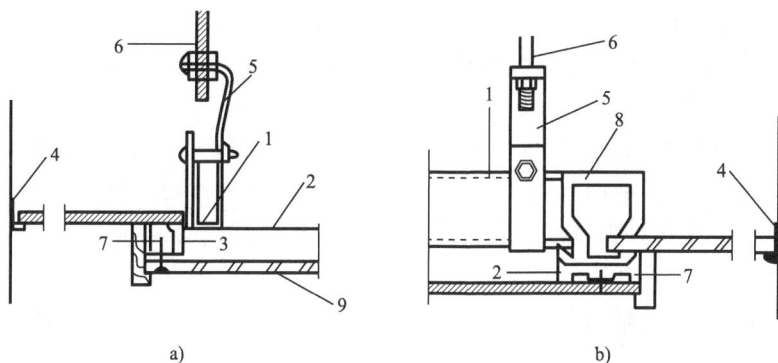

a)   b)

图 4-34 U 形吊顶构造节点示意图

1-主龙骨;2-龙骨;3-横撑;4-异形龙骨;5-吊件;6-吊杆;7-自攻螺钉;8-吊挂;9-石膏板

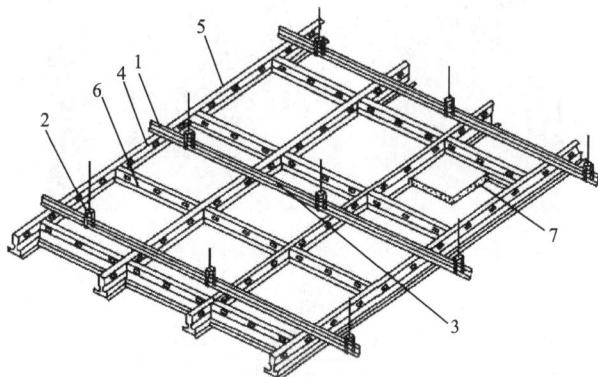

图 4-35 T 形吊顶龙骨示意图

1-主龙骨;2-主龙骨吊件;3-主龙骨连接件;4-龙骨;5-龙骨连接件;6-横撑龙骨;7-吊顶板材

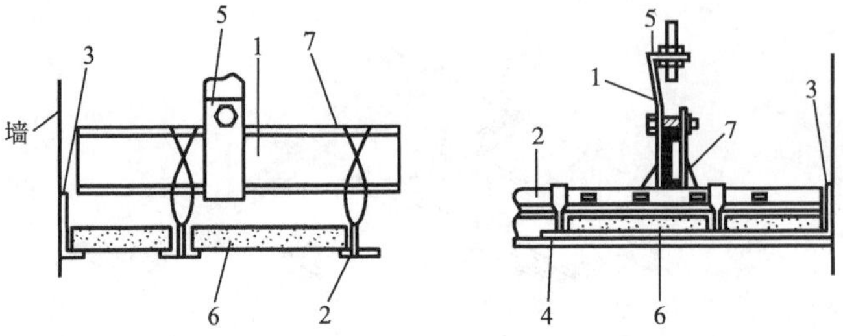

图 4-36　T 形吊顶构造节点示意图

1-主龙骨;2-龙骨;3-异形龙骨;4-横撑龙骨;5-吊件;6-吊顶板材;7-铅丝拧紧

（2）吊顶面层。

吊顶面层分为抹灰面层和板材面层两大类。抹灰面层为湿作业施工,费工费时;板材面层既可加快施工速度,又容易保证施工质量。板材吊顶包括木质板材、矿物板材及金属板材等。

①木质（植物）板材吊顶构造。

吊顶龙骨一般用木材制作,分格大小应与板材规格相协调。为了防止植物板材因吸湿而产生凹凸变形,面板宜锯成小块板铺钉在次龙骨上,板块接头必须留 3~6mm 的间隙作为预防板面翘曲的措施。板缝缝形根据设计要求可做成密缝、斜槽缝、立缝等形式。

②矿物板材吊顶构造。

矿物板材吊顶常用石膏板、石棉水泥板、矿棉板等板材作面层,轻钢或铝合金型材作龙骨。这类吊顶的优点是自重轻、施工安装快、无湿作业、耐火性能优于植物板材吊顶和抹灰吊顶,故在公共建筑或高级工程中应用较广。轻钢和铝合金龙骨的布置方式有两种:

a.龙骨外露的布置方式。

所采用的板是直接搁放在龙骨上的,因此龙骨外露,可以看见部分龙骨,所以又称为明龙骨吊顶,如图 4-37 所示。

图 4-37　龙骨外露的布置方式

b.不露龙骨的布置方式。

主龙骨仍采用槽形断面的轻钢型材,但次龙骨采用 U 形断面轻钢型材,用专门的吊挂件将次龙骨固定在主龙骨上,面板用自攻螺钉固定于次龙骨上。

③金属板材吊顶构造。

金属龙骨吊顶一般以轻钢或铝合金型材作龙骨,具有自重轻、刚度大、防火性能好、施工安装快、无湿作业等特点,得到广泛应用。

146

主龙骨一般是通过 φ6mm 钢筋或 φ8mm 螺栓悬挂于楼板下,间距为 900～1200mm,主龙骨下挂次龙骨。龙骨截面有 U 形、T 形和凹形。为铺钉装饰面板和保证龙骨的整体刚度,应在龙骨之间增设横撑,间距视面板类型及规定而定。最后在次龙骨上固定面板。

面板有各种人造板和金属板。人造板一般有纸面石膏板、浇筑石膏板、水泥石棉板、铝塑板等;金属板有铝板、铝合金板、不锈钢板等,形状有条形、方形、长方形、折棱形等。面板可借用自攻螺丝固定在龙骨上或直接搁放于龙骨内。

📡 **案例拓展**

古代建筑顶棚

在中国古代,建筑室内的顶部通常有两种基本形式。一种是"露明",又称"砌上露明造",即不带顶棚,将"上架"的梁、枋、檩、椽都暴露于室内,这样就把屋顶层的内部空间并入室内空间,使室内大为高敞。凡是"露明"的殿宇常将梁、枋、檩、椽等构架做得很光整,并施以美丽的彩画,这样可以保护屋顶结构构件的干爽,防止腐坏,特别适用于南方湿热的地区。"上架"构件自然也成为内里空间的分隔手段和装饰手段,这种做法大多用于寺庙佛殿、陵寝和宫殿组群中的门殿,便于营造深幽、神秘的空间气氛。另一种是"顶棚",屋内的顶棚又有两种做法,即天花和藻井。

(1)天花是遮盖室内木构架的一种装修方式,又名"承尘、仰尘、平棋、平暗"等,广泛用于宫殿、宅第等各类殿、屋,它不仅有保暖、防尘的功能,而且还起到调节室内空间高度、装饰美化室内环境、塑造室内气氛的作用。

古时的天花可大致分为三类:

①软性天花。一般百姓住宅用高粱秆扎架,然后糊纸,属于纸糊顶棚。府第宫殿则会讲究其做法,用木顶格,贴梁组成骨架,下面裱糊,成为"海墁天花"。这种天花表面平整、色调淡雅,显得明亮亲切。有的海墁天花还可以绘制出井口式天花的图案,在天花上绘出井子方格,格内绘龙凤或其他图案。例如故宫慈宁宫临溪亭的海墁天花就绘制着井口牡丹团花图案。

②硬性天花。由天花梁坊、支条组成井字形框架,上钉天花板,成为"井口天花"。板上可绘制团龙、翔凤、团鹤、花卉等图案,有的还有精美的雕饰,这种天花适合用于较为高大的空间,显得隆重、端庄。

③卷棚。这里不是指圆脊屋顶的卷棚,而是指室内天花的一种。因为向上构成"单曲筒形拱",故叫作卷棚。卷棚的做法是用椽子或桶子弯成木架,然后随着桶子的弯曲形状钉薄板,常用于南方民间建筑。

(2)藻井与天花的主要区别是,天花是用木条相交做成棋盘状的方格,上覆木板;而藻井则用木块叠成,口径甚大,结构复杂。它是天花的重点处理部位,如同高起的华丽伞盖,渲染出中心部位的庄严与神圣,以突出空间的构图中心和意象氛围。藻井属于天花中的最高等级,历来都把它列为室内装修中最尊贵的体制,如图 4-38所示。

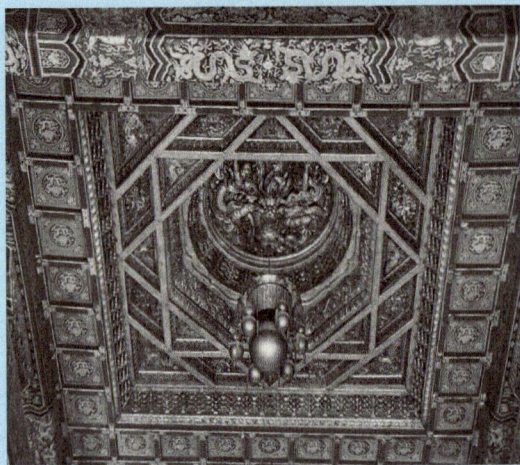

图 4-38　北京故宫太和殿藻井

学习情境 4.4　阳台和雨篷

○ 学习情境

　　建筑常设置阳台为人们提供户外活动的场所,阳台的设置对建筑物的外部形象起着重要作用,雨篷则是建筑物入口处位于外门上部用来遮挡雨水、保护外门免受雨水侵害的构件。看似不起眼的两个构件却对建筑起着举足轻重的作用。

◇ 学习目标

1. 工作能力目标
(1)能够认识什么是阳台,什么是雨篷。
(2)能够认识阳台的类型、特点。
(3)能够认识雨篷的类型、特点。

2. 素质目标
(1)培养对人民群众生命财产负责的责任感。
(2)培养精益求精、注重细节的职业态度。

△ 任务描述

　　阳台与雨篷是建筑中非常常见的部分,不同类型的阳台与雨篷适应不同情况下的工程,请根据阳台与雨篷认知表中的图片,填写楼板类型名称、特点及其相应的适用范围。

◇ 工作准备

　　认真阅读教材相关学习知识点,学习在线课程视频,查阅《建筑构造用料做法图集》(15ZJ001)及《房屋建筑制图统一标准》(GB/T 50001—2017)。

△ 任务实施

步骤一:区分阳台类型和适用范围。
引导问题 1:阳台有哪些类型?

_____

引导问题 2:不同类型的阳台有什么特点?

_____

引导问题 3:不同类型的阳台适用范围是什么?

_____

步骤二:区分雨篷类型和适用范围。

149

引导问题 1:雨篷有哪些类型?

_____

引导问题 2:不同类型雨篷有什么特点?

_____

引导问题 3:不同类型雨篷的适用范围是什么?

_____

微课:阳台
与雨篷构造

动画:阳台类别
及结构布置

◇ 成果形式

完成并提交本教材配套《建筑构造活页实训手册》中的阳台和雨篷识图报告。

评价反馈

完成并提交本教材配套《建筑构造活页实训手册》中对应学习情境的任务评价反馈表,学生自评后由教师综合评价。

知识点 1：阳台

阳台是连接室内的室外平台，给居住在建筑里的人们提供一个舒适的室外活动空间，是多层住宅、高层住宅和旅馆等建筑中不可缺少的一部分。

1. 阳台的类型和设计要求

1）阳台类型

阳台按其与外墙面的关系分为挑阳台、半挑半凹阳台、凹阳台，如图 4-39 所示，按其在建筑中所处的位置可分为中间阳台和转角阳台；按使用功能不同又可分为生活阳台（靠近室或客厅）和服务阳台（靠近厨房）。

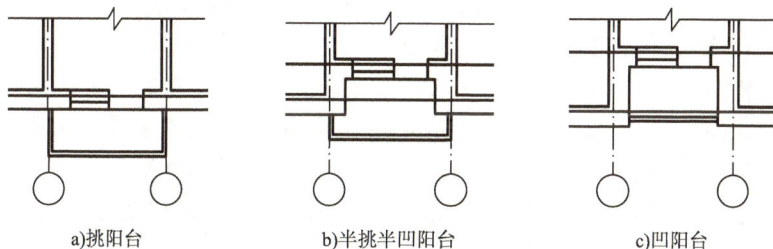

a)挑阳台　　　　b)半挑半凹阳台　　　　c)凹阳台

图 4-39　阳台类型

2）阳台设计要求

（1）全适用。

悬挑阳台的挑出长度不宜过大，应保证在荷载作用下不发生倾覆现象，以 1.2～1.8m 为宜。低层、多层住宅阳台栏杆净高不低于 1.05m，中高层住宅阳台栏杆净高不低于 1.1m，但也不大于 1.2m。阳台栏杆形式应防坠落（垂直栏杆间净距不应大于 110mm）、防攀爬（不设水平栏杆）。放置花盆处，也应采取防坠落措施。

（2）坚固耐久。

阳台所用材料和构造措施应经久耐用，承重结构宜采用钢筋混凝土，金属构件应做防锈处理，表面装修应注意色彩的耐久性和抗污染性。

（3）排水顺畅。

为防止阳台上的雨水流入室内，设计时要求将阳台地面标高低于室内地面标高60mm 左右，并将地面抹出 5% 的排水坡将水导入排水孔，使雨水能顺利排出。

（4）气候特点。

南方地区宜采用有助于空气流通的空透式栏杆，北方地区和中高层住宅则应采用实体栏杆，并满足立面美观的要求，为建筑物的形象增添风采。

2. 阳台结构布置方式

1）搁板式（墙承式）

在凹阳台中，将阳台板搁置于阳台两侧凸出来的墙上，即形成搁板式阳台，阳台板型和尺寸与楼板一致，施工方便。在寒冷地区采用搁板式阳台，可以避免冷桥，如图 4-40 所示。

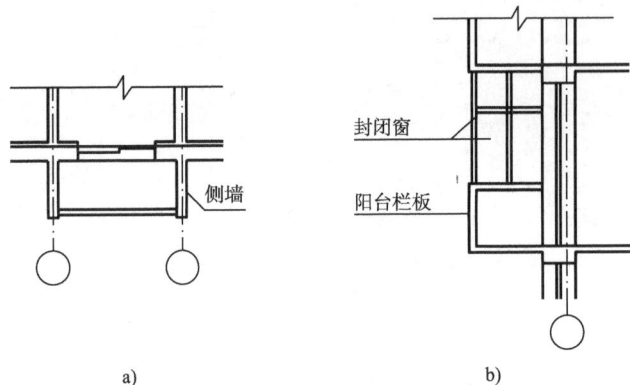

图 4-40 搁板式(墙承式)阳台

2)挑板式

挑板式阳台的一种做法是利用楼板从室内向外延伸,即形成挑板式阳台。这种阳台构造简单、施工方便,但预制板型增多,且对寒冷地区保温不利,是纵墙承重住宅阳台的常用做法,阳台的长宽可不受房屋开间的限制而按需要调整,当楼板为现浇楼板时,可选择挑板式,悬挑长度一般为 12m 左右。即从楼板外延挑出平板,板底平整美观,而且阳台平面形式可做成半圆形、弧形、梯形、斜三角等各种形状。挑板厚度不小于挑出长度的 1/12,一般有两种做法:一种是将房间楼板直接向墙外悬挑形成阳台板;另一种是将阳台板和墙梁现浇在一起,利用梁上部墙体的重量来防止阳台倾覆,如图 4-41 所示。

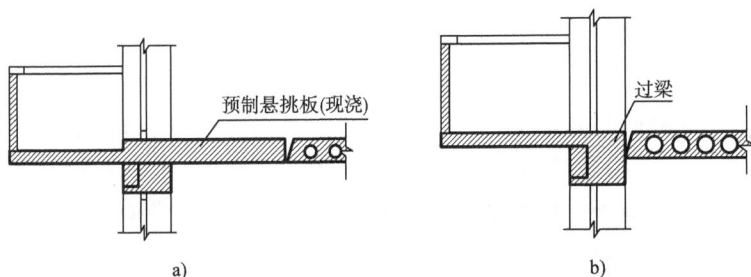

图 4-41 挑板式阳台

3)挑梁式

从横墙内外伸挑梁,其上搁置预制楼板,这种结构布置简单,传力直接明确?阳台长度与房间开间一致。挑梁根部截面高度 H 为 $(1/6 \sim 1/5)L$,L 为悬挑净长,截面宽度为 $1/3 \sim 1/2$。为美观起见,可在挑梁端头设置面梁,既可以遮挡挑梁头,又可以承受阳台栏杆重量,还可以加强阳台的整体性,如图 4-42 所示。

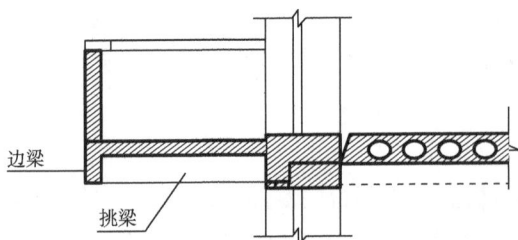

图 4-42 挑梁式阳台

152

3.阳台的主要构造

1)阳台的栏杆(或栏板)和扶手

阳台栏杆(或栏板)是阳台的围护构件,它起着保障阳台上的人的安全及装饰作用。从外观上看,有空花的栏杆和实心的栏板,如图4-43所示。从材料上看,有金属及钢筋混凝土栏杆、砖砌及钢筋混凝土栏板、其他材料的栏板。

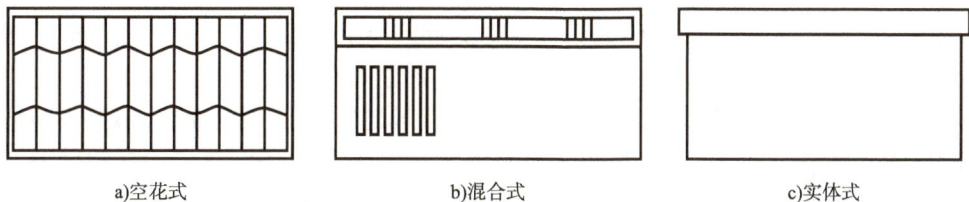

| a)空花式 | b)混合式 | c)实体式 |

图4-43　阳台立面举例

空花栏杆一般由金属或预制钢筋混凝土构件构成,金属栏杆多为竖向的圆钢或方钢。它们与阳台板周边预埋的通长扁钢焊牢或直接埋入阳台边周边的预留洞内,如图4-44a)所示;预制钢筋混凝土栏杆则采用插入面梁和扶手内后再现浇钢筋混凝土的办法解决。还可在竖向栏杆上增加一些花饰起装饰作用,空花栏杆在南方炎热地区应用较为广泛,北方寒冷地区目前已极少采用。

现浇钢筋混凝土栏板的做法是将预埋于阳台底板的钢筋扶起,按设计要求绑扎好,再整浇混凝土栏板及扶手,如图4-44b)所示。

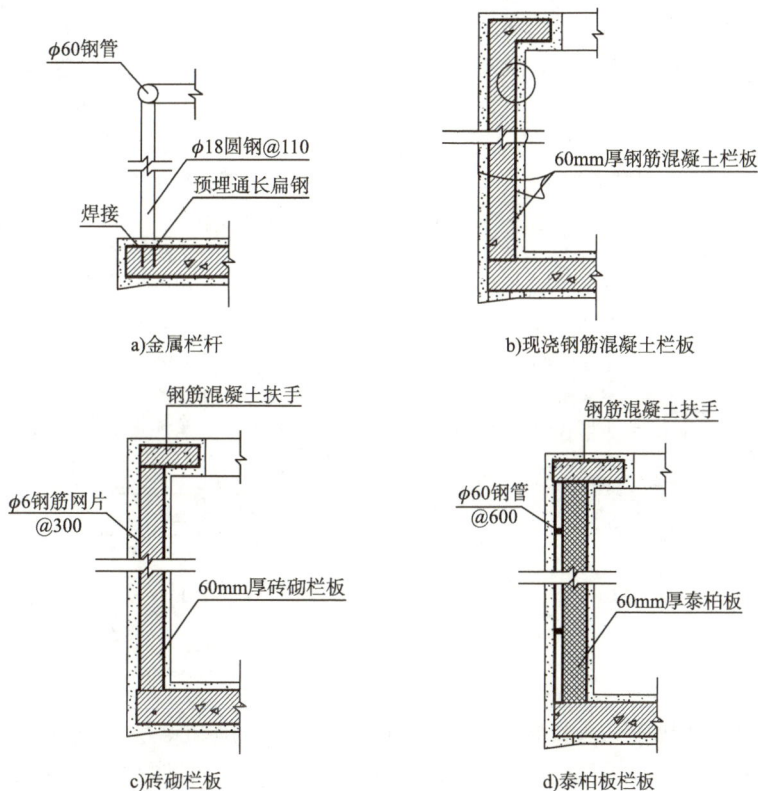

a)金属栏杆　　　　　　　　　　　b)现浇钢筋混凝土栏板

c)砖砌栏板　　　　　　　　　　　d)泰柏板栏板

图4-44　阳台栏杆、栏板构造举例(尺寸单位:mm)

153

砖砌栏板通常有立砌(60厚)和顺砌(120厚)两种,由于顺砌砖栏板厚度大、荷载重,所以一般较少采用。为确保立砌砖栏板的安全,常在砖栏板外罩一层钢筋网,再加一圈钢筋混建筑凝土扶手,如图4-44c)所示。

其他材料的阳台栏板还有泰柏板栏板[图4-44d)]、预制钢丝网水泥薄板、玻璃和其他复合材料的栏板。

2)阳台的保温构造

近年来,为改善阳台空间的环境和提高其空间利用率,北方寒冷地区居住建筑常对阳台进行保温处理。保温处理主要有三个环节:其一,是采用保温的阳台栏板材料或对不保温的阳台栏板进行保温处理。其二,是对阳台进行封闭处理,即用玻璃窗(最好为单框双玻璃窗)将阳台包围起来。北向封闭阳台可以阻挡冷风直灌室内,改善阳台空间及其相邻房间的热环境,有利于建筑节能。为通风排气,封闭阳台的窗应设一定数量的可启窗扇。保温阳台挡板及封闭阳台窗,构造举例见图4-45。其三,阳台的钢筋混凝土底板是形成热桥的主要部位之一,北方寒冷地区宜采取措施避免或减少热桥作用,可以采取在阳台底板上下分别做保温处理,即贴苯板保温吊顶和苯板钢板网抹灰的做法,构造举例见图4-46。

a)阳台栏板保温   b)封闭窗构造

图4-45　阳台栏板保温及封闭窗构造举例

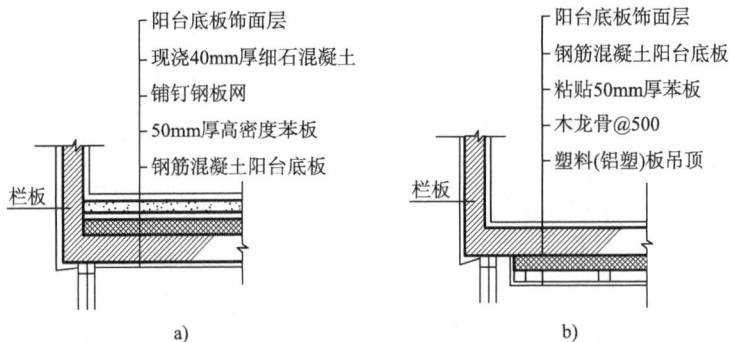

a)   b)

图4-46　阳台地板的保温处理

3)阳台的排水构造

阳台排水有外排水和内排水两种。外排水适用于低层和多层建筑,即在阳台外侧设置泄水管将水排出;内排水适用于高层建筑和高标准建筑,即在阳台内侧设置排水立管和地漏,将雨水直接排入地下管网,保证建筑立面美观。

154

对于外露的阳台,阳台板面排水应顺畅,所以阳台地面一般要低于室内地面 20 ~ 50mm,并向排水口处找 0.5% ~ 1% 的排水坡,以利于雨水的迅速排出,并防止雨水倒灌室内。

阳台的排水有两种做法:其一是通过落水管排除阳台的雨水,如图 4-47a) 所示;其二是利用"水舌"直接排出,如图 4-47b) 所示。前一种做法是将雨水引向外墙边的雨水管内排至地面,此种做法多用于雨水较多地区的高层建筑或临街的建筑中;后一种做法是采用镀锌钢管或工程塑料管预埋于阳台的角部,管径通常为 $\phi40 ~ \phi60$,水舌管外出挑至少 80mm,以防排水时(特别是平时冲洗阳台时)水溅到下层阳台扶手上。

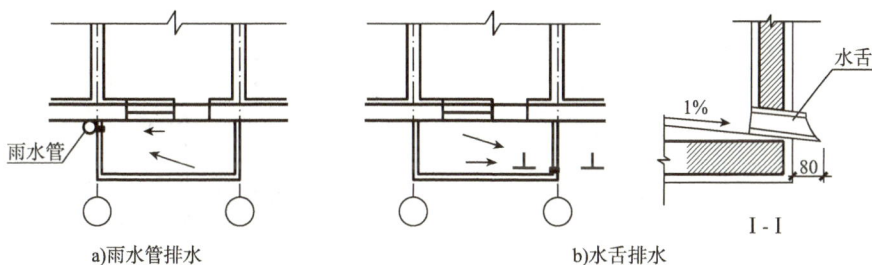

图 4-47 阳台的排水(尺寸单位:mm)

4. 阳台的细部构造

细部构造主要包括栏杆与扶手的连接、栏杆与面梁(或称止水带)的连接、栏杆与墙体的连接等,如图 4-48 所示。

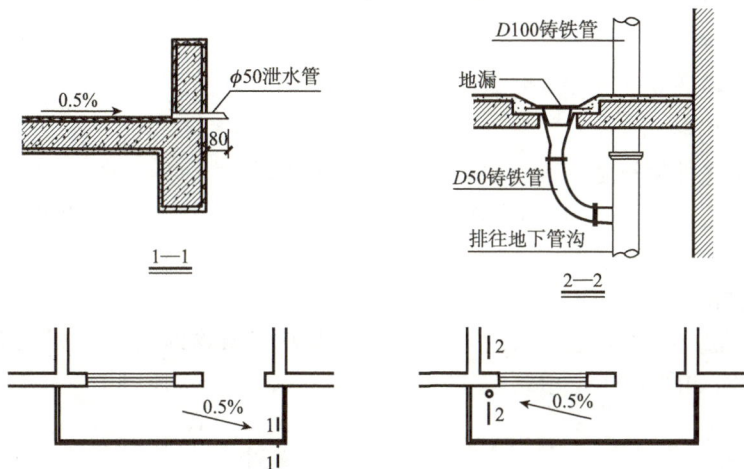

图 4-48 阳台的细部构造(尺寸单位:mm)

(1)栏杆与扶手的连接方式有焊接、现浇等方式。

(2)栏杆与面梁或阳台板的连接方式有焊接、接坐浆、现浇等。

(3)扶手与墙的连接,应将扶手或扶手中的钢筋伸入外墙的预留洞中,用细石混凝土或水泥砂浆填实牢固;现浇钢筋混凝土栏杆与墙连接时,应在墙体内预埋 240mm × 240mm × 120mm 的 C20 细石混凝土块,从中伸出 $2\phi6$、长 300mm,与扶手中的钢筋绑扎后再进行现浇。

5. 阳台隔板

阳台隔板用于连接双阳台,有砖砌和钢筋混凝土隔板两种。砖砌隔板一般采用60mm 和 120mm 厚两种,由于荷载较大且整体性较差,所以现多采用钢筋混凝土隔板。隔板采用 C20 细石混凝土预制 60mm 厚,下部预埋铁件与阳台预埋铁件焊接,其余各边伸出 66 钢筋与墙体、挑梁和阳台栏杆、扶手相连,如图 4-49 所示。

图 4-49　阳台栏杆(栏板)与扶手构造(尺寸单位:mm)

知识点 2:雨篷

雨篷是建筑入口处和顶层阳台上部用以遮挡雨水,保护外门免受雨水侵蚀而设的水平构件。雨篷为悬臂构件,为防倾覆,要保证雨篷梁上有足够的压重。

1. 雨篷的类型

根据雨篷板的支承方式不同,有悬板式和梁板式两种。

1)悬板式雨篷

悬板式雨篷外挑长度一般为 0.9 ~ 1.5m,板根部厚度不小于挑出长度的 1/12,雨篷宽度比门洞每边宽 25mm。雨篷顶面距过梁顶面有 250mm 高,板底抹灰可抹 1∶2 水泥砂浆,内掺 5% 防水剂的防水砂浆 15mm 厚,多用于次要出入口,如图 4-50 所示。

2)梁板式雨篷

梁板式雨篷多用在宽度较大的入口处,悬挑梁从建筑物的柱上挑出,为使板底平整,多做成倒梁式,如图 4-51 所示。

图 4-50　悬板式雨篷构造(尺寸单位:mm)

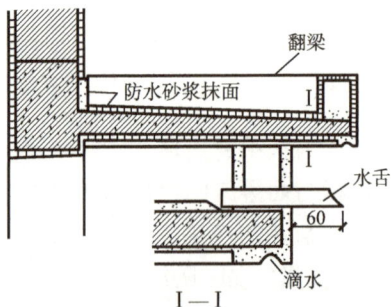

图 4-51　梁板式雨篷构造(尺寸单位:mm)

156

2.雨篷的排水

构造雨篷表面的排水有两种：

(1)无组织排水。雨水经雨篷边缘自由下落或雨水经滴水管直接排至地表。雨篷顶面应做好防水和排水处理,通常采用刚性防水层,即在雨篷顶面用防水砂浆抹面;当雨篷面积较大时,也可采用柔性防水。

(2)有组织排水。雨篷表面雨水经地漏、雨水管有组织地排至地下。为保证雨篷排水通畅,雨篷上表面向外侧或向滴水管处或向地漏处应做有1%的排水坡度。

> ## 📶 案例拓展 ▶▶
>
> 某住宅楼6层,一个居民双脚踩在阳台栏板扶手上攀高挂物时,阳台扶手突然向外倾斜坠落楼下,造成该居民当场身亡。经质量检测部门检测鉴定,产生这起事故的主要原因是:
>
> (1)阳台栏板扶手与墙体连接未按设计图施工。设计要求,阳台栏板扶手与墙体连接构造采用在砌筑砖墙中预埋甩筋锚入现浇阳台栏板扶手内30cm。而实际施工中的预埋钢筋为$2\phi4$冷拔钢筋,且锚入阳台栏板扶手内的长度分别为12cm和18m。
>
> (2)阳台栏板扶手混凝土的强度未达到设计要求。设计要求,阳台栏板扶手采用C18现浇钢筋混凝土扶手。经现场取样检测,扶手混凝土的强度只有$103kg/cm$,仅为设计强度的51.5%。
>
> (3)阳台栏板扶手与阳台栏板的连接未按设计图施工。设计要求,阳台栏板的顶面预埋铁件,阳台栏板扶手内通长钢筋采用"U"形分布筋固定,且每根分布筋均要与栏板中预埋铁件焊接,如图4-52所示。而实际施工中却省去了分布筋,扶手内通长钢筋与阳台栏板的预埋铁件之间是用短钢筋头点焊连接起来的。这起阳台栏板扶手倾覆坠落事故是由于施工单位不按图施工、违反施工验收规范和野蛮施工造成的。从这次事故中,应认真吸取的教训是,施工单位必须严格按设计图施工,加强施工中的质量管理,对施工质量要严格监督,切实保证施工质量。

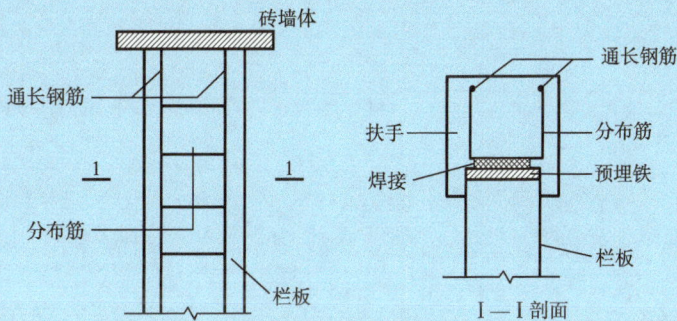

图4-52 阳台钢筋布置

模块 5

楼梯

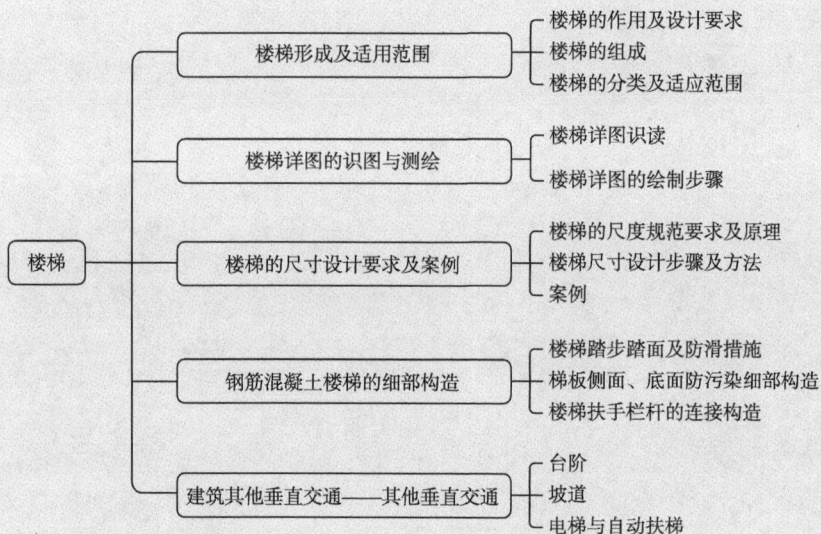

楼梯

楼梯形成及适用范围
- 楼梯的作用及设计要求
- 楼梯的组成
- 楼梯的分类及适应范围

楼梯详图的识图与测绘
- 楼梯详图识读
- 楼梯详图的绘制步骤

楼梯的尺寸设计要求及案例
- 楼梯的尺度规范要求及原理
- 楼梯尺寸设计步骤及方法
- 案例

钢筋混凝土楼梯的细部构造
- 楼梯踏步踏面及防滑措施
- 梯板侧面、底面防污染细部构造
- 楼梯扶手栏杆的连接构造

建筑其他垂直交通——其他垂直交通
- 台阶
- 坡道
- 电梯与自动扶梯

学习情境 5.1 楼梯形式及适用范围

○ 学习情境

楼梯作为建筑的主要竖向交通通道,能够很好地梳理各层之间的关系,也能更好地组织建筑的流线等。楼梯是我们每天生活工作必经之路,在行走的过程中,是否曾经思考过楼梯是什么形式? 为什么采用这种形式? 楼梯有什么作用? 如果选用不合理会造成什么后果呢? 这些问题都应该在本学习情境中找到答案。

◇ 学习目标

1. 工作能力目标

(1)能够识别图纸及现实中的楼梯形式。

(2)能够根据实际需要简单地进行楼梯形式的选取。

2. 素质目标

从每天行走的楼梯入手,仔细观察生活,细心体会生活,"以人为本"才是设计创新的源泉。

▲ 任务描述

按楼梯形式对楼梯进行分类;识读楼梯的平、剖面示意图。

(1)填写平、剖面图对应的楼梯名称,拍摄身边相应的楼梯图片并粘贴(也可提交电子版)。

(2)根据不同项目的工程概况选择合适的楼梯形式,将其编号填入对应空格中(多选)。

◈ 工作准备

认真阅读教材相关学习知识点,学习在线课程视频,拍摄收集身边不同类型建筑物的图片,分析工程具体情况,初步选择与之匹配的楼梯形式。

⚠ 任务实施

步骤一:识图楼梯的示意图。

引导问题 1:楼梯按组合形式分可以分为哪些? 其平面特点分别是什么?

_____

引导问题 2:楼梯按结构形式分可以分为哪些? 其平面特点分别是什么?

_____

步骤二:将收集拍摄的楼梯图片进行分析归类。

引导问题:观察身边的建筑楼梯类型,与教材是一致的有哪些?

_____

步骤三：分析各类工程概况，并选择合适的楼梯类型。

引导问题 1：常见的平行双跑楼梯、剪刀楼梯、螺旋楼梯分别适用于什么场合？

_____

引导问题 2：现浇钢筋混凝土楼梯中，普遍应用的板式、梁式楼梯分别适应什么场合？

_____

微课：楼梯概述（上）　微课：楼梯概述（下）

◇ **成果形式**

完成并提交本教材配套《建筑构造活页实训手册》中的楼梯形式认知表。

✎ **评价反馈**

完成并提交本教材配套《建筑构造活页实训手册》中对应学习情境的任务评价反馈表，学生自评后由教师综合评价。

知识点 1:楼梯的作用及设计要求

房屋各个不同楼层之间需设置上下交通联系的设施,这些设施有楼梯、电梯、自动扶梯、爬梯、坡道、台阶等。楼梯作为竖向交通和人员紧急疏散的主要交通设施,使用得最广泛;电梯主要用于高层建筑或有特殊要求的建筑;自动扶梯用于人流量大的建筑;爬梯用于消防和检修;坡道用于建筑物入口处,方便行车;台阶用于室内外高差之间的联系。

1.楼梯的作用

楼梯作为建筑物垂直交通设施之一,首要的作用是联系上下交通通行;其次,楼梯作为建筑物主体结构还起着承重的作用;除此之外,楼梯还有安全疏散、美观装饰等功能。

设有电梯或自动扶梯等垂直交通设施的建筑物也必须同时设有楼梯。在设计中,要求楼梯坚固、耐久、安全、防火;做到上下通行方便,便于搬运家具物品,有足够的通行宽度和疏散能力。

2.楼梯的设计要求

楼梯作为建筑空间竖向联系的主要构件,其位置应明显,起到提示引导人流的作用,并要充分考虑其造型美观、人流通行顺畅、行走舒适、结合坚固、防火安全,同时还应满足施工和经济条件的要求。因此,需要合理地选择楼梯的形式、坡度、材料、构造做法等,精心地处理好其细部构造,设计时需综合权衡这些因素。

(1)作为主要楼梯,应与主要出入口邻近,且位置要明显;同时还应避免垂直交通与水平交通在交接处拥挤、堵塞。

(2)楼梯的间距、数量及宽度应经过计算满足防火疏散要求。楼梯间内不得有影响疏散的凸出部分,以免挤伤人。楼梯间除允许直接对外开窗采光外,不得向室内任何房间开窗;楼梯间四周墙壁必须为防火墙;对防火要求高的建筑物特别是高层建筑,应设计成封闭式楼梯或防烟楼梯。

(3)楼梯间必须有良好的自然采光。

知识点 2:楼梯的组成

楼梯一般由楼梯段、楼梯平台、栏杆(或栏板)和扶手组成,如图 5-1 所示。楼梯所处的空间称为楼梯间。

1.楼梯段

楼梯段又称楼梯跑,是楼层之间的倾斜构件,同时也是楼梯的主要使用和承重部分。它由若干个踏步组成。为减少人们上下楼梯时的疲劳和适应人们行走的习惯,一个楼梯段的踏步数要求最多不超过 18 级,最少不少于 3 级。

2.楼梯平台

楼梯平台是指楼梯梯段与楼面连接的水平段或连接两个梯段之间的水平段,供楼梯转折或使用者略作休息之用。平台的标高有时与某个楼层相一致,有时介于两个楼层之间。与楼层标高相一致的平台称为楼层平台,介于两个楼层之间的平台称为中间平台。

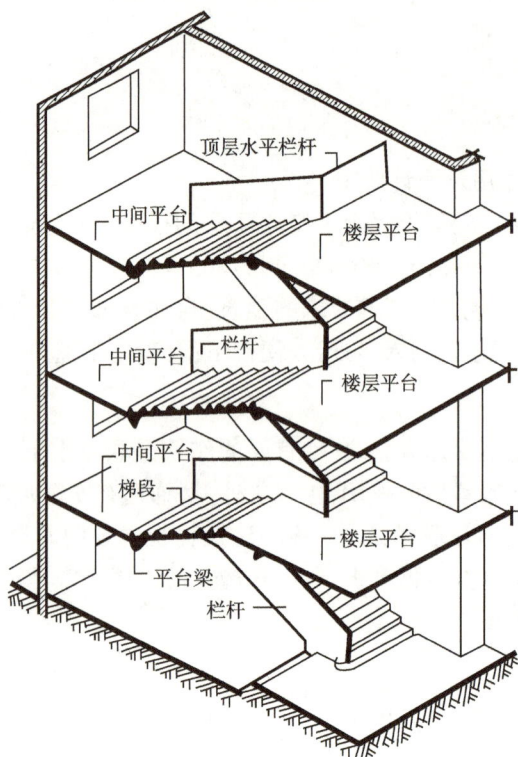

图 5-1　楼梯的组成

3.栏杆(栏板)和扶手

栏杆(栏板)和扶手是楼梯段的安全设施,一般设置在梯段和平台的临空边缘。要求它必须坚固可靠,有足够的安全高度,并应在其上部设置供人们的手扶持用的扶手。在公共建筑中,当楼梯段较宽时,常在楼梯段和平台靠墙一侧设置靠墙扶手。

4.楼梯梯井

楼梯的两梯段或三梯段之间形成的竖向空隙称为梯井。在住宅建筑和公共建筑中,根据使用和空间效果不同而确定不同的取值。住宅建筑应尽量减小梯井宽度,以增大梯段净宽,一般取值为 100~200mm。公共建筑梯井宽度的取值一般不小于 160mm,并应满足消防要求。

知识点 3:楼梯的分类及适应范围

如图 5-2 所示。

1.按组合形式分

按楼梯平面形式的不同,可分为:

1)单跑楼梯[图 5-3a)]

单跑楼梯不设中间平台,由于其梯段踏步数不能超过 18 步,所以一般用于层高较小的建筑内。

2)交叉式楼梯[图 5-3b)]

由两个直行单跑梯段交叉并列布置而成。通行的人流量较大,且为上下楼层的人流提供了两个方向,空间开敞,有利于楼层人流多方向进入,但仅适合于层高小的建筑。

164

楼梯的分类

- 按组合形式分类
  - 单跑楼梯
  - 交叉式楼梯
  - 双跑楼梯
  - 多跑楼梯
  - 双分式楼梯
  - 剪刀式楼梯
  - 螺旋楼梯
  - 弧形楼梯
- 接受力结构分类
  - 梁式楼梯
  - 梁板式楼梯
  - 悬臂式楼梯
  - 悬挂式楼梯
  - 墙承式楼梯
- 按防烟、火作用分类
  - 敞开式楼梯
  - 封闭式楼梯
  - 防烟式楼梯
  - 室外防火楼梯

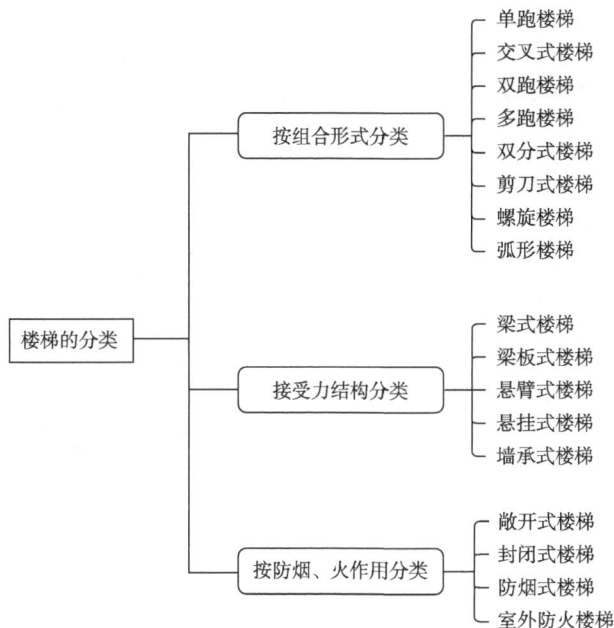

图 5-2　楼梯分类思维导图

3）双跑楼梯

双跑楼梯由两个梯段组成,中间设休息平台。

图 5-3c)为双跑折梯,这种楼梯可通过平台改变人流方向,导向较自由。折角可改变,当折角 >90°时,由于其行进方向似直行双跑梯,故常用于仅上二层楼的门厅、大厅等处;当折角 <90°时,往往用于不规则楼梯。

图 5-3d)为双跑直楼梯。直楼梯也可以是多跑(超过两个梯段)的,用于层高较高的楼层或连续上几层的高空间。这种楼梯给人以直接、顺畅的感受,导向性强,在公共建筑中常用于人流量较大的大厅。用在多层楼面时会增加交通面积并加长人流行走的距离。

图 5-3e)为双跑平行楼梯,这种楼梯由于上完一层楼刚好回到原起步方位,与楼梯上升的空间回转往复性吻合,比直跑楼梯省面积,并可缩短人流行走距离,是应用最为广泛的一种楼梯形式。

4）双分双合式平行楼梯

图 5-3f)为双分式平行楼梯,这种形式是在双跑平行楼梯基础上演变出来的。第一跑位置居中且较宽,到达中间平台后分开两边上,第二跑一般是第一跑的 1/2 宽,两边加在一起与第一跑等宽。通常用在人流多、需要梯段宽度较大时。由于其造型严谨对称,经常被用作办公建筑门厅中的主楼梯。图 5-3g)为双合式平行楼梯,情况与双分式楼梯相似。

5）剪刀式楼梯[图 5-3h)]

剪刀式楼梯实际上是由两个双跑直楼梯交叉并列布置而形成的。它既增大了人流通行能力,又为人流变换行进方向提供了方便。适用于商场、多层食堂等人流量大,且行进方向有多向性选择要求的建筑中。

6）转折式三跑楼梯[图 5-3i)]

这种楼梯中部形成较大梯井,有时可利用作电梯井位置。由于有三跑梯段,踏步数量较多,常用于层高较大的公共建筑中。

7) 螺旋楼梯[图5-3j)]

螺旋楼梯平面呈圆形,通常中间设一根圆柱,用来悬挑支承扇形踏步板。由于踏步外侧宽度较大,并形成较陡的坡度,行走时不安全,螺旋楼梯结构轻巧、造型美观,它不仅能满足建筑功能的要求,而且有特殊的空间艺术效果。一般不适合用于建筑物的主要疏散楼梯。

8) 弧形楼梯[图5-3k)]

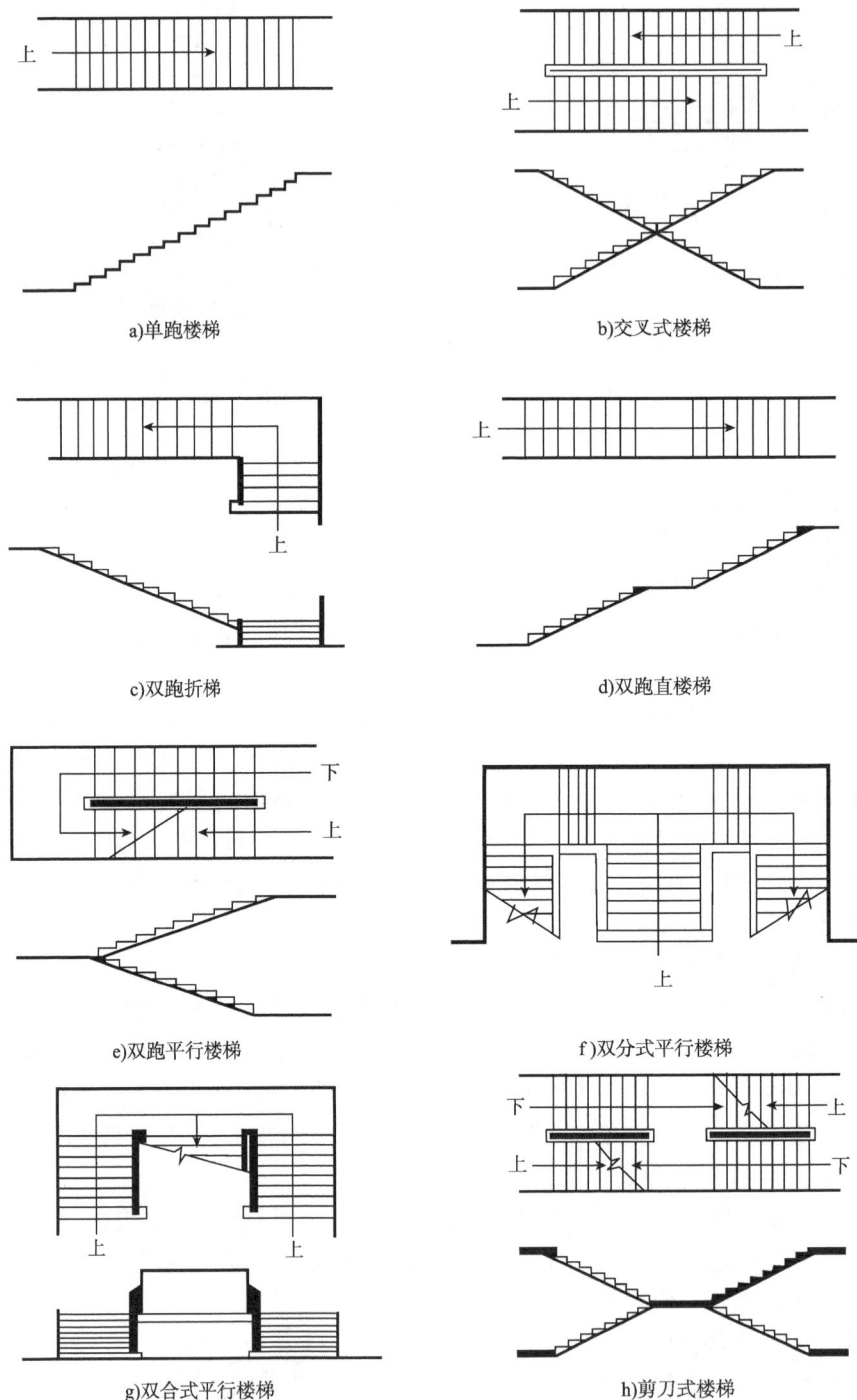

a)单跑楼梯

b)交叉式楼梯

c)双跑折梯

d)双跑直楼梯

e)双跑平行楼梯

f)双分式平行楼梯

g)双合式平行楼梯

h)剪刀式楼梯

图 5-3

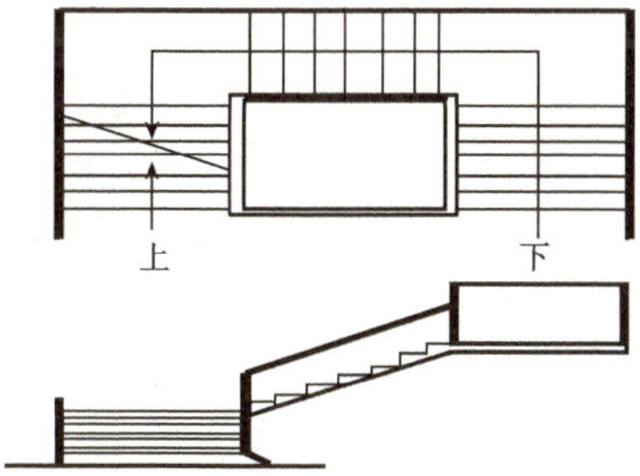

i)三跑楼梯

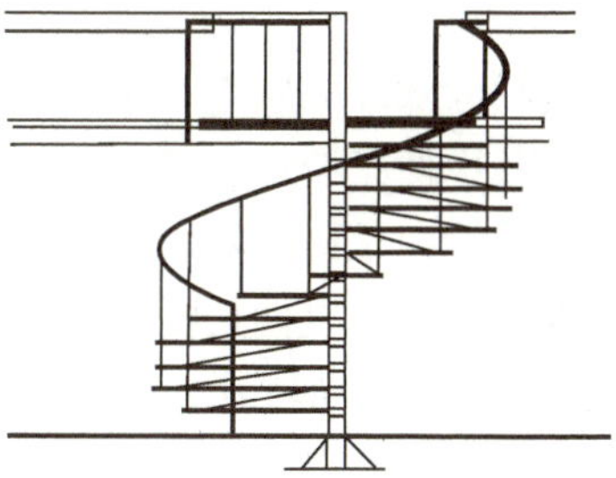

j)螺旋楼梯

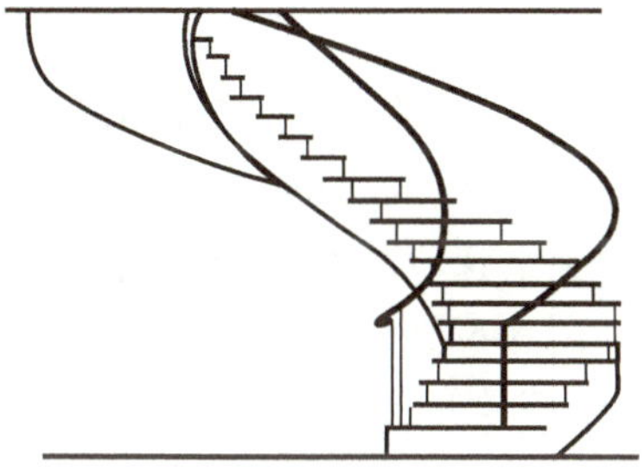

k)弧形楼梯

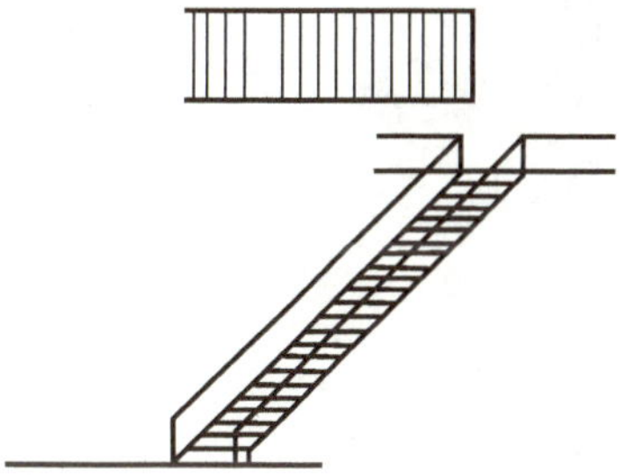

l)专用楼梯

图5-3　楼梯形式示意图

　　弧形楼梯的圆弧曲率半径较大,其扇形踏步的内侧宽度也较大,使坡度不至于过陡。一般规定这类楼梯的扇形踏步上、下级所形成的平面角不超过10°,且每级离内扶手0.25m处的踏步宽度超过0.22m时,可用作疏散楼梯。弧形楼梯常用于布置在大空间公共建筑门厅里,用来通行楼层之间较多的人流,丰富和活跃了空间处理,但其结构和施工难度较大、成本高。

2.按结构形式分(常用的现浇钢筋混凝土楼梯)

　　楼梯是建筑中重要的安全疏散设施,对其耐火性能要求较高。钢筋混凝土的耐火性能和耐久性能均好于木材和钢材,因此在民用建筑中大量地采用钢筋混凝土楼梯。钢材是非燃烧体,但受热后易变形,一般要经特殊的防火处理之后,才能用于制作楼梯。

　　按施工方法的不同,钢筋混凝土楼梯可分为现浇楼梯和预制装配式楼梯两大类。现浇钢筋混凝土楼梯是把楼梯段和平台整体浇筑在一起的楼梯,其整体性好、刚度大、抗震性能好,不需要大型起重设备,但施工进度慢、耗费模板多、施工程序较复杂。可以根据梯段传力及结构形式的不同,分成板式楼梯(图5-4)和梁板式楼梯两种。

图5-4　板式楼梯

1）板式楼梯

板式楼梯的梯段分别与两端的平台梁整浇在一起,由平台梁支承,板式楼梯梯段的底面平整、美观,也便于装饰。梯段相当于是一块斜放的现浇板,平台梁是支座。梯段内的受力钢筋沿梯段的长向布置,平台梁的间距即梯段板的跨度。从力学和结构角度要求,梯段板的跨度大或梯段上使用荷载大,都将导致梯段板的截面高度加大,所以板式楼梯适用于荷载较小、建筑层高较小(建筑层高对梯段长度有直接影响)的情况,如住宅、宿舍建筑。

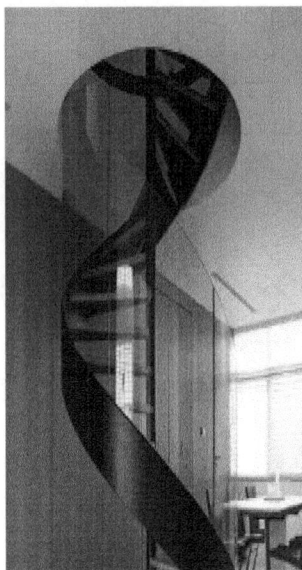

图 5-5　悬臂板式楼梯

为保证平台过道外净空高度,可在板式楼梯的局部位置取消平台梁,形成折板式楼梯,此时板的跨度为梯段水平投影长度与平台深度之和。

近年在公共建筑和庭院建筑的外部楼梯出现了一种造型新颖、具有空间感的悬臂板式楼梯,其特点是楼梯梯段和平台均无支承,完全靠上下梯段和平台组成的空间结构与上下层楼板共同受力,如图 5-5 所示。

板式楼梯是运用最广泛的楼梯形式,可用于单跑楼梯、双跑楼梯、三跑楼梯等。它具有受力简单、施工方便的优点。板式楼梯可现浇也可预制,目前大部分采用现浇。

板式楼梯计算时,可将梯段踏步板看成一块斜向放置的单向板,纵向荷载在板内产生正弯矩,在支座处产生推力。板式楼梯的主要特点是荷载直接由梯段板传递给平台梁或平台,也就是说梯段踏步板直接支撑在两端的平台或平台梁上。板跨度在 3m 以内时比较经济。

其荷载的传递路径为:楼梯板—平台梁—墙或柱。

配筋方式:受力钢筋纵向配置,钢筋锚入平台梁及楼面梁内。

2）梁板式楼梯

梁板式楼梯的主要特点是梯段踏步板处设置梯段梁,荷载在梯段板上横向传递给梯段梁,然后再传给两端的平台或平台梁上。其荷载的传递路径为:楼梯板—梯段斜梁—平台梁—墙或柱。横向荷载在板内产生正弯矩,其跨度为斜梁之间的横向距离。梁板式楼梯的楼梯板跨度小,适用于荷载较大、层高较高的建筑,如教学楼、商场等。

梁板式楼梯段由踏步板和斜梁组成,当梁在踏步下方时,踏步外露,称为明步;斜梁也可以位于踏步板两侧的上部,这时踏步被斜梁包在里面,称为暗步。如图 5-6 所示。

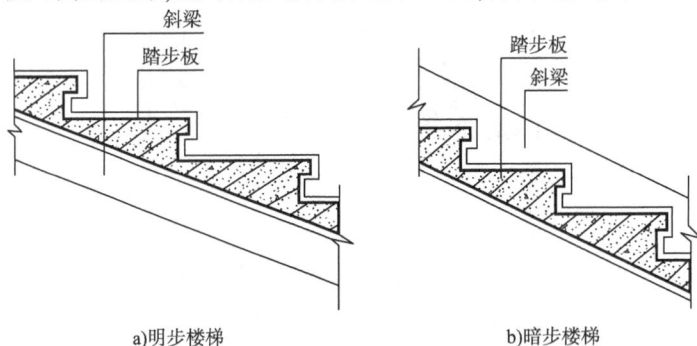

a)明步楼梯　　　　　　　　　b)暗步楼梯

图 5-6　明步楼梯和暗步楼梯

斜梁有时只设一根,通常有两种形式:一种是在踏步板的一侧设斜梁,将踏步板的另一侧搁置在楼梯间墙上;另一种是将斜梁布置在踏步板的中间,踏步板向两侧悬挑,如图 5-7 所示。单梁式楼梯受力较复杂,但外形轻巧、美观,多用于对建筑空间造型有较高要求的情况。

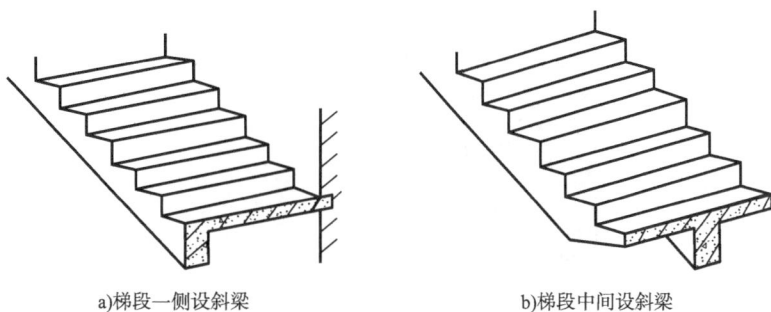

a)梯段一侧设斜梁   b)梯段中间设斜梁

图 5-7   梁板式楼梯其他形式

梁板式楼梯纵向荷载由梁承担。目前建筑中多采用板式楼梯,梁板式楼梯较为少见。梁板式楼梯传力途径:踏步板—斜梁—平台梁—墙或柱。

配筋方式:梯段横向配筋,锚入斜梁内,另加分布钢筋。平台主筋均短跨布置,依长跨方向排列,垂直配置分布钢筋。

3)其他结构形式楼梯

(1)悬臂式楼梯。

悬臂式楼梯指踏步板一端嵌固于楼梯间侧墙上,另一端凌空悬挑的楼梯形式,如图 5-8 所示。

a)   b)

图 5-8   悬臂式楼梯

优点:室内空间通透、梯式灵活、轻巧、美观效果。

缺点:虽然楼梯刚度很好,但楼梯的自重大,势必加重主体结构梁的负担。

(2)悬挂式楼梯。

悬挂式楼梯又称吊杆式楼梯,与传统楼梯相比,这种梯形省略了臃肿的梯架,使得楼梯的整个结构更加简洁、通透,与日益盛行的简约主义风格相得益彰,如图 5-9 所示。

图 5-9　悬挂式楼梯

3. 按防烟、防火作用分

1）敞开式楼梯

敞开式楼梯是低、多层建筑常用的楼梯间形式，如图 5-10 所示。该楼梯的典型特征是：楼梯与走廊或大厅直接相通，未进行分隔，故在发生火灾时，不仅不能阻挡烟气进入，而且可能成为烟气向其他楼层蔓延的主要通道。敞开楼梯间虽然安全可靠程度不高，但使用方便，适用于低、多层的住宅建筑和公共建筑中。

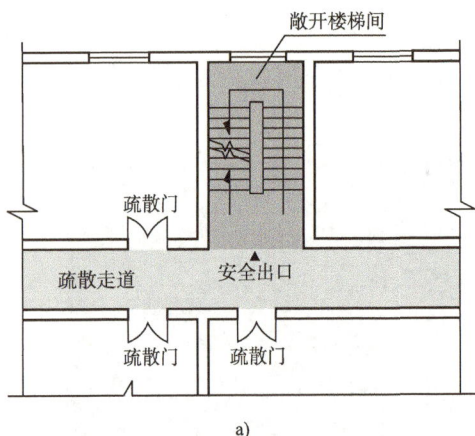

a)

b)

图 5-10　敞开式楼梯

2）封闭式楼梯

封闭式楼梯是指设有能阻挡烟气的双向弹簧门或乙级防火门的楼梯间，如图 5-11 所示。

图 5-11　封闭式楼梯

建筑构造

170

封闭楼梯间有墙和门,与走道分隔,比敞开楼梯间安全。但因其只设一道门,故在火灾情况下人员进行疏散时,难以保证烟气不进入楼梯间,所以应对封闭楼梯间的使用范围加以限制。

3)防烟式楼梯

在楼梯入口处设有前室或阳台、凹廊,通向前室、阳台、凹廊和楼梯间的门均为防火门,以防止火灾的烟、热进入楼梯间。防烟楼梯间有两道防火门和防烟排烟设施,发生火灾时能作为安全疏散通道,是高层建筑中常用的楼梯间形式,如图5-12所示。

图5-12 防烟式楼梯间

4)室外防火楼梯

在建筑的外墙上设置全部敞开的室外楼梯,不易受烟火的威胁,防烟效果和经济性都较好,如图5-13所示。

a)   b)

图5-13 室外防火楼梯

💻 案例拓展 ▶▶

　　楼梯的体量相对较小,结构形式相对简单,这些因素对楼梯造型的限制相对较小。建筑师在创作中可以把楼梯当成一种空间的装饰品来设计,可以在满足其功能的情况下超越纯功能,充分发挥自己的想象力。楼梯本身所特有的构成形式,以及所具有的结构美感和韵律感,在建筑空间中形成了一道特殊的风景线,其线条的排列与转折,产生了特殊的空间视觉效果。结合楼梯的使用,考虑其交通和采光,"以人为本"才是设计创新的源泉。

模块 5

楼梯

如某建筑师设计的某摄影试验中心的中庭,圆形回廊式的空间,以水平构图为主,直线楼梯充满张力的造型,加上光线从采光棚射入,使中庭空间立刻生动活泼起来。

当谈到楼梯,我们通常想到的是一个倾斜的垂直人行踏板组成,并且可以连接建筑的不同层面,属于一种区域过渡构架。而伦敦设计节上的"无穷无尽的楼梯",展现了无休止的构架和这些结构能够实现的可能性,英国某设计公司探寻了这种无穷无尽楼梯的潜力,如图5-14所示。临时雕刻的一系列的单独的楼梯,可以彼此交错,一个有框架、有规模的三维运动模式,有时候会是死路一条,但有时候却可以通向某处。

a)　　　　　　　　　　　　　　　b)

图5-14　无穷无尽的楼梯

学习情境 5.2　楼梯详图的识图与测绘

🔵 学习情境

工程项目中,楼梯是如何表达的呢? 图纸是工程界的语言,具有规范性,我们必须熟悉《房屋建筑制图统一标准》(GB/T 50001—2017)等建筑规范设计标准以及制图标准,再根据"1＋X"《建筑工程识图职业技能等级标准》技能要求,来读一读某办公大楼的楼梯详图。

◆ 学习目标

1. 工作能力目标

(1)能识读楼梯平面图、剖面图等楼梯详图。

(2)能测绘现有楼梯的关键数据,并根据数据绘制楼梯平面图、剖面图。

2. 素质目标

(1)培养严谨细致的工作态度。

(2)培养团队协作精神。

▲ 任务描述

1. 识读图纸

项目概况:本项目是某公司办公楼,其工程概况如下:地下 1 层、地上 7 层,建筑总高度 24.9m,为二类高层建筑,建筑物耐火等级为二级。由平面图可知该建筑有 2 个楼梯间。

阅读附录图纸中楼梯详图,获取关键信息,回答问题,并汇总形成读图报告。

2. 测绘楼梯

以 4 ~ 6 人为一组,选择一栋熟悉的教学楼的某个楼梯进行测量,获取楼梯的关键数据,填写完成测量表格,并根据测量数据绘制教学楼楼梯的平面图和剖面图。

(1)测绘内容:教学楼某楼梯的 1 ~ 3 层(或底层、标准层、顶层)。

(2)绘制内容:楼梯平面图,比例 1∶50;楼梯剖面图,比例 1∶50。

(3)完成质量及要求:必须到现场测绘,记录草图;所绘制的内容齐全,符合建筑制图规范;采用 A3 图幅,铅笔绘制。

◈ 工作准备

以 4 ~ 6 人为一组,阅读教材中的办公楼图纸楼梯详图和相应的构造详图。准备好卷尺等测绘工具,以及铅笔、图纸等绘图工具。

⚠ **任务实施**

步骤一:认知楼梯,选择一栋教学楼的楼梯,测量其关键尺寸,并填充完成表5-1。

楼梯尺寸表
表5-1

踏步高 h	踏步宽 b	踏步数 n	栏杆高	层高 H	开间净宽	进深净宽	中间平台宽度	一楼楼层平台宽度	梯段净空高度	平台净空高度

步骤二:阅读楼梯平面图。

引导问题1:楼梯平面图是如何形成的?楼梯有几个梯段?楼梯的建筑形式是什么?

_____

_____

引导问题2:楼梯间墙身的定位轴线及轴线编号、轴线间的尺寸分别是什么?

_____

引导问题3:楼梯的踏步宽度和踏步数分别是多少?楼梯梯段的水平投影长度是多少?

_____

_____

引导问题4:楼梯梯段的宽度是多少?楼梯的休息平台的尺寸是多少?梯井的尺寸是多少?

_____

_____

引导问题5:梯段各层平台的标高分别是多少?

_____

引导问题6:指出底层平面图中楼梯剖面图的剖切位置和投影方向。

_____

步骤三:阅读楼梯剖面图详图。

引导问题1:楼梯剖面图是如何形成的?

_____

引导问题2:楼梯间墙身的定位轴线及轴线编号是否与平面图一致?

_____

引导问题3:楼梯的梯段数及踏步数分别是多少?是否与平面图一致?

_____

建筑构造

174

引导问题4：踏步的高度是多少？栏杆的高度是多少？栏杆的横向间距是多少？

引导问题5：图中的索引符号的作用是什么？

步骤四：将测绘好的教学楼楼梯的数据整理好，绘制楼梯详图（包含平面图、剖面图）。

1. 按大致比例画出平面、剖图草图。墙厚按 200mm 绘制。

2. 量取各向尺寸并记录。注意楼梯开间和进深尺寸应算到墙中线，应符合模数。

◇ **成果形式**

完成并提交本教材配套《建筑构造活页实训手册》中的楼梯详图读图报告。

评价反馈

完成并提交本教材配套《建筑构造活页实训手册》中对应学习情境的任务评价反馈表，学生自评后由教师综合评价。

◇◇ 知识链接 ◇◇

知识点 1:楼梯详图识读

楼梯详图一般包括平面图、剖面图及节点详图(踏步、栏杆或栏板、扶手详图)。楼梯详图一般分为建筑详图与结构详图,分别绘制并编入"建施"和"结施"中。

1. 楼梯平面图

楼梯平面图是运用水平剖面图方法绘制的,楼梯平面图是楼梯某位置上的一个水平剖面图。剖切位置与建筑平面图的剖切位置相同(其剖切位置设在休息平台略低一点处,剖切后向下所作的投影)。楼梯平面图主要反映楼梯的外观、结构形式、楼梯中的平面尺寸及楼层和休息平台的标高等。原则上有几层,就需绘制几层平面图。除首层和顶层平面图外,若中间各层楼梯做法完全相同,可作出标准层楼梯平面图。在一般情况下,楼梯平面图应绘制三张,即楼梯底层平面图、中间层平面图及顶层平面图。如图 5-15所示。

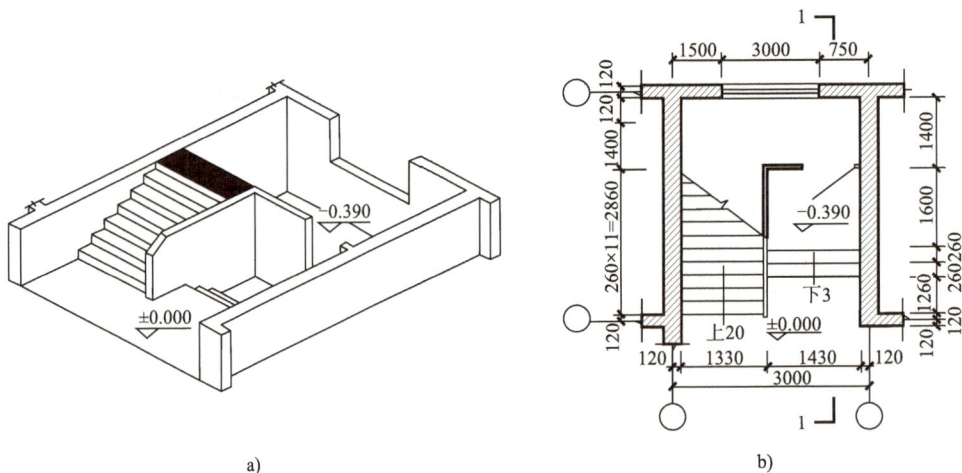

图 5-15 底层楼梯模型及楼梯平面图(尺寸单位:mm)

1)底层楼梯平面图

(1)剖切位置。

剖切位置是从地面往上走的第一梯段(休息平台下)的任一位置处。各层被剖切到梯段,按规定,均在平面图中以一根45°折断线表示。

(2)楼梯的走向及踏步的级数。

在每一梯段处画有一长箭头,并注写"上"或"下"字以及层间踏步级数,表明从该层地面往上或往下走多少级踏步,即可到达上(或下)一层的楼(地)面。梯段的"上"或"下"是以各层楼地面为基准标注的,向上者称"上行"、向下者称"下行"。例如"上23",表示从底层地面往上走23级可到达第二层楼面。

(3)轴线编号。

注写轴线编号,且和平面图对应。

（4）尺寸和标高。

楼梯平面图中，需注出楼梯间的开间和进深尺寸、楼梯休息平台的宽度、楼地面和平台面的标高，以及各细部的详细尺寸。通常把梯段长度尺寸与踏面数、踏面宽的尺寸合并写在一起。如底层平面图中的 $11 \times 260 = 2860$，表示该梯段有 12 个踏面，每一踏面宽为 260mm，最后一个踏面宽计入平台宽度，梯段水平投影长为 2860mm。

（5）剖面图的剖切位置。

只在底层平面图上应注明楼梯剖面图的剖切位置和投影方向。

（6）楼梯间的墙、门窗、构造柱等。

2）标准层楼梯平面图

标准层平面图不仅画出被剖切的往上走的梯段（画有"上"字的长箭头），还画出该层往下走的完整的梯段（画有"下"字的长箭头）、楼梯平台以及平台往下的部分梯段。这部分梯段被剖切的梯段的投影重合，以 45°折断线为分界。其余同底层楼梯平面，如图 5-16 所示。

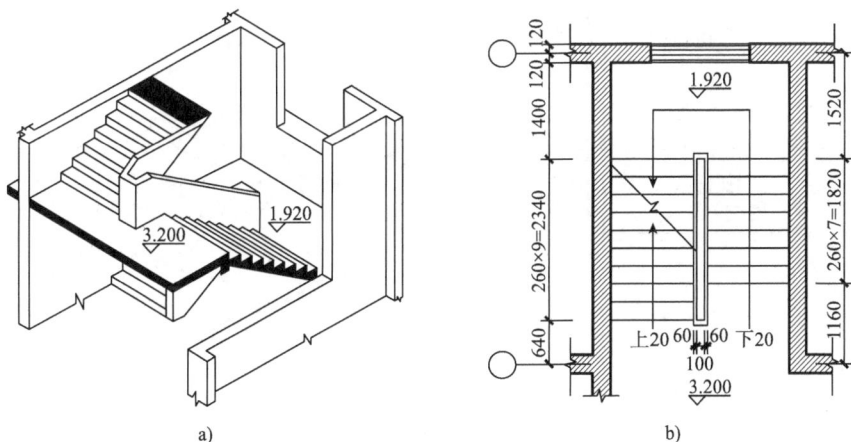

图 5-16　标准层楼梯模型及楼梯平面图（尺寸单位：mm）

3）顶层楼梯平面图

顶层楼梯平面图中，由于剖切平面在安全栏板之上，未剖到楼梯，在图中能看到下一层到顶层之间的两段完整的梯段和楼梯平台，在楼梯口处标有注写"下"字的长箭头，如图 5-17 所示。

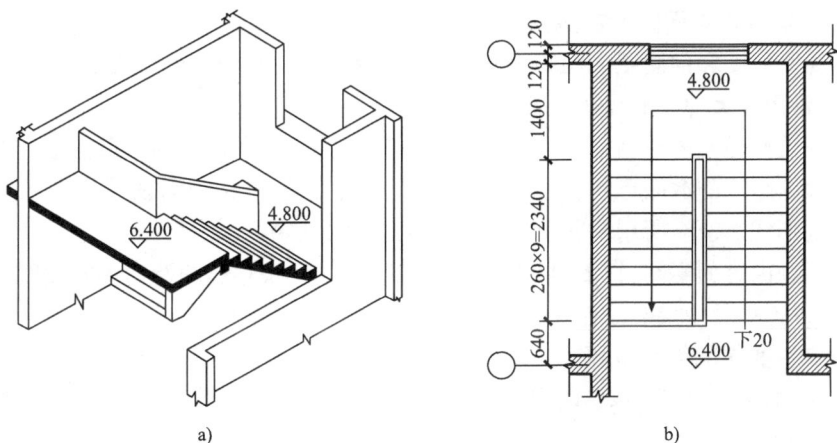

图 5-17　顶层楼梯模型及楼梯平面图（尺寸单位：mm）

通常,三张平面图画在同一张图纸内,并互相对齐,这样既便于阅读,又可省略标注一些重复的尺寸。

2. 楼梯剖面图

楼梯剖面图是楼梯垂直剖面图的简称,其剖切位置应通过各层的一个梯段和门窗洞口,向另一未剖到的梯段方向投影所得到的剖面图,如图 5-18 所示。

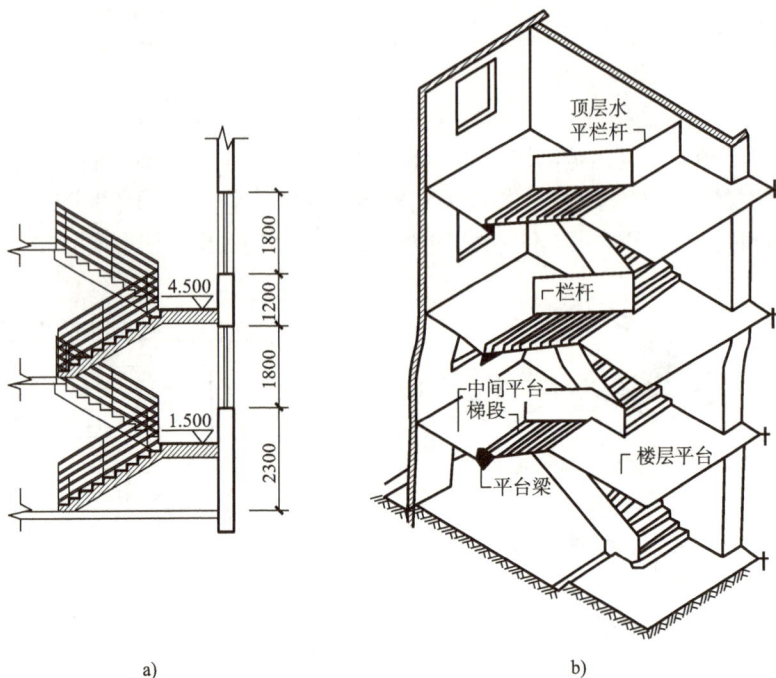

图 5-18 楼梯剖面图(尺寸单位:mm)

楼梯剖面图主要表达楼梯的梯段数、踏步数、类型及结构形式,表示各梯段、平台、栏杆等的构造及它们的相互关系。三层以上楼房,当中间各层楼梯构造相同时,可只画底层、中间层及顶层,中间用折断线断开。一般不画到屋顶。

了解楼梯间各楼层平台、休息平台面的标高:楼层平台标高分别为 3m、6m、9m、12m、15m、18m 等;休息平台面的标高分别为 1.5m、4.5m、7.5m、10.5m、13.5m、16.5m 等。

知识点 2:楼梯详图的绘制步骤

在楼梯平面图和剖面图中没有表示清楚的踏步做法、栏杆栏板及扶手做法、梯段端点的做法等,常用较大的比例另画出详图。

楼梯节点详图一般包括踏步、扶手、栏杆详图和梯段与平台处的节点构造详图。踏步详图主要表明踏步的截面形状、大小、材料以及面层的做法;栏板与扶手详图主要表明栏板及扶手的形式、大小、所用材料及其与踏步的连接等情况。

依据所画内容的不同,详图可采用不同的比例,以反映它们的断面形式、细部尺寸、所用材料、构件连接及面层装修做法等。

1)楼梯平面图的绘制步骤

(1)将楼梯各层平面图对齐,根据楼梯间开间、进深尺寸画出楼梯间墙身轴线。

(2)画出墙身厚度、楼梯井及楼梯宽度。

（3）根据楼梯平台宽度定出平台线,自平台线起,量出楼梯段水平投影长度及定出踏步的起步线:楼梯段水平投影长度=踏步宽×(踏步数-1)。

（4）根据"两平行线间任意等分"的方法作出平台线和起步线之间的踏步等分点,然后分别作平行线,画出踏步。

（5）画门窗洞口、栏杆(板)、上下行方向箭头等。

（6）加深图线或上墨,注写尺寸、标高、剖切符号,画出材料图例等(图5-19)。

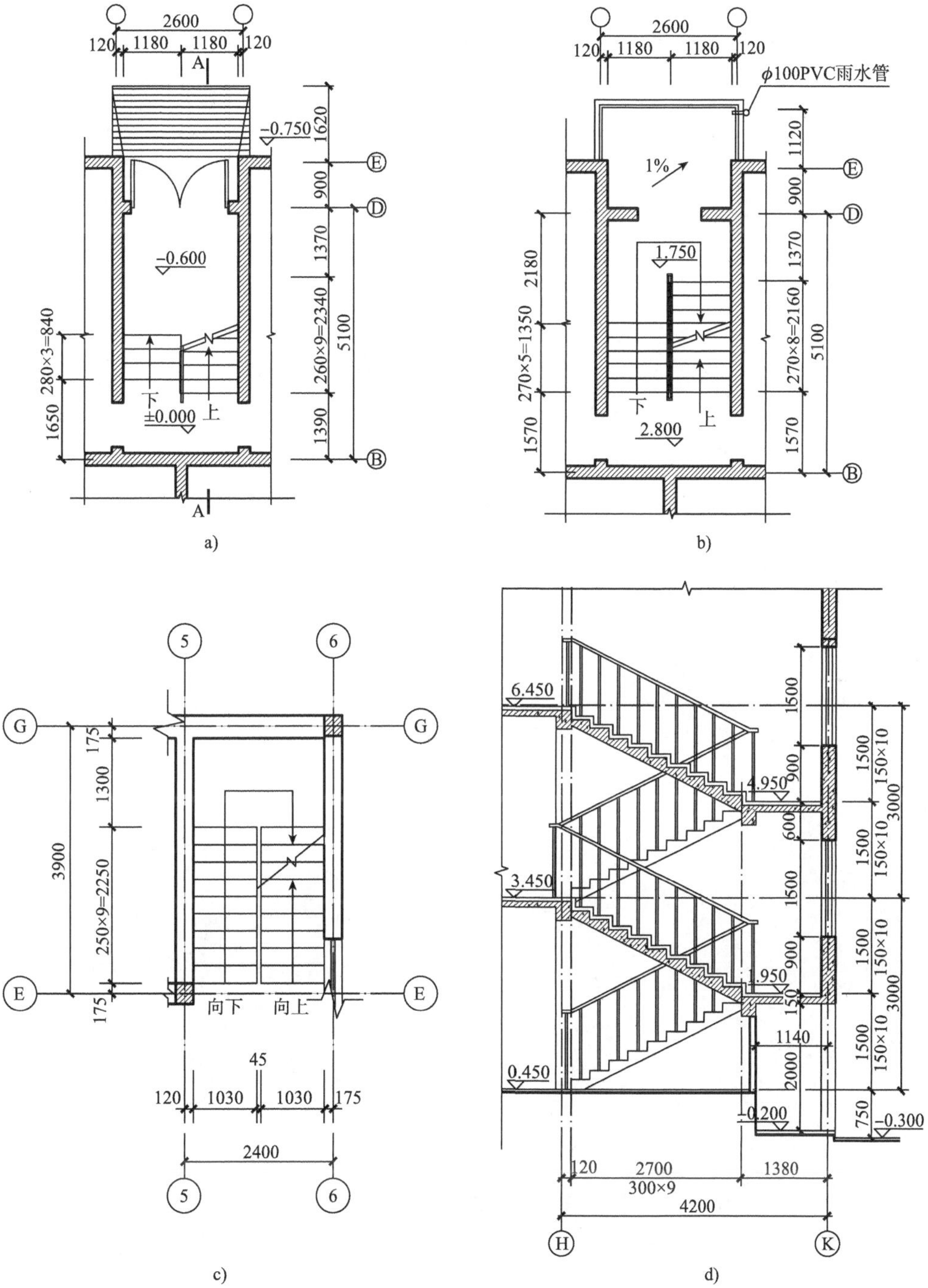

图5-19 楼梯大样图(尺寸单位:mm)

179

2)楼梯剖面图的绘制步骤

（1）画出墙身轴线,定出楼面、地面、休息平台与楼梯段的位置。

（2）根据平面尺寸画出起步线、平台线的位置。

（3）根据踏步的高和宽以及踏步级别进行分格,竖向分格等于踏步数,横向分格数为踏步数减1。

（4）画出墙身,定出踏步轮廓位置线。

（5）画出窗、梁、板、栏杆等细部。

（6）加深图线或上墨,注写尺寸、标高、文字说明、索引符号,画出材料图例等。

学习情境5.3　楼梯的尺寸设计要求及案例

○ 学习情境

楼梯作为建筑中安全通道,若设计不好会产生安全隐患。据统计,在全国发生的中小学生拥挤踩踏事故中,高达约80%发生在楼梯间,而且事故的死亡率比危房倒塌事故、食物中毒事故的死亡率还要高。楼梯作为建筑的交通要道,楼梯间的事故主要原因为楼梯数量与宽度、坡度与踏步尺寸、栏杆竖杆的间隔等尺寸设计的构造问题。通过本模块,学习应该如何解决这些问题。

◇ 学习目标

1.工作能力目标

(1)能够理解楼梯的尺度规范规定。
(2)能根据工程实际选择楼梯类型。
(3)能够独立地进行简单情况下的平行双跑楼梯尺寸设计。

2.素质目标

能从本模块的教学内容中学习到:相关规范强制性条文所体现出的职业责任感以及人文关怀的设计理念。

▲ 任务描述

项目概况:本项目是某栋办公楼,地下1层、地上7层,建筑高度24.9m,为二类高层建筑,建筑物耐火等级为二级。由平面图可知该建筑有两个楼梯间。

任务要求:阅读楼梯详图,对楼梯一层进行尺寸设计。根据阅读详图及变更情况得知,该楼梯间的开间为3.6m,进深为6.5m,首层层高4.2m。室内外高差300mm。楼梯间外墙厚、内墙厚均为240mm,轴线内侧墙厚均为120mm。

此次任务就要在这些已知尺寸条件的基础上,对该楼梯一层进行尺寸设计。

◈ 工作准备

以4~6人为一组,准备直尺,阅读知识点、图纸及《民用建筑设计统一标准》(GB 50352—2019)、《建筑设计防火规范(2018年版)》(GB 50016—2014)。

设计之前注意事项:

(1)分析楼梯的形式。该建筑为办公楼建筑,使用人数比较多,楼梯的坡度不宜取得过大,根据该建筑的使用功能以及实际情况,选择使用应用最广泛的平行双跑楼梯。

（2）所有各部位尺寸的确定都要在楼梯间的净空间之内得到满足。因此，开间和进深方向的尺寸计算要减去墙体的厚度，通行净高的尺寸计算则要扣除平台梁的高度。开间方向的平面净尺寸 $A[A = 3600 - 120 \times 2 = 3360（m）]$，进深方向的平面净尺寸 $B[B = 6500 - 120 \times 2 = 6260（mm）]$。根据经验来选取踏步数，该开间和进深都不是很富余。

（3）平台宽度的选择，中间楼层平台的宽度一般只需满足要求即可，而考虑到楼层人员滞留的问题，楼层平台的宽度一般建议大于中间平台的宽度。

⚠ **任务实施**

按照下文将计算步骤填写在计算书上，并将图纸绘制在 A3 图纸中。

步骤一：初选（假定）楼梯段踏步尺寸 b 和 h。

引导问题1：该建筑物为办公楼，其楼梯踏步最小宽度和最大高度分别是多少？

_____

引导问题2：楼梯踏步的计算经验公式是什么？

_____

步骤二：计算每楼层的踏步数 N。

引导问题：该建筑物应该选择什么样的楼梯的类型？踏步数是否可以为小数？

_____

_____

步骤三：确定每个梯段的踏步数 N_1。

引导问题：每个梯段的踏步数是否一致呢？如果在一楼有出入口，梯段的踏步数是否需要做长短跑？

_____

_____

步骤四：计算梯段宽度。

引导问题：楼梯的梯段宽与楼梯净宽是什么关系？楼梯宽度在规范中有什么要求？

_____

_____

步骤五：净高的验算。

引导问题：楼梯的净空高度有两个控制值，一个是 2.0m，另一个是 2.2m，分别指哪些位置？

_____

步骤六：计算梯段的水平投影长度 L。

引导问题：梯段的水平投影长度 L 的计算公式是什么？

_____

步骤七:进深方向的验算。

引导问题1:中间平台的进深有什么要求?

_____

引导问题2:楼层平台的进深和中间平台有什么联系?

_____

步骤八:绘制楼梯一层平面详图、一层剖面详图并进行标注(比例1:50)。

引导问题1:完整的一个楼梯施工详图应包含哪些部分?

_____

引导问题2:楼梯详图需要表达哪些设计内容?

_____

◇ **成果形式**

完成并提交本教材配套《建筑构造活页实训手册》中的楼梯尺寸设计计算书。

评价反馈

完成并提交本教材配套《建筑构造活页实训手册》中对应学习情境的任务评价反馈表,学生自评后由教师综合评价。

◈◈ 知识链接 ◈◈

知识点1：楼梯的尺度规范要求及原理

楼梯涉及踏步、平台、梯段、净空高度等多个尺寸。

1. 楼梯的坡度与踏步尺寸

楼梯的坡度是指梯段的坡度，即楼梯段的倾斜角度。它有两种表示方法，即角度法和比值法。用楼梯段与水平面的倾斜夹角来表示楼梯坡度的方法称为角度法；用梯段在垂直面上的投影高度与在水平面上的投影长度的比值来表示楼梯坡度的方法称为比值法。

一般来说，楼梯的坡度越大，楼梯段的水平投影长度越短，楼梯占地面积就越小，越经济，但行走吃力；反之，楼梯的坡度越小，行走较舒适，但占地面积大，不经济。所以，在确定楼梯坡度时，应综合考虑使用和经济因素。

楼梯的坡度范围一般在 23°～45°，适宜的坡度为 30°左右。坡度过小时（小于 23°），可做成坡道；坡度过大时（大于 45°），可做成爬梯。公共建筑的楼梯坡度较平缓，常用 26°34′（正切为 1/2）左右。住宅中的共用楼梯坡度可稍陡些，常用 33°42′（正切为 1/1.5）左右。

楼梯坡度一般不宜超过 38°，供少量人流通行的内部交通楼梯，坡度可适当加大。楼梯、坡道、爬梯的坡度范围如图 5-20 所示。

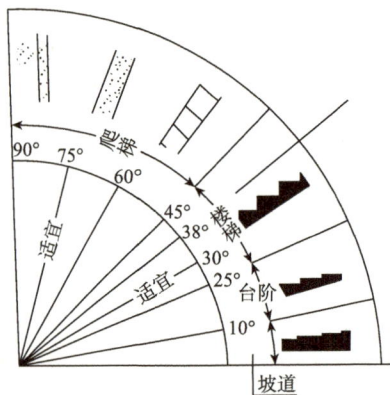

图 5-20　楼梯、台阶和坡道坡度的使用范围

楼梯的坡度取决于踏步的高度与宽度之比，因此必须选择合适的踏步尺寸以控制坡度。踏步高度与人们的步距有关，宽度则应与人脚长度相适应。确定和计算踏步尺寸的方法和公式有很多，通常采用 2 倍的踏步高度加踏步宽度等于一般人行走时的步距的经验公式确定，即：

$$2h + b = 600 \sim 620\text{mm}$$

式中：h——踏步高度；

　　b——踏步宽度。

600～620mm 为一般人行走时的平均步距。

民用建筑中，楼梯踏步的最小宽度与最大高度的限制值见表 5-2。

楼梯踏步的最小宽度和最大高度（mm）   表5-2

楼梯类别	最小宽度	最大高度
住宅共用楼梯	260	175
幼儿园、小学校等楼梯	260	150
电影院、剧场、体育馆、商场、医院、旅馆和大中学校等楼梯	280	160
其他建筑楼梯	260	170
专用疏散楼梯	250	180
服务楼梯、住宅套内楼梯	20	200

对成年人而言,楼梯踏步高度以150mm左右较为舒适,不应高于175mm。踏步的宽度以300mm左右为宜,不应窄于250mm。当踏步宽度过大时,将导致梯段长度增加;而踏步宽度过窄时,会使人们行走时产生危险。在实际中经常采用出挑踏步面的方法,使得在梯段总长度不变的情况下增加踏步面宽。一般踏步的出挑长度为20~30mm,如图5-21所示。

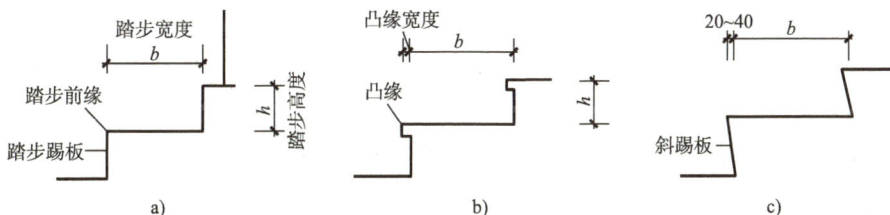

图5-21　楼梯踏步尺寸(尺寸单位:mm)

2. 楼梯段的宽度

楼梯段的宽度是指墙面至扶手中心线或扶手中心线之间的水平距离。楼梯段的宽度除应符合防火规范的规定外,供日常主要交通用的楼梯的梯段宽度应根据建筑物使用特征,按每股人流宽为0.55m+(0~0.15)m的人流股数确定,并不应少于两股人流。0~0.15m为人流在行进中人体的摆幅,公共建筑人流众多的场所应取上限值。

楼梯应至少于一侧设扶手,梯段净宽达三股人流时应在两侧设扶手,达到四股人流时宜加设中间扶手。每个梯段的踏步不应超过18级,亦不应少于3级。

3. 楼梯的水平投影长度

梯段长度是指每一梯段的水平投影长度,由踏步的投影宽度及梯段踏步数决定,其值为进深方向,确定梯段水平投影长度L,$L=(N/2)\times b$。

4. 楼梯平台深度

楼梯平台是连接楼地面与梯段端部的水平部分,有中间平台和楼层平台,平台深度不应小于楼梯梯段的宽度,并不应小于1.2m,当有搬运大型物件需要时应适当加宽。但直跑楼梯的中间平台深度以及通向走廊的开敞式楼梯楼层平台深度可不受此限制,如图5-22所示。

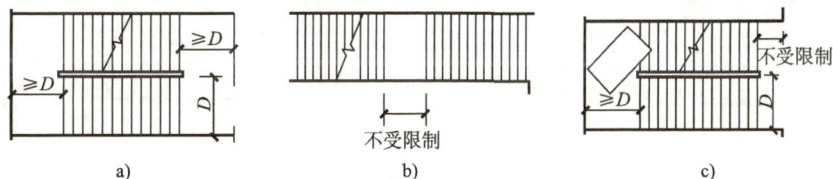

图5-22　楼梯平台深度

5.楼梯栏杆扶手的高度

楼梯栏杆扶手的高度是指踏步前沿至扶手顶面的垂直距离。楼梯扶手的高度与楼梯的坡度、楼梯的使用要求有关。很陡的楼梯，成人扶手的高度矮些、坡度平缓时高度可稍大。在30°左右的坡度下常采用900mm；儿童使用的楼梯一般为600mm。对一般室内楼梯不小于900mm，通常取1000mm。靠梯井一侧水平栏杆长度大于500mm，其高度不小于1000mm，室外楼梯栏杆高不小于1050mm。高层建筑的栏杆高度应再适当提高，但不宜超过1200mm。

6.楼梯的净空高度

楼梯的净空高度包括楼梯段间的净高和平台上的净空高度。楼梯段间的净高是指梯段空间的最小高度，即下层梯段踏步前缘至其正上方梯段下表面的垂直距离。梯段间的净高与人体尺度、楼梯的坡度有关。平台过道处的净高是指平台过道地面至上部结构最低点（通常为平台梁）的垂直距离。在确定这两个净高时，还应充分考虑人们肩扛物品对空间的实际需要，避免由于碰头而产生压抑感。《民用建筑设计统一标准》（GB 50352—2019）中规定楼梯段间净高不应小于2.2m，平台过道处净高不应小于2.0m，起止踏步前缘与顶部凸出物内边缘线的水平距离不应小于0.3m。当楼梯底层中间平台下做通道时，为使平台净高满足要求，常采用以下几种处理方法（图5-23）。

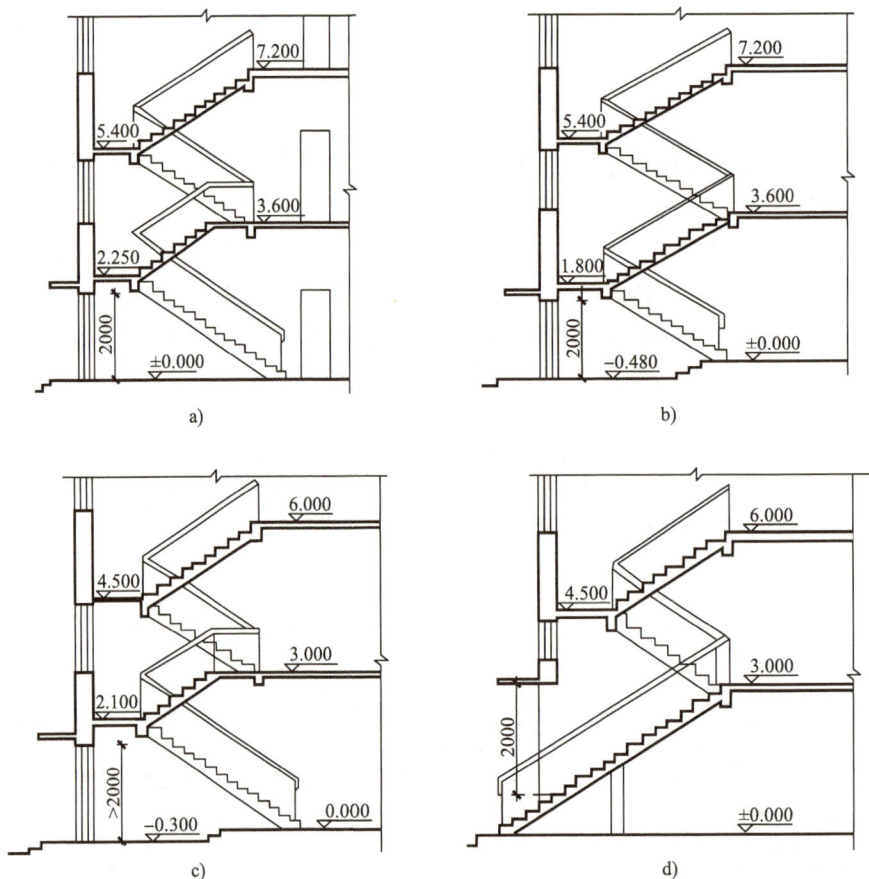

图5-23 楼梯底层中间平台下做通道的几种处理方法（尺寸单位：mm）

建筑构造

（1）降低底层楼梯中间平台下的地面标高，即将部分室外台阶移至室内，如图5-23a）所示。但应注意两点：①降低后的室内地面标高至少应比室外地面高出一级台阶的高度，即100～150mm；②移至室内的台阶前缘线与顶部平台梁的内边缘之间的水平距离不应小于300mm。

（2）增加楼梯底层第一个梯段踏步数量，即抬高底层中间平台。如图5-23b）所示。

（3）将上述两种方法结合，即降低楼梯中间平台下的地面标高的同时，增加楼梯底层第一个梯段的踏步数量。如图5-23c）所示。

另外，也可考虑采用其他办法，如底层采用直跑楼梯，如图5-23d）所示。

知识点2：楼梯尺寸设计步骤及方法

已知楼梯间开间、进深和层高，进行楼梯设计（与后面的工作实施步骤要统一）。

1. 分析选择楼梯形式

根据已知的楼梯间尺寸，选择合适的楼梯形式。进深较大而开间较小时，可选用平行双跑楼梯；开间和进深均较大时，可选用双分式平行楼梯；进深不大且与开间尺寸接近时，可选用三跑楼梯。

2. 按照以下步骤进行尺寸设计

步骤一：确定踏步尺寸和踏步数量（b、h）。

根据建筑物的性质和楼梯的使用要求，确定踏步尺寸。

通常公共建筑主要楼梯的踏步尺寸适宜范围为：踏步宽度300mm、320mm，踏步高度140～150mm；公共建筑次要楼梯的踏步尺寸适宜范围为：踏步宽度280mm、300mm，踏步高度150～170mm；住宅共用楼梯的踏步尺寸适宜范围为：踏步宽度250mm、260mm、280mm，踏步高度160～180mm。设计时，可选定踏步宽度，由经验公式$2h+b=600～620$mm（h为踏步高度，b为踏步宽度），可求得踏步高度，且各级踏步高度应相同。

根据楼梯间的层高和初步确定的楼梯踏步高度，计算楼梯各层的踏步数，即踏步数为：

$$N = 层高(H)/踏步高度(h)$$

若得出的踏步数N不是整数，可调整踏步高度h值，使踏步数为整数。

步骤二：确定梯段宽度（a）。

根据楼梯间的开间、楼梯形式和楼梯的使用要求，确定梯段宽度。

如平行双跑楼梯：梯段宽度（a）=（楼梯间净宽一梯井宽）/2。

梯井宽度一般为100～200mm，梯段宽度应采用1M或1/2M的整数倍。

步骤三：确定各梯段的踏步数（N、N_2）。

根据各层踏步数、楼梯形式等，确定各梯段的踏步数。

如平行双跑楼梯：各梯段踏步数（N、N_2）=各层踏步数（N）/2。

各层踏步数宜为偶数。若为奇数，每层的两个梯段的踏步数相差一步。

步骤四：确定梯段长度（L）和梯段高度。

根据踏步尺寸（b、h）和各梯段的踏步数（n），计算梯段长度和高度，计算式为：梯段长度（L）=（该梯段踏步数$n-1$）×踏步宽度b。

梯段高度=该梯段踏步数量N_1×踏步高度h。

步骤五：确定平台深度（D_1、D_2）。

根据楼梯间的尺寸、梯段宽度等，确定平台深度。一般情况平台深度不应小于梯段宽度，$D \geqslant a$，$D \geqslant 1200$，但对直接通向走廊的开敞式楼梯间而言，其楼层平台的深度不受此限制。但为了避免走廊与楼梯的人流相互干扰并便于使用，应留有一定的缓冲余地，此时，一般楼层平台深度至少为 $500 \sim 600$ mm。

$$B = D_1 + D_2 + L$$

B 为进深净尺寸。

步骤六：确定底层楼梯中间平台下的地面标高和中间平台面标高。

若底层中间平台下设通道，平台梁底面与地面之间的垂直距离应满足平台净高的要求，即不小于 2000mm。否则，应将地面标高降低，或同时抬高中间平台面标高。此时，底层楼梯各梯段的踏步数量、梯段长度和梯段高度需进行相应调整。

步骤七：校核。

根据以上设计所得结果，计算出楼梯间的进深。

若计算结果比已知的楼梯间进深小，通常只需调整平台深度；当计算结果大于已知的楼梯间进深，而平台深度又无调整余地时，应调整踏步尺寸，按以上步骤重新计算，直到与已知的楼梯间尺寸一致为止。

步骤八：绘制楼梯间各层平面图和剖面图。

楼梯平面图通常有底层平面图、标准层平面图及顶层平面图。

绘图时应注意以下几点：

（1）尺寸和标高的标注应整齐、完整。

（2）楼梯平面图中应标注楼梯上行和下行指示线及踏步数。上行和下行指示线是以各层楼面（或地面）标高为基准进行标注的，踏步数应为上行和下行楼层踏步数之和。

（3）在剖面图中，若为平行楼梯，当底层的两个梯段做成不等长梯段时，第二个梯段的一端会出现错步，错步的位置宜安排在二层楼层平台处，不宜布置在底层中间平台处。

知识点3：案例

1. 计算案例

某内廊式教学楼的层高为 3.60m，楼梯间的开间为 3.30m，进深为 6m，室内外地面高差为 450mm，墙厚为 240mm，轴线居中，试设计该楼梯。

（1）选择楼梯形式。对于开间为 3.30m、进深为 6m 的楼梯间，适合选用平行双跑楼梯。

（2）确定踏步尺寸和踏步数量。作为公共建筑的楼梯，初步选取踏步宽度 $b = 300$mm，由经验公式 $2h + b = 600$mm，求得踏步高度 $h = 150$mm，初步取 $h = 150$mm。

$$N = \frac{层高（H）}{踏步高（h）} = \frac{3600}{150} = 24$$

（3）确定梯段宽度。

取梯井宽为 160mm，楼梯间净宽为 $3300 - 2 \times 120 = 3060$（mm），则梯段宽度为：

$$a = \frac{3060 - 160}{2} = 1450（mm）$$

（4）确定各梯段的踏步数量。

各层两梯段采用等跑，则各层两个梯段踏步数量为：

$$N_1 = N_2 = \frac{N}{2} = \frac{24}{2} = 12（级）$$

（5）确定梯段长度和梯段高度。

①梯段长度：

$$L_1 = L_2 = (n-1)b = (12) \times 300 = 3300(\mathrm{mm})$$

②梯段高度：

$$H_1 = H_2 = N_1 Xh = 12 \times 150 = 1800(\mathrm{mm})$$

（6）确定平台深度。

中间平台深度 D_1 不小于 1450mm（梯段宽度），取 1600mm，楼梯平台深度 D_2 暂取 600mm。

（7）校核。

L［注：L 取 $\max(L_1, L_2)$］$+ D_1 + D_2 + 120 = 3300 + 1600 + 600 + 120 = 5620(\mathrm{mm}) < 6000\mathrm{mm}$，将楼层平台深度加大至 $600 + (6000 - 5620) = 980(\mathrm{mm})$。

（8）绘制楼梯各层平面图和楼梯剖面图。

按三层教学楼绘制，设计时按实际层数绘图（图 5-24）。

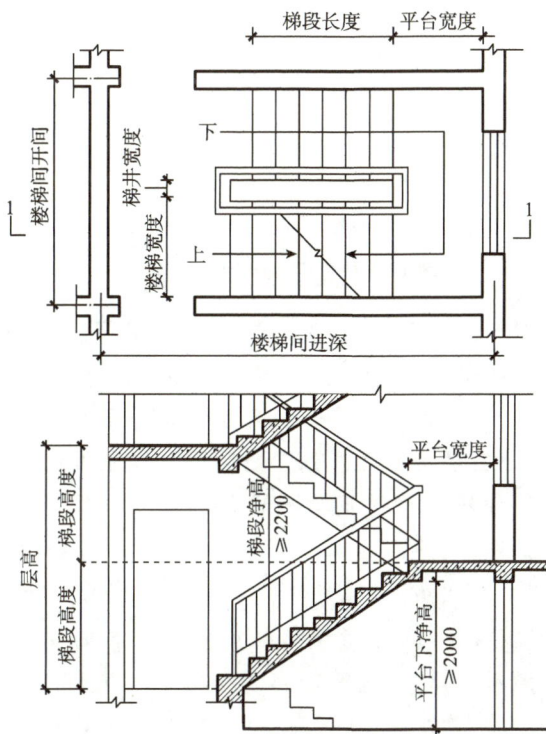

图 5-24　楼梯平面图与剖面图（尺寸单位：mm）

2. 常见错误举例

（1）踏步尺寸取值不合适。

以公共建筑的次要楼梯为例：踏步尺寸取 250mm × 180mm。

正确的取值范围为：（260 ~ 300）mm × （150 ~ 170）mm。

（2）踏步尺寸不统一。

如同层内，一部分踏步尺寸取 300mm × 150mm，另一部分为 300mm × 160mm。正确的做法为：各层踏步尺寸应统一。

189

(3)梯段长度错误计算：
$$梯段长度 = 踏步数量 × 踏步宽度。$$

正确的做法为：梯段长度 =（踏步数量 – 1）× 踏步宽度。

由于梯段上行的最后一个踏步面的标高与平台面标高一致，其踏步宽度已计入平台深度。因此，在计算梯段长度时，应减去一个踏步宽度。

(4)平台深度尺寸不符合要求。

平台深度小于梯段宽度。

正确的做法为：平台深度不应小于梯段宽度。

(5)楼梯底层中间平台下设通道时，平台下地面标高降得太低。

底层中间平台下地面标高同室外地面标高相同。

正确的做法为：平台下地面标高至少应比室外地面高出 100 ~ 150mm。

(6)楼梯底层中间平台下设通道时，部分台阶移至室内的位置不正确。台阶设在平台梁下面。

正确的做法为：台阶应设在平台梁以内不小于 300mm 的地方。

(7)梯段长度错误计算：梯段长度 = 踏步数量 × 踏步宽度。

🖥 **案例拓展** ▶▶▶

楼梯构造问题引发的官司

【案例 5-1】 单某和他的同事在某酒楼吃晚饭，席间，单某喝了白酒。饭后，几人一同下楼，在酒店二楼楼梯间拐角处，单某一脚踏空，身体失去平衡后翻过护栏，栽入内天井，摔到地下室地面，造成头部粉碎性骨折并死亡。

县人民法院对这一案件进行了判决：被告唐某作为该酒楼的经营业主及房屋所有权人，应当对其经营场所的建筑物与设备尽到安全保障义务。该酒楼为服务性经营场所，属于公共建筑，其建筑设计应当符合上述建筑通则的要求，其楼梯栏杆按要求高度不应低于 1.05m，而在事故地段栏杆高度为 0.82m，违反了规定。同时对楼梯踏步未采取防滑措施，又没有设置防滑警示标志，被告未尽到安全保障义务，在本次事故中有重大过错，应当赔偿原告因此导致的 70% 损失。判决由被告赔偿原告因事故导致的死亡赔偿金、丧葬费、被抚养人生活费等。

【案例 5-2】 某小学老师发现帅某倒在楼梯井处水磨石地面上，口吐白沫、失去意识。学校急忙通知家长、找车送人去医院，虽然医院采取了一系列的急救措施，然而，终究回天乏术，帅某不幸离世。后其家属向某法院提起诉讼。

法院经审理认为，被告教学楼梯井宽度远远超过《中小学校设计规范》（GB 50099—2011）不大于 20cm 的限度，且未采取任何安全防护措施，存在重大安全隐患，该隐患应当而且可以为被告所预见。根据法医学鉴定结论结合帅某坠地的位置，可以推定，帅某系从被告教学楼楼梯的上部坠落楼梯井而致伤死亡。被告教学楼的建筑缺陷是造成该起事故的主要原因，被告因此应承担事故的主要责任。

【总结】

(1)坡度与踏步尺寸——易跌。

(2)栏杆高度与稳定——翻出或挤出。

(3)栏杆竖杆的间隔问题——小孩钻出;某醉汉跌撞进入梯间,不幸被夹在较宽的栏杆竖杆间,窒息而亡,引发官司。

(4)踏面防滑问题——滑倒或绊倒(特别是人流量大时,易发生重大事故)。

(5)净高问题——"小心碰头"是一个设计上的缺陷。

如何从楼梯建筑本身去杜绝类似惨剧的重演,值得我们认真思考。我们要学好规范条文,增强对建筑规范的重视,并理解其中的构造原理及深刻内涵,让建筑规范更好地服务于建筑的设计,从而提高建筑的适用性、安全性。

学习情境 5.4　钢筋混凝土楼梯的细部构造

🔵 学习情境

认真查阅《楼梯、栏杆、栏板（一）》（22J 401-1）、《民用建筑设计统一标准》（GB 50352—2019）、《建筑制图标准》（GB/T 50104—2010）等建筑规范设计标准以及制图标准，参照"1 + X"《建筑工程识图职业技能等级标准》的要求，作为未来土建行业中的一员，你能阅读某办公大楼的楼梯细部构造图吗？能理解其中的构造原理吗？

◇ 学习目标

1. 工作能力目标

（1）能够熟练查阅图集。

（2）能识图并绘制楼梯踏步、栏杆（板）、扶手的细部构造和连接做法，并理解其构造原理。

2. 素质目标

能够在学会阅读和理解细节构造的做法的同时，感受到细节的魅力和专业的工匠精神。

▲ 任务描述

项目概况：本项目是某栋办公楼，地下 1 层、地上 7 层，建筑高度 24.9m，为二类高层建筑，建筑物耐火等级为二级。

任务要求：该建筑的其中一个楼梯间详图如图（图纸详见某办公楼图纸图号 5）所示，请结合《楼梯、栏杆、栏板（一）》（22J 401-1）、设计变更单，完善其楼梯踏步的细部构造详图（填充面层材料，标注尺寸，完成层次构造）。

◈ 工作准备

阅读图纸、设计变更单，查阅图集《楼梯、栏杆、栏板（一）》（22J 401-1），准备绘图工具。

⚠ 任务实施

步骤一：找出该楼梯防滑条、楼梯栏杆扶手的连接做法，图集中楼梯扶手预埋件对应的细部构造图。

引导问题 1：15J403 $\dfrac{1}{E6}$ 这个索引符号的含义是什么？

引导问题 2：15J403 B1 这个索引符号的含义是什么？

引导问题3：楼梯扶手预埋件做法 15J403 中 $\dfrac{5}{E10}$ 和 $\dfrac{M8}{E22}$ 的含义是什么？

___

步骤二：楼梯扶手栏杆的重要尺寸，并讲述它们的原理。

引导问题1：楼梯栏杆的高度是多少？栏杆之间的间距是多少？

___

引导问题2：在《民用建筑设计统一标准》（GB 50352—2019）中是否对楼梯栏杆做出了要求？

___

步骤三：阅读楼梯扶手的连接形式、踏步防滑条的做法，补充完成图纸。

引导问题1：楼梯栏杆扶手的一般做法可以参看哪本图纸？

___

引导问题2：连接形式和防滑条做法原理是什么？

___

微课：现浇式混凝土楼梯

◇ **成果形式**

完成并提交本教材配套《建筑构造活页实训手册》中的楼梯细部构造详图读图报告和设计变更单。

评价反馈

完成并提交本教材配套《建筑构造活页实训手册》中对应学习情境的任务评价反馈表，学生自评后由教师综合评价。

◇◇ 知识链接 ◇◇

在日常质量检查时,发现不少工程的楼梯踏步防滑措施、滴水线(槽)等做法不规范,楼梯踏步上表面做挡水台的工程也很少,在此,要对防滑措施、滴水线(槽)、挡水台的做法做一些说明。

知识点1:楼梯踏步踏面及防滑措施

1.楼梯踏步踏面

面层装修做法与楼层面层装修做法基本相同,但由于楼梯是一幢建筑中的主要交通疏散部件,其对人流的导向性要求高,使用频率高,装修用材标准应高于或至少不低于楼地面装修用材标准,使其在建筑中具有明显醒目的地位,如图5-25所示。

图5-25　楼梯踏步踏面

在考虑踏步面层装修做法时应选择耐磨、防滑、美观、不起尘的材料。根据造价和装修标准的不同,常用的装修材料有水泥豆石面层、普通水磨石面层、彩色水磨石面层、地面砖面层、大理石面层、花岗石面层等。

2.防滑处理措施

设置原理:楼梯作为竖向交通和人员紧急疏散的主要交通设施,人流量大、坡度陡,在使用中较易发生危险,因此,规范中明确要求楼梯踏步应采取防滑措施,其设置位置靠近踏步阳角处。常用的防滑条材料有:水泥铁屑、金刚砂、金属条(铸铁、铝条、铜条)、陶瓷马赛克及带防滑条地面砖等,如图5-26所示。需要注意的是,防滑条应凸出踏步面2~3mm,但不能太高,否则将行走不便。

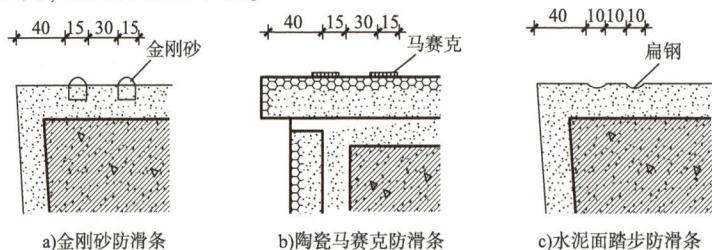

a)金刚砂防滑条　　　b)陶瓷马赛克防滑条　　　c)水泥面踏步防滑条

图5-26　踏步防滑处理措施细部构造(尺寸单位:mm)

194

知识点 2:梯板侧面、底面防污染细部构造

原理:楼梯间处上下层贯通,如上层有湿滑或是漏水,极易影响到下层甚至多层的卫生和通行,因此,楼梯梯板底部应做滴水线(槽),在楼梯踏步上表面靠楼梯井一侧宜设置挡水台。防污措施如下:

(1)楼梯板底部应做滴水线(槽)。滴水线(槽)应整齐顺直,滴水线应内高外低,滴水槽的宽度和深度均不应小于10mm。在梯段改变方向的部位,滴水线(槽)应连续,如图5-27a)、图5-28所示。

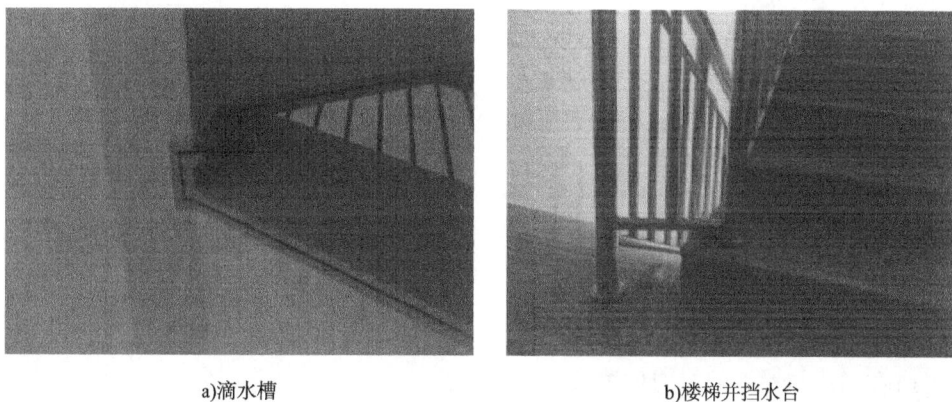

| a)滴水槽 | b)楼梯井挡水台 |

图5-27 楼板侧面、底面防污措施

(2)踏步表面设置挡水台。在楼梯踏步上表面靠楼梯井一侧宜设置挡水台,防止踏步板上的水沿梯板侧面流淌,造成污染。在梯段改变方向的部位,挡水台应连续,如图5-27b)所示。

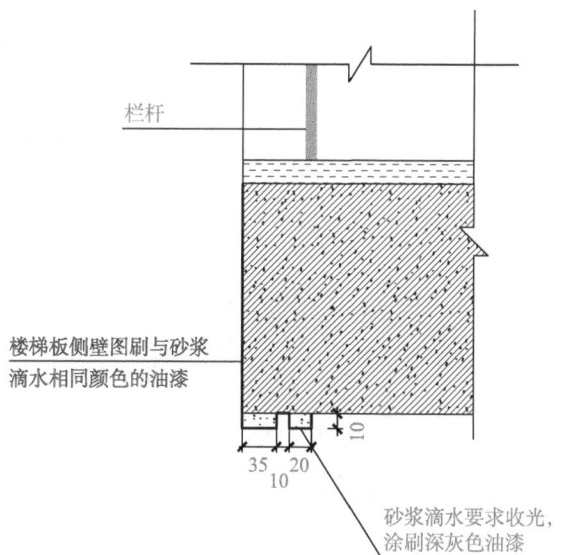

栏杆

楼梯板侧壁图刷与砂浆滴水相同颜色的油漆

35 20
10

砂浆滴水要求收光,涂刷深灰色油漆

图5-28 滴水槽的细部构造(尺寸单位:mm)

知识点 3:楼梯扶手栏杆的连接构造

原理:扶手栏杆的连接必须要牢固,保证楼梯的安全性。

其连接方式与栏杆选用的材料有关,具体介绍以下几种构造做法,如图5-29所示。

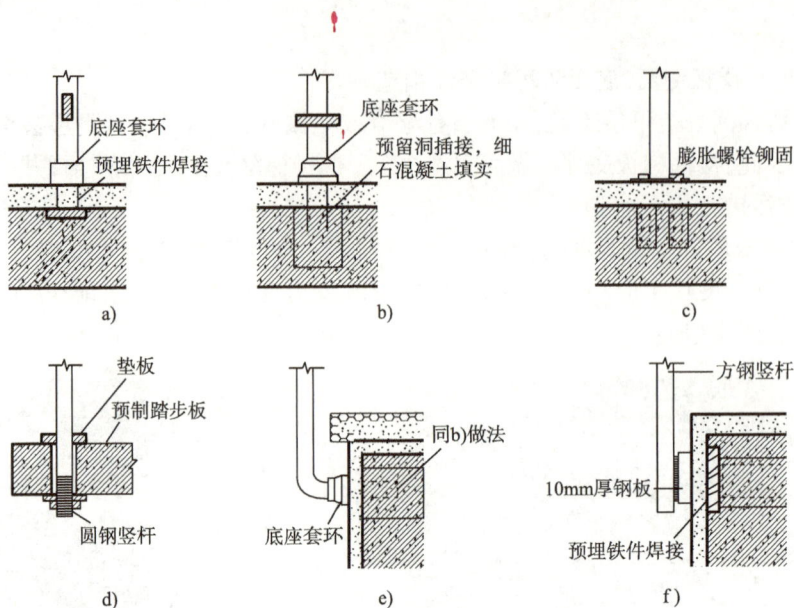

图 5-29　栏杆与梯段、墙或柱的连接方式细部构造

1. 栏杆与梯段、墙或柱的连接

(1)在梯段与栏杆的对应位置预埋铁件焊接。

(2)预留孔洞用细石混凝土填实。

(3)电锤钻孔用膨胀螺栓固定。

其中,栏杆安装位置均为踏步侧面或踏步面上的边沿部分,横杆则多采用焊接方式与立杆连接。

2. 栏杆与踏步的连接

楼梯栏杆按其构造的不同,有空花式栏杆、栏板式栏杆和组合式栏杆等;按其材料的不同,有钢筋楼梯栏杆、不锈钢楼梯栏杆、钢木楼梯栏杆、混凝土栏板楼梯栏杆等,如图 5-30 所示。有儿童活动的场所,为防止儿童穿过栏杆空档发生危险,栏杆垂直杆件间的净距不应大于 110mm,且不应采用易于攀登的花式。栏杆与梯段应有可靠的连接,连接方法预埋件焊接、预留孔洞插接和螺栓连接等,如图 5-30 所示。

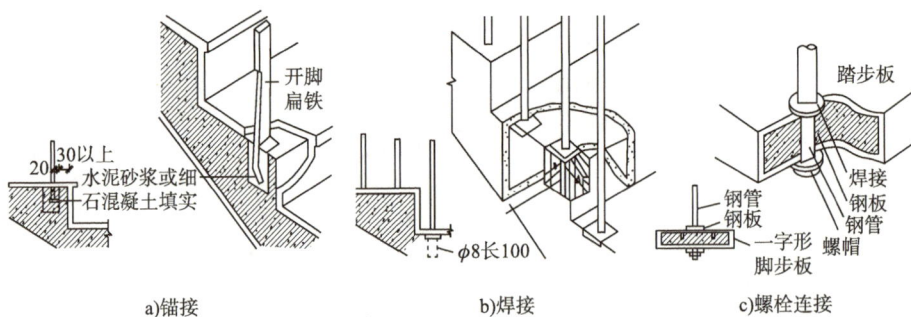

图 5-30　栏杆与踏步的连接方式(尺寸单位:mm)

3. 栏杆与扶手连接

楼梯扶手常用木材、塑料、金属管材(钢管、铝合金管、铜管和不锈钢管等)制作。如图 5-31 所示。

196

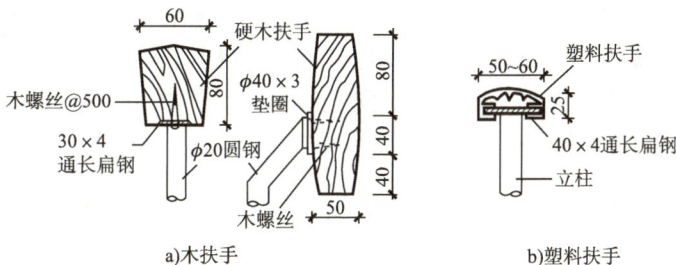

图 5-31 栏杆与扶手的连接(尺寸单位:mm)

栏杆与扶手连接方式包括:

(1)金属管材扶手与栏杆连接一般采用焊接或铆接。焊接时要求扶手与竖杆材料一致。

(2)木扶手与钢栏杆顶部通长扁铁用螺钉连接。

(3)石材扶手与砖或混凝土栏板用水泥砂浆黏结。

4.扶手与墙面的连接

当直接在墙上装设扶手时,扶手应与墙面保持100mm左右的距离。一般在墙上留洞,将扶手连接杆件伸入洞内,用细石混凝土嵌固,如图5-32a)所示。当扶手与钢筋混凝土墙或柱连接时,一般采取预埋钢板焊接,如图5-32b)所示。在栏杆扶手结束处与墙、柱面相交,也应有可靠连接,如图5-32c)、d)所示。

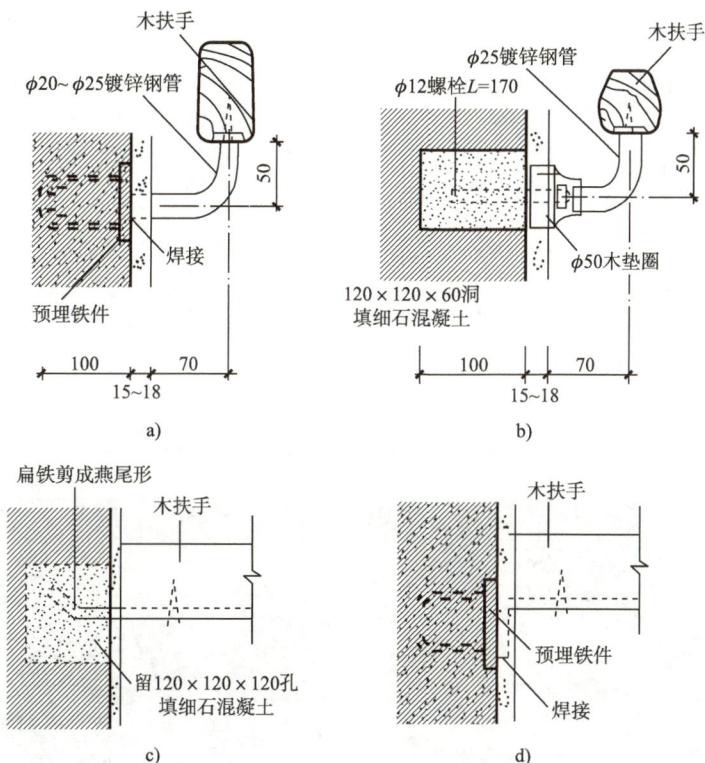

图 5-32 扶手与墙面的连接细部构造(尺寸单位:mm)

知识点4:楼梯起步和梯段转折处栏杆扶手处理

原理:在底层第一跑起步处,为增强刚度和美观,可对第一步和扶手做特殊处理;在梯段转折处,由于梯段间的高差关系,为了保持栏杆高度一致和扶手的连续,需根据不同情况进行处理,如图 5-33 和图 5-34 所示。当上下梯段齐步时,上下扶手在转折处同时向平台延伸半步,使两扶手高度相等,连接自然,但这样做缩小了平台的有效深度;如扶手在转折处不深入平台,下跑梯段扶手在转折处需上弯,形成鹤颈扶手;因鹤颈扶手制作较麻烦,也可以用直线转折的硬接方式,如图 5-35 所示。

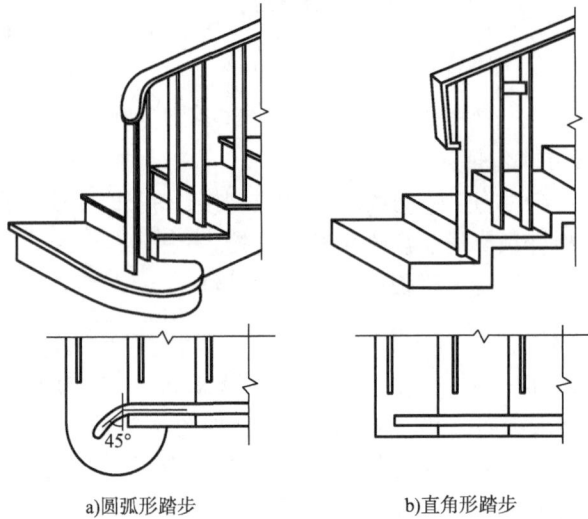

a)圆弧形踏步　　　　　　　　　b)直角形踏步

图 5-33　楼梯起步处理示意

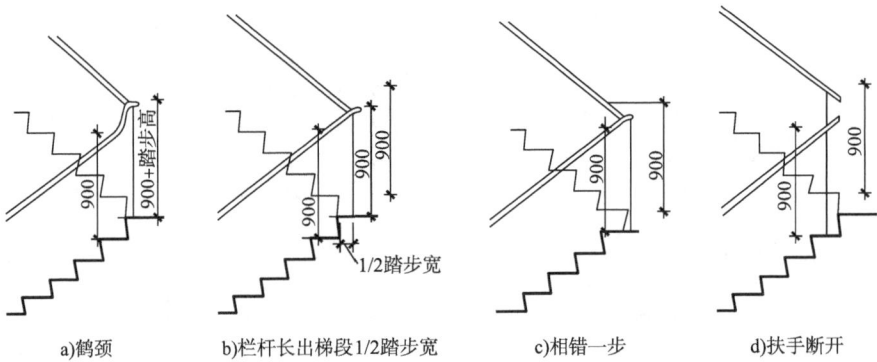

a)鹤颈　　b)栏杆长出梯段1/2踏步宽　　c)相错一步　　d)扶手断开

图 5-34　楼梯转折处栏杆扶手处理示意(尺寸单位:mm)

a)　　　　　　　　　　b)

图 5-35　楼梯扶手起步、转折处处理及楼梯水平栏杆

198

细部构造做法示例：

（1）踏步成圆弧形等外形，扶手形式可美化。

（2）扶手变向时可做特殊处理。如鹤颈或直线转折的硬接方式。

（3）当上下梯段错一步时，扶手在转折处不需向平台延伸即可自然连接。当长短跑梯段错开几步时，将出现一段水平栏杆。

案例拓展

室内楼梯踏步，一般与铁艺扶手、木制品扶手、玻璃栏板相结合使用，以避免室内装饰感觉过于硬朗。

室外楼梯踏步，一般与扶手、栏杆采用相同石材制作，比如入户门栏杆踏步扶手等。

石材踏步中，最为高难的是石材旋转楼梯，由于其结构的特异性、石材本身的材质特性，使其加工难度系数很大。

以下为几款不同材质楼梯设计的细部结构及做法。如图5-36所示。

 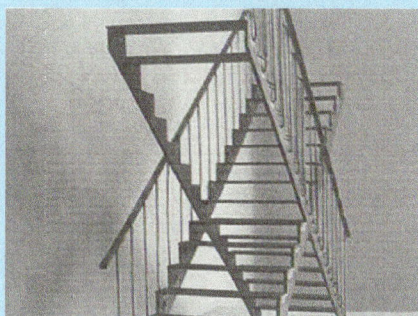

a)混凝土楼梯　　　　　　　　　　　b)钢架楼梯

图5-36　不同材质的楼梯

为防止行走时滑跌，在楼梯踏步的表面应采取相应的防滑措施。通常是在踏步口留2~3道凹槽或设防滑条。防滑条长度一般按踏步长度每边减去150mm。常用的防滑材料有金刚砂、水泥铁屑、橡胶条、塑料条、金属条、马赛克、缸砖、铸铁和折角铁等，如图5-37所示。

a)金刚砂防滑条　　　b)金属防滑条　　　c)橡胶防滑条　　　d)PVC防滑条

图5-37　不同材料的防滑条

楼梯踏步的照明分为辅助照明和嵌入式灯槽照明，如图5-38所示。

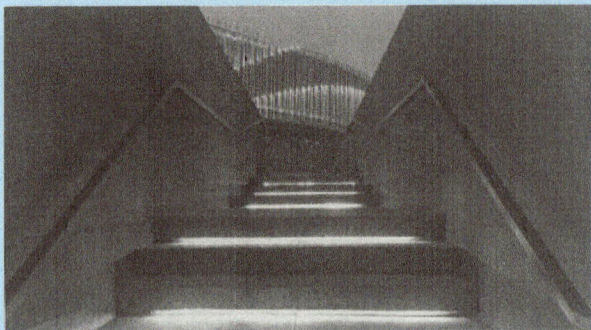

图 5-38　楼梯踏步嵌入式灯槽照明

　　随着我国经济的发展,人民生活水平的提高,人们对楼梯细节的要求也愈发细微。优秀的建筑必须以人为本,每一个项目的完成都要求设计者必须充分考虑到每一个方面和每一个细节,并将之结合成一个完整的整体。

建筑构造

学习情境 5.5 建筑其他垂直交通—— 台阶、坡道、电梯

⊙ 学习情境

作为未来土建行业中一员的你,是否知道台阶与坡道等构件设计有哪些规范依据?是否能够独立阅读台阶、坡道等建筑其他垂直交通的细部构造图,理解其构造原理?

◈ 学习目标

1. 工作能力目标

(1)能够学会使用《室外工程》(12J003)及其他国家建筑标准设计图集。
(2)能识读台阶大样并理解其构造原理。

2. 素质目标

在台阶、坡道的细部构造设计中应始终以"人"作为设计的出发点和目标使用者,尊重人的使用习惯及生活习性,培养学生人文关怀情操。

▲ 任务描述

工程概况:本项目是某栋办公楼,地下 1 层、地上 7 层,建筑高度 24.9m,为二类高层建筑,建筑物耐火等级为二级。一层局部平面图如建筑施工图所示,根据索引,在图集中找到该台阶的构造图,识图台阶的构造图,根据变更设计单,且台阶垫层采用卵石垫层,对台阶构造图进行补充。

◈ 工作准备

认真学习《室外工程》(12J003)、《民用建筑设计统一标准》(GB 50352—2019),参照"1 + X"《建筑工程识图职业技能等级标准》的要求。阅读变更单,准备好绘图工具,仔细观察生活中出现的台阶,独立分析台阶做法的原理。

⚠ 任务实施

步骤一:找出图集中该台阶对应的细部构造图。

引导问题:12J003 中 $\frac{B1}{2B}$ 这个索引符号的含义是什么?

步骤二：找出台阶的重要尺寸。

引导问题1： 台阶的坡度是向外引还是向内引？台阶的平台宽度是多少？有何限制规定？

_____

_____

引导问题2： 台阶的踏步高、踏步宽是多少？与楼梯踏步高、踏步宽相比较有什么区别？

_____

_____

步骤三：该台阶有几层构造层次，根据变更单，补充完成图纸。

引导问题1： 该台阶在材料选择上的原则是什么？

_____

_____

引导问题2： 台阶的施工顺序，是先主体还是先做台阶？原因是什么？

_____

_____

微课：室外台阶与坡道构造

◇ **成果形式**

完成并提交本教材配套《建筑构造活页实训手册》中的台阶细部构造详图读图报告和设计变更单。

评价反馈

完成并提交本教材配套《建筑构造活页实训手册》中对应学习情境的任务评价反馈表，学生自评后由教师综合评价。

建筑构造

知识链接

知识点1：台阶

1. 作用

台阶是建筑物出入口的辅助配件，用于解决由于建筑物地平高差形成的出入问题。室外台阶是建筑出入口处室内外高差之间的交通联系部件，属于垂直交通设施之一。

2. 原理

由于其位置明显、人流量大，一般不直接紧靠门口设置台阶，应在出入口前留1m宽以上平台作为缓冲；在人员密集的公共场所预留1.4m以上。由于处在建筑物人流较为集中的出入口处，其坡度应较缓，台阶踏步宽一般取300~400mm，高度取值不超过150mm。为防止室外雨水进入室内，入口平台的表面应做成向室外倾斜的坡度，以利排水。

室外台阶由平台和踏步组成。平台面应比门洞口每边宽出500mm左右，并比室内地面低20~50mm，向外做出1%~4%的排水坡度。

室外台阶应在建筑物主体工程完成后再进行施工，并与主体结构之间留出约10mm的沉降缝。台阶易受雨水侵蚀、日晒、霜冻等影响，其面材应考虑用防滑、抗风化、抗冻融性强的材料制作，如水泥砂浆面层、水磨石面层、防滑地砖面层、斩假石面层、天然石材面层等，如图5-39a)所示。台阶的构造与地面构造基本相同，由基层、垫层和面层等组成。

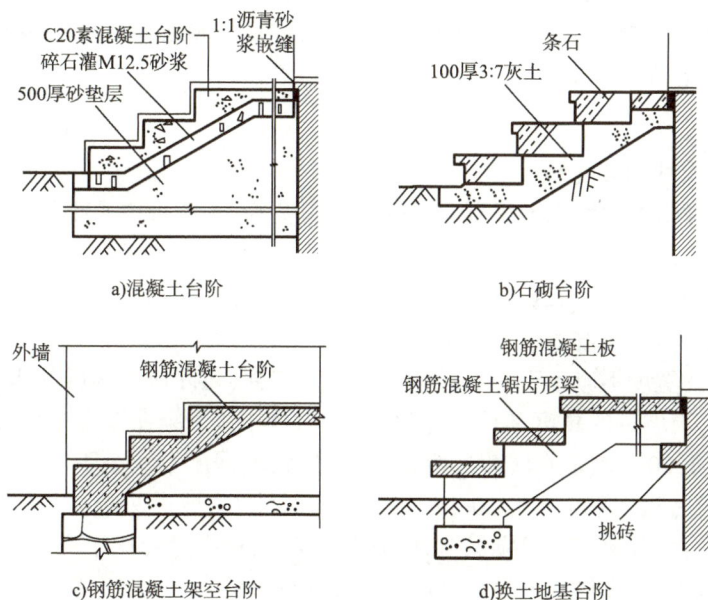

图5-39 台阶构造示例(尺寸单位：mm)

一般用素土夯实或三合土[图5-39b)]，或灰土夯实做成基层，用C10素混凝土做垫层即可。对于较大型的台阶或地基土质较差的台阶，可视情况改C10素混凝土为C15钢筋混凝土或架空做成钢筋混凝土台阶；对于严寒地区的台阶需考虑地基土冻胀因素，可改用含水率低的砂石垫层至冰冻线以下，如图5-39c)、d)所示。

知识点 2:坡道

1. 作用

坡道是指连接不同标高的楼地面,供人们或车通行的斜坡式的交通道,应与台阶一样坚固耐磨,具有良好的耐久性、抗冻性及抗水性。

坡道同台阶一样为建筑物出入口的辅助配件,用于解决由于建筑物地平高差形成的出入问题。室外门前,为便于车辆进出,常作坡道。坡道按照其用途的不同,可以分成行车坡道和轮椅坡道两类。

(1)行车坡道分为普通行车坡道与回车坡道两种,如图 5-40 所示。行车坡道布置在有车辆进出的建筑入口处,如车库、库房等;回车坡道与台阶踏步组合在一起,布置在某些大型公共建筑的入口处,如办公楼、旅馆、医院等。

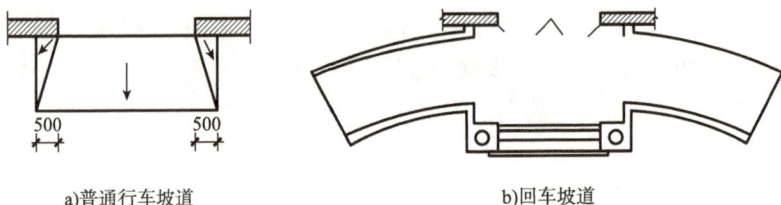

a)普通行车坡道   b)回车坡道

图 5-40 行车坡道(尺寸单位:mm)

(2)轮椅坡道是专供残疾人使用的。

2. 原理

坡道坡度应以有利于车辆通行为佳,一般为 1/12 ~ 1/6,也有 1/30 的。有些大型公共建筑,为考虑汽车能在大门入口处通行,常采用台阶与坡道相结合的形式,即台阶与坡道同时应用,平台左右设置坡道,正面作台阶。

3. 做法

1)坡道的尺寸和坡度

普通行车坡道的宽度应大于所连通的门洞口宽度,一般每边不小于 500mm。坡道的坡度与建筑的室内外高差及坡道的面层处理方法有关。光滑材料坡道不大于 1:12;粗糙材料坡道(包括设置防滑条的坡道)不大于 1:6;带防滑齿坡道不大于 1:4。

回车坡道的宽度与坡道半径及车辆规格有关,坡道的坡度应小于 1:10。供残疾人使用的轮椅坡道的宽度不应小于 0.9m;每段坡道的坡度、允许最大高度和水平长度应符合表 5-3 的规定;当坡道的高度和长度超过表 5-3 的规定时,应在坡道中部设休息平台,其深度不应小于 1.20m;坡道在转弯处应设休息平台,其深度不应小于 1.50m;在坡道的起点和终点,应留有深度不小于 1.50m 的轮椅缓冲地带;在坡道两侧 0.9m 高度处设扶手,如图 5-41 所示,两段坡道之间应保持连贯;坡道起点和终点处扶手应水平延伸 0.3m 以上;坡道两侧临空时,在栏杆下端设高度不小于 50mm 的安全挡台。

坡道允许高度、长度   表 5-3

坡道坡度(高/长)	1/8	1/10	1/12
每段坡道允许高度(m)	0.35	0.60	0.75
每段坡道允许水平长度(m)	2.80	6.00	9.00

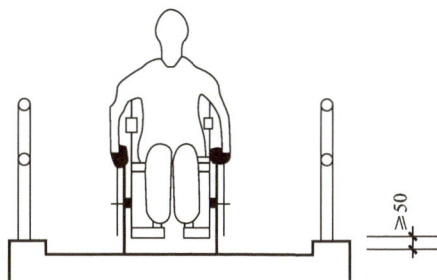

图 5-41　坡道扶手和安全挡台(尺寸单位:mm)

2)坡道的构造

坡道材料常见的有混凝土或石块等,面层亦以水泥砂浆居多,对经常处于潮湿、坡度较陡或采用水磨石作面层的,在其表面必须作防滑处理,如图 5-42 所示。

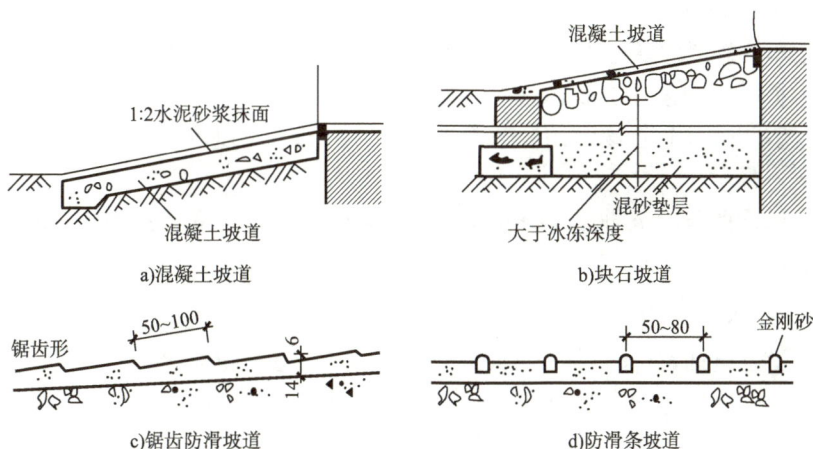

a)混凝土坡道　　　　　　　　　　b)块石坡道

c)锯齿防滑坡道　　　　　　　　　d)防滑条坡道

图 5-42　坡道构造(尺寸单位:mm)

知识点 3:电梯与自动扶梯

1.作用

为了解决人们上下楼时的体力及时间消耗问题,对于住宅 7 层以上(含 7 层)、楼面高度 16m 以上、标准较高的建筑和有特殊需要的建筑等,一般要设置电梯。对于高层住宅则应该根据层数、人数和面积来确定是否设置电梯。一台电梯的服务人数应在 400 人以上,服务面积在 450~500m²,服务层数应在 10 层以上,这样比较经济。

设置电梯的建筑,楼梯还应照常规做法设置。表 5-4、表 5-5 为电梯的相关数据。

常见客梯产品数据　　　　　　　　　　　　　　　　表 5-4

额定速度(m/s)	额定起重量(kg)	轿厢(mm)		井道(mm)		机房(mm)		厅门(mm)	
		A	B	A_1	B_1	A_2	B_2	M	M_i
1	500	1250	1450	1700	1950	3000	4500	750	900
1,1.5,1.75	750	1750	1450	2200	1950	3500	4500	1000	1200
1,1.5,1.75	1000	1750	1650	2200	2200	3500	4500	1000	1200
1,1.5	1500	2100	1850	2600	2400	3500	4500	1100	1300

205

额定速度(m/s)	顶层高 H_1(mm)	底坑深 H_2(mm)
1	4600	1450
1.5	5300	1800
1.75	5500	2100

2. 电梯的类型

1)按使用性质分

(1)客梯:主要用于人们在建筑物中的垂直联系。

(2)货梯:主要用于运送货物及设备。

(2)消防电梯:用于发生火灾、爆炸等紧急情况下作安全疏散人员和消防人员紧急救援使用。

2)按电梯行驶速度分

(1)高速电梯:速度大于2m/s,速度随层数增加而提高,消防电梯常用高速电梯。

(2)中速电梯:速度在2m/s之内,一般货梯按中速考虑。

(3)低速电梯:运送食物常用低速电梯,速度在1.5m/s以内。

3)观光电梯

观光电梯是把竖向交通工具和登高流动观景相结合的电梯。透明的轿厢使电梯内外景观相互连通。

3. 构造组成

电梯井道是电梯运行的通道,井道内包括出入口、电梯轿厢、导轨、导轨撑架、平衡锤及缓冲器等。不同用途的电梯,井道的平面形式不同,如图5-43所示。

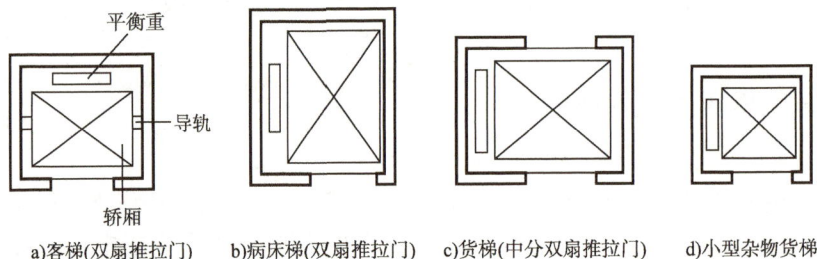

a)客梯(双扇推拉门)　　b)病床梯(双扇推拉门)　　c)货梯(中分双扇推拉门)　　d)小型杂物货梯

图5-43　电梯分类及井道平面

电梯井道的设计应满足如下要求:

1)井道的防火

井道是建筑中的垂直通道,极易引起火灾的蔓延,因此井道四周应为防火结构。井道壁一般采用现浇钢筋混凝土或框架填充墙井壁。同时,当井道内超过两部电梯时,需用防火围护结构予以隔开。

2)井道的隔振与隔声

电梯运行时产生振动和噪声。一般在机房机座下设弹性垫层隔振;在机房与井道间设高1.5m左右的隔声层。

3)井道的通风

为使井道内空气流通,火警时能迅速排除烟和热气,应在井道肩部和中部适当位置

建筑构造

（高层时）及地坑等处设置不小于 $300mm \times 600mm$ 的通风口,上部可以和排烟口结合,排烟口面积不少于井道面积的 3.5% 。通风口总面积的 $1/3$ 应经常开启。通风管道可在井道顶板上或井道壁上直接通往室外。

4）其他

地坑应注意防水、防潮处理,坑壁应设爬梯和检修灯槽。

4.电梯与建筑物相关部位的构造

1）井道、机房建筑的一般要求

（1）通向机房的通道和楼梯宽度不小于 $1.2m$,楼梯坡度不大于 $45°$。

（2）机房楼板应平坦整洁,能承受 $6kPa$ 的均布荷载。

（3）井道壁多为钢筋混凝土井壁或框架填充墙井壁。井道壁为钢筋混凝土时,应预留 $150mm^2$、$150mm$ 深孔洞,垂直中距 $2m$,以便安装支架。

（4）框架（圈梁）上应预埋铁板,铁板后面的焊件与梁中钢筋焊牢。每层中间加圈梁一道,并需设置预埋铁板。

（5）电梯为两台并列时,中间可不用隔墙而按一定的间隔放置钢筋混凝土梁或型钢过梁,以便安装支架。

2）电梯导轨支架的安装

安装导轨支架分预留孔插入式和预埋铁件焊接式。电梯构造如图 5-44 所示。

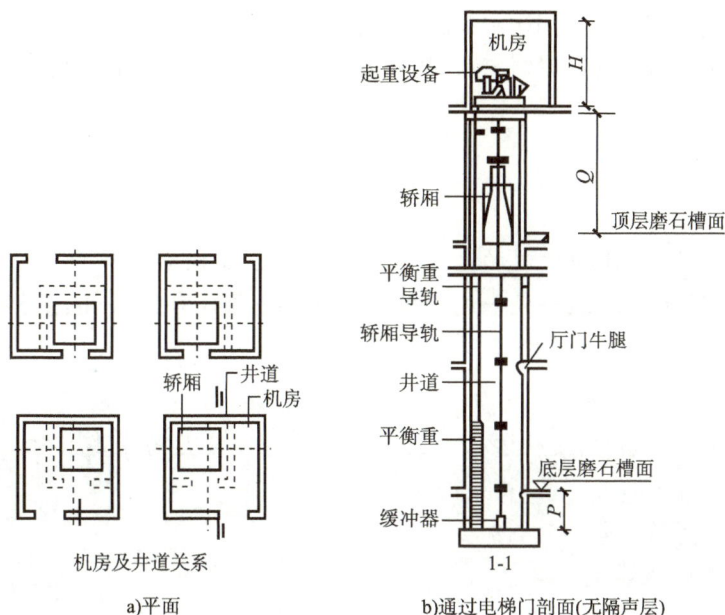

a)平面　　　　　　　　　　b)通过电梯门剖面(无隔声层)

图 5-44　电梯构造

P-井道底坑深度;Q-井道顶层高度;H-机房高度

5.消防电梯

消防电梯是在火灾发生时供运送消防人员及消防设备、抢救受伤人员用的垂直交通工具。高层建筑发生火灾时,消防队员乘消防电梯登高灭火不但节省到达火灾层的时间,而且减少消防队员的体力消耗,在灭火时,还能够及时向火灾现场输送灭火器材。因此,消防电梯在火灾扑救中占有很重要的地位,应根据国家有关规范设置。消防电梯的数量与建筑主体每层建筑面积有关,多台消防电梯在建筑中应设置在不同的防火分区之内。

1)消防电梯的设置范围

《建筑设计防火规范(2018年版)》(GB 50016—2014)对消防电梯的设置范围作了明确规定,要求以下四种情况应设置消防电梯:

(1)一类公共建筑。

(2)塔式住宅。

(3)十二层及十二层以上的单元式住宅和通廊式住宅。

(4)建筑高度超过32m的其他二类公共建筑。

2)消防电梯的设置要求

消防电梯的布置、运行速度和装修及通信等均有特殊的要求,主要有以下几项:

(1)消防电梯应设前室。前室面积,住宅不小于4.5m²、公共建筑不小于6.0m²。与防烟楼梯间共用前室时,住宅不小于6.0m²、公共建筑不小于10.0m²。

(2)前室宜靠外墙设置,在首层应设置直通室外的出口或经过不大于30m的通道通向室外。前室的门应采用乙级防火门或具有停滞功能的防火卷帘。

(3)电梯载质量不大于1.0t,轿厢尺寸不大于1000mm×1500mm。行驶速度为:建筑高度小于100m时,应不小于1.5m/s;建筑高度大于100m时,不宜小于2.5m/s。

(4)消防电梯可与客梯或工作电梯兼用,但应符合消防电梯的要求。

(5)消防电梯井、机房与相邻的电梯井、机房之间应采用耐火极限2.5h的墙隔开,如在墙上开门时,应用甲级防火门。

(6)消防电梯门口宜采用防水措施,井底应设排水设施。

(7)轿厢的装饰应为非燃烧材料,轿厢内应设专用电话,首层设消防专用操纵按钮。

📠 案例拓展 ▶▶

在高层住宅中,楼梯位置的选择与电梯的关系要适当。作为电梯的辅助交通工具,应与电梯有机地组合成一组。案例收集了高层建筑中楼梯、电梯的一种组合方式——对面式,供参考。

1.高层住宅分类

(1)板式中高层、高层住宅(7~11层),其中,7~9层为中高层住宅,10层及以上为高层住宅。

(2)板式高层住宅(12~18层)。

(3)18层以上塔式住宅。

2.楼梯间及电梯数量分布

(1)层数7~11层,电梯1部,开敞楼梯间1部。

(2)层数12~18层,至少2部电梯(其中1部为消防电梯),封闭楼梯间1部。

(3)层数19层及以上,至少2部电梯(其中1部为消防电梯),防烟楼梯间2部。

3.对面式电梯间举例

该电梯形式适用于板式中高层、高层住宅(7~11F),以载质量800kg、速度1.5m/s、井道尺寸1850(宽)×2000(深)某电梯为例(乘客电梯1部)。参数如下:

（1）楼梯尺寸：开间 2600mm、进深 5100mm（开敞楼梯间 1 部）。

（2）层高：2800mm（共 16 步）。

（3）电梯井轴线尺寸：2100mm（宽）×2200mm（深）。

（4）面积：交通空间面积 20～22m²。

（5）采光和通风性：楼梯、电梯均能直接采光；比较明亮；通风性较好。

（6）入户门位置：入户门相对固定，只能开在纵墙上；入户后可利用套型的交通走道形成空间过渡；入户门易出现正对套型卫生间门的情况，应注意避让。

（7）管井位置：靠两侧纵墙设置；检修空间和楼梯有一定冲突，检修时较不方便；突出的管井对户型布局有一定影响；美观性较差。

（8）示例：如图 5-45 所示。

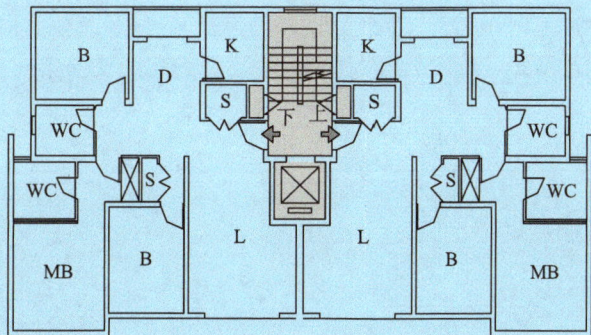

图 5-45　对面式电梯间实例

（9）空间形态分析。

①楼梯休息平台、电梯等候和管井检修共用一个空间，交通空间集中，争取了进深，节约了面宽。

②公共空间集中、面积小，易造成使用干扰。

③电梯噪声对相邻南侧房间有一定的干扰。

④对户型北侧"明餐明卫"的设置有利。

209

模块 6

门和窗

学习情境 6.1　门窗的类型和尺寸
学习情境 6.2　门窗的构造和安装

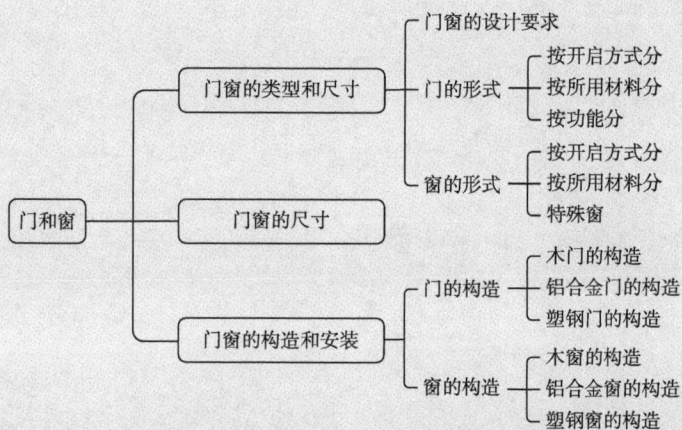

门和窗
- 门窗的类型和尺寸
  - 门窗的设计要求
  - 门的形式
    - 按开启方式分
    - 按所用材料分
    - 按功能分
  - 窗的形式
    - 按开启方式分
    - 按所用材料分
    - 特殊窗
- 门窗的尺寸
- 门窗的构造和安装
  - 门的构造
    - 木门的构造
    - 铝合金门的构造
    - 塑钢门的构造
  - 窗的构造
    - 木窗的构造
    - 铝合金窗的构造
    - 塑钢窗的构造

学习情境 6.1　门窗的类型和尺寸

⬡ 学习情境

众所周知,门窗是房屋建筑的重要组成部分,如果一栋建筑没有门,就如同人没有了脚,建筑就会失去"交通";如果一栋建筑没有窗,就如同人没有了眼睛,建筑就会失去"灵魂"。我们对日常生活中的门窗足够了解吗? 能否读懂图纸中门窗部分的内容呢? 能否准确统计门窗的类型、数量、编号、洞口尺寸? 带着这些问题,我们在本节课的学习内容中找寻答案。

◇ 学习目标

1. 工作能力目标

(1)能够看懂门窗的类型。
(2)能够对施工图中的门窗进行统计。

2. 素质目标

从窗和门的引申意义出发,引出深圳的"世界之窗",以及改革开放的大门越开越大,让学生能够感受到祖国从高速发展到高质量发展带来的幸福感、获得感。

△ 任务描述

项目概况:本项目是某栋办公楼,地下1层、地上7层,建筑高度24.9m。为二类高层建筑,建筑物耐火等级为二级。

任务要求:阅读附录图纸的平面图、大样图,对此项目的门窗进行识读,填写门窗统计表,绘制门窗开启符号。

◈ 工作准备

仔细阅读图纸,查阅《民用建筑设计统一标准》(GB 50352—2019)、《建筑设计防火规范(2018年版)》(GB 50016—2014)、《铝合金门窗》(GB/T 8478—2020)、《建筑门窗附框技术要求》(GB/T 39866—2021)、《建筑门窗洞口尺寸系列》(GB/T 5824—2021)等。

△ 任务实施

步骤一:阅读图纸的平面图,观察门和窗的平面表达和门窗编号。
引导问题1:按开启方式来分,门和窗的名称有哪些?

引导问题2:按使用材料来分,门和窗的名称有哪些?

引导问题3：门窗平面如何表达？

步骤二：阅读图纸的门窗大样图，根据平面图中门窗编号，填写门窗表。

引导问题1：门窗的尺寸和门窗洞口的尺寸有区别吗？

引导问题2：门窗的尺寸应满足哪些要求？

步骤三：根据门窗的立面表达图例规范，将门窗大样图补全。

引导问题：根据开启方式，门窗的立面有哪些图例？

微课:门窗概述　　　微课:无障碍设计

◇ **成果形式**

完成并提交本教材配套《建筑构造活页实训手册》中的门窗的类型读图报告。

评价反馈

完成并提交本教材配套《建筑构造活页实训手册》中对应学习情境的任务评价反馈表,学生自评后由教师综合评价。

知识点1：门窗的设计要求

设计门窗时，必须根据有关规范和建筑的使用要求来决定其形式及尺寸大小，还需满足建筑造型需要，构造需坚固、耐久，开启灵活、关闭紧严，便于维修和清洁，规格类型应尽量统一，并符合《建筑模数协调标准》（GB/T 50002—2013）的要求，以降低成本和适应建筑工业化生产的需要。建筑门窗设计应满足以下要求：

1. 功能要求

不同的建筑功能，建筑门窗的设置位置、大小、数量各不相同。如幼儿园的开窗高度就较普通建筑要低；有无障碍需求的建筑，其门的设计会有特别的要求；不同功能房间对外窗采光、通风等性能的要求也不同。因此，设计门窗时要满足不同建筑功能需求。

2. 疏散和防火要求

出于对人流的安全疏散考虑，疏散门应开向疏散方向，还应通过计算疏散宽度来设置门的数量和大小。如剧院、电影院疏散门的总净宽度见表6-1。

剧场、电影院、礼堂等场所每100人所需最小疏散净宽度（m）　　　　表6-1

观众厅座位数（座）			≤2500	≤1200
耐火等级			一、二级	三级
疏散部位	门和走道	平坡地面	0.65	0.85
		阶梯地面	0.75	1.00
	楼梯		0.75	1.00

另外，建筑内有些部位的门窗还应满足隔热防火要求，隔热防火门窗是指在规定时间内，能同时满足耐火完整性和隔热性能两个要求的防火门窗。分为隔热防火门、部分隔热防火门、非隔热防火门；隔热防火窗、非隔热防火窗。

当满足耐火隔热性和完整性1.5h以上的称为甲级、1.0h的为乙级、0.5h的为丙级，见表6-2和表6-3，设计时应根据建筑的不同功能部位选择防火门窗等级。如通风、空气调节机房和变配电室开向建筑内的门应采用甲级防火门；消防控制和其他设备房开向建筑内的门、防火通道的楼梯间出入口等部位的门应采用乙级防火门；设备管道井、通风道的门应采用丙级防火门。

防火门按照耐火性能分类表　　　　表6-2

名称	耐火性能	代号
隔热防火门（A类）	耐火隔热性≥0.5h 耐火完整性≥0.5h	A0.5（丙级）
	耐火隔热性≥1.00h 耐火完整性≥1.00h	A1.5（乙级）
	耐火隔热性≥1.50h 耐火完整性≥1.50h	A1.5（甲级）

名称	耐火性能		代号
隔热防火门(A 类)	耐火隔热性≥2.00h 耐火完整性≥2.00h		A2.0
	耐火隔热性≥3.00h 耐火完整性≥3.00h		A3.0
部分隔热防火门(B 类)	耐火隔热性≥0.5h	耐火隔热性≥1.00h	B1.0
		耐火隔热性≥1.50h	B1.5
		耐火隔热性≥2.00h	B2.0
		耐火隔热性≥3.00h	B3.0
非隔热防火门(C 类)	耐火完整性≥1.00h		C1.0
	耐火完整性≥1.50h		C1.5
	耐火完整性≥2.00h		C2.0
	耐火完整性≥3.00h		C3.0

防火窗按照耐火性能分类表　　　　表 6-3

名称	耐火性能	代号
隔热防火窗(A)类	耐火隔热性≥0.5h 耐火完整性≥0.5h	A0.5(丙级)
	耐火隔热性≥1.00h 耐火完整性≥1.00h	A1.0(乙级)
	耐火隔热性≥1.50h 耐火完整性≥1.50h	A1.5(甲级)
	耐火隔热性≥2.00h 耐火完整性≥2.00h	A2.0
	耐火隔热性≥3.00h 耐火完整性≥3.00h	A3.0
非隔热防火窗(C)类	耐火完整性≥0.50h 耐火完整性≥1.00h 耐火完整性≥1.50h 耐火完整性≥2.00h 耐火完整性≥3.00h	C0.5 C1.0 C1.5 C2.0 C3.0

3. 窗户采光和通风要求

住宅的通风要满足人对空气流动的基本要求,为获取良好的天然采光,保证房间足够的照度,不同功能房间对采光系数有不同的要求,见表 6-4。房间的采光还和外窗的高宽比例、窗外有无固定遮阳设施及外窗本身的采光性能有关。安装外窗后,在室内表面测得的透过外窗的照度与外窗安装前的照度之比称为透光折减系数,据此外窗自身的采光性能分为 5 级,见表 6-4。自然通风是保证室空气质量的最重要因素,在设计时,应保证外窗可开启面积,尽可能使房间空气对流。

216

建筑类别	采光等级	房间名称	侧面采光		顶部采光	
			采光系数标准值 C_{min}（%）	室内天然光照度标准值（lx）	采光系数标准值 C_{min}（%）	室内天然光照度标准值（lx）
住宅建筑	Ⅳ	厨房	2.0	300	—	—
	Ⅴ	卫生间、过道、楼梯间、餐厅	1.0	150	—	—
办公建筑	Ⅱ	设计室、绘图室	4.0	600	—	—
	Ⅲ	办公室、会议室	3.0	450	—	—
	Ⅳ	复印室、档案室	2.0	300	—	—
	Ⅴ	走道、楼梯间、卫生间	1.0	150	—	—
教育建筑	Ⅲ	专用教室、阶梯教室、实验室、教师办公室	3.0	450	—	—
	Ⅴ	走道、楼梯间、卫生间	1.0	150	—	—
图书馆建筑	Ⅲ	阅览室、开架书库	3.0	450	2.0	300
	Ⅳ	目录室	2.0	300	1.0	150
	Ⅴ	书库、走道、楼梯间、卫生间	1.0	150	0.5	75
医疗建筑	Ⅲ	诊室、药房、治疗室、化验室	3.0	450	2.0	300
	Ⅳ	候诊室、挂号处、综合大厅、医生办公室（护士室）	2.0	300	1.0	150
	Ⅴ	走道、楼梯间、卫生间	1.0	150	0.5	75

模块 6

门和窗

4. 气密性、水密性和抗风压性能要求

由于门窗开启频繁，构件间的缝隙较多，尤其是外门窗，如密闭不好则可能渗水和导致室外空气渗入。根据《建筑外门窗气密、水密、抗风压性能检测方法》（GB/T 7106—2019），采用在标准状态下，气压差为 10Pa 时的单位开启缝长空气渗透量和单位面积空气渗透作为分级指标，将建筑外门窗气密性能分 8 级，1 级最差、8 级最好。具体分级指标见表 6-5。

建筑外门窗气密性能分级表　　　　　表 6-5

分级	1	2	3	4	5	6	7	8
单位缝长分级指标值 q_1（m²/h）	$3.5 < q_1 \leq 4.0$	$2.5 < q_1 \leq 3.0$	$2.5 < q_1 \leq 3.0$	$2.0 < q_1 \leq 2.5$	$1.5 < q_1 \leq 2.0$	$1.0 < q_1 \leq 1.5$	$0.5 < q_1 \leq 1.0$	$q_1 \leq 0.5$
单位面积分级指标值 q_2（m²/h）	$10.5 < q_2 \leq 12$	$9.0 < q_2 \leq 10.5$	$7.5 < q_2 \leq 9.0$	$6.0 < q_2 \leq 7.5$	$4.5 < q_2 \leq 6.0$	$3.0 < q_2 \leq 4.5$	$1.5 < q_2 \leq 3.0$	$q_2 < 1.5$

根据严重渗漏压力差值的前一级压力差值为水密性分级指标，外门窗水密性分为 6 级，1 级最差、6 级最好。具体分级指标见表 6-6。

分级	1	2	3	4	5	6
分级指标 $\triangle P(\text{Pa})$	$100 \leqslant \triangle P < 150$	$150 \leqslant \triangle P < 250$	$250 \leqslant \triangle P < 350$	$350 \leqslant \triangle P < 500$	$500 \leqslant \triangle P < 700$	$\triangle P \geqslant 700$

外门窗抗风压性能是指外门窗正常关闭状态时在风压作用下不发生损坏（如开裂、面板破损、局部屈服等）和五金件松动、开启困难等功能障碍的能力,该性能分为 9 级,分级指标见表 6-7。

建筑外门窗抗风压性能分级表　　　表 6-7

分级	1	2	3	4	5	6	7	8	9
分级指标 $P_3(\text{kPa})$	$1.0 \leqslant P_3 < 1.5$	$1.5 \leqslant P_3 < 2.0$	$2.0 \leqslant P_3 < 2.5$	$2.5 \leqslant P_3 < 3.0$	$3.0 \leqslant P_3 < 3.5$	$3.5 \leqslant P_3 < 4.0$	$4.0 \leqslant P_3 < 4.5$	$4.5 \leqslant P_3 < 5.0$	$P_3 \geqslant 5.0$

5. 保温性能要求

外门窗是建筑围护结构主要的热交换部位,因此是建筑外围护结构保温、隔热设计的重点。改善门窗保温性能主要选择热阻大的材料和合理的门窗构造方式。根据建筑外门窗传热系数和玻璃门、外窗抗结露的能力,将保温性能分为 10 级,1 级最差、10 级最好。设计时应根据建筑节能要求来选用等级,见表 6-8 和表 6-9。

外门外窗传热系数分级表　　　表 6-8

分级	1	2	3	4	5
分级指标值 $[\text{W}/(\text{m}^2 \cdot \text{K})]$	$K \geqslant 5.0$	$4.0 \leqslant K < 5.0$	$3.5 \leqslant K < 4.0$	$3.0 \leqslant K < 3.5$	$2.5 \leqslant K < 3.0$
分级	6	7	8	9	10
分级指标值 $[\text{W}/(\text{m}^2 \cdot \text{K})]$	$2.0 \leqslant K < 2.5$	$1.6 \leqslant K < 2.0$	$1.3 \leqslant K < 1.6$	$1.1 \leqslant K < 1.3$	$K < 1.1$

玻璃门外窗抗结露因子分级表　　　表 6-9

分级	1	2	3	4	5
分级指标值	$\text{CRF} \leqslant 35$	$35 < \text{CRF} \leqslant 40$	$40 < \text{CRF} \leqslant 45$	$45 < \text{CRF} \leqslant 50$	$50 < \text{CRF} \leqslant 55$
分级	6	7	8	9	10
分级指标值	$55 < \text{CRF} \leqslant 60$	$60 < \text{CRF} \leqslant 65$	$65 < \text{CRF} \leqslant 70$	$70 < \text{CRF} \leqslant 75$	$\text{CRF} > 75$

注:抗结露能力是用抗结露因子来分级,抗结露因子是在稳定传热状态下,门、窗高温一侧的温度与室外空气温差值和室内外温差的比值。

6. 空气声隔声性能要求

建筑门窗空气声隔声性能是指门窗阻隔声音通过空气传播的能力,通常用 dB 来表示。外门、外窗主要按中低频噪声分级,内门、内窗主要按中高频噪声分级,根据建筑门窗空气声隔声性能分级标准分为 6 级,1 级最差、6 级最好。

知识点 2:门的形式

门可按照开启形式、使用材料和功能进行分类。

1. 按开启方式分

(1)平开门:平开门是指合页(铰链)装于门侧面、向内或向外开启的门,由门套、合

218

页、门扇、锁等组成。有外开、内开之分,也有单扇、双扇之分(表6-10),构造简单、开启灵活、密封性能好,制作、安装和维修均较方便。

(2)推拉门:一种家庭常用门,指可以推动拉动的门。分单扇、双扇,能左右推拉且不占空间,密封性差,可手动或自动。

(3)折叠门:折叠门分为家用、商用、工业折叠门。门关闭时,几个门扇靠拢一起,可以少占有效面积。

(4)旋转门:这种门呈十字形,安装于圆形的门框上,人进出时推门缓缓行进。

(5)卷帘门:是以多关节活动的门片串联在一起,在固定的滑道内,以门上方卷轴为中心转动上下的门有手动、自动、正卷、反卷之分,开启时不占空间。

门按开启方式分类表　　　　　　　　　　　　　　表6-10

类别	例图	类别	例图
平开门		旋转门	
推拉门		卷帘门	
折叠门		—	—

2.按所用材料分

1)木门

木门是以松木、杉木或进口填充材料等黏结而成。外贴密度板和实木木皮,经高温热压后制成,并用实木线条封边。一般高级的实木复合门,其门芯多为优质白松,表面则为实木单板。由于白松密度小、重量轻,且较容易控制含水率,因而成品门的重量都较轻,也不易变形、开裂。另外,实木复合门不仅具有保温、耐冲击、阻燃等特点,而且隔声效果同实木门基本相同,优点是天然环保,木门采用天然木材加工制造而成,在制作过程中胶水用量相对较少,因此木门的环保性能相当成熟。

除此之外,现代木门的饰面材料以木皮和贴纸较为常见。木皮木门虽然富有天然质感,且美观、抗冲击力强,但价格相对较高;贴纸的木门也称"纹木门",因价格低廉,是较为大众化的产品,缺点是较容易破损且怕水。实木复合门具有手感光滑、色泽柔和的特点,它非常环保、坚固耐用。

2）钢门

钢门是用型钢或薄壁空腹型钢在工厂制作而成。它符合工业化、定型化与标准化的要求。在承载力、刚度、防火、密闭等性能方面,均优于木门,但在潮湿环境下易锈蚀、耐久性差。钢门分为实腹式和空腹式。

（1）实腹式。

实腹式钢门料是最常用的一种,有各种断面形状和规格。一般门可选用32及40料,窗可选用25及32料(25、32、40表示断面高为25mm、32mm、40mm)。

（2）空腹式。

空腹式钢门与实腹式钢门比较,具有更大的刚度,外形美观,自重轻,可节约钢材40%左右。但由于壁薄、耐腐蚀性差,不宜用于湿度大、腐蚀性强的环境。

3）铝合金门

铝合金窗自重轻、密封性好,气密性、水密性、隔声性、隔热性都较钢、木门有显著的提高。耐腐蚀、坚固耐用,铝合金门不需要涂涂料,氧化层不褪色、不脱落,表面不需要维修。铝合金门承载力高、刚性好,坚固耐用,开闭轻便灵活,无噪声,安装速度快,色泽美观。铝合金门框料型材表面经过氧化着色处理后,既可保持铝材的银白色,又可以制成各种柔和的颜色或带色的花纹,如古铜色、暗红色、黑色等,如图6-1所示。

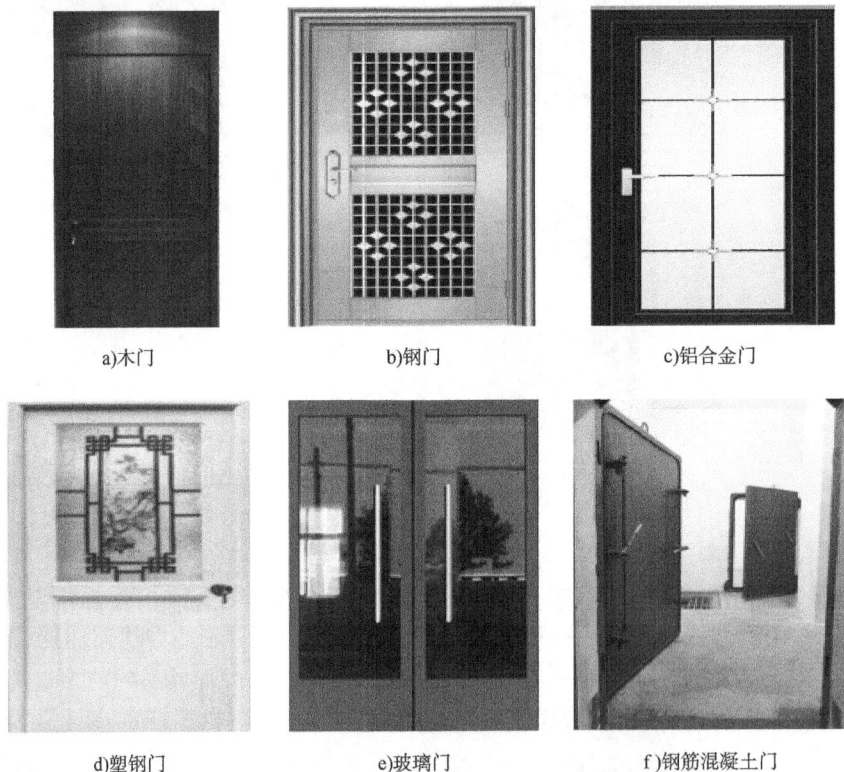

a)木门　　　　　　　　b)钢门　　　　　　　　c)铝合金门

d)塑钢门　　　　　　　e)玻璃门　　　　　　　f)钢筋混凝土门

图6-1　按所用材料分

4)塑钢门

塑钢门是以改性硬质聚氯乙烯(简称UPVC)为主要原料,加上一定比例的稳定剂、着色剂、填充剂、紫外线吸收剂等辅助剂,经挤出机挤出成型为各种断面的中空异型材。经切割后,在其内腔衬以型钢加强筋,用热熔焊接机焊接成型为门窗框扇,配装上橡胶密封条、压条、五金件等附件而制成的门窗即所谓的塑钢门。

5)玻璃门

(1)玻璃门的优点。

①高度透明性。有机玻璃是目前最优良的高分子透明材料,透光率达到92%,比玻璃的透光度高。被称为"人造小太阳"的太阳灯的灯管就是石英做成的,这是因为石英能完全透过紫外线。普通玻璃只能透过0.6%的紫外线,但有机玻璃却能透过73%。

②易于加工。有机玻璃不但能用车床进行切削、钻床进行钻孔,而且能用丙酮、氯仿等黏结成各种形状的器具,也能用吹塑、注射、挤出等塑料成型的方法加工成大到飞机座舱盖、小到假牙和牙托等形形色色的制品。有机玻璃具有质地坚硬、可加热塑形、绝热绝缘、对X射线和磁共振成像(MRI)检查无影响等优点,得到广泛应用。

③重量轻。有机玻璃的密度为1.18kg/dm³,同样大小的材料,其重量只有普通玻璃的一半、金属铝(属于轻金属)的43%。

④机械强度高。有机玻璃的强度比较高,抗拉伸和抗冲击的能力比普通玻璃高7~18倍。

有一种经过加热和拉伸处理过的有机玻璃,其中的分子链端排列得非常有次序,使材料的韧性有显著提高。用钉子钉进这种有机玻璃,即使钉子穿透了,有机玻璃上也不产生裂纹。这种有机玻璃被子弹击穿后同样不会破成碎片。因此,拉伸处理的有机玻璃可用作防弹玻璃,也用作军用飞机上的座舱盖。

(2)玻璃门的缺点:力学性能差,主要是脆性大、抗冲击性能差,受到第二次意外打击时,有机玻璃易破碎。

6)钢筋混凝土门

钢筋混凝土门具有价格便宜、防早期核辐射性能好等优势。但因其自重较大,故一般用于尺寸相对较小的人员出入口。按门扇数量划分,有单扇人防门和双扇人防门两种;钢筋混凝土密闭门按洞口处有无门槛划分,有固定门槛和活门槛两种。

固定门槛系列人防门具有防护可靠、造价较低等优势,但因洞口处有一高150mm的固定门槛,一般用于平时人员进出不多的门洞(如滤毒室的门)。活门槛系列人防门的造价稍高,其门槛在临战时安装,战时能满足相应的防护、密闭等要求;平时门洞处没有门槛,方便人员、车辆的通行,也符合消防疏散的要求,适宜用在平时人员、车辆进出较多的门洞。

3. 按功能分(图6-2)

1)普通门

普通门以木门最为常见,即以天然原木做门芯,经过干燥处理、刨光、高速铣形等工序加工而成。实木门所选用的多是名贵木材,如樱桃木、胡桃木、柚木等。

优点:耐腐蚀、无裂纹,隔热保温;具有良好的吸声性,可有效起到隔声作用;环保性能好。

缺点:采用纯实木加工,如果木材脱水处理不过关,做成木门后,易出现门体变形、榫连接处开裂、门芯板收缩露白等问题。由于全部是实木制作,阻燃性比较差。价格较高。

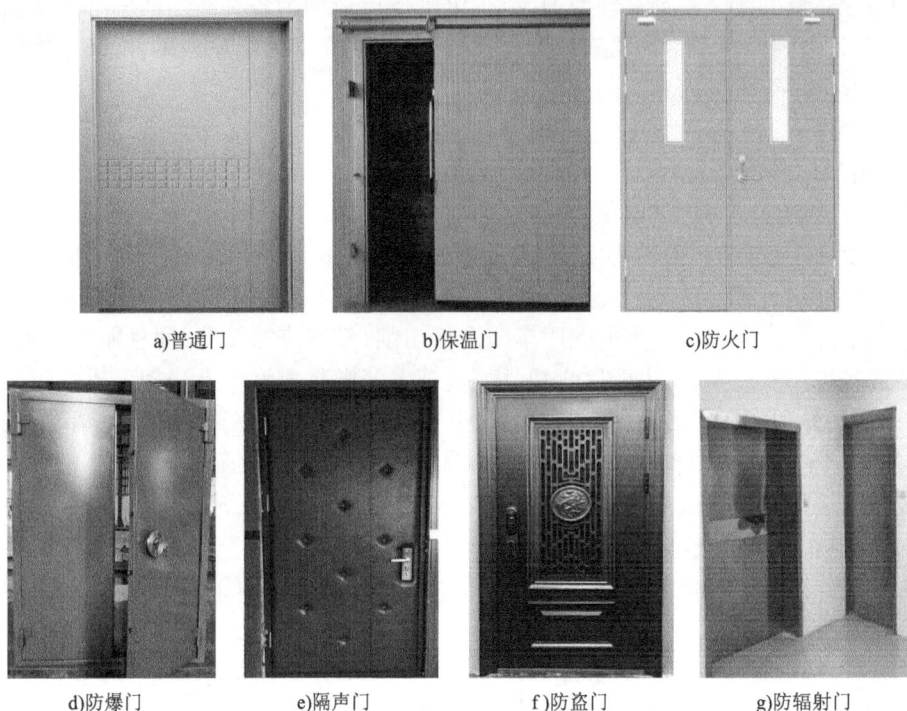

图 6-2　门按功能分类

a)普通门　　b)保温门　　c)防火门

d)防爆门　　e)隔声门　　f)防盗门　　g)防辐射门

2）保温门

保温门要求门扇具有一定热阻值和门缝密闭处理,故常在门扇两层面板间填以轻质、疏松的材料(如玻璃棉、矿棉等)。

3）防火门

防火门用于加工易燃品的车间或仓库。根据车间对防火门耐火等级的要求,门扇可以采用钢、木板外贴石棉板再包以镀锌铁皮或木板外直接包镀锌铁。防火门常采用自重下滑关闭门,它是将门上导轨做成 5°～8°的坡度,火灾发生时,易熔合金片熔断后,重锤落地,门扇依靠自重下滑关闭。当洞口尺寸较大时可做成两个门扇。

4）防爆门

防爆门是为抵抗工业建筑外偶然发生的爆炸,保障人员生命安全和工业建筑内部设备完好,不受爆炸冲击波危害并有效地阻止爆炸危害延续的一种抗爆防护设备,它可采用特种工业钢板,按照严格设置的力学数据制作,并配以高性能的五金配件,用以保障生命和财产安全。

5）隔声门

隔声门主要用在高隔声要求场所。门扇成型主要是用新型镀锌钢板、内部采用专业隔声材料、阻尼隔声板、隔声棉等作隔声填充物,同时隔声门最重要的还有密封性处理。采用磁控密封能确保良好的密封隔声效果。隔声门适用于大型办公室、娱乐场所、医院手术室、录音棚等。隔声门分单开门和双开门,其中单开门隔声效果明显会比双开门隔声效果好,并可带观察窗、密封可靠、开启灵活。专业隔声门制作基本不会采取推拉结构,不利

222

于密封性处理。

6）防盗门

防盗门即配有防盗锁，在一定时间内可以抵抗一定条件下非正常开启，具有一定安全防护性能并符合相应防盗安全级别的门。防盗门的全称为"防盗安全门"。它兼备防盗和安全的性能。按照《防盗安全门通用技术条件》（GB 17565—2007）规定，合格的防盗门在 15min 内利用凿子、螺丝刀、撬棍等普通手工具和手电钻等便携式电动工具无法撬开或在门扇上起一个 $615mm^2$ 的开口，或在锁定点 $150mm^2$ 的半圆内打开一个 $38mm^2$ 的开口。防盗门上使用的锁具必须是经过公安部检测中心检测合格的带有防钻功能的防盗门专用锁。防盗门可以用不同的材料制作，但只有达到标准检测合格，领取安全防范产品准产证的门才能称为防盗门。

7）防辐射门

防辐射门主要用于科研、试验、医疗、生产等有辐射源的建筑，主要是对 X 射线的设防。工业建筑主要以探伤为主，防护材料为铅板，防止 X 射线泄漏，减少疾病接触传播，防止交叉感染。

知识点 3：窗的形式

1. 按开启方式分

1）固定窗

固定窗是用密封胶把玻璃安装在窗框上，只用于采光而不开启通风的窗户，有良好的水密性和气密性。

2）平开窗

平开窗是民间住宅房屋中窗户的一种式样。窗扇开合是沿着某一水平方向移动，故称"平开窗"。平开窗分推拉式和上悬式，其优点是开启面积大，通风好，密封性好，隔声、保温、抗渗性能优良。

3）悬窗

悬窗主要分为三种：上悬窗、中悬窗及下悬窗。上悬窗指上面一条边固定，从下面推开的窗；中悬窗指由窗框和固定有玻璃的窗扇铰接组成的窗；下悬窗指下面一条边固定，从上面推开的窗，也被称为内开下悬窗。

4）立转窗

立转窗又被称为立旋窗，即中心固定、旋转开启的窗户。分为水平立转窗和垂直立转窗两种。

5）推拉窗

推拉窗分左右、上下推拉两种。推拉窗有不占据室内空间的优点，外观美丽、价格经济、密封性较好。采用高档滑轨，轻轻一推，开启灵活。配上大块的玻璃，既增加室内的采光，又改善建筑物的整体形貌。窗扇的受力状态好、不易损坏，但通气面积受一定限制。推拉窗无论在开关状态下均不占用额外的空间，构造也较为简单。推拉窗因为开启方式为推拉方式，不会像平开窗那样窗户在外面，为避免窗户发生高空坠物事件，最适合于高楼。缺点是推拉窗最多只有 50% 的窗扇可以打开，关闭时气密性差。近年来，经新技术的改进，可以将多个窗扇推至一侧折叠，同时也有提高气密性的推拉窗，但总体来说仍然无法达到平开窗的热工性能，能耗较高。

6）百叶窗

百叶窗是窗的一种式样，起源于中国。直叶片的被称为直棂窗，横叶片的被称为卧棂窗，这种窗是百叶窗的原型。百叶窗相对较宽，一般用于室内室外遮阳、通风。百叶墙不仅功能优点多，而且非常美观，一般用于高楼建筑，见表6-11。

窗按开启方式分类表   表6-11

类别	例图	类别	例图
固定窗		平开窗	
推拉窗		上悬窗	
立转窗		百叶窗	

2. 按所用材料分（图6-3）

1）木窗

木窗的优点是：经久耐用，不变形；良好的密封效果，高节能性和降噪性；环保。缺点是：窗扇与框缝隙大；开关不灵活。

2）钢窗

钢窗的优点是：保温性好，易保养，封闭性好。缺点是：钢窗中的 PVC 材料刚性相对来说较差，因此在制作时必须附加钢条来增加钢窗硬度。而钢窗材料易脆，跟铝合金相比要重一些。防火性能不太好，且高温燃烧时会挥发出有害气体。

3）铝合金窗

铝合金窗是由铝合金建筑型材制作框、扇结构的窗,分为普通铝合金门窗和断桥铝合金门窗。铝合金窗具有美观、密封、强度高等优点,广泛应用于建筑工程领域。在家装中,常用铝合金门窗封装阳台,铝合金表面经过氧化光洁闪亮;窗扇框架大,可镶较大面积的玻璃,让室内光线充足明亮,增强了室内外之间立面虚实对比,让居室更富有层次。铝合金本身易于挤压,型材的横断面尺寸精确,加工精确度高,因此在装修中很多业主都选择采用铝合金门窗。

a)木窗　　　　　　　b)钢窗　　　　　　　c)铝合金窗

d)塑钢窗　　　　　　　　　　e)纱窗

图6-3　窗按所用材料分类

4）塑钢窗

塑钢窗是继木、铁、铝合金窗之后,现代建筑最常用的窗户类别之一。其价格较低、性能好,其边框以聚氯乙烯(PVC)树脂为主要原料,加上一定比例的稳定剂、着色剂、填充剂、紫外线吸收剂等,经挤出成型材。

5）纱窗

纱窗是用以挡住各种飞行昆虫、中间呈方格孔的网。纱窗的主要作用是挡住蚊蝇虫的进入,分为隐形纱窗和可拆卸纱窗。

3.特殊窗

1）通风高侧窗

在我国南方地区,结合气候特点,创造出多种形式的通风高侧窗。它们的特点是:能采光、能防雨、能常年进行通风,不需设开关器,构造较简单,管理和维修方便,多在工业建筑中采用。

2）防火窗

防火窗必须采用钢窗或塑钢窗,镶嵌铁丝玻璃以免破裂后掉下,防止火焰蹿入室内或窗外。

3）保温窗、隔声窗

保温窗常采用双层窗及双层玻璃单层窗。双层窗可内外开或内开、外开;双层玻璃单层窗分为:①双层中空玻璃窗,双层玻璃之间的距离为6～12mm,窗扇的上下冒头应设透气孔;②双层密闭玻璃窗,双层玻璃之间为封闭式空气间层,其厚度一般为4～12mm,充以干燥空气或惰性气体,玻璃四周密封。这样可增大热阻、减少空气渗透,避免空气间层内产生凝结水,保温窗户如图6-4所示。

a)双层窗   b)三层玻璃单窗

图6-4　保温窗户

若采用双层窗隔声,应采用不同厚度的玻璃,以减少吻合效应的影响。厚玻璃应位于声源一侧,玻璃间的距离一般为80～100mm。

知识点4:门窗的尺寸

1.门的尺寸

门的尺寸通常是指门洞的高宽尺寸。门作为交通疏散,其尺度取决于人的通行要求、家具器械的搬运及与建筑物的比例关系等,并要符合《建筑模数协调标准》(GB/T 50002—2013)的规定。

(1)门的高度:一般民用建筑门的高度不宜小于2100mm。如门设有亮子时,亮子高度一般为300～600mm,则门洞高度为门扇高加亮子高,再加门框及门框与墙间的缝隙尺寸,即门洞高度一般为2400～3000mm。公共建筑大门高度可视需要适当提高。

(2)门的宽度:单扇门为700～1000mm,双扇门为1200～1800mm。宽度在210mm以上时,则多做成三扇、四扇门或双扇带固定扇的门,因为门扇过宽不仅容易产生翘曲变形,同时也不利于开启。辅助房间(如浴厕、储藏室等)的门宽度可窄些,一般为700～800mm。

为了使用方便,一般民用建筑门(木门、铝合金门、塑料门)均编制成标准图,在图上注明类型及有关尺寸,设计时可按需要直接选用。

2.窗的尺寸

窗的尺度主要取决于房间的采光、通风、构造做法和建筑造型等要求,并要符合《建筑模数协调标准》(GB/T 50002—2013)的规定。为使窗坚固耐久,一般平开木窗的窗扇高度为 800～1200mm,宽度不宜大于 500mm;上下悬窗的窗扇高度为 300～600mm;中悬窗窗扇高不宜大于 1200mm,宽度不宜大于 1000mm;推拉窗高宽均不宜大于 1500mm。对一般民用建筑用窗,各地均有通用图,各类窗的高度与宽度尺寸通常采用扩大模数 3M 数列作为洞口的标志尺寸,需要时只要按所需类型及尺度大小直接选用。

📶 **案例拓展** ▶▶▶

中国传统建筑窗户——花窗

在中国古典园林建筑中,洞窗中以镂空图案填心者也称为花窗,也多称为漏窗。花窗多指其中意象繁复、构图巧妙、雕工精致的作品。花窗的主要作用是装饰墙面,一般高度的花窗虽也隐约透景,但并无独立的框景效果。

花窗图案丰富多样。有荷花、梅花、葵花、海棠、树叶及花边、花结等植物图案;有卧蚕、龟背锦、蝴蝶及鱼鳞等动物图案;有万字、亚字、回字、井字、十字、工字等文字图案;有转辘线、冰裂纹、绳纹等线条图案。如图 6-5 所示。

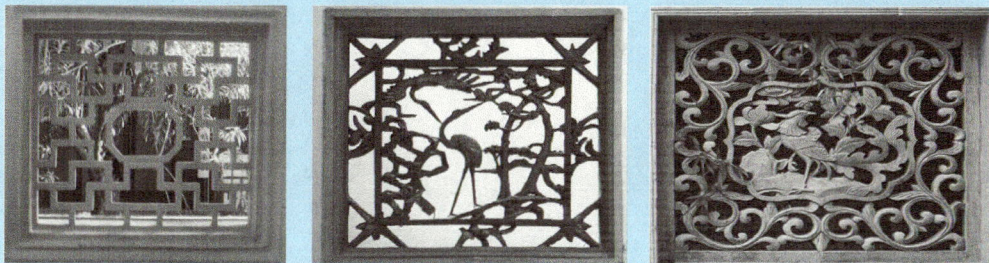

图6-5 花窗

窗棂的出现体现了窗的功用由简单的实用功能发展到了实用与审美功能的结合。最早有图案的窗棂实物为西安秦始皇兵马俑坑内的铜车马上的斜网格纹图案的窗棂。历史上其式样曾以直棂窗或破子棂窗为主,后经过长期的发展,形成了多种纹样的棂花图案,这些样式或单独或相互交叉组合,使建筑外观获得更美的艺术效果。

花窗在中国造园艺术中扮演着极其独特而重要的角色,如果把成功的园林作品比成一首好诗,花窗则是它的点睛佳句。中国传统居住文化发展至明清以来达到鼎盛,住宅与园林一体,居住同游览两宜的私家宅园的普遍兴起,为花窗艺术提供了大显身手的场所,这时的花窗不但数量多、花样繁,而且制作优、品位高,至今仍保留着许多精彩之作,如图 6-6 所示。

图6-6　苏州拙政园中的花窗

　　传承保护古建筑对于传承优秀传统文化、丰富人们精神生活、构建文化强国的意义不言而喻。只有古建筑得到了应有的尊重与重视、受到传承与保护，才能让全社会树立起传统文化的自信，悠久历史的灿烂文化将"百花齐放"。

建筑构造

学习情境 6.2　门窗的构造和安装

○ 学习情境

通过之前的学习,我们已经对门窗的类型,门窗的编号、尺寸等有了简单的认识,要想深入地了解门窗,掌握门窗的抗风压性能、气密性、水密性能等,还要从门窗的节点构造、门窗的大样图等入手。从局部出发,学会每个节点的构造,才能对门窗有整体的把握,建造出符合规范、符合质量要求的高品质建筑。

◇ 学习目标

1. 工作能力目标

(1)能读懂门窗构造节点图。
(2)能绘制门窗大样图。

2. 素质目标

从门窗的构造节点、门窗的大样图为切入点,让学生能够从中认识到整体与局部的关系,一栋建筑的灵魂就是要保障使用者的生命财产安全,只有把握每个细节,才能保证建筑的质量,通过这种简单的辩证观培养学生的安全责任意识。

▲ 任务描述

阅读图集,识读门窗节点图,绘制门窗大样图。

◆ 工作准备

收集《建筑节能门窗》(16J607)、《铝合金门窗》(GB/T 8478—2020)、《建筑门窗附框技术要求》(GB/T 39866—2021)、《常用门窗》(12J4)等规范规程。

⚠ 任务实施

步骤一:阅读《建筑节能门窗》(16J607)、《常用门窗》(12J4),查看门窗安装节点。
引导问题 1: 门窗安装有哪些方式?

_____

引导问题 2: 门窗框和墙有哪些位置关系?

_____

步骤二:根据读图报告中门窗节点大样,判断其是门窗中的哪个位置。
引导问题: 门窗框上下节点构造有何相似之处?有何不同之处?

_____

_____

步骤三:参照图集,补全门窗大样中的构件名称。

引导问题1:门窗框上下节点构造中有哪些常见连接构件?有哪些常见填充材料?

_____

_____

引导问题2:窗框附框节点构造中有哪些常见连接构件?有哪些常见填充材料?

_____

_____

微课:门的构造　　微课:窗的构造

◇ **成果形式**

完成并提交本教材配套《建筑构造活页实训手册》中的门窗的构造读图报告。

评价反馈

完成并提交本教材配套《建筑构造活页实训手册》中对应学习情境的任务评价反馈表,学生自评后由教师综合评价。

建筑构造

◈◈ 知识链接 ◈◈

知识点 1：铝合金门窗

1. 铝合金门窗的特点及设计选用

自重轻。铝合金门窗用料省、自重轻，较钢门窗轻 50% 左右。

性能好。密封性好，气密性、水密性、隔声性、隔热性都较钢、木门窗有显著的提高。

耐腐蚀、坚固耐用。铝合金门窗不需要涂涂料，氧化层不褪色、不脱落，表面不需要维修，如图 6-7 所示。铝合金门窗强度高、刚性好，坚固耐用，开闭轻便灵活，无噪声，安装速度快。

色泽美观。铝合金门窗框料型材表面经过氧化着色处理后，既可保持铝材的银白色，又可制成各种柔和的颜色或带色的花纹，如古铜色、暗红色、黑色等，如图 6-8 所示。

图 6-7　铝合金门

图 6-8　铝合金窗

铝合金门窗是当前得到大量推广使用的门窗类型，可用于建筑的室内外不同部位。铝合金门窗的设计选用要满足门窗的性能要求。

设计中，铝合金门窗的选用可以参考国家和地方的相关图集，一些生产门窗的企业也有自己的门窗图集。作为大量生产的门窗制品，图集所提供的定型产品，便于核对产品是否符合门窗的性能要求。门窗可尽量使用定型产品进行组合，形成组合门窗。对于非定型门窗，根据设计选用的部位，需要对门窗的性能进行计算或检测，以确保满足使用功能和安全的要求。

铝合金材料的传热系数较大，一般不能单独作为节能门窗的框料，应采取表面喷塑或其他断热处理技术来提高热阻。近年来，常用的断热型铝合金门窗是一种适用性较广的节能门窗，其门窗框采用高强度非金属材料，将铝合金型材进行内外隔断，达到断热的效果；同时，在门窗玻璃也选择带有空腔的双层真空隔热玻璃。玻璃和空腔的厚度，需要通过节能计算进行确定。这使得断热型铝合金门窗的框料需要承担更大的材料自重以及节能要求下更好的性能要求。

铝合金门的开启方式有平开和推拉方式，如图 6-9 所示。窗的开启方式除了平开和推拉，还可以采用悬窗。采用平开方式的铝合金窗，通常会在窗框设置限位装置，避免大风对开启扇的破坏,也增强了防止开启扇坠落的安全性,外平开方式不宜在高层建筑外墙使用。铝合金推拉窗使用较多,不占用建筑室内外空间,用于建筑外墙时,需要注意窗框下框推拉槽的排水,一般会在窗户推拉框外侧每隔一定距离设置排水孔。同时,外墙推拉窗需注意上下推拉槽与窗扇间的牢固安装,避免推拉中滑落。

a)平开门   b)推拉门

图 6-9　铝合金门的开启方式

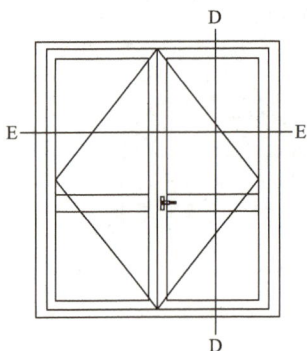

图 6-10　平开铝合金窗构造

2. 铝合金门型材规格

　　根据不同生产厂家的工艺设计,铝合金门窗的框料有多种型材可以选择。通常会以框料的厚度构造尺寸来区别各种铝合金门窗的称谓,如:平开门门框厚度构造尺寸为 50mm 宽,即称为 50 系列铝合金平开门;推拉窗窗框厚度构造尺寸 90mm 宽,即称为 90 系列铝合金推拉窗等,如图 6-10 所示。铝合金门窗设计通常采用定型产品,应根据不同地区、不同气候、不同环境、不同建筑物的使用要求和结构性能要求,选用不同的门窗框系列。

3. 铝合金门窗的设计要求

　　(1)应根据使用和安全要求确定铝合金门窗的风压强度性能、雨水渗漏性能、空气渗透性能综合指标。

　　(2)组合门窗设计宜采用定型产品门窗作为组合单元。非定型产品的设计应考虑洞口最大尺寸和开启扇最大尺寸的选择和控制。

　　(3)外墙门窗的安装高度应有限制。

　　知识点 2:塑钢门窗

1. 塑钢门窗的特点及设计选用

　　塑钢门窗是以聚氯乙烯树脂为主要原料,加上一定比例的稳定剂、着色剂、填充剂、紫外线吸收剂等,经挤压机挤出成各种截面的空腹门窗型材,再通过切割、焊接或栓接的方式,配以密封胶条、毛条、五金件等,制成门窗框扇。同时,为增强型材的刚性,需要在型材空腔内添加起加强作用的钢衬或铝衬,如图 6-11 所示。

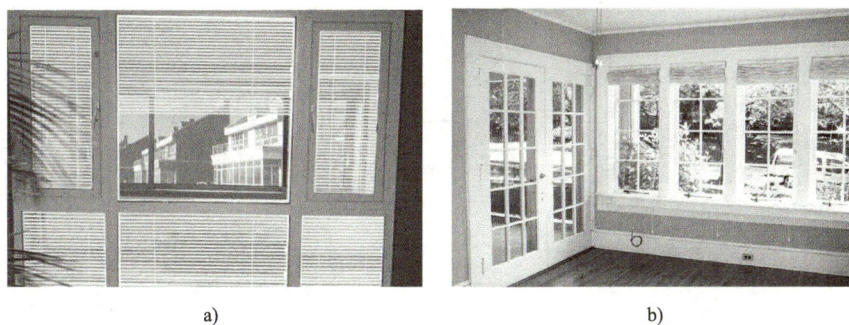

a)　　　　　　　　　　　　　　　　　b)

图 6-11　塑钢门窗

塑钢门窗线条清晰、挺拔,造型美观,表面光洁细腻,不但具有良好的装饰性,而且有良好的隔热性和密封性。其气密性为木窗的 3 倍、铝窗的 1.5 倍;热损耗为金属窗的 1/1000;隔声效果比铝窗高30dB 以上。同时,塑料本身也具有一定的耐腐蚀等功能,表层不用另外做涂饰处理,可节约施工时间及费用。使用中需注意满足门窗的抗侧压性能,在高层建筑中使用尤其需要慎重。

2. 塑钢门窗的型材

塑钢门窗的型材类型是按其断面的尺度划分,常用的有 60 系列、80 系列、88 系列。不同的系列在型材强度上差异较大,对于门窗在构造组成有不同的限定,在建筑适用范围上也有所不同,见表6-12。

塑钢门窗型材系列　　　　　　　　　　　　　　　　表6-12

型材系列名称	适用范围及选用要点
60 系列	主型材为三腔,可制作固定窗、普通内外平开窗、内开下悬窗、外开下悬窗、单窗。可安装纱窗。内开可用于高层,外开不适于高层
80 系列	主型材为三腔,可安装纱窗。窗型不宜过大,适合用于 7~8 层住宅
88 系列	主型材为三腔,可安装纱窗。适用于 7~8 层以下建筑。只有单玻设计,适合南方地区

塑钢门窗结合了塑料制品的可塑性,热绝缘性能和加工稳定性,经过高温挤出,冷却定型,制成具有精确截面尺寸的空心异型材,增加了产品的硬度。同时在加工成门窗的过程中在空心型腔内部填加钢衬,以满足门窗的抗风压性能。

3. 塑料门窗的优点

(1)强度好、耐冲击。

(2)保温隔热、节约能源。

(3)隔声好、防火。

(4)气密性、水密性好。

(5)耐腐蚀性强。

(6)外观精美、清洗容易。

(7)耐老化、使用寿命长。

4. 塑钢窗框与墙体的连接方式

塑钢窗框与墙体的连接方式有连接件法、直接固定法、假框法、如图 6-12 所示。

模块
6

门和窗

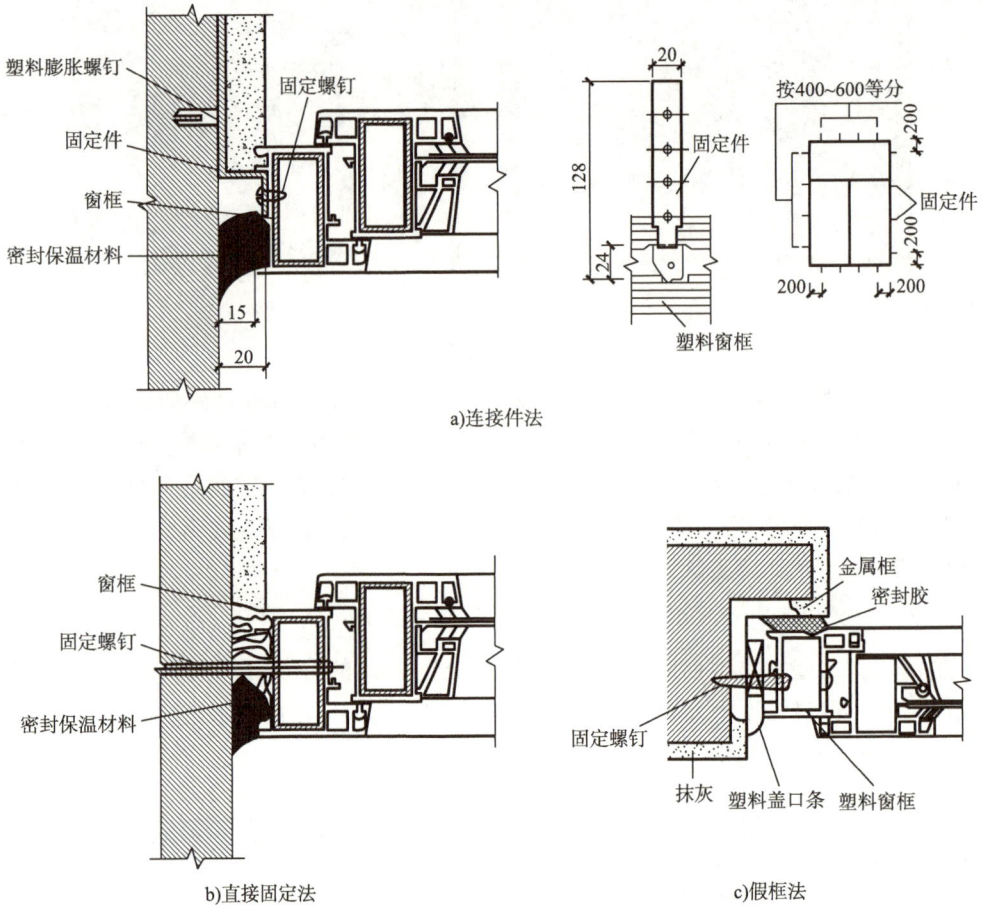

塑料膨胀螺钉
固定件
窗框
密封保温材料

固定螺钉

固定件

按400~600等分

固定件

塑料窗框

a)连接件法

窗框
固定螺钉
密封保温材料

金属框
密封胶

固定螺钉

抹灰　塑料盖口条　塑料窗框

b)直接固定法

c)假框法

图6-12　塑料窗框与墙体的连接节点图(尺寸单位:mm)

知识点3:门窗的安装

1.门窗的安装方式

门窗的安装方式根据施工方式的不同分后塞口和先立口两种。如图6-13所示。

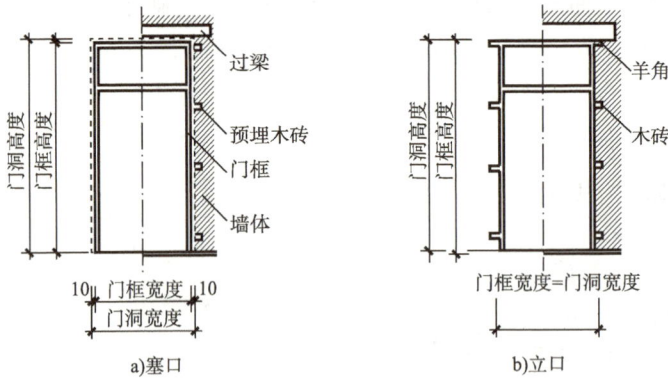

过梁
预埋木砖
门框
墙体

羊角
木砖

门洞高度
门框高度

门洞高度
门框高度

10　门框宽度　10
门洞宽度

门框宽度=门洞宽度

a)塞口

b)立口

图6-13　塞口和立口(尺寸单位:mm)

(1)塞口(又称塞樘子),是在墙砌好后再安装门框。采用此法,洞口的宽度应比门框大20~30mm,高度比门框大10~20mm。门洞两侧墙上每隔500~600mm预埋木砖或预留缺口,以便用圆钉或水泥砂浆将门框固定。框与墙间的缝隙需用沥青麻丝嵌填。

塞口安装,这种安装方法对塑钢门窗的尺寸要求严格,否则不是放不进就是间隙太大。同时,窗口抹灰也要求尺寸精确。塞口安装施工时墙体施工与门窗安装分开进行,可避免相互干扰。

(2)立口(又称立樘子)在砌墙前即用支撑先立门框,然后砌墙。框与墙的结合紧密,但是立樘与砌墙工序交叉,施工不便。

立口安装对塑钢窗的尺寸要求不是很严格,安装完窗框后才能进行室内外抹灰。

①门框在墙中的位置,可在墙的中间或与墙的一边平。一般多与开启方向一侧平齐,尽可能使门扇开启时贴近墙面。门框四周的抹灰极易开裂脱落,因此在门框与墙结合处应做贴脸板和木压条盖缝,装修标准高的建筑,还可在门洞两侧和上方设筒子板。

②窗框在墙中的位置,可在墙的中间或与墙内侧平或外侧平,如图6-14所示。

a)内平　　　　　　　　　b)外平

图6-14　窗框在墙洞中的位置

2. 铝合金门窗安装

门窗框固定好后与门窗洞四周的缝隙,一般采用软质保温材料填塞,槽口用密封膏密封。这种做法主要是为了防止门窗框四周形成冷热交换区产生的结露,影响到构件防寒、防风的正常功能和墙体的寿命。同时,避免了门窗框直接与混凝土、水泥砂浆接触,消除了碱对门、窗框的腐蚀。

寒冷地区或有特殊要求的房间,可采用双层窗。双层窗有不同的开启方式,需要在安装时注意窗扇开启的可行性。常用的有内层窗内开、外层窗外开和双层均外开的方式。

3. 塑钢门窗的安装

塑钢门窗应采取预留洞口的方法安装,不得采用“边安装边砌口”或“先安装后砌口”的施工方法。当门窗采用预埋木砖法与墙体连接时,其木砖应进行防腐处理。塑钢门窗外饰面在施工时,应采取保护措施。如图6-15所示为塑钢门窗与钢筋混凝土及钢结构主体连接的安装。

知识点4:门窗的节能

建筑节能门窗是为了增大采光通风面积或表现现代建筑的性格特征的一种门窗。采用的是周边高性能密封技术,以此来降低空气渗透热损失,提高门窗的气密、水密、隔声、保温、隔热等主要物理性能。

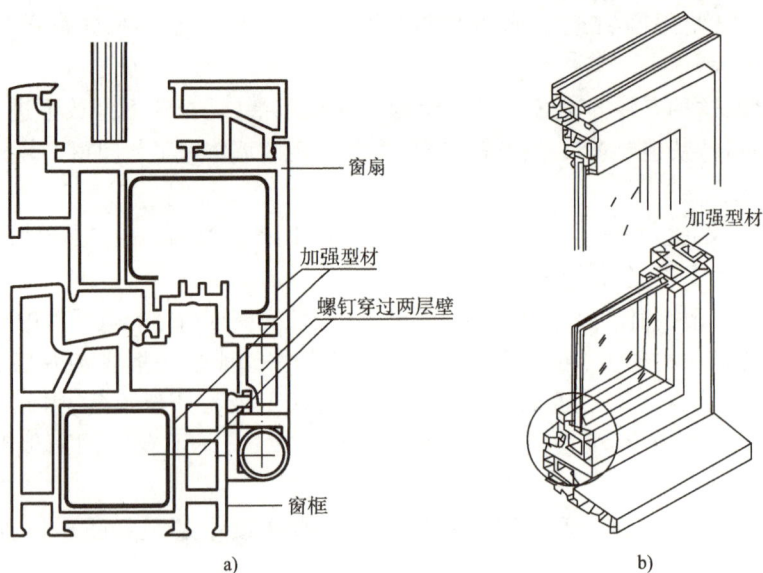

图 6-15　塑钢门窗安装

　　建筑门窗是建筑围护结构中热工性能最薄弱的部位,如图 6-16 所示,其能耗占到围护结构总能耗的 40% ~50% ,同时它也是建筑中的得热构件,可以通过太阳光透射入室内而获得太阳热能,因此是影响建筑室内热环境和建筑节能的重要因素。

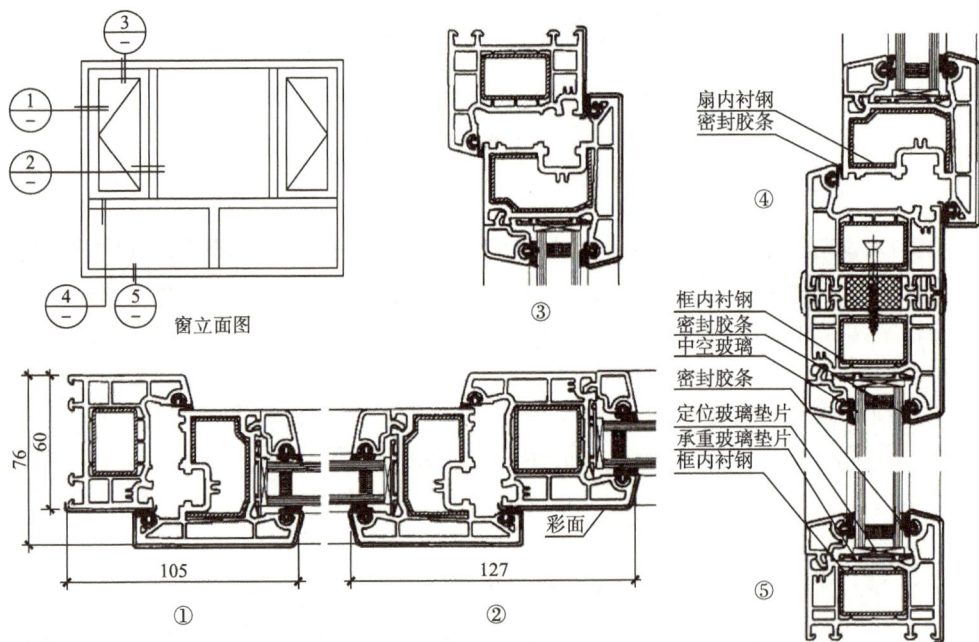

图 6-16　建筑节能门窗外平开窗节点图(尺寸单位:mm)

　　门窗要达到好的节能效果,应根据当地气候条件、建筑功能要求、建筑形式等因素综合选择,满足国家节能设计标准对门窗指标的要求。

1. 门窗节能设计规定指标

　　在建筑设计中,根据建筑所处地区的气候分区,建筑外门窗的热工性能有对应的规定。除了前面讲到的门窗气密性,还有窗墙比、传热系数、门窗综合遮阳系数、可见光透射比等要求。设计者应对相关规定有所了解,避免设计中出现较大的节能问题。

1)窗墙比

窗墙比是窗户面积与窗户所在该墙面积的比值。不同地区、不同朝向的太阳、辐射强度和日照率不同,窗户所获得的热也不相同,因此,一般南向应大些,其他朝向窗墙比应小些。各地区节能设计标准对不同建筑功能和各朝向的窗墙比限值都有详细的规定。

2)传热系数

不同外门窗材料、构造方法,其传热系数也不相同。外门窗传热系数应根据相关机构提供的检测值采用,见表6-13。

常用建筑外门窗传热系数和遮阳系数   表6-13

类型		建筑户门、外窗及阳台名称	传热系数 $K[\text{W}/(\text{m}^2 \cdot \text{K})]$	遮阳(遮蔽)系数(SC)
门		多功能户门(具有保温、隔声防盗等功能)	1.5	—
		夹板门或蜂窝夹板门	2.5	—
		双层玻璃门	2.5	—
窗	铝合金	单层普通玻璃窗	6.0~6.5	0.8~0.9
		单框普通中空玻璃窗	3.6~4.2	0.75~0.85
		单框低辐射中空玻璃窗	2.7~3.4	0.4~0.44
		双层普通玻璃窗	3.0	0.75~0.85
	断热铝合金	单框普通玻璃窗	3.3~3.5	0.75~0.85
		单框低辐射中空玻璃窗	2.3~3.0	0.4~0.55
	塑料	单框普通玻璃窗	4.5~4.9	0.8~0.9
		单框普通中空玻璃窗	2.7~3.0	0.75~0.85
		单框低辐射中空玻璃窗	2.0~2.4	0.4~0.55
		双层普通玻璃窗	2.3	0.75~0.85

3)门窗综合遮阳系数

对南方炎热地区,在强烈的太阳辐射条件下,阳光直射室内,将严重影响建筑室内热环境,外窗应采取适当遮阳措施,以降低建筑空调能耗,避免炫光。外窗的遮阳效果用综合遮阳系数(SC)来衡量,其影响因素有外窗本身的遮阳性能和外遮阳的遮阳性能。

有外遮阳时:综合遮阳系数(SC)=外窗遮阳系数(SCC)×外遮阳系数(SD)

无外遮阳时:综合遮阳系数(SC)=外窗遮阳系数(SCC)

外窗本身的遮阳系数(SCC)=玻璃遮阳系数 SCB×(1-窗框面积 FK/窗面积 FC)

建筑设计中可以结合立面造型,运用钢筋混凝土构件作固定遮阳处理,也可以结合外立面,根据季节变化设置活动遮阳。

4)可见光透射比

可见光透射比是指可见光透过透明材质的光通量与投射在其表面的光通量之比,表示透光材质透光性能的好坏。对于公共建筑,当建筑窗墙比小于0.4时,玻璃(或其他透明材质)的可见光透射比不应小于0.4。

5)门窗气密性

门窗气密性按照分级标准分为 8 级,其选择应根据当地气候条件,如夏热冬冷地区居住建筑 1~6 层外窗及阳台门不应低于 4 级,7 层及 7 层以上的外窗和阳台门不应低于标准规定的 6 级。

2. 门窗保温隔热设计

1)门窗保温隔热设计需要考虑窗墙比和保温隔热性能。

(1)选择适宜的窗墙比。

仅从节约建筑能耗来说,窗墙比越小越好,但窗墙比过小又会影响窗户的正常采光、通风和太阳能利用。因此应根据建筑所处的气候分区、建筑类型、使用功能、门窗方位等选择适宜的窗墙比,达到既满足建筑造型的需要又能符合建筑节能的要求。

根据《夏热冬暖地区居住建筑节能设计标准》(JGJ 75—2012),夏热冬暖地区居住建筑不同朝向外窗的窗墙面积比,南、北向不应大于 0.40,东、西向不应大于 0.30。

(2)加强门窗的保温隔热性能。

改善门窗的保温性能主要是提高热阻,选用导热系数小的门窗框、玻璃材料,从门窗的制作、安装提高其气密性能,如图 6-17 所示,门窗的隔热性能在南方炎热地区尤其重要,提高隔热性能主要靠两方面的途径:一是采用合理的建筑外遮阳,结合立面造型,运用钢筋混凝土构件作遮阳处理,设计挑檐、遮阳板、活动遮阳等措施;二是选择玻璃时,选用合适的遮蔽系数,也可以采用对太阳红外线反射能力强的热反射材料贴膜。

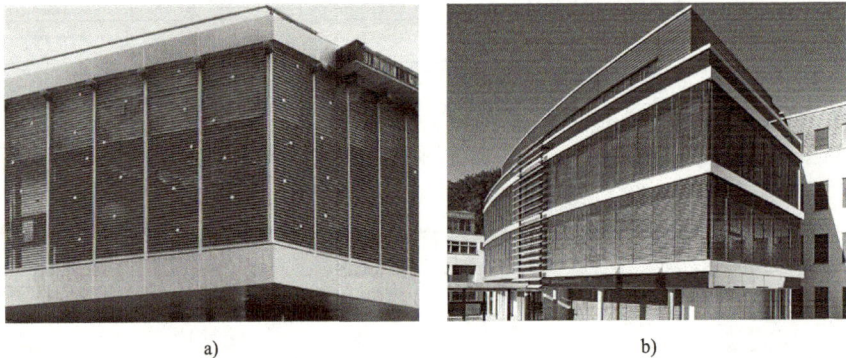

a)   b)

图 6-17　外遮阳建筑

2)建筑遮阳的设计依据

(1)地理气候。

建筑所处的纬度越低,天气越热;纬度越高,天气越冷。在高纬度地区,由于夏天热的时间短,冬天冷的时间长,一般可以不遮阳。但在中低纬度的南方地区,夏季热的时间长,冬季冷的时间短甚至没有冬天,应加强夏季遮阳,防止建筑过热。

(2)窗口朝向。

窗口的朝向不同,不仅太阳射入的热量也不同,而且照射的深度和时间长短也不一样。当东、西窗未开窗时,则应加强南向窗的遮阳。东、西窗的太阳辐射量接近,但太阳照射时段的气温不同。太阳照射西窗的时间正是气温达到最高的时候,影响较大,因此,西窗遮阳较其他朝向的窗重要。朝向不同的窗口,要求不同形式的遮阳,如果遮阳形式选择不当,遮阳效果就会大大降低或是造成浪费。

（3）房间功能。

用途不同的房间,对遮阳的要求也不同。不允许阳光射进的特殊建筑,如博物馆、书库等,就应当按全年完全遮阳来进行设计;一般公共建筑物,如果是防止室内过热,不需要全年完全遮阳,而是按一年中气温最高的几个月和这段时间内每天中的某几个小时的遮阳来设计。

3）建筑遮阳的类型

遮阳的种类很多,按照与建筑物的关系,可以分为固定遮阳、活动遮阳及绿化遮阳三类。

（1）固定遮阳。

往往结合立面造型,运用建筑构件作遮阳处理,分为水平式遮阳、垂直式遮阳、综合式遮阳以及挡板式遮阳。

①水平式遮阳。水平式遮阳能够遮挡高度角较大的、从窗口上方射来的阳光。适用于南向窗口和北回归线以南的低纬度地区的北向窗口(图6-18)。

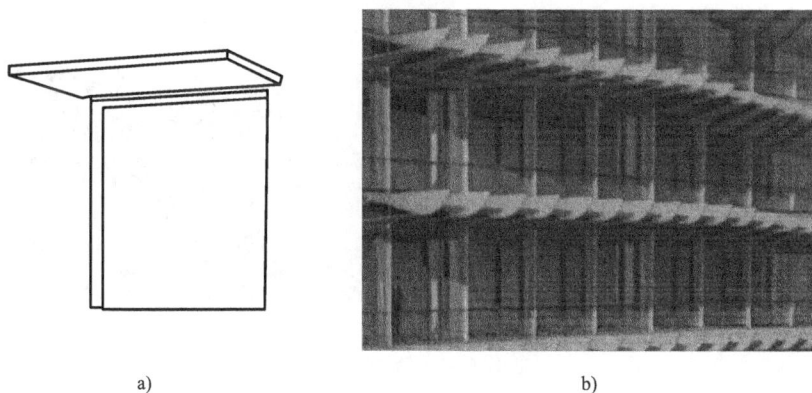

a)   b)

图6-18　水平式遮阳

②垂直式遮阳。垂直式遮阳能够遮挡高度角较小的、从窗口两侧斜射来的阳光。适用于偏东、偏西的南或北向窗口(图6-19)。

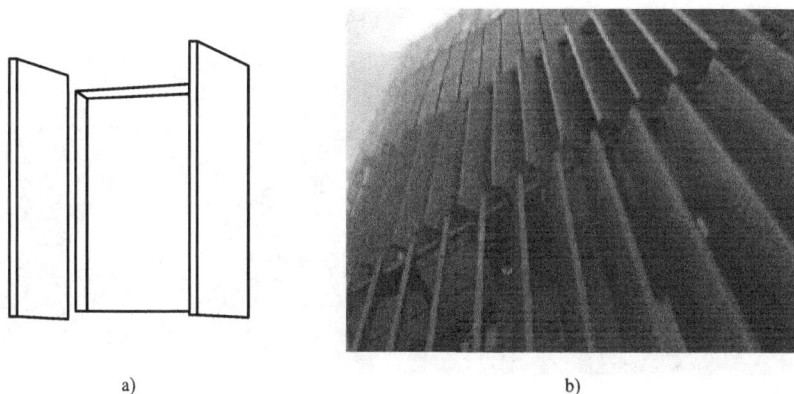

a)   b)

图6-19　垂直式遮阳

③综合式遮阳。水平式和垂直式的综合形式,能遮挡窗口上方和左右两侧射来的阳光。适用于南、东南、西南的窗口以及北回归线以南低纬度地区的北向窗口(图6-20)。

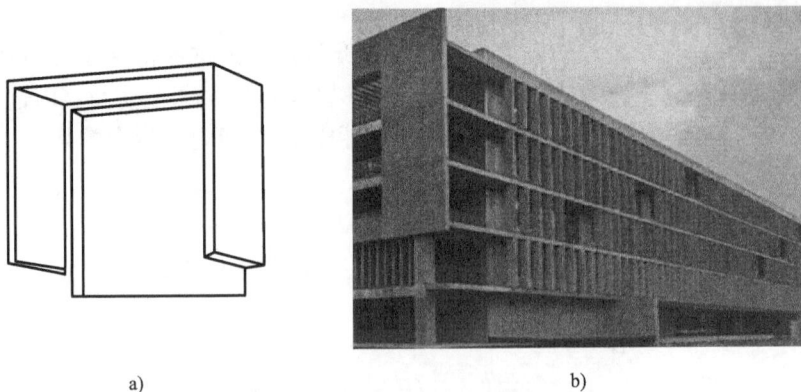

a)

b)

图 6-20　综合式遮阳

④挡板式遮阳。挡板式遮阳能够遮挡高度角较小的、正射窗口的阳光,适用于东西向窗口(图 6-21)。

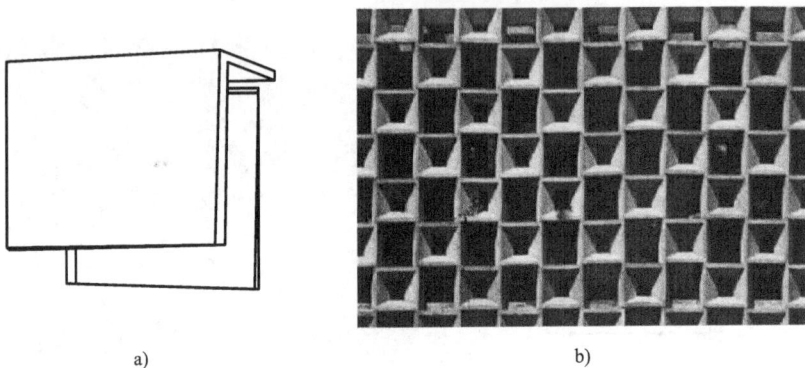

a)

b)

图 6-21　挡板式遮阳

在设计建筑固定遮阳时,应结合外窗朝向与建筑形态、综合考虑。

(2)活动遮阳。

由于建筑室内对阳光的需求是随时间和季节变化的,而太阳高度也随气候、时间不同而不同,因而采用便于拆卸和可调节角度的活动式遮阳对于建筑节能和满足使用要求均更好。活动轻型遮阳常用不锈钢、铝合金及塑料等材料制作(图 6-22)。

a)

b)

图 6-22　活动遮阳

(3)绿化遮阳。

有些建筑,特别是低层建筑,可以依托建筑与环境的条件,利用绿化遮阳,既有利于建

建筑构造

筑与环境的美化,也是一种经济、有效的技术措施。在窗外一定距离种树或攀缘植物的水平棚架能起到水平式遮阳的作用,垂直棚架则能起到挡板式或综合式遮阳的作用。落叶植物随着季节的变化还能赋予建筑不同的景观(图6-23)。

a)　　　　　　　　　　　　　　　　b)

图6-23　绿化遮阳

案例拓展 »»

某节能外窗的原理和构造

1. 外窗传热原理

我们首先来了解一下外窗传热的基本原理,物体的传热有三种基本方式,即导热、对流及热辐射(图6-24)。导热是依靠物质的分子、原子及自由电子等微观粒子的热运动而产生的热量传递;对流是指流体各部分之间发生相对位移,依靠冷热流体互相混合移动所引起的热量传递方式;热辐射是物体通过电磁波来传递能量的方式。

建筑外窗主要是由玻璃、型材、暖边条、五金件等构成,各部分对于节能发挥着不同的作用。我们可以通过Low-E玻璃、填充惰性气体及选择多腔体的窗框型材及低传导间隔条等措施来实现节能的目标,玻璃、型材及暖边条是对传热性能影响最大的三个部分。

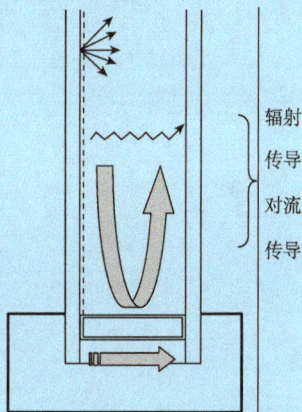

辐射传导
对流传导

2. 玻璃选择

在外窗成本限额要求下,要满足传热系数的要求,

图6-24　外窗节能原理示意图

可采用某双层中空充氩气玻璃,在玻璃表面上镀多层金属或其他化合物组成的膜系产品,其镀膜层具有对可见光高透过及对中远红外线高反射的特性。

3. 窗框材料选择

可选择70系列断桥铝合金型材,具备多腔体结构设计与连续性隔热设计的特点,具有较好的隔热效果。

4.隔热条设计

本建筑门窗采用的隔热条满足标准要求,材料性能优势如下:

(1)机械性能好,尺寸精度高,耐老化、耐高温、耐腐蚀、耐紫外线性能好。

(2)热膨胀系数与铝合金相似:具有高耐热性和低温度传导性。

中国的建筑业正处向高质量发展的阶段,如何确保将门窗节能工作落到实处,实现完善的门窗隔热系统意义深远。作为未来的建筑从业者,应该承担起国家节能环保事业的社会责任,大力倡导使用优良的隔热外窗,为"碳中和"目标作出贡献,为国家节能环保事业添砖加瓦。

建筑构造

屋顶

学习情境 7.1　屋顶的类型和功能
学习情境 7.2　平屋面排水方式与方案设计
学习情境 7.3　平屋面防水构造原理与做法
学习情境 7.4　平屋顶的保温隔热
学习情境 7.5　坡屋顶的构造做法

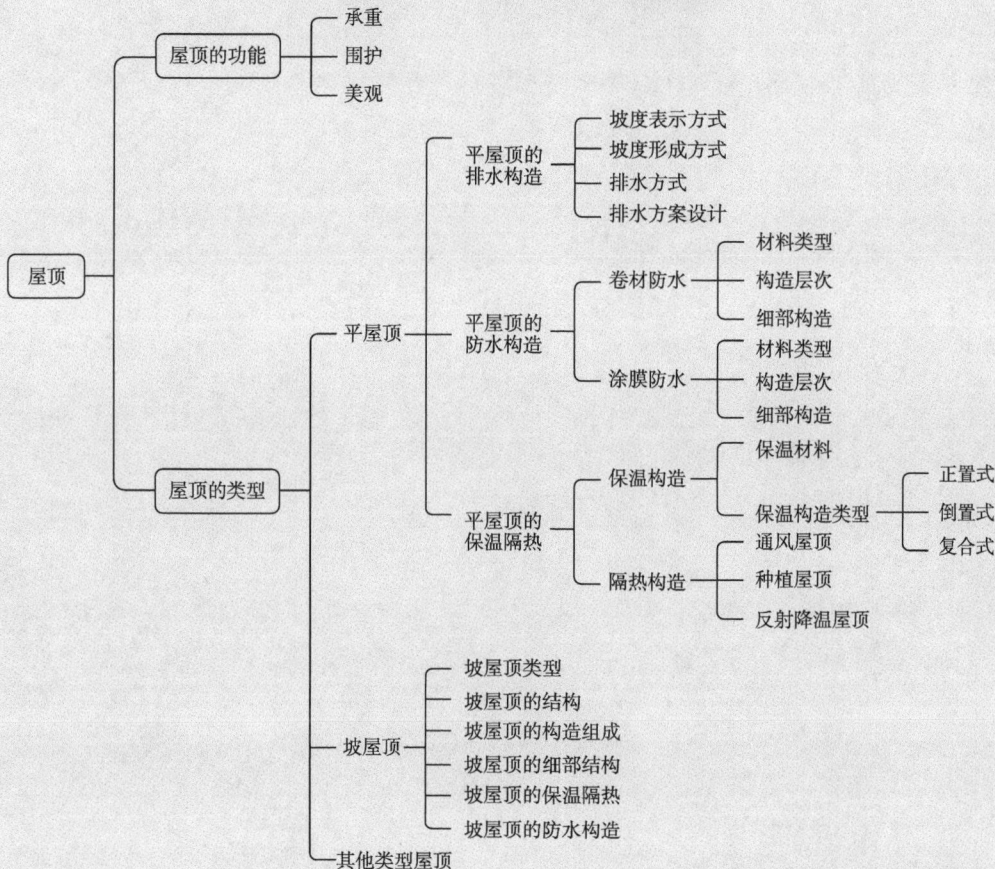

屋顶
- 屋顶的功能
  - 承重
  - 围护
  - 美观
- 屋顶的类型
  - 平屋顶
    - 平屋顶的排水构造
      - 坡度表示方式
      - 坡度形成方式
      - 排水方式
      - 排水方案设计
    - 平屋顶的防水构造
      - 卷材防水
        - 材料类型
        - 构造层次
        - 细部构造
      - 涂膜防水
        - 材料类型
        - 构造层次
        - 细部构造
    - 平屋顶的保温隔热
      - 保温构造
        - 保温材料
        - 保温构造类型
          - 正置式
          - 倒置式
          - 复合式
      - 隔热构造
        - 通风屋顶
        - 种植屋顶
        - 反射降温屋顶
  - 坡屋顶
    - 坡屋顶类型
    - 坡屋顶的结构
    - 坡屋顶的构造组成
    - 坡屋顶的细部结构
    - 坡屋顶的保温隔热
    - 坡屋顶的防水构造
  - 其他类型屋顶

学习情境 7.1　屋顶的类型和功能

🔵 学习情境

　　屋顶是建筑顶部的承重和围护构件,又被称为建筑"第五立面",屋顶不仅是建筑良好室内环境的重要保障,而且对建筑整体形象起着重要影响。随着科技发展,人们创造出了很多新型的建筑结构形式,由此产生了与之相应的新型屋顶。屋顶有哪些常见形式?又是如何进行分类的呢?

🔷 学习目标

1. 工作能力目标

(1)能够识别屋顶的功能及设计要求。
(2)能够区分常见建筑屋顶的类型。

2. 素质目标

　　中国传统建筑是中国传统文化和民族特色的传承载体,也是世界建筑史的瑰宝,而屋顶是其最具智慧和特色的部分。在学习建筑屋顶的过程中体会中国传统建筑的魅力和劳动人民的智慧,培养民族自豪感和家国情怀。

🔺 任务描述

　　从古至今的建筑屋顶类型丰富多彩,许多屋顶都具有地域特色、民族特色等多方面特点。请根据建筑屋顶认知表中提供的屋顶照片,运用学习到的屋顶类型知识,填写其具体类别。

🔷 工作准备

　　阅读屋顶类型和功能知识点,查阅具有代表性建筑项目的资料和图纸。

🔺 任务实施

步骤一:初步进行屋顶分类。
引导问题1:屋顶有哪些类型?

引导问题2:如何区别屋顶的类型?

步骤二:识读空间结构屋顶的类型。
引导问题1:什么是空间结构屋顶?

引导问题 2：空间结构屋顶有哪些常见类型？

_____

步骤三：分析中国传统屋顶。
引导问题 1：中国传统屋顶有哪些类型？

_____

引导问题 2：各类型的中国传统屋顶各有什么特点？

_____

微课：屋顶概述

◇ **成果形式**

完成并提交本教材配套《建筑构造活页实训手册》中的建筑屋顶认知表。

评价反馈

完成并提交本教材配套《建筑构造活页实训手册》中对应学习情境的任务评价反馈表，学生自评后由教师综合评价。

◈◈ 知识链接 ◈◈

知识点 1：屋顶的功能

屋顶是建筑顶部的承重和围护构件，一般由屋面、保温（隔热）层及承重结构三部分组成。屋面和保温（隔热）层不仅应具有足够的承载力、刚度和抵御自然界不良因素的能力，同时还应能防水、排水与保温（隔热）。承重结构的使用要求与楼板层相似。

屋顶是建筑物围护结构的一部分，也是建筑立面的重要组成部分。除应满足自重轻、结构简单、施工方便等要求外，还必须具备坚固耐久、防水排水、保温隔热、抵御侵蚀等功能。如图 7-1 所示。

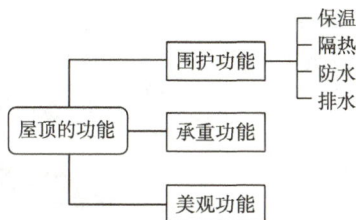

图 7-1　屋顶的功能

知识点 2：屋顶的设计要求

1. 功能要求

要求屋顶起良好的围护作用，具有防水、保温和隔热性能。其中防止雨水渗漏是屋顶的基本功能要求，也是屋顶设计的核心。

2. 结构要求

要求屋顶具有足够的承载力、刚度和稳定性，能承受风、雨、雪、施工、上人等荷载，地震区还应考虑地震作用对它的影响，满足抗震的要求。屋顶应力求做到自重轻、构造层次简单、就地取材、施工方便、造价经济、便于维修。

3. 建筑艺术要求

满足人们对建筑艺术及美观方面的需求，屋顶是建筑造型的重要组成部分。中国古建筑的重要特征之一就是有变化多样的屋顶外形和装修精美的屋顶细部，现代建筑也应注重屋顶形式及其细部设计。

知识点 3：屋顶的组成和形式

屋顶主要由屋面和支撑结构所组成，有些还有各种形式的顶棚以及保温、隔热、隔声和防火等其他功能防御所需要的各种层次和设施。

屋顶的形式与房屋的使用功能、屋面盖料、结构选型以及建筑造型要求等有关。房屋的支承结构一般有平面结构和空间结构：平面结构常见的有梁板、屋架等，空间结构有折板、壳板、网架、悬索等。

由于房屋应用受各种因素的影响不同，根据其外形分类，便形成平屋顶、坡屋顶以及曲面屋顶等多种形式。

模块 7 屋顶

247

1. 平屋顶

平屋顶的屋面较平缓,通常是指屋顶坡度小于5%,最常用的是坡度为2%~3%的屋顶。其特点是构造简单、节约材料,呈平面状的屋面有利于利用,可做成露台和屋顶花园等,如图7-2所示。这是目前应用最广泛的一种屋顶形式,大量民用建筑多采用与楼板层基本类同的结构布置形式的平屋顶,如图7-3所示。

a)挑檐   b)女儿墙   c)挑檐女儿墙

图7-2　平屋顶常用方式

图7-3　现代建筑平屋顶

2. 坡屋顶

坡屋顶由斜屋面组成,通常是指屋顶坡度在5%以上的屋顶,如图7-4所示,坡屋顶是我国传统的建筑屋顶形式,有着悠久的历史。根据构造不同,常见形式有单坡顶、双坡顶及四坡顶等,即使是一些现代的建筑,在考虑到景观环境或建筑风格的要求时也常采用坡屋顶,如图7-5所示。

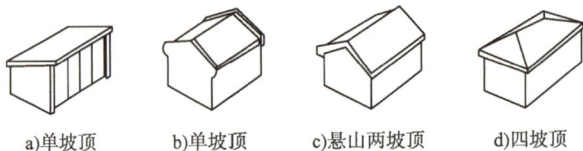

a)单坡顶   b)单坡顶   c)悬山两坡顶   d)四坡顶

图7-4　坡屋顶

图7-5　现代建筑坡屋顶

3. 其他屋顶

随着建筑科学技术的发展,出现了许多新型结构的屋顶,这些结构受力合理,能够充

建筑构造

分发挥材料的性能,但施工复杂、造价较高,常用于大跨度的结构空间,如图7-6和图7-7所示。

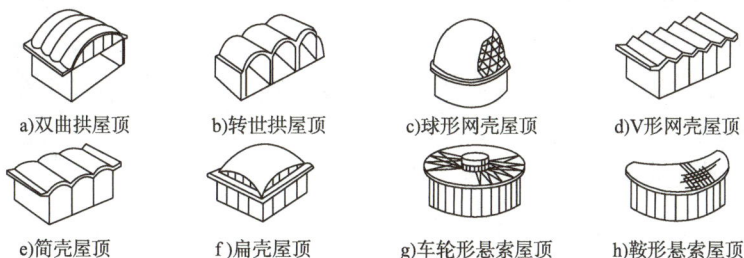

a)双曲拱屋顶　　b)转世拱屋顶　　c)球形网壳屋顶　　d)V形网壳屋顶

e)筒壳屋顶　　f)扁壳屋顶　　g)车轮形悬索屋顶　　h)鞍形悬索屋顶

图7-6　其他形式的屋顶

a)　　　　　　　　　　　　　　　b)

图7-7　常见大跨度建筑屋顶

💻 案例拓展 ▶▶

中国古建筑屋顶

中国古代建筑在建筑形态上最显著的特征就是中国建筑所特有的大屋顶,屋顶可分为以下五种形式:硬山、悬山、攒尖、歇山、庑殿。古建筑屋顶除满足功能性外,还是等级的象征。根据建筑等级大小,顺序依次为:重檐庑殿顶>重檐歇山顶>重檐攒尖顶>单檐庑殿顶>单檐歇山顶>单檐攒尖顶>悬山顶>硬山顶>盝顶。

(1)庑殿顶。即庑殿式屋顶,由于屋顶有四面斜坡,又略微向内凹陷形成弧度,在各屋顶样式中等级最高。明清朝代时只有皇家和孔子殿堂才可使用,唐朝时也见于佛寺建筑,之后常用于各类别建筑。庑殿顶四面斜坡,有一条正脊和四条斜脊,俗称"四面坡",是"四出水"的五脊四坡式,又叫五脊殿,如图7-8a)所示。

(2)歇山顶。又称九脊顶,除正脊垂脊外,还有四条戗脊。正脊的前后两坡是整坡。左右两坡是半坡,如图7-8b)所示。歇山顶主要分为单檐和重檐两种。目前的古建筑中如天安门、太和门、保和殿等均为此种形式。

(3)攒尖顶。多用于面积不太大的建筑屋顶,如塔等正多边形或圆形建筑,如图7-8c)所示、特点是屋面较陡,正脊、数条垂脊交合于顶部,顶部有一个集中点,即宝顶。平面分为方、圆、三角、五角、六角、八角、十二角等。一般以单檐的为多,二重檐的较少。三重檐的极少。故宫中和殿、天坛祈年殿属攒尖顶建筑的典范。

(4)悬山顶。即悬山式屋顶,又称"悬山""挑山""出山",如图7-8d)所示。悬山顶是两面坡顶的一种,其特点是屋檐悬伸在山墙以外,多用于民间建筑和次要地位的建筑,如神橱、神库、配殿等。悬山顶一般有一条正脊和四垂脊,也有无正脊的卷棚悬山,山墙的山尖部分可做出不同的装饰。

图7-8 古建筑屋顶

(5)硬山顶。即硬山式屋顶,是中国传统建筑双坡屋顶形式之一,如图7-8e)所示。硬山顶的特点是有一条正脊、四条垂脊,形成两面屋坡,左右侧面垒砌山墙,高出屋顶。屋顶的檩木不外悬出山墙,屋面夹于两边山墙之间。和悬山顶不同,硬山顶最大的特点就是其两侧山墙把檩头全部包封住,由于其屋檐不出山墙,故名"硬山"。

作为中国古建筑的代表性标志,屋顶的造型、色彩和装饰都是中华经典文化经数千年演变后的价值体现,使建筑物产生独特而强烈的视觉效果和艺术感染力。通过对屋顶进行种种组合,使建筑物的体型和轮廓线变得愈加丰富,展现了中国建筑最具魅力的"第五立面",体现了古代劳动人民的智慧的凝结。在建设现代建筑和城市的过程中,我们也要不断地努力发掘古代遗产特色,潜心研究、吸取精华,使民族优秀的文化传统发扬光大、应用于世。

学习情境 7.2   平屋面排水方式与方案设计

⭕ 学习情境

　　雨水在屋顶积蓄,不仅会给屋顶结构增加荷载,还会对屋面防水造成压力,建筑需要把滴落在屋顶的雨水快速排除,有效地进行导流。屋顶排水方式与地区气候、建筑高度、建筑造型等有关,屋顶排水方式应如何选择? 排水方案应如何设计?

◆ 学习目标

1. 工作能力目标

　　(1)能够掌握屋面排水原理。
　　(2)能根据不同建筑屋面选择适用的排水方式。

2. 素质目标

　　现代建筑体量、高度等差异使得排水方式的选择和排水方案的设计需要因地制宜,据此学习具体情况,并具体分析处理方案的方法和哲理。

▲▲ 任务描述

　　项目概况:此项目为某栋四层综合办公楼,位于浙江省某市,年降雨量 1200mm,业主希望尽量避免雨水对墙身的影响。屋面为钢筋混凝土结构平屋面,结构标高为14.7m,屋顶上有女儿墙和楼梯间。屋顶面积 22.75m²。屋顶平面具体尺寸如图 7-9 所示。

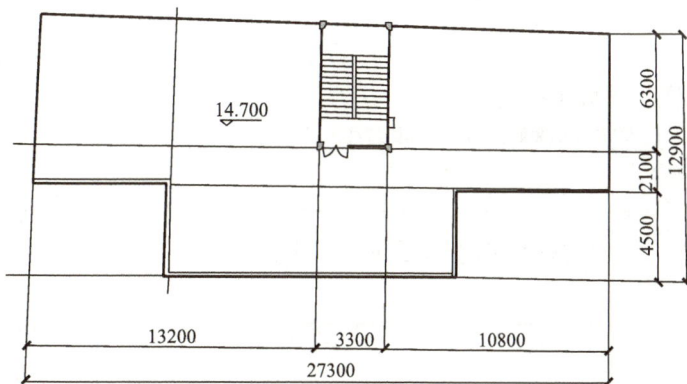

图 7-9　屋顶平面图(尺寸单位:mm)

　　此次任务要求学生通过对屋顶排水相关知识点的学习,根据实际项目选择合适的排水做法,分组进行屋顶排水设计,并提交一份排水方案。方案以屋顶排水平面图形式提交,以 1:100 比例绘制于 A3 图纸上,需绘制排水分区、檐沟、雨水口等排水设施,并对排水坡度和面积、檐沟宽、雨水管直径、雨水口间距等进行标注。

阅读知识点、图纸,查阅《屋面工程质量验收规范》(GB 50345—2012)、《平屋面》(15ZJ201)、《种植屋面》(15ZJ03)、《坡屋面》(15ZJ211)。

⚠ 任务实施

步骤一:确定此屋顶排水方式。
引导问题1:屋顶排水分为几种方式?

_____

引导问题2:不同排水方式分别适用于哪些地区和类型的建筑?

_____

步骤二:确定屋顶排水坡度和排水坡数目。
引导问题1:排水坡度有哪些表示方法? 此屋面排水坡度取什么范围合适?

_____

_____

引导问题2:按此屋面面积,排水坡数目应为多少?

_____

步骤三:划分屋顶排水分区。
引导问题1:排水区面积一般是多少?

_____

引导问题2:此屋面需划分成多少个排水区?

_____

步骤四:设置屋顶排水檐沟。
引导问题1:此屋面檐沟排水坡度是多少?

_____

引导问题2:此屋面檐沟断面大小至少为多少?

_____

_____

步骤五:设置屋面排水管的位置。
引导问题1:此屋面要设多少个雨水口? 雨水口间距是多少?

_____

建筑构造

引导问题 2: 雨水管直径为多少合适?

_____

_____

微课:屋顶排水设计　　动画:屋顶排水设计

◇ 成果形式

完成并提交本教材配套《建筑构造活页实训手册》中的屋顶排水平面图。

评价反馈

完成并提交本教材配套《建筑构造活页实训手册》中对应学习情境的任务评价反馈表,学生自评后由教师综合评价。

模块
7
屋顶

◇◇ 知识链接 ◇◇

知识点 1：屋顶排水坡度

建筑中的屋顶由于排水和防水需要，均需有一定的坡度。屋顶的坡度常用单位高度和相应长度的比值来标定（如 1/2、1/5、1/10 等），也可用角度（如 30°和 50°等）以及百分比来表示，如图 7-10 所示。

图 7-10　屋顶排水坡度表示方法

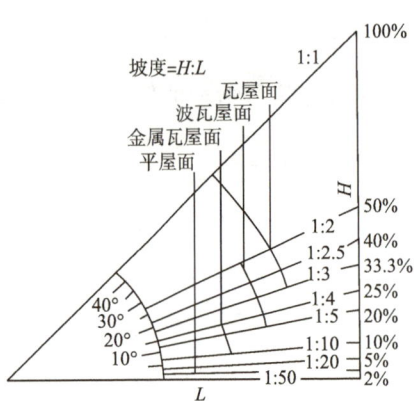

图 7-11　屋顶坡度范围

在实际工程中，影响屋顶坡度的主要因素有屋面防水材料、屋顶结构形式、地理气候条件、施工方法及建筑造型要求等。不同的屋面防水材料有各自的适宜排水坡度范围，如图 7-11 所示。防水材料如尺寸较小，接缝必然就较多，容易产生缝隙渗漏，因而屋面应有较大的排水坡度，以便将屋面积水迅速排除。如果屋面的防水材料覆盖面积大、接缝少且严密，屋面的排水坡度就可以小一些。另外，如果在建筑中采用了悬索结构和折板结构时，结构的形式已经决定了屋顶的坡度。

知识点 2：屋面坡度的形成方法

屋面的坡度主要由材料找坡和结构找坡组成，对屋面坡度有一定影响。

1. 材料找坡

材料找坡如图 7-12 所示，是指将屋顶结构层的屋顶楼板水平搁置，利用轻质材料垫置坡度，因而材料找坡又称"垫置坡度"。常用找坡材料有水泥炉渣、珍珠岩等，找坡材料最薄处以不小于 30mm 厚为宜。这种做法可获得平整的室内顶棚，空间完整，但找坡材料增加了屋顶荷载，且多费材料和人工。当屋顶坡度不大或需设保温层时广泛采用这种做法。

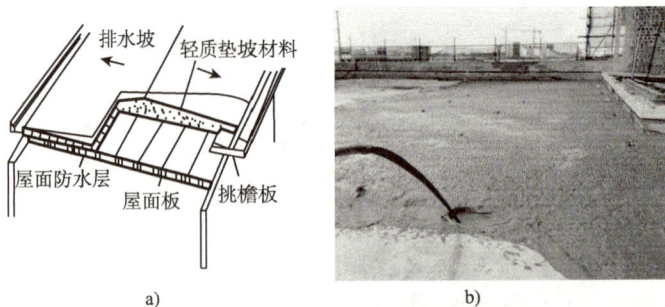

图 7-12　材料找坡

建筑构造

2.结构找坡

结构找坡如图7-13所示,是指将屋顶楼板倾斜搁置在下部的墙体或屋顶梁及屋架上的一种做法,因而结构找坡又称"搁置坡度"。这种做法不需在屋顶上另加找坡层,具有构造简单、施工方便、节省人工和材料、减轻屋顶自重的优点,但室内顶棚面是倾斜的,空间不够完整。因此结构找坡常用于设有吊顶棚或室内美观要求不高的建筑工程。

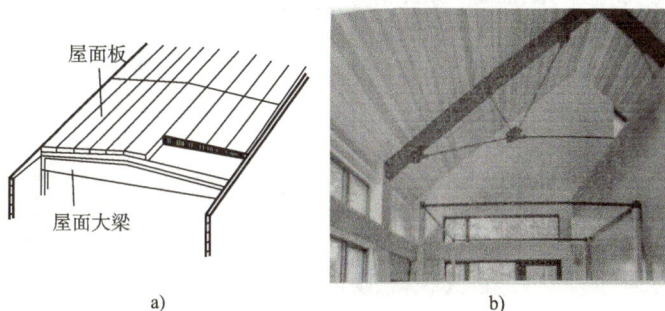

屋面板
屋面大梁
a)   b)

图7-13 结构找坡

知识点3:排水方式

屋顶排水方式分为无组织排水和有组织排水两大类,如图7-14所示。

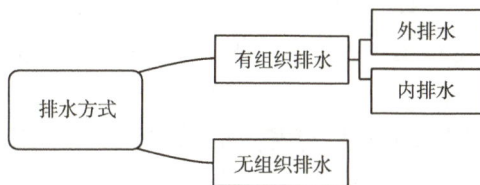

排水方式 —— 有组织排水 —— 外排水 / 内排水
         —— 无组织排水

图7-14 层顶排水方式

1.无组织排水

无组织排水又称自由落水,是指屋顶雨水直接从檐口落下到室外地面的一种排水方式,如图7-15所示。这种做法具有构造简单、造价低廉的优点,但屋顶雨水自由落下会溅湿墙面,外墙墙脚常被飞溅的雨水侵蚀,会影响到外墙的坚固耐久,并可能影响人行道的交通。无组织排水方式主要适用于少雨地区或一般低层建筑,不宜用于临街建筑和高度较高的建筑。

a)太和殿自由落水跳檐   b)现代无组织排水屋顶

图7-15 无组织排水

2.有组织排水

有组织排水是指屋顶雨水通过排水系统的天沟、雨水口、雨水管等,有组织地将雨水

255

排至地面或地下管沟的一种排水方式。这种排水方式构造较复杂、造价相对较高,但是减少了雨水对建筑物的不利影响,因而在建筑工程中应用广泛,如图7-16和图7-17所示。有组织排水方案由于具体条件不同,可分为外排水和内排水。

图7-16 挑檐沟外排水图　　　　图7-17 女儿墙外排水雨水口

1)外排水

外排水是指雨水管装在建筑外墙以外的一种排水方案,构造简单,雨水管不进入室内,有利于室内美观和减少渗漏,使用广泛,尤其适用于湿陷性黄土地区,可以避免水落管渗漏造成地基沉陷,南方地区多优先采用。外排水方案可归纳成以下几种:

(1)挑檐沟外排水。

屋顶雨水汇集到悬挑在墙外的檐沟内,再由落水管排下。当建筑物出现高低屋顶时,可先将高处屋顶的雨水排至低处屋顶。然后从低处屋顶的挑檐沟引入地下。采用挑檐沟外排水方案如图7-18a)所示,水流路线的水平距离不应超过24m,以免造成屋顶渗漏。

(2)女儿墙外排水。

当建筑造型不希望出现挑檐时。通常将外墙升起封住屋顶,高于屋顶的这部分外墙称为女儿墙。此方案如图7-18b)所示,特点是屋顶雨水在屋顶汇集需穿过女儿墙流入室外的雨水管。

(3)女儿墙挑檐沟外排水。

女儿墙挑檐沟外排水方案如图7-18c)所示,特点是在屋顶檐口部位既有女儿墙,又有挑檐沟。上人屋顶、蓄水屋顶常采用这种形式,利用女儿墙作为围护,利用挑檐沟汇集雨水。

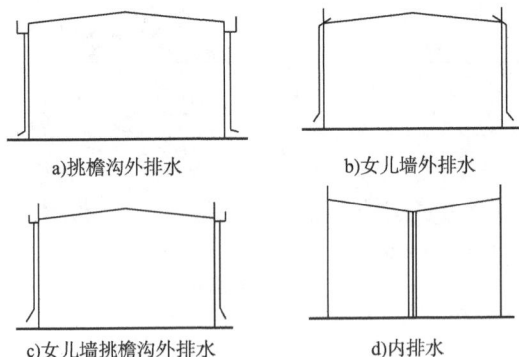

a)挑檐沟外排水　　　　b)女儿墙外排水

c)女儿墙挑檐沟外排水　　　　d)内排水

图7-18 排水类型

（4）暗管外排水。

明装雨水管对建筑立面的美观有所影响,故在一些重要的公共建筑中,常采用暗装雨水管的方式,将雨水管隐藏在装饰柱或空心墙中,装饰柱可成为建筑立面构图中的竖向线条等。

2）内排水

外排水构造简单,雨水管不占用室内空间,故在南方应优先采用。但在有些情况下采用外排水并不恰当。例如在高层建筑中就是如此,因维修室外雨水管既不方便,更不安全;又如在严寒地区也不适宜用外排水,因室外的雨水管有可能使雨水结冻,而处于室内的雨水管则不会发生这种情况。故把雨水管设置在室内,称为内排水。内排水常用形式包括:

（1）中间天沟内排水。

当房屋宽度较大时,可在房屋中间设一纵向天沟形成内排水,这种方案特别适用于内廊式多层或高层建筑。雨水管可布置在走廊内,不影响走廊两旁的房间,如图7-18d)所示。

（2）高低跨内排水。

高低跨双坡屋顶在两跨交界处也常常需要设置内天沟来汇集低跨屋面的雨水,高低跨可共用一根雨水管。

知识点4:排水设计

屋面排水组织设计的主要任务是将屋面划分为若干排水区,分别将雨水引向雨水管,做到排水线路简洁、雨水口负荷均匀、排水顺畅,避免屋面积水而引起渗漏。屋面排水组织设计一般按以下步骤进行。

1.确定排水坡面的数目

进深不超过12m的房屋和临街建筑常采用单坡排水,进深超过12m时宜采用双坡排水。坡屋面则应结合造型要求选择单坡、双坡或四坡排水。

2.划分排水分区

划分排水分区的目的在于合理地布置雨水管。排水区的面积是指屋面水平投影的面积,每一个雨水口的汇水面积一般为150~200m²。

3.确定天沟断面大小和天沟纵坡的坡度

天沟即屋面上的排水沟,位于檐口部位时称为檐沟。天沟的功能是汇集和迅速排除屋面雨水,故应具有合适的断面大小。在沟底沿长度方向应设纵向排水坡度,简称天沟纵坡。天沟根据屋面类型的不同有多种做法,如坡屋面中可用钢筋混凝土、镀锌铁皮、石棉瓦等材料做成槽形或三角形天沟。钢筋混凝土檐沟、天沟净宽不应小于300mm,分水线处最小深度不应小于100mm,沟内纵向坡度不应小于1%,沟底水落差不得超过200mm,金属檐沟、天沟的纵向坡度宜为0.5%。

4.雨水管的规格和间距

雨水管按材料分为铸铁、镀锌铁皮、塑料、石棉水泥和陶土等,外排水时可采用UPVC管、玻璃钢管、金属管等;内排水时可采用铸铁管、镀锌钢管、UPVC管等。雨水管的直径有50mm、75mm、100mm、125mm、150mm、200mm等规格,一般民用建筑雨水管直径为100mm,面积较小的阳台或露台可采用直径75mm的雨水管。雨水口的间距过大会引起沟内垫坡材料过厚,使天沟容积减小,大雨时雨水溢向屋面引起渗漏。两个水落口的间距,一般不宜大于下列数值:有外檐天沟 24m;无外檐天沟、内排水 15m。如图 7-19 所示。
水落口中心距端部女儿墙内边不宜小于 0.5m。

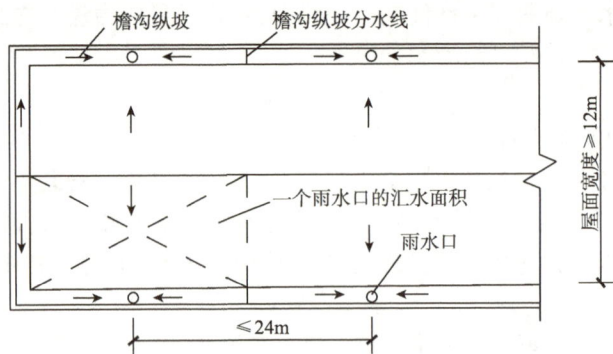

图 7-19　屋面雨水口间距示意图

案例拓展 »

上海世博会主题馆屋面雨水排水系统设计

1. 项目介绍

上海世博会主题馆建筑面积约 12 万 m^2,高度 24m,南北跨度 212m、东西跨度 288m,其中西展厅为单层无柱大空间,东展厅为二层大空间,东西展厅间为休息连廊区。主题馆屋面采用大跨度钢结构形式,水平投影面积 6.4 万 m^2。

2. 雨水系统

由于传统的重力流雨水排水系统需要较大的敷设坡度、排水能力有限,且因主题馆屋面汇水面积大、结构形式比较复杂,故设计一开始就决定采用压力流(虹吸式)雨水排水系统。主题馆休息区及东展厅均有地下室,休息厅下方地下室为会议室或电气设备用房等,不宜或不能敷设雨水管,为避免雨水出户管道过长而占用较多的地下室空间,所有压力流(虹吸式)雨水立管只能选择在整个建筑的东西两端设置。雨水系统在设计时,每个独立的屋面单元均设有单独的 288m 长雨水天沟(图 7-20),在天沟的两端设置雨水立管。

图 7-20　虹吸式雨水系统

建筑构造

压力流(虹吸式)雨水斗是雨水排水系统中一个重要的组成部件,其独特的设计具有气水分离功能,在雨水汇集时能够防止涡旋的产生,从而更有效地阻止空气进入压力流(虹吸式)雨水排水系统,保证系统正常、安全运行。

　　建筑屋顶排水是一个系统性的设计,需要从建筑形式、气候条件、屋顶结构整体出发,同时还需要把握好雨水斗、天沟、雨水管、溢流口等系部构件的做法,创新应用新技术解决工程中出现的问题,使得建筑建成后能够更好地服务社会和人民。

学习情境 7.3　平屋面防水构造原理与做法

⚙ 学习情境

屋顶防水构造是屋顶构造的重点。屋顶防水出现问题，会给建筑内的生产生活造成极大影响，且后期修补十分困难。因此，在建筑构造设计和施工过程中正确选用防水材料，处理好接缝和细部节点非常重要。如何认识实际项目中的屋顶防水做法，并处理好施工要点？现在我们就以某办公大楼的屋面防水为案例进行防水原理学习和构造做法识读。

◆ 学习目标

1. 工作能力目标

(1)能够掌握屋面防水的原理。
(2)能根据防水等级选择对应的防水材料和层次。
(3)能够掌握屋顶防水正确的施工步骤和方法。

2. 素质目标

能够从本模块的教学内容中培养注重细节、脚踏实地的精神。

▲ 任务描述

项目概况：本项目为某栋办公楼，地下1层、地上7层，建筑高度24.9m。为二类高层建筑，屋顶面积约856m²，结构板面标高24.6m，采用钢筋混凝土平面结构，屋顶上设置有楼梯间、电梯机房，采用女儿墙内檐沟内排水。项目位于浙江省某市，年平均降水量为1200mm左右，屋面构造做法见附录图纸。

此次任务要求学生阅读构造做法表和屋顶平面图纸，在此基础上对该项目的防水构造进行识读分析，钻研其构造要求和施工步骤，补全屋顶防水细部构造大样图。

◈ 工作准备

阅读知识点及图纸，查阅《民用建筑设计统一标准》(GB 50352—2019)、《屋面工程技术规范》(GB 50345—2012)、《平屋面》(15ZJ201)、《种植屋面》(15ZJ203)、《坡屋面》(15ZJ211)。

⚠ 任务实施

步骤一：分析此屋面防水等级。
引导问题1：屋面防水等级分为几级？

引导问题2：不同防水等级对屋面防水各有什么要求？

步骤二：判断屋面防水采用的材料类别。
引导问题1：这种类型的材料适用于什么范围？

引导问题2：这种类型材料与其他防水材料有什么区别？

步骤三：确定防水卷材铺贴要求。
引导问题1：防水卷材需要铺贴在什么样的基层上？

引导问题2：防水卷材铺贴前基层需要进行处理吗？应如何处理？

步骤四：分析找平层构造要求。
引导问题1：找平层采用什么材料？

模块
7

屋
顶

引导问题2：找平层变形缝有什么要求？

步骤五：确定卷材铺贴方法。
引导问题1：卷材粘贴的形式有几种？需采用什么类型胶黏剂？

引导问题2：卷材铺贴根据什么来判断铺贴方向？

引导问题3：卷材铺贴顺序是由下到上还是由上到下？

引导问题4：卷材在檐沟、天沟处粘贴有何特殊要求？

步骤六：判断卷材搭接缝尺寸和缝隙处理。
引导问题1：卷材搭接缝有何方向上的要求？

引导问题2：卷材搭接缝宽度根据材料和方向有何要求？

261

引导问题 3：卷材搭接缝如何封缝来防止漏水？

步骤七：分析保护层做法。
引导问题 1：本屋顶为上人屋面还是非上人屋面？这两种屋面对保护层要求有何不同？

引导问题 2：有哪些常见的保护层做法？各适用于哪种类型屋顶？

步骤八：绘制防水屋面构造大样。
引导问题 1：屋面构造大样包括哪些内容？

引导问题 2：屋面构造大样如何进行文字标注？

微课：平屋顶防水　　动画：地下涂膜防水　　动画：合成高分子
防水卷材

◇ **成果形式**

完成并提交本教材配套《建筑构造活页实训手册》中的屋顶防水实例分析报告。

评价反馈

完成并提交本教材配套《建筑构造活页实训手册》中对应学习情境的任务评价反馈表，学生自评后由教师综合评价。

◈ 知识链接 ◈

知识点1：卷材防水材料特点

卷材防水屋面是指将柔性的防水卷材或片材用胶结料粘贴在屋顶上，形成一个大面积的封闭防水覆盖层，是典型的以"堵"为主的防水构造。该防水层具有一定的延伸性，适应于直接暴露在室外的屋面和结构的温度变形，又称柔性防水屋面，卷材类别如表7-1所示。

卷材防水类别　　　　　　　　　　表7-1

卷材类别		搭接缝宽度（mm）
合成高分子防水卷材	胶黏剂	80
	胶黏带	50
	单缝焊	60，有效焊接宽度不小于25
	双缝焊	80，有效焊接宽度10×2+空腔宽
高聚物改性沥青防水卷材	胶黏剂	100
	自粘	80

目前比较常用的屋面防水卷材有聚氯乙烯、氯丁橡胶、APP（无规聚丙烯）改性沥青防水卷材、三元乙丙橡胶等，它们的优点是冷施工、弹性好，寿命长，适用于防水等级Ⅰ～Ⅱ等级的防水屋顶（表7-2）。

防水、涂膜屋面防水等级和做法　　　　　表7-2

防水等级	防水做法
Ⅰ级	卷材防水层和卷材防水层、卷材防水层和涂膜防水层、复合防水层
Ⅱ级	卷材防水层、涂膜防水层、复合防水层

知识点2：卷材防水屋面构造层次

卷材防水屋面的基本构造层次按其作用分别为：结构层、找坡层、找平层、结合层、防水层和保护层，如图7-21所示。

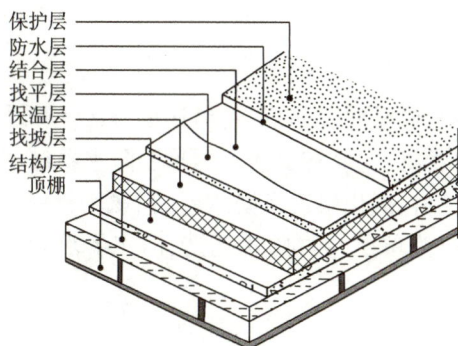

图7-21　卷材防水屋面构造层次

1.结构层

通常为预制或现浇钢筋混凝土屋面板，要求具有足够的承载力和刚度。

2. 找坡层

材料找坡应选用轻质材料形成所需要的排水坡度,通常是在结构层上铺1:(6~8)的水泥焦砟或水泥膨胀蛭石等。

3. 找平层

卷材防水层要求铺贴在坚固而平整的基层上,以防止卷材凹陷或断裂,在松软材料及预制屋顶板上铺设卷材之前,须先做找平层。找平层一般采用1:3水泥砂浆或1:8沥青砂浆,整体混凝土结构可以做较薄的找平层15~20mm,表面平整度较差的装配式结构或在散料上宜做较厚的找平层20~30mm。

为防止找平层变形开裂而使卷材防水层破坏,在找平层中留设分格缝,如图7-22所示。分格缝的宽度一般20mm。纵横间距不大于6m。分格缝上面应覆盖一层200~300mm宽的附加卷材,用胶黏剂单边点贴,使分格缝处的卷材有较大的伸缩余地,避免开裂。

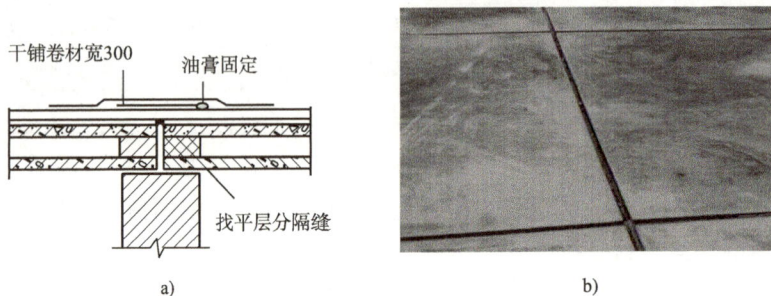

图7-22 找平层分隔缝做法(尺寸单位:mm)

4. 结合层

结合层的作用是在卷材与基层间形成一层胶质薄膜,使卷材与基层胶结牢固。结合层所用材料应根据卷材防水层材料的不同来选择,如油毡卷材、聚氯乙烯卷材及自粘型彩色三元乙丙复合卷材用冷底子油在水泥砂浆找平层上喷涂1~2道;三元乙丙橡胶卷材则采用聚氨酯底胶;氯化聚乙烯橡胶卷材需用氯丁胶乳等。冷底子油用沥青加入汽油或煤油等溶剂稀释而成,喷涂时不用加热,在常温下进行,故称冷底子油。

5. 防水层

防水层是由胶结材料与卷材粘合而成,卷材连续搭接,形成屋面防水的主要部分。

目前所用的新型防水卷材,主要有三元乙丙橡胶防水卷材、自粘型彩色三元乙丙复合防水卷材、聚氯乙烯防水卷材、氯化聚乙烯防水卷材、氯丁橡胶防水卷材及改性沥青卷材防水卷材等,这些材料一般为单层卷材防水构造,防水要求较高时可采用双层卷材防水构造。

6. 保护层

设置保护层使卷材不致因光照和气候等的作用而迅速老化,防止沥青类卷材的沥青过热流淌或受到暴雨的冲刷。保护层的构造做法根据屋顶的使用情况而定。

(1)不上人屋面保护层的做法:当采用卷材防水层时为粒径3~6mm的小石子,称为绿豆砂保护层。绿豆砂要求耐风化、颗粒均匀、色浅;三元乙丙橡胶卷材采用银色着色剂,直接涂刷在防水层上表面；彩色三元乙丙复合卷材防水层直接用 CX-404 胶黏结、不需另加保护层。

（2）上人屋面的保护层的做法：通常可采用水泥砂浆或沥青砂浆铺贴缸砖、大阶砖、混凝土板等，也可现浇 40mm 厚 C20 细石混凝土。

知识点 3：防水卷材铺贴要点

冷粘法是用胶黏剂将卷材粘贴在找平层上，铺贴卷材时应注意平整顺直，搭接尺寸应准确、不扭曲，卷材下面的空气应予排除并将卷材辊压黏结牢固。热熔法施工是用火焰加热器将卷材均匀加热至表面光亮发黑，然后立即滚铺卷材使之平展并辊压牢实。自粘法是利用某些卷材的自粘性进行铺贴。

当卷材防水层上有重物覆盖或基层变形较大时，宜采用空铺、点粘或条粘。但距屋面周边 800mm 内以及叠层铺贴的各层卷材之间应满粘。空铺法是铺贴防水卷材时，卷材与基层在周边一定宽度内粘贴，其余部分不粘贴的施工方法。点粘法是铺贴防水卷材时，卷材或打孔卷材与基层采用点状粘贴的施工方法。条粘法是铺贴防水卷材时，卷材与基层采用条状粘贴的方法。如图 7-23 所示。

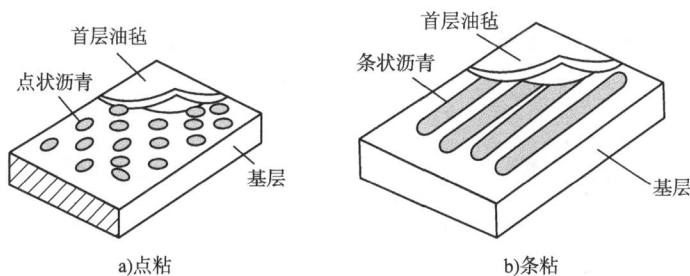

图 7-23　铺贴防水卷材的方法

当屋顶坡度小于 3% 时，沥青卷材宜平行于屋脊，从檐口到屋脊层层向上铺贴；屋顶坡度在 3% ~15% 时，卷材可平行或垂直于屋脊铺贴；当屋顶坡度大于 15% 或屋顶受振动时，卷材应垂直于屋脊铺贴。合成高分子卷材和高聚物改性沥青防水卷材可平行或垂直屋脊粘贴，上下层卷材不得相互垂直粘贴，上下层及相邻卷材应错开粘贴。平行屋脊搭接缝应顺水流方向。如图 7-24 所示。

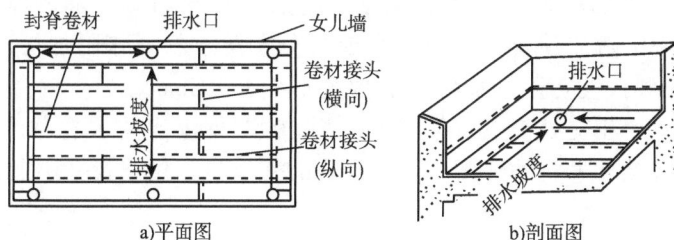

图 7-24　卷材铺设方法

卷材搭接缝口应密封严密。采用冷粘法和自粘法时，用相容的密封材料封严。搭接宽度根据卷材类型和铺贴方法而定，见表 7-3。

265

铺贴		短边搭接		长边搭接	
		满粘法	空铺、点粘、条粘法	满粘法	空铺、点粘、条粘法
沥青防水卷材		1000	150	70	100
高聚物改性沥青防水卷材		80	100	80	100
合成高分子防水卷材	胶黏剂	80	100	80	100
	胶黏带	50	60	50	60
	单缝焊	60,有效焊接宽度不小于 25			
	双缝焊	80,有效焊接宽度 10×2 + 空腔宽			

知识点 4:卷材防水屋面细部构造

屋顶细部是指屋面上的泛水、檐口、天沟、雨水口、变形缝等部位。

1. 泛水构造

泛水指屋顶上沿所有垂直面所设的防水构造,突出于屋面之上的女儿墙、烟囱、楼梯间、变形缝、检修孔、立管等的壁面与屋顶的交接处是最容易漏水的地方。必须将屋面防水层延伸到这些垂直面上,形成立铺的防水层,称为泛水。坡屋顶泛水构造如图 7-25 所示。

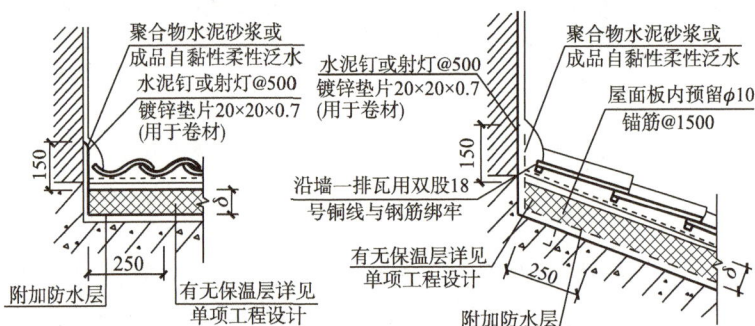

图 7-25　坡屋顶泛水构造(尺寸单位:mm)

泛水构造应注意以下几点:

(1)铺贴泛水处的卷材应采用满粘法。附加层在平面和立面的宽度均不应小于 250mm,并加铺一层附加卷材。当采用合成高分子防水卷材作附加层时,厚度不小于 1.2mm;采用高聚物改性沥青防水卷材时,厚度不小于 3.5mm。

(2)屋面与立墙相交处应做成圆弧形,高聚物改性沥青防水卷材的圆弧半径采用 50mm,合成高分子防水卷材的圆弧半径为 20mm,使卷材紧贴于找平层上,而不致出现空鼓现象。

(3)女儿墙压顶可采用混凝土或金属制品。压顶向内排水坡度不应小于 5% ,压顶内侧下端应作滴水处理。

(4)低女儿墙泛水处的防水层可直接铺贴至压顶下,卷材收头应用金属压条钉压固定,并应用密封材料封严;高女儿墙泛水上部的墙体应作防水处理,如图 7-26、图 7-27 所示。

a)低女儿墙泛水处理　　　　　b)高女儿墙泛水处理

图7-26　卷材防水屋面泛水构造施工

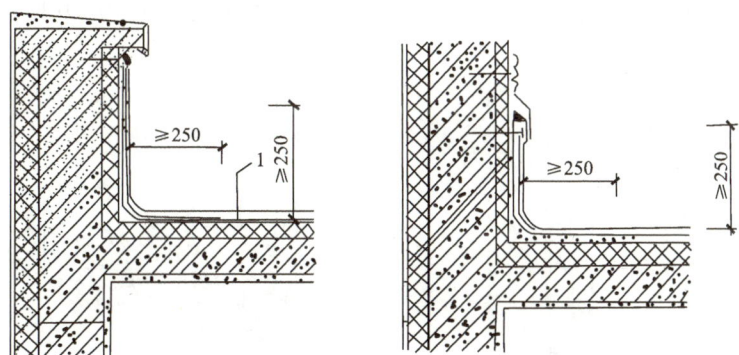

a)低女儿墙泛水　　　　　b)高女儿墙泛水

图7-27　女儿墙泛水(尺寸单位:mm)

2.檐口构造

柔性防水屋面的檐口构造有无组织排水挑檐和有组织排水挑檐沟及女儿墙檐口等,挑檐和挑檐沟构造应做好卷材的收头固定、檐口饰面以及滴水。女儿墙檐口构造的关键是泛水的构造处理及其顶部通常做混凝土压顶,并设有坡度、坡向屋面。如图7-28所示。

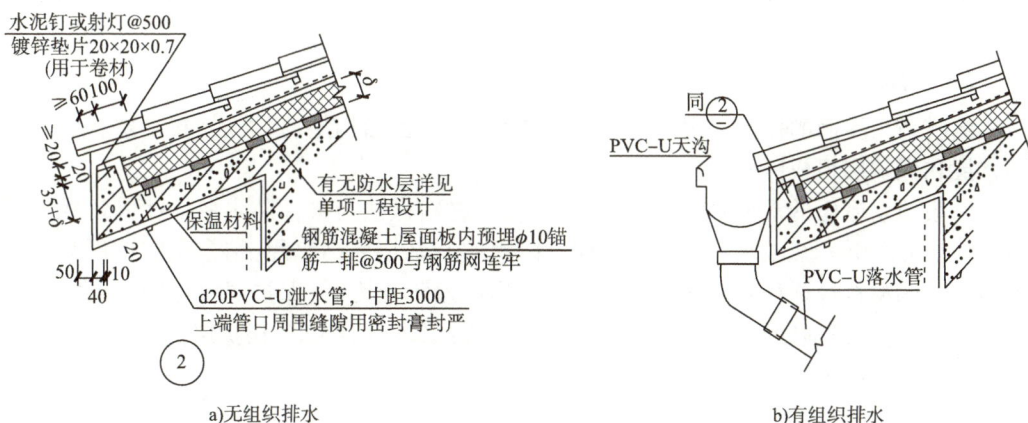

a)无组织排水　　　　　b)有组织排水

图7-28　坡屋顶檐口构造(尺寸单位:mm)

3.屋面水平出入口泛水

屋面分为垂直出入口和水平出入口。屋面垂直出入口应防止雨水从盖板下倒灌入室内。

泛水处应增设附加层,附加层在平面和立面的宽度均不应小于250mm;防水层收头应在混凝土压顶圈下,使收头的防水设防可靠,不会产生翘边、开口等缺陷。屋面水平出入口泛水处应增设附加层和护墙,附加层在平面上的宽度不应小于250mm;防水层应铺设至门洞踏步板下,收头处用密封材料封严,再用水泥砂浆保护。

4. 雨水口构造

雨水口的类型有用于檐沟排水的直管式雨水口和女儿墙外排水的弯管式雨水口两种。雨水口在构造上要求排水通畅、防止渗漏水堵塞。直管式雨水口为防止其周边漏水,应加铺一层卷材并贴入连接管内100mm,雨水口上用定型铸铁罩或铅丝球盖住并用油膏嵌缝。弯管式雨水口穿过女儿墙预留孔洞内,屋面防水层应铺入雨水口内壁四周不小于100mm,并安装铸铁算子以防杂物流入造成堵塞。雨水口构造如图7-29所示。

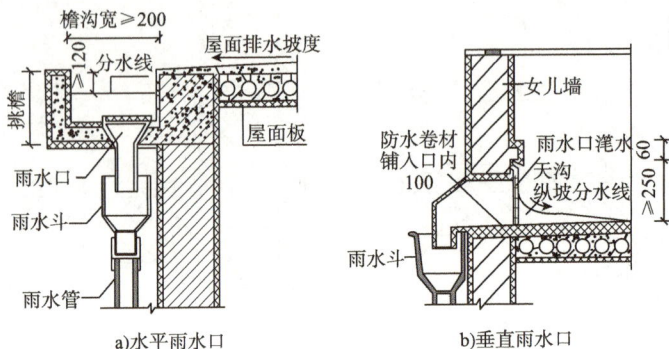

图7-29 雨水口构造(尺寸单位:mm)

知识点5:涂膜防水屋面

涂膜防水屋面又称涂料防水屋面,是指用可塑性和黏结力较强的高分子防水涂料,直接涂刷在屋面基层上,形成一层不透水的薄膜层以达到防水目的的一种屋面做法。防水涂料有塑料、橡胶及改性沥青三大类,常用的有塑料油膏、氯丁胶乳沥青涂料及焦油聚氨酯防水涂膜等。这些材料多数具有防水性好、黏结力强、延伸性大、耐腐蚀、不易老化、施工方便、容易维修等优点,近年来应用较为广泛。

1. 涂膜防水屋面的构造层次和做法

涂膜防水屋面的构造层次与柔性防水屋面相同,由结构层、找坡层、找平层、结合层、防水层和保护层组成。

涂膜防水屋面的常见做法,结构层和找坡层材料做法与柔性防水屋面相同。找平层通常为25mm厚1:2.5水泥砂浆。为保证防水层与基层黏结牢固,结合层应选用与防水涂料相同的材料经稀释后满刷在找平层上。当屋面不上人时,保护层根据防水层材料的不同,可用蛭石或细砂撒面、银粉涂料涂刷等做法;当屋面上人时,保护层做法与柔性防水上人屋面做法相同。

2. 涂膜防水屋面细部构造

(1)对易开裂、渗水的部位,应留凹槽嵌填密封材料,并增设一层或多层带有胎体增强材料(玻纤网格布等)的附加层。

(2)涂膜防水层的找平层应设分隔缝,分隔缝的间距应不大于6m,宜设置在屋面板的支承处。找平层的分隔缝用密封材料填实,涂膜防水层沿分隔缝增设带有胎体增强材

268

料的空铺附加层,空铺宽度宜为100mm。

(3)涂膜防水屋面泛水构造要点与柔性防水屋面基本相同,即泛水高度不小于250mm;屋面与立墙交接处应做成弧形,泛水上端应有挡雨措施,以防渗漏,如图7-30所示。

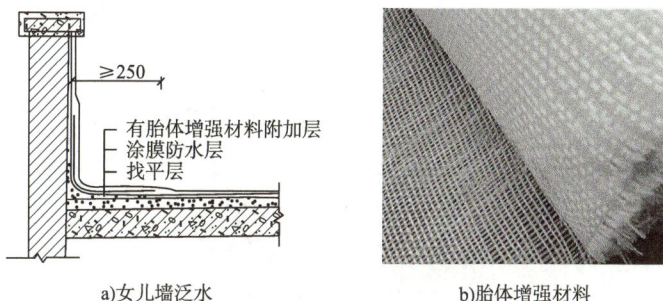

a)女儿墙泛水   b)胎体增强材料

图7-30 涂膜防水泛水构造(尺寸单位:mm)

💻 案例拓展 ▶▶▶

上海某学校单层屋面防水翻修工程

1. 工程概况

该学校屋面使用高分子防水系统,已经使用了十几年。2022年,在日常的学校设施维护中发现部分建筑屋面的女儿墙防水卷材破损,存在渗漏隐患,故对所有涉及渗漏隐患的建筑屋面进行翻新维修。

2. 现状分析

该屋面的构造层次是一个标准的机械固定的防水系统,使用的是XPS保温层,基层为混凝土。原构造层次基本完备,没有保温板受潮、塌陷等问题。在考虑对环境影响最小的前提下,维修方案为:保留所有原屋面构造层次,只是在旧屋面系统上使用S327卷材机械固定;新旧卷材之间,使用无纺布进行隔离。

3. 施工流程

屋面施工流程如下:

(1)用高压水枪强力清洗屋面上的灰尘及苔藓。

(2)将屋面中间现有天沟填充到当前屋面水平面。

(3)抬升落水口到新的屋面高度。

(4)将防水卷材直接满粘在现有屋面上。

(5)重新连接落水口和新屋面防水卷材。

(6)安装通用支座,用于连接设备、管道和电缆轨道支座。

(7)使用PVC复合金属板做收口处理。

(8)在屋面日常维护路径上,安装PVC走道板,保护屋面防水系统。

4. 细部处理

屋顶采光窗立面收口,使用 PVC 复合金属板边收口,通过使用密封胶和窗框密封,侧面机械固定,并与墙面卷材连成一体,如图 7-31 所示;屋面设施基础收口处理 PVC 复合金属板安装在设备基础的 U 形框架上,使用防水密封胶密封,并加以机械固定。

图 7-31　屋顶采光窗收口处理

学习情境7.4 平屋顶的保温隔热

学习情境

随着经济发展,居民对建筑环境的要求越来越高,建筑能耗呈不断上升趋势。建筑节能是各种节能途径中潜力最大、最直接的有效方式之一。建筑屋顶的保温隔热是建筑节能中的重要部分。我们应如何认识屋顶保温及隔热原理? 如何选择合适的材料和做法?

学习目标

1. 工作能力目标

(1)掌握常见保温屋面的类型和构造做法。
(2)能描述和绘制保温隔热屋面构造层次。

2. 素质目标

从本模块的教学内容中认识到创新技术的重要性,培养节能减排的绿色建筑先进理念。

任务描述

项目概况:本项目为某栋办公楼,地下1层、地上7层,建筑高度24.9m。为二类高层建筑,屋顶面积约856m,结构板标高24.6m,采用钢筋混凝土平面结构。位于浙江省某市,北亚热带南缘,属东亚季风区,冬夏季风交替,四季分明,春湿、夏热、秋燥、冬冷,属热工分区中的夏热冬冷地区,屋面构造做法见附录工程做法表。

阅读图纸,对该项目的保温隔热构造进行识读分析,钻研其构造要求和施工步骤,提出替代方案并绘制大样图,完成屋顶保温分析报告。

工作准备

阅读知识点、图纸,查阅《屋面工程质量验收规范》(GB 50345—2012)、《平屋面》(15ZJ201)、《种植屋面》(15ZJ203)、《坡屋面》(15ZJ211)。

任务实施

步骤一:阅读构造做法表,分析此屋面保温材料。
引导问题:屋顶保温材料有哪些类型? 分别适用于哪些情况?

步骤二:判断屋面保温构造类型。
引导问题:屋面保温构造有哪些类型? 应如何区分?

步骤三：分析本屋顶隔汽层。

引导问题1：什么情况下需要设置隔汽层？一般设置在哪里？

引导问题2：隔汽层有什么作用？

步骤四：分析本屋顶隔离层。

引导问题：什么情况下需要设置隔离层？一般设置在哪里？隔离层有什么作用？

步骤五：将本项目保温屋顶构造形式改为倒置式并补绘构造大样。

引导问题1：翻阅图集，查看同样的气候条件下倒置式屋面可以采用哪些保温材料。

引导问题2：倒置式屋面是否需要设置隔汽层和排气通道来保护保温层？

微课：屋顶保温　　动画：平屋顶保温　　微课：屋顶隔热

◇ **成果形式**

完成并提交本教材配套《建筑构造活页实训手册》中的保温屋顶分析报告。

✍ **评价反馈**

完成并提交本教材配套《建筑构造活页实训手册》中对应学习情境的任务评价反馈表，学生自评后由教师综合评价。

◇◇ 知识链接 ◇◇

为保证建筑室内环境为人们提供舒适空间,避免外界自然环境的影响,建筑外围护构件必须具有良好的建筑热工性能。我国各地区气候差异很大,北方地区冬天寒冷,南方地区夏天炎热,因此北方地区需加强保温措施。南方地区则需加强隔热措施。

知识点1:保温材料

在北方寒冷地区或装有空调设备的建筑中冬季室内供暖时,室内温度高于室外,热量通过围护结构向外散失。为了防止室内热量过多、过快地散失,须在围护结构中设置保温层以提高屋顶的热阻,使室内有一个舒适的环境,保温层的材料和构造方案根据使用要求、气候条件、屋顶的结构形式、防水处理方法、材料种类、施工条件、整体造价等因素,经综合考虑后确定。

目前,我国绝大多数需要提高保温层性能的建筑均采用在屋顶构造中增设实体保温层的做法,其优点是构造简单、施工方便、经济效果好。

保温材料要求密度小、孔隙多、导热系数较小并具有一定强度的性能。屋顶保温材料一般为轻质多孔材料,分为松散料、现场浇筑的混合料及板块料三大类。

1. 松散料保温材料

松散料保温材料一般有膨胀蛭石[粒径3~15mm,堆积密度应小于300kg/m³,导热系数应小于0.14W/(m·K)]、膨胀珍珠岩、矿棉、炉渣和矿渣(粒径5~40mm)之类的工业废料等。松散料保温层可与找坡层结合处理,如图7-32a)所示。

2. 现场浇筑的混合料保温材料

现浇轻质混凝土保温层,一般为轻集料,如炉渣、矿渣、陶粒、蛭石、珍珠岩与石灰或水泥胶结的轻质混凝土或浇泡沫混凝土。现场浇筑的混合料保温层可与找坡层结合处理。

3. 板块料保温材料

板块料保温材料一般有加气混凝土板、泡沫混凝土板、膨胀珍珠岩板、膨胀蛭石板、矿棉板、岩棉板、泡沫塑料板、木丝板、刨花板、甘蔗板等。其中最常用的是加气混凝土板和泡沫混凝土板。泡沫塑料板价格较贵,只有在较高等级的工程中采用。植物纤维板只有在通风条件良好、不易腐烂的情况下才比较适宜采用。如图7-32b)所示。

a)珍珠岩散料　　　　　　b)聚苯板
图7-32　屋顶保温材料

模块7 屋顶

273

知识点 2：保温层构造

根据保温层在屋顶各层次中的位置有如下几种设置方式：

1. 正铺法

正铺法是将保温层设在结构层之上、防水层之下，从而形成封闭式保温层的一种屋面，目前被广泛采用。保温材料一般为热导率小的轻质、疏松、多孔或纤维材料，如蛭石、岩棉、膨胀珍珠岩等。

保温材料可以直接使用散料，可以与水泥或石灰拌和后整浇成保温层，还可以制成板块使用。当用松散或用块材保温材料时，保温层上需设找平层。

2. 倒铺法

倒铺法是将保温层设置在防水层之上，从而形成的敞露式保温层屋面做法。

构造层次：自上而下为保护层、保温层、防水层、结构层。

保护层：要有足够的重量，以防保温层在下雨时漂浮，可用混凝土板或大粒径砾石。

保温层：选用憎水性好、吸水率低、重度小及导热系数小的块状保温材料，如聚苯乙烯泡沫塑料板或聚氨酯泡沫塑料板。

优点：防水层不受太阳辐射和剧烈气候变化的直接影响，不易受外来机械损伤。

3. 将保温层与结构层组成复合结构

保温层与结构层组成复合板。保护保温层的措施包括：

（1）当在防水层下设置保温层时，为了防止室内湿气进入屋面保温层，进而受热膨胀影响防水层，需在保温层下设置隔汽层。常用的做法有：热沥青两道、一毡二油、二毡三油、玛蹄脂两道以及改性涂料等。

（2）在设置隔汽层的同时，为了防止室内水蒸气渗入保温层中以及在施工过程中保温层和找平层中残留的水在保温层中影响保温层的保温效果，可设置排气道和排气孔。

知识点 3：屋顶隔热

南方炎热地区，在夏季太阳辐射和室外气温的综合作用下，大量热量将从屋顶传入室内，影响室内的热环境。为保障人们生活和工作的舒适室内条件，应采取适当的构造措施解决屋顶的降温和隔热问题。

屋顶隔热降温的主要目的是减少热量对屋顶表面的直接作用。所采用的方法包括通风隔热屋顶、种植隔热屋顶、反射隔热屋顶等。

1. 通风隔热屋面

通风隔热屋面是指在屋顶中设置通风间层，使上层表面起着遮挡阳光的作用，利用风压和热压作用把间层中的热空气不断带走，以减少传到室内的热量，从而达到隔热降温的目的。通风隔热屋面一般有架空通风隔热屋面和顶棚通风隔热屋面两种做法。

（1）架空通风隔热屋面：通风层设在防水层之上，其做法很多，其中以架空预制板或大阶砖最为常见。架空通风隔热层设计应满足以下要求：架空层应有适当的净高，一般以 180～240mm 为宜；距女儿墙 500mm 范围内不铺架空板；隔热板的支点可做成砖垄墙或砖墩，间距视隔热板的尺寸而定。架空通风隔热屋面构造如图 7-33 所示。

（2）顶棚通风隔热屋面：这种做法是利用顶棚与屋顶之间的空间作隔热层，如图 7-34 所示。顶棚通风隔热层设计应满足以下要求：顶棚通风层应有足够的净空高度，一般为 500mm 左右；需设置一定数量的通风孔，以利空气对流；通风孔应考虑防飘雨措施。如图 7-35 所示。

274

建筑构造

a)

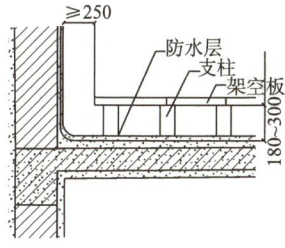
b)

图 7-33　屋顶架空预制板通风

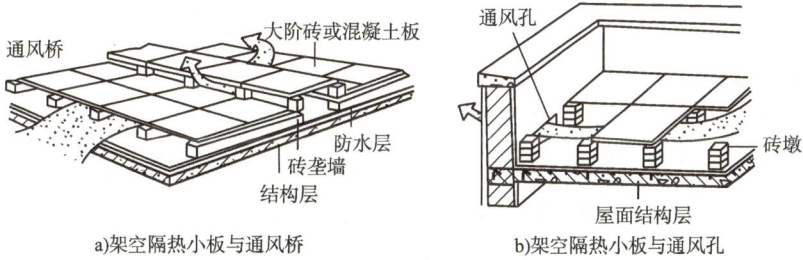

a)架空隔热小板与通风桥　　　b)架空隔热小板与通风孔

图 7-34　屋顶架空通风构造

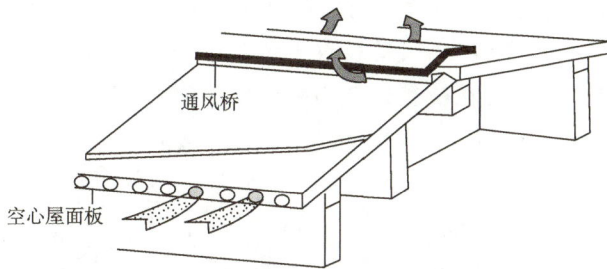

图 7-35　顶棚通风屋顶

2. 种植隔热屋面

种植屋面是在屋顶上种植植物,利用植被的蒸腾和光合作用,吸收太阳辐射热,从而达到降温隔热的目的,如图 7-36 所示。

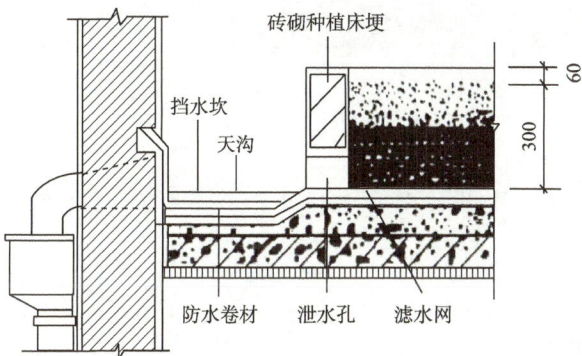
a)

b)

图 7-36　种植屋顶构造层(尺寸单位:mm)

种植屋顶设置蓄排水层改善基质的通气状况，迅速排出多余水分，有效地缓解瞬时压力，并可蓄存少量水分供植物生长。可与屋顶雨水管道相结合，将过多水分排出，以减轻防水层的负担。绿色屋顶一般用轻而薄的材料，如聚乙烯和聚丙烯板，也可用由鹅卵石组成，其厚度可以为4cm或更多。

植物根系生长、增强，并通过土壤寻找水和养分，随着时间的推移，如果没有适当的保护，根系会穿透屋顶组件产生裂缝和渗透。市场上通常采用物理根阻层，以低密度聚乙烯（PE）或聚乙烯（聚丙烯）材料组成的薄薄的一层（通常约0.05cm）置于屋顶。

在工程中还会采用屋面涂刷反光涂料或配套涂料、铺设反光卷材等方法形成反射隔热降温屋面的做法。

📶 案例拓展 》》

深圳华侨城创想大厦种植屋面

1. 工程概况

深圳华侨城创想大厦是一个集商务办公、公寓、商业为一体的现代化城市综合体位于深圳市龙华区，总建筑面积达22.37万 m²，由地下4层、地上两栋41～44层的超高塔楼及6层商业裙楼组成，塔楼最大高度达198.4m。其中裙房屋面、主楼屋面均为花园式种植屋面，种植面积达7550m²，如图7-37所示。

图7-37　种植屋面

2. 设计与选材

种植屋面防水设计等级为Ⅰ级，采用防水涂料与耐根穿刺防水卷材复合防水设计，具体做法自上向下分别为：

(1)景观种植/铺装面层。

(2)不小于300g/m²无纺布过滤层。

(3)不小于25mm高凸型排(蓄)水板。

建筑构造

(4)50mm厚C30配筋细石混凝土,每4m设一道20mm宽缝,缝内填10mm深单组分聚氨酯建筑密封胶。

(5)200g/m² 无纺布隔离层。

(6)挤塑聚苯板保温层,燃烧性能等级为B2级,厚度按照计算值的1.25倍设置。

(7)4mm厚自粘聚合物改性沥青耐根穿刺防水卷材。

(8)2mm厚非固化橡胶沥青防水涂料。

(9)C25细石混凝土2%找坡,随捣随抹平压光。

(10)现浇钢筋混凝土屋面板。

3.节点部位处理

女儿墙防水施工要点:①先在阴角处施工加强层,涂刮一遍非固化橡胶沥青防水涂料并铺贴对应大小的玻纤网格布,再涂刮一遍非固化橡胶沥青防水涂料将网格布覆盖,涂料平立面刮涂宽度均为250mm;②大面涂刮非固化橡胶沥青防水涂料并铺贴自粘聚合物改性沥青耐根穿刺防水卷材,高度为立面交接处防水上方不小250mm;③卷材立面收头采用压条钉牢,并用非固化橡胶沥青防水涂料密封。

随着社会发展,城市绿色空间不断被建筑用地、道路建设占用,立体绿化的出现,使绿化从传统意义上的水平方向发展到垂直方向,从而拓宽了城市绿化空间,丰富了城市绿化层次,增加了城市的绿化面积,提高了城市绿化覆盖率,使城市环境更加整洁美观、自然生态。绿色屋顶对于城市环境的提升、雨水涵养、建筑节能都有诸多益处,也是我们实现城市"碳中和"的有效措施。

模块7

屋顶

学习情境 7.5　坡屋顶的构造做法

○ 学习情境

　　坡屋顶既是我国传统的屋顶形式,也是现代建筑中为增加建筑造型多样性而常用的屋顶形式。随着现代技术与材料不断发展,对新形式坡屋顶的防水、保温、隔热性能等都提出了新要求。坡屋顶的防水、保温、排水等做法与平屋顶有什么区别呢?

◇ 学习目标

1. 工作能力目标

(1)能够掌握坡屋顶的结构形式和特点。

(2)能描述和绘制坡屋顶平瓦屋面的构造层次。

2. 素质目标

　　现代建筑的坡屋顶在继承传统建筑屋顶形式的基础上,针对防水、排水、保温等方面进行了改革与创新,培养学生"在继承中发扬,在创新中发展"的理想信念。

▲ 任务描述

　　项目概况:本屋顶采用钢筋混凝土结构,坡度30%,自由落水屋面,采用红色陶瓷圆弧拱波形瓦,屋面防水等级为Ⅰ级。

　　要求学生在查阅相关图集、资料的基础上,对该项目的坡屋顶构造进行识读分析,填写相对应的材料层次,绘制本坡屋面构造方案大样图并进行标注。

◈ 工作准备

　　阅读知识点及图纸,查阅《屋面工程技术规范》(GB 50345—2012)、《平屋面》(15ZJ201)、《种植屋面》(15ZJ203)、《坡屋面》(15ZJ211)。

△ 任务实施

步骤一:判断屋顶结构体系。

引导问题1:此屋面采用了哪种结构形式?

引导问题2:坡屋顶有哪些常见的结构体系?

步骤二:分析屋顶防水材料。

引导问题:坡屋顶防水等级为Ⅰ、Ⅱ时,各应采用何种防水构造?

步骤三:放置屋顶保温材料。

建筑构造

引导问题1:坡屋顶可采用哪些保温材料?

引导问题2:保温材料应放置在哪个位置?

步骤四:分析瓦片固定构件。
引导问题1:持钉层可采用哪些材料做法?

引导问题2:挂瓦条、顺水条的位置是怎么样的?

步骤五:判断瓦片位置。
引导问题1:瓦材有哪些常见类型?分别位于哪里?

引导问题2:瓦材是如何固定的?

微课:坡屋顶构造(上)　　微课:坡屋顶构造(下)

◇ **成果形式**

完成并提交本教材配套《建筑构造活页实训手册》中的坡屋顶读图报告。

评价反馈

完成并提交本教材配套《建筑构造活页实训手册》中对应学习情境的任务评价反馈表,学生自评后由教师综合评价。

坡屋顶根据承重部分不同,主要有传统的木构架屋顶、钢筋混凝土屋架屋顶、钢结构屋架屋顶以及近些年发展起来的膜结构屋顶,如图7-38所示。

图 7-38　现代坡屋顶

坡屋顶一般采用瓦材防水,瓦材块小、接缝多、易渗漏,所以坡屋面的坡度大于10°,通常为30°左右。坡屋顶构造高度大、排水快、防水性能好,其缺点为结构复杂,消耗材料较多。坡屋顶层面构成如图7-39所示。

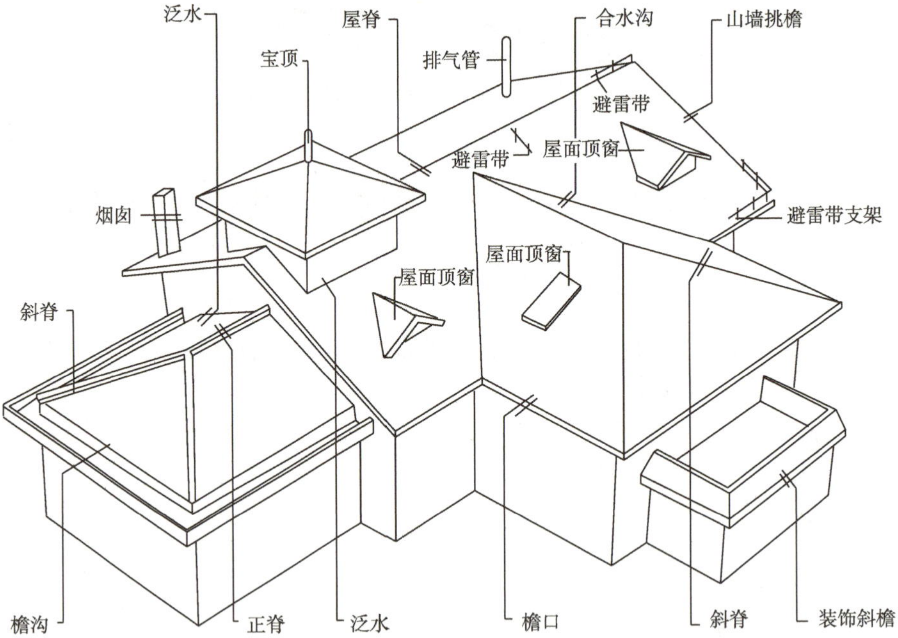

图 7-39　坡屋顶屋面构成

瓦屋面按屋面基层的组成方式可分为有檩体系和无檩体系两种。有檩体系的瓦通常铺设在由檩条屋面板、挂瓦条等组成的基层上;无檩体系的瓦屋面基层则通常由各类钢筋混凝土板构成。

知识点 1：常用的瓦屋面形式

常用的瓦屋面主要有块瓦、沥青瓦和波形瓦等。坡瓦屋面的基层可以采用木基层，也可以采用混凝土基层，其防水构造做法应根据瓦的类型、基层种类及防水等级而定。

1. 块瓦屋面

块瓦是由黏土、混凝土和树脂等材料制成的块状硬质屋面瓦材。块瓦分为平瓦、小青瓦及筒瓦等。由于块瓦瓦片的尺寸较小，且瓦片相互搭接时搭接部位垫高较大，为了保证屋面的防水性能，块瓦屋面的坡度不应小于30%。

块瓦的固定应根据不同瓦材的特点采用挂、绑、钉、粘等方法固定。除了小青瓦和筒瓦需采用水泥砂浆卧瓦固定外，其他块瓦屋面应采用干挂铺瓦方式。其目的是使施工安全方便，并可避免水泥砂浆卧瓦安装方式的缺陷，如易产生冷桥、污染瓦片、冬季砂浆收缩拉裂瓦片、黏结不牢引起脱落等。

铺瓦方式包括水泥砂浆卧瓦、钢挂瓦条挂瓦、木挂瓦条挂瓦，其屋面防水构造做法如图 7-40 所示。钢、木挂瓦条有两种固定方法。一种是挂瓦条固定在顺水条上，顺水条钉牢在细石混凝土找平层上；另一种不设顺水条，将挂瓦条和支承垫块直接钉在细石混凝土找平层上。

模块 7
屋顶

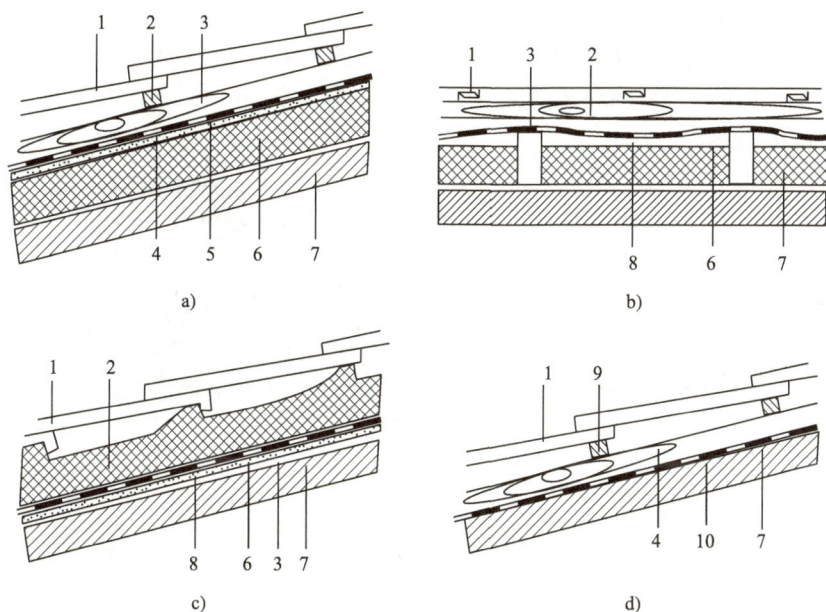

图 7-40　层面防水构造做法

1-块瓦；2-挂瓦条；3-顺水条；4-防水垫层；5-持钉层；6-保温隔热层；7-屋面板；8-防水垫层或隔热防水垫层；9-带挂瓦条的保温板；10-找平层

块瓦屋面应特别注意块瓦与屋面基层的加强固定措施。在大风及抗震设防地区或屋面坡度大于100%时，瓦片应采取固定加强措施。特别是檐口部位，若受风压较集中，应采取防风揭和防落瓦措施。块瓦的固定加强措施一般有以下几种：

（1）水泥砂浆卧瓦：用 12 号铜丝将瓦与满铺钢丝网绑扎固定。

（2）挂瓦条钩挂：用双股 18 号铜丝将瓦与钢挂瓦条绑牢。

（3）木挂瓦条钩挂：用专用螺钉（或双股 18 号铜丝）将瓦与木挂瓦条钉（绑）牢。

2. 沥青瓦屋面

沥青瓦是以玻璃纤维为胎基、经渗涂石油沥青后，一面覆盖彩色矿物粒料，另一面撒以隔离材料制成的柔性瓦状屋面防水片材。沥青瓦又被称为玻纤胎沥青瓦、油毡瓦、多彩沥青油毡瓦等。沥青瓦按产品形式分为平面沥青瓦(单层瓦)和叠合沥青瓦(叠层瓦)两种，其规格一般为 1000mm×333mm×2.8mm。

沥青瓦屋面由于具有重量轻、颜色多样、施工方便、可在木基层或混凝土基层上使用等优点，近些年来在坡屋面工程中被广泛采用。其中，叠层瓦的坡屋面比单层瓦的立体感更强。为了避免在沥青瓦片之间发生浸水现象，利于屋面雨水排出，沥青瓦屋面的坡度不应小于 20%。

由于沥青瓦为薄而轻的片状材料，故其固定方式应以钉为主、黏结为辅。因此，沥青瓦屋面的构造层次相对比较简单，如图 7-41 所示。

图 7-41　沥青瓦屋面

知识点 2：坡屋顶的构造组成

坡屋顶由带有坡度的倾斜面相交而成，斜面相交的阳角为脊、阴角为沟，如图 7-42a)所示。

坡屋顶一般由承重结构和屋面两部分组成，根据需要还可以设保温层、隔热层和顶棚等，如图 7-42b)所示。

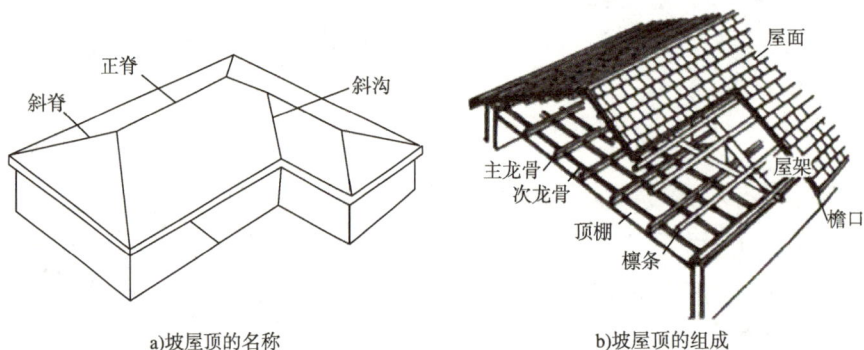

a)坡屋顶的名称　　　　　　　　b)坡屋顶的组成

图 7-42　坡屋顶的组成

1. 承重结构

承重结构主要承受屋面荷载并将其传递到墙或柱子上，一般由椽子、檩条、屋架或大梁组成，现代坡屋面承重结构主要由钢筋混凝土屋面板和梁组成。

2. 屋面

屋面是坡屋顶的覆盖层，直接承受雨雪风霜和太阳辐射等作用。一般由屋面材料和基层组成。

3. 顶棚

顶棚是屋顶下面的覆盖层，可使室内上下部平整，起装饰和反射光线等作用。

4. 保温或隔热层

其设置在屋面层或顶棚处，可根据需要有选择地设置。

282

知识点 3: 坡屋顶的细部构造

1. 檐口构造

坡屋顶檐口有挑檐无组织排水、檐沟有组织排水和包檐有组织排水等。挑檐无组织排水一般有砖挑檐、下弦托木或挑檐木挑檐、椽子挑檐和挂瓦板挑檐等,如图 7-43 所示。

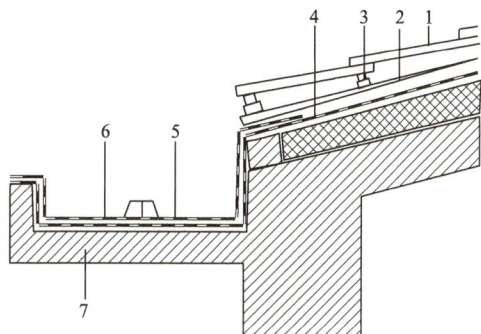

图 7-43　山墙檐口构造

1-瓦;2-顺水条;3-挂瓦条;4-保护层(持钉层);5-防水垫层附加层;6-防水垫层;7-钢筋混凝土檐沟

2. 山墙檐口构造

山墙檐口按屋顶形式分为硬山与悬山两种。硬山檐口构造是将山墙升起与屋顶交接处作泛水处理,采用砂浆粘贴小青瓦做成泛水,如图 7-44a)所示;图 7-44b)则是用水泥石灰麻刀砂浆抹成的泛水。女儿墙顶应做压顶处理。悬山檐口构造先将檩条外挑形成悬山,檩条端部钉木封檐板,用水泥砂浆做出披水线,将瓦封固,如图 7-45 所示。

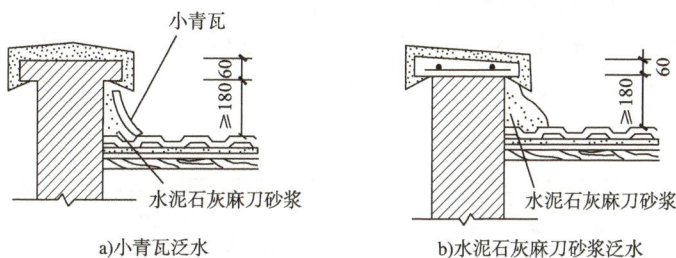

a)小青瓦泛水　　　　　b)水泥石灰麻刀砂浆泛水

图 7-44　硬山檐口(尺寸单位:mm)

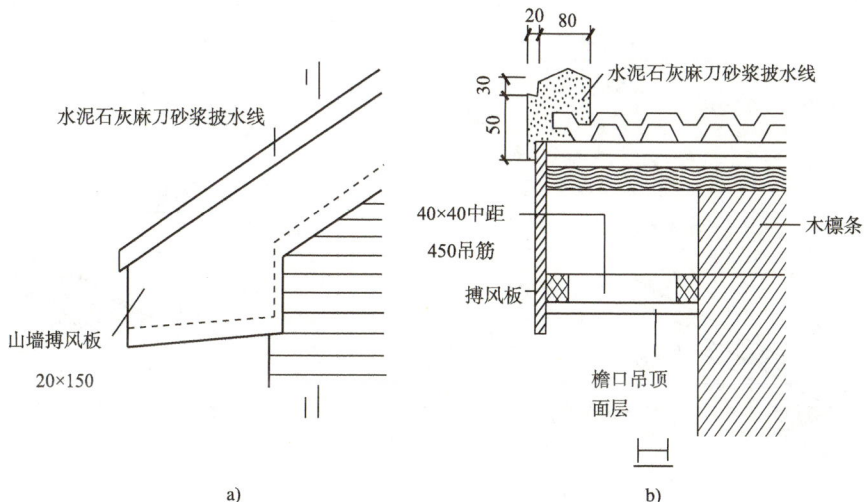

a)　　　　　　　　b)

图 7-45　悬山檐口(尺寸单位:mm)

283

3. 天沟和斜沟构造

在等高跨或高低跨相交处形成天沟和斜沟,如图 7-46 所示。天沟和斜沟应有足够的断面积,上口宽度不宜小于 300~500mm,一般用镀锌铁皮铺于基层上,镀锌铁皮伸入瓦片下面至少 150mm。高低跨和包檐天沟若采用镀锌铁皮防水层时,延伸至立墙(女儿墙)上形成泛水。

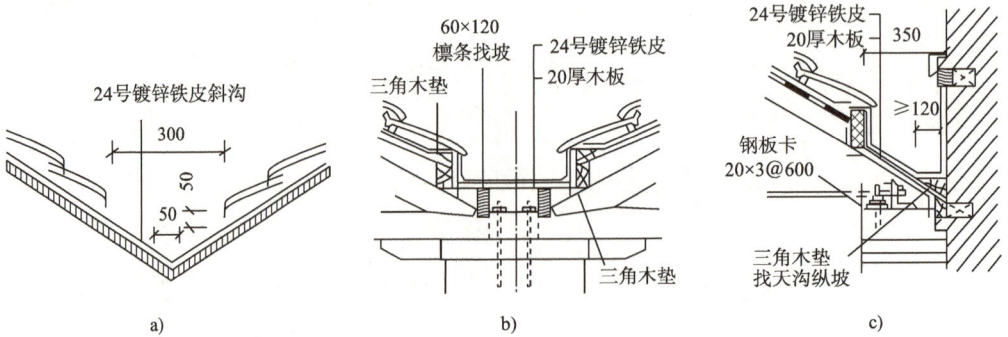

图 7-46　天沟和斜沟(尺寸单位:mm)

知识点 4:坡屋顶的保温隔热

1. 坡屋顶的保温

1)钢筋混凝土结构坡屋顶

(1)在屋面板下用聚合物砂浆粘贴聚苯乙烯泡沫塑料板保温。

(2)在瓦材和屋面板之间铺设一层保温层。

(3)在顶棚上铺设保温材料,如纤维保温板、泡沫塑料板、膨胀珍珠岩等。

如图 7-47、图 7-48 所示。

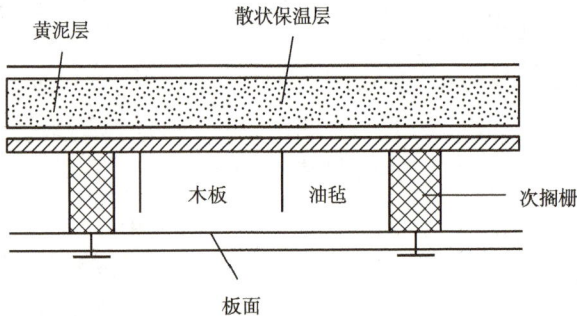

图 7-47　顶棚层保温

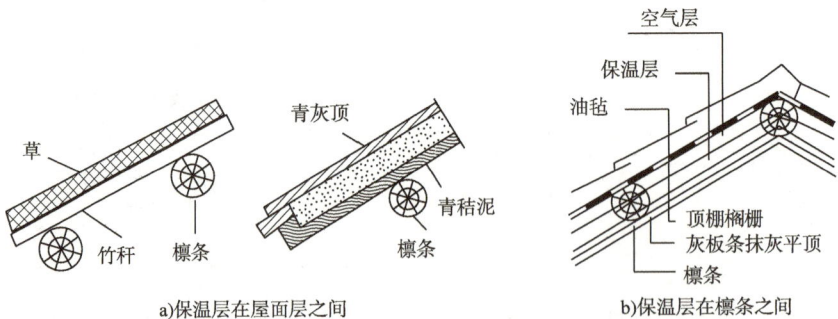

a)保温层在屋面层之间　　　b)保温层在檩条之间

图 7-48　坡屋顶保温构造

2)金属压型钢板屋面

可在板上铺保温材料(如乳化沥青珍珠岩或水泥蛭石等),上面做防水层,也可用金属夹芯板,保温材料用硬质聚氨酯泡沫塑料。

2. 坡屋顶的隔热

屋顶隔热降温的主要目的是减少热量对屋顶表面的直接作用。所采用的方法包括反射隔热降温屋顶、间层通风隔热降温屋顶等。如图7-49所示

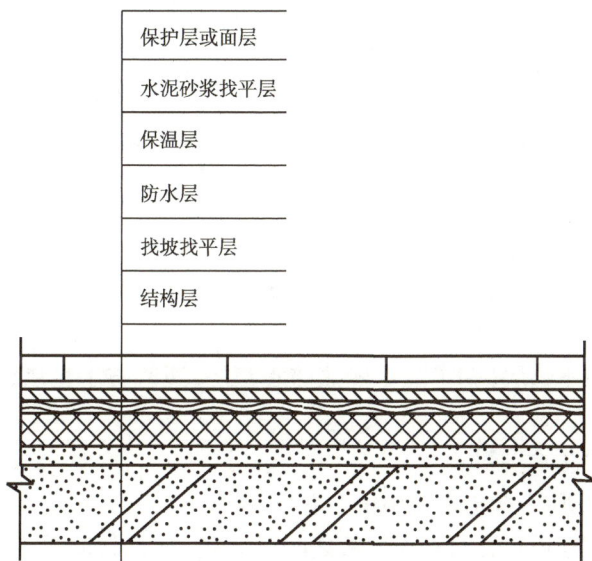

图7-49 屋顶聚氨酯保温

通风隔热屋顶在结构层下做吊顶,并在山墙、檐口或屋脊等部位设通风口,可在屋面上设老虎窗,利用吊顶上部的大空间组织穿堂风,如图7-50所示。

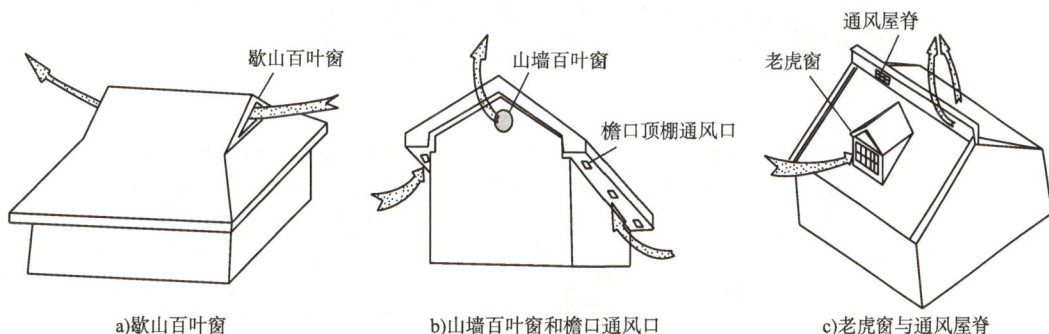

a)歇山百叶窗　　　　b)山墙百叶窗和檐口通风口　　　　c)老虎窗与通风屋脊

图7-50 通风屋顶

知识点5:坡屋顶的防水

1. 坡屋面防水等级

根据《坡屋面工程技术规范》(GB 50693—2011)的规定,坡屋面工程设计应根据建筑物的性质、重要程度、地域环境、使用功能要求以及依据屋面防水层设计使用年限,分为一级防水和二级防水。

2.屋面类型和防水垫层

屋面类型和防水垫层见表7-4。

屋面类型、坡度和防水垫层 表7-4

坡度与垫层	屋面类型						
	沥青瓦屋面	块瓦屋面	波形瓦屋面	防水卷材屋面	金属瓦屋面		装配式轻型坡屋面
					压型金属板屋面	夹芯板屋面	
适用坡度(%)	≥20	≥30	≥20	≥3	≥5	≥5	≥20
防水垫层	应选	应选	应选	—	一级应选 二级宜选	—	应选

注:防水垫层是指坡屋面中通常铺设在瓦材或金属板下面的防水材料。块瓦是由黏土、混凝土和树脂等材料制成的块状硬质屋面瓦材。

1)防水垫层主要采用的材料

(1)沥青类防水垫层(自粘聚合物沥青防水垫层、聚合物改性沥青防水垫层、波形沥青通风防水垫层等)。

(2)高分子类防水垫层(铝箔复合隔热防水垫层、塑料防水垫层、透气防水垫层和聚稀丙纶防水垫层等)。

(3)防水卷材和防水涂料。

2)防水垫层在瓦屋面构造层次中的位置

(1)当防水垫层铺设在瓦材和屋面板之间时[图7-51a)],屋面应为内保温隔热构造。

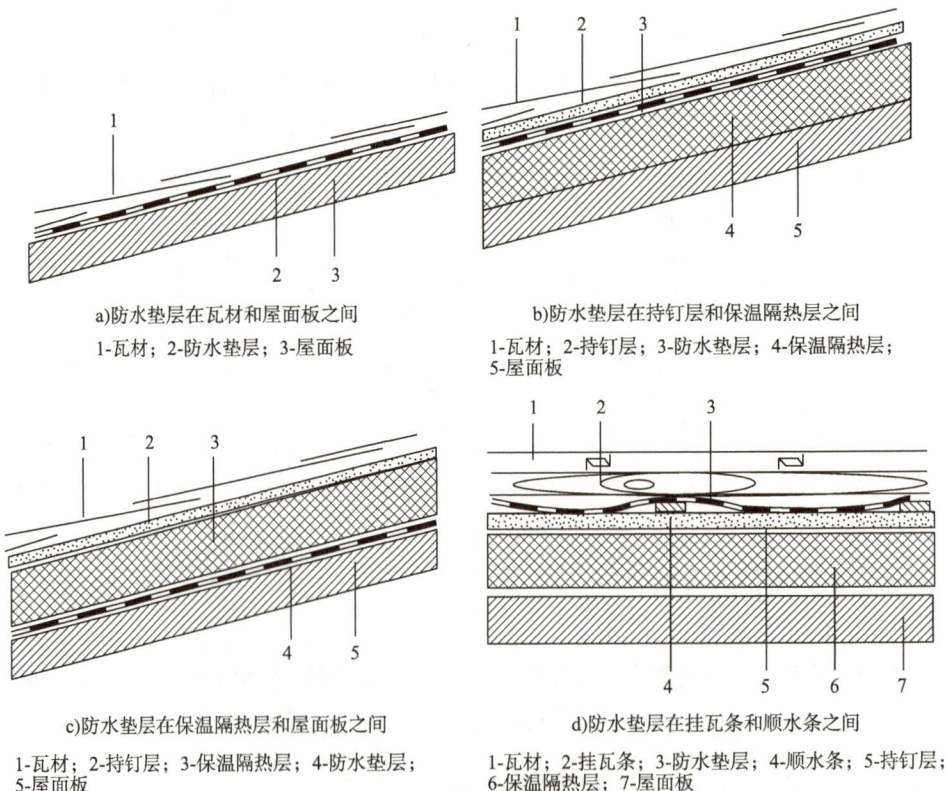

a)防水垫层在瓦材和屋面板之间
1-瓦材;2-防水垫层;3-屋面板

b)防水垫层在持钉层和保温隔热层之间
1-瓦材;2-持钉层;3-防水垫层;4-保温隔热层;
5-屋面板

c)防水垫层在保温隔热层和屋面板之间
1-瓦材;2-持钉层;3-保温隔热层;4-防水垫层;
5-屋面板

d)防水垫层在挂瓦条和顺水条之间
1-瓦材;2-挂瓦条;3-防水垫层;4-顺水条;5-持钉层;
6-保温隔热层;7-屋面板

图7-51 坡屋顶保温做法

（2）当防水垫层铺设在持钉层和保温隔热层之间时［图7-51b)］，应在防水垫层上铺设配筋细石混凝土持钉层。

（3）当防水垫层铺设在保温隔热层和屋面板之间时［图7-51c)］，瓦材应固定在配筋细石混凝土持钉层上。

（4）当防水垫层或隔热防水垫层铺设在瓦条和顺水条之间时［图7-51d)］，防水垫层宜呈下垂凹形。

📶 **案例拓展**

佛光寺大殿屋顶

佛光寺大殿是作为中国古建筑现存的技术水平最高的、体量规模最大的唐朝木结构建筑的典范，虽然是简单的平面构造，却又具有丰富的室内空间。

佛光寺大殿的屋面坡度比较平缓，檐口和正脊的角度都有所提升，建造升起曲线，在唐宋古建筑中，"升起"这种建筑方式比较常见，也就是从房屋中心开始，两侧的檐柱都会比中间的次第稍稍高出些微的建造方法。

屋檐的升起便是：中间的柱子高度不变，次间、梢间、尽间比中间的柱子头依次抬高两寸，让房屋的檐口逐渐形成一条缓和而又升高的曲线(图7-52)。

图7-52　佛光寺大殿正立面

翼角是中国古代建筑的屋檐转角的地方，因为它向上翘起，就像是一只舒展羽翼蓄势待发准备翱翔于天际的鸟儿，而被称为"翼角"，从唐朝开始就出现了翼角翘起的屋檐，屋角处角梁断面的高度大致是椽高的3倍，角梁跟椽的下端都是搭造在檐檩之上的，通过铺望板的方式，来让角椽的上皮渐渐变高，高度达到了跟角梁上皮一样，殿堂在设计上专门各在屋角处正侧面的檩上垫上一根三角形的小木条，这种木条在宋代被叫作"生头木"、在清代被称为"枕头木"。

这样垫造屋檐，到转角处就可以出现平缓的升起上翘。"升起"的建造手法使屋檐到转角处有些许微弧度并且转折自然，从殿堂美观的角度上分析，唐朝时期的转折过渡自然，而明清时期过渡显得稍有生硬突兀。大殿的殿檐探出足足有3.96m，这是宋朝开始的木结构建筑里所没有的。

佛光寺大殿的屋顶结构和造型反映了中国唐朝恢宏大气的建筑风貌和时代气象，其形制、技术、工艺、审美延绵至今，并辐射影响了亚洲许多国家的建筑形式。优秀的建筑形式和技术，是文化传播与融合的重要内容，我们不仅要在传统文化中习得先进经验，更要通过自己的双手，将中国建筑技术和文化继续发扬光大。

建筑构造

模块 8

建筑施工图识读

学习情境 8.1　建筑施工图识读必备知识
学习情境 8.2　首页图识读
学习情境 8.3　建筑平面图识读
学习情境 8.4　建筑立面图识读
学习情境 8.5　建筑剖面图识读
学习情境 8.6　建筑详图识读

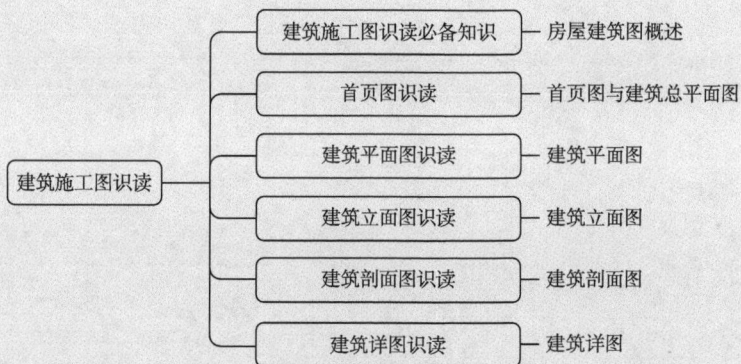

```
                        ┌──────────────────────┐
                     ┌──┤ 建筑施工图识读必备知识 ├── 房屋建筑图概述
                     │  └──────────────────────┘
                     │  ┌──────────────────────┐
                     ├──┤      首页图识读       ├── 首页图与建筑总平面图
                     │  └──────────────────────┘
                     │  ┌──────────────────────┐
                     ├──┤     建筑平面图识读     ├── 建筑平面图
┌────────────┐       │  └──────────────────────┘
│ 建筑施工图识读 ├──────┤  ┌──────────────────────┐
└────────────┘       ├──┤     建筑立面图识读     ├── 建筑立面图
                     │  └──────────────────────┘
                     │  ┌──────────────────────┐
                     ├──┤     建筑剖面图识读     ├── 建筑剖面图
                     │  └──────────────────────┘
                     │  ┌──────────────────────┐
                     └──┤     建筑详图识读      ├── 建筑详图
                        └──────────────────────┘
```

(1)了解建筑图的组成。

(2)掌握施工图首页的构成及作用。

(3)掌握建筑总平面图的图示内容及作用。

(4)掌握建筑平面图、建筑立面图、建筑剖面图的作用、图示内容及画法与识读方法。

(5)掌握建筑详图的作用、图示内容及画法与识读方法。

(6)掌握结构施工图中构件代号和钢筋的表示方法。

◈ 本模块学习重点

学习重点:(1)建筑图的有关规定。

　　　　　(2)建筑施工图的识读。

学习难点:建筑施工图的识读和结构施工图的识读。

学习情境 8.1　建筑施工图识读必备知识

◇◇ 知识链接 ◇◇

知识点:房屋建筑图概述

1.房屋建筑图的组成

一套完整的房屋建筑图应有以下几个组成部分:

(1)首页图:包括设计总说明和图纸目录两部分。

(2)建筑施工图(简称建施):包括总平面图、平面图、立面图、剖面图及构造详图。

(3)结构施工图(简称结施):包括结构平面布置图和各部分构件的结构详图。

(4)设备施工图(简称设施):包括给水排水、采暖、通风、建筑电气等的平面布置图、系统图和详图。

(5)装饰施工图:包括装饰平面图、装饰立面图、装饰详图和家具图。

2.房屋建筑图的有关规定

1)定位轴线

定位轴线是设计、施工中定位、放线的重要依据。凡是承重墙、柱子等主要承重构件,都应画出定位轴线并对轴线进行编号,从而确定其位置。对于非承重的分隔墙、次要构件等,有时用附加轴线表示其位置。

定位轴线用细单点长画线绘制,轴线末端画直径 8～10mm 的细实线圆,圆内注写轴线编号。

平面图上的定位轴线编号,应标注在图的下方与左侧。横向编号用阿拉伯数字,按从左至右的顺序编写;纵向编号用大写拉丁字母按从下至上的顺序编写,但字母 I、Z、O 不得用作轴线编号,以免与阿拉伯数字 1、2、0 混淆。如图 8-1 所示为定位轴线及编号方法。

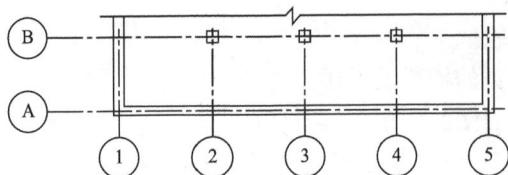

图 8-1 定位轴线及编号方法

较复杂的平面图中,定位轴线也可采用分区编号,编号的注写形式为"分区—该分区编号",分区号用阿拉伯数字或大写拉丁字母表示,如图 8-2 所示。

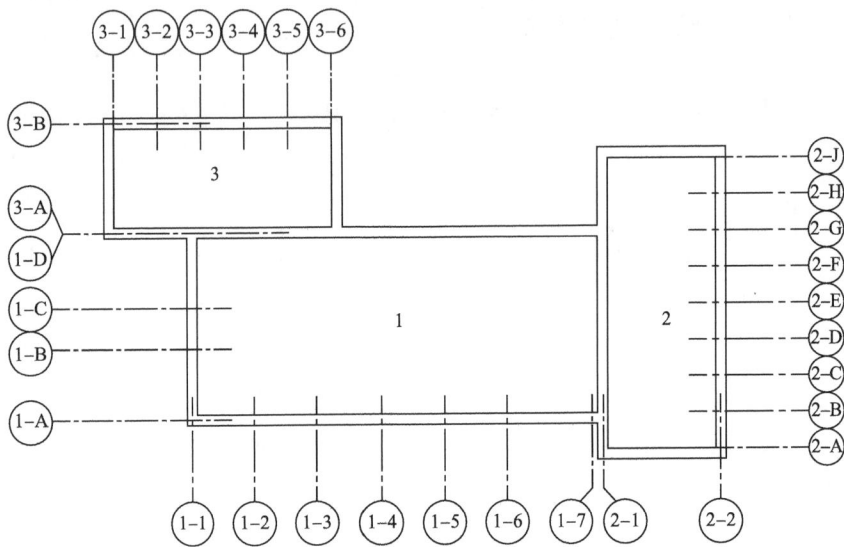

图 8-2 定位轴线的分区编号

两根轴线之间需加附加轴线时,应以分数表示,分母表示前一轴线的编号,分子以阿拉伯数字表示附加轴线的编号,如图 8-3 所示。

图 8-3 附加轴线的标注

对于详图上的轴线编号,若某详图同时使用多根定位轴线时,应将各有关轴线的编号注明,如图 8-4 所示。

a)用于2根轴线时   b)用于3根或3根以上轴线时   c)用于3根以上连续编号的轴线时

图 8-4 详图的轴线编号

2）索引符号和详图符号

施工图中的某一局部或构件无法表达清楚时，通常将这些局部或构件用较大的比例放大画出，称为详图。为便于查找，应用索引符号和详图符号来反映基本图与详图之间的对应关系。

索引符号与详图符号详见表8-1。

索引符号与详图符号　　　　　　　　　　　　　表8-1

项目	符号表示方法		
索引符号	⑤ 详图编号／详图绘制在本张图纸内	5/4 详图编号／详图所在图纸的编号	J103 5/4 标准图册编号／标准详图编号／详图所在图纸的编号或页数
详图符号	详图编号——⑤		5/3 详图编号／被索引的图样所在的图纸编号

3）引出线

当图样中某些位置图形比例较小，无法标注时，常用引出线注出文字说明或详图索引符号。

引出线用细实线绘制，并用与水平方向成30°、45°、60°、90°的直线或经过上述角度再折为水平的折线。文字说明注写在水平线的上方或端部。索引详图的引出线应对准索引符号的圆心。引出线如图8-5所示。

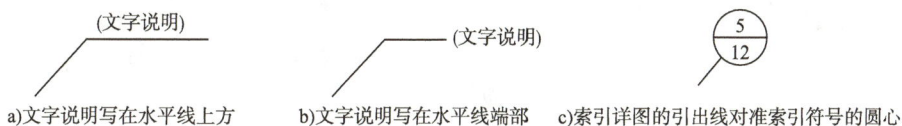

a)文字说明写在水平线上方　　b)文字说明写在水平线端部　　c)索引详图的引出线对准索引符号的圆心
图8-5　引出线

同时，引出几个相同部分的引出线应互相平行，也可画成集中于一点的放射线，如图8-6所示。

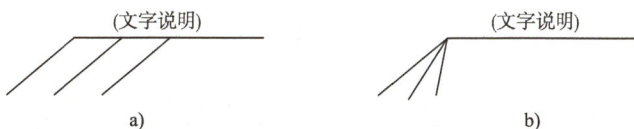

a)　　　　　　　　　　　　　　b)
图8-6　共用引出线

多层构造或多层管道的共用引出线，应通过被引出的各层，文字说明应注写在引出线的上方或端部，说明的顺序应与被说明的层次一致。当构造层次横向排列时，说明的顺序应与从左至右的层次顺序一致。如图8-7所示为墙面或地面等部位的多层构造引出线。

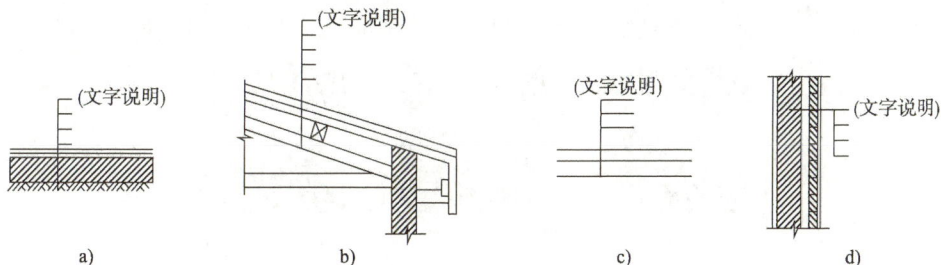

a)　　　　　　b)　　　　　　c)　　　　　　d)
图8-7　多层构造引出线

4）标高

标高标注的是房屋各部位高度或地势高度，由标高符号和标高数值组成。

标高按其基准分为绝对标高和相对标高。我国的绝对标高是以青岛附近的黄海平均海平面为零点，其他各地以此为基准。相对标高是以房屋底层室内地面高度为零点，其他各层以此为基准。

标高按其所注的部位分为建筑标高和结构标高。建筑标高是指标注在建筑物装饰面层处的标高，结构标高是指标注在建筑物结构部位的标高，一般标注在施工图中。

标高符号是用细实线绘制的高度为 3mm 的等腰直角三角形，标高符号的直角尖端指至被注的高度，方向可向上，也可向下，如图 8-8 所示。

(a)总平面图上的室外标高符号　　(b)平面图上的楼地面标高符号　　(c)立面图、剖面图各部位的标高符号

a)标高符号形式

(a)　　　　(b)

b)具体画法

(a)左边标注时　　(b)右边标注时　　(c)右边标注特殊情况时　　(d)多层标高时

c)标注方法

图 8-8　标高符号

标高数值以米为单位，一般标注到小数点以后三位数，在总平面图中可注写到小数点以后第二位。在数字后面不注写单位。

零点标高应注写成 ±0.000，低于零点的负数标高前应加注"－"号，高于零点的正数标高前不加注"＋"。

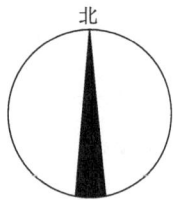

在同一个位置表示几个不同的标高时，标高数字可按图的形式注写。

图 8-9　指北针

5）指北针

指北针用来指明建筑物的朝向，其形状如图 8-9 所示，圆的直径为 24mm，用细实线绘制，指针的尾部宽为 3mm，头部应标注"北"或"N"字。若用较大直径绘制指北针时，指针尾部宽应为直径的 1/8。

微课:建筑施工图　　微课:总平面图识读　　动画:建筑识图
识读概述　　　　识读

学习情境 8.2　首页图识读

◇◇ 知识链接 ◇◇

知识点:首页图与建筑总平面图

1.首页图

首页图是全套施工图纸的第一张。为了便于查阅全套施工图,了解房屋的构造做法及构件数量,对要施工的建筑有一个总体了解。首页图的内容包括全套图纸的目录、设计说明、建筑装修及工程做法、构配件统计表和门窗表等。

(1)图纸目录:说明该工程由哪几个专业的图纸所组成、图号顺序和各专业图纸名称,如表格所示。其目的为便于查阅图纸、掌握内容、方便施工。见表 8-2。

图纸目录

表 8-2

图别	图号	图纸名称	备注
首页	00	图纸目录、建筑设计总说明、门窗表、室内装修表、总平面图	
建施	01	一层平面图、①～⑤轴立面图、1-1 剖面、工程做法表	
	02	二层平面图、⑤～①轴立面图、⑥～④轴立面、④～①轴立面	
	…		
结施	01	结构设计说明	
	02	基础平面图、基础大样图、基础表	
	03	柱平面布置图、柱表	
	04	板平法施工图、梁平法施工图	
	…		
水施	01	给排水设计说明	
	…	给排水管道平面布置图、给水系统轴测图、排水系统轴测图、卫生器具或用水设备的安装详图	
电施	01	电气照明设计说明	
	…	电气照明平面图、电气照明系统图	
暖施	01	采暖设计说明	
	…	采暖平面图、系统轴测图、详图	
装施	01	装饰设计说明	
	…	装饰平面图、装饰立面图、装饰详图	
……	…		

(2)设计说明:主要说明工程概况和总的要求。

①工程概况(总建筑面积、占地面积、设计使用年限、耐火、防水等级、层数、户数等内容):建筑设计总说明中,本工程结构形式为钢筋混凝土框架结构;建筑类别为 3 类,设计使用年限为 50 年,建筑耐火等级为二级,屋面防水等级为Ⅱ、Ⅲ级;总建筑面积为534.28m²,占

地面积为283.28m²,建筑层数为二层,一层层高为3.3m,二层层高为3.0m,建筑高度为6.7m。

②设计依据:本工程的设计依据包括建设、规划主管单位和消防、人防有关部门对初步设计或方案设计的批复,工程初步设计或方案设计文本和图纸,现行的国家、省、市有关政策、规范、规定和标准,以及国家有关的工程施工及验收规范和标准图集(图中采用的标准图集为中南地区标准图集)等。

③本工程图面标注(标高、尺寸单位、标准图集等):本工程设计标高±0.00=54.80m(黄海高程基准),尺寸单位标高为米(m),其他为毫米(mm),各层标高为建筑完成面标高,屋面标高为结构面标高。

④墙体工程:墙体未注明者均为240mm厚,卫生间隔墙均为120mm厚;±0.000以下墙体采用MU10实心砖,M7.5水泥砂浆砌筑,±0.000以上墙体为M5.0混合砂浆砌筑MU10烧结多孔砖,烧结多孔砖砌筑建筑构造见国标04J101;墙身防潮层为20mm厚1:2.5水泥砂浆加5%的防水剂置于标高-0.060m处(地梁在室外地面以上者不设)。

⑤楼地面工程:除注明外,门廊、盥洗间、厕所较相应楼地面低50mm、20mm、50mm,楼地面做法见工程做法表。

⑥屋面工程:屋面为钢筋混凝土平屋面,柔性防水、水泥砂浆保护层、保温、非上人屋面,做法见11ZJ001屋107,2F3。屋面排水采用φ110硬质PVC塑料雨水管,做法见11ZJ2014/37。

⑦门窗工程:见门窗表。

⑧装饰装修:外墙装饰做法见各立面图标注,其他见标准图集和装修表。

⑨楼梯栏杆:采用不锈钢栏杆、硬木扶手,做法见11ZJ401 2W/12,9/37,6/38,16/39。

⑩其他事项均按国家有关施工及验收规范执行。

2.建筑总平面图

(1)建筑总平面图的含义和作用及常用绘图比例。

建筑总平面图,简称总平面图,它是将新建建筑工程一定范围内的建筑物、构筑物及其自然状况,用水平投影图和相应的图例画出来的图样,用以表明新建建筑物及其周围的总体布局情况,主要反映新建建筑物的平面形状、位置和朝向及其与原有建筑物的关系、标高、道路、绿化、地貌、地形等情况。如图8-10所示。

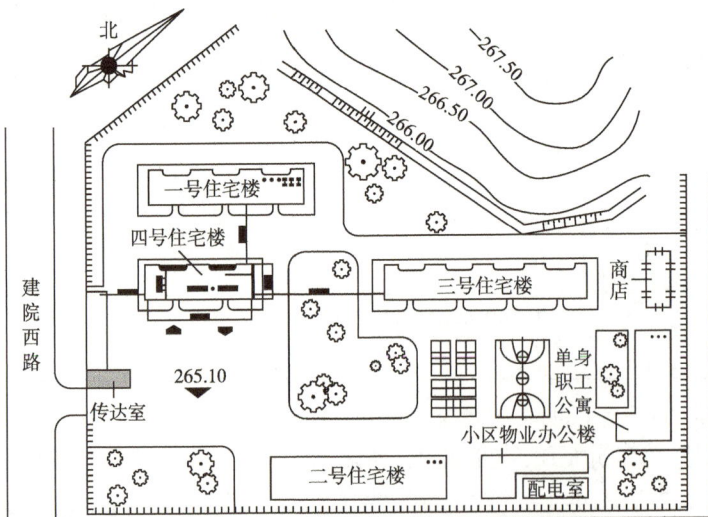

图8-10 总平面图(总平面图)

建筑总平面图可作为新建房屋定位、施工放线、土方施工以及绘制水、暖、电等管线总平面图和施工总平面图布置的依据。

建筑总平面图的比例一般为 1:500、1:1000、1:2000 等，因区域面积大，故采用小比例，房屋只用外围轮廓线的水平投影表示，通常用图例说明。

（2）建筑总平面图表达的内容。

①总平面图例：采用图例来表明新建建筑、扩建建筑等的总体布置，表明各建筑物及构筑物的位置、道路、广场、室外场地和绿化、河流、池塘等的布置情况以及新建建筑物的层数等。图例见《总图制图标准》（GB/T 50103—2010）。

②新建建筑的定位尺寸：确定新建工程的平面位置，一般可以根据原有建筑、道路、用地红线或坐标来定位，以米（m）为单位标出定位尺寸。

③确定标高：以米为单位，包括建筑物首层地面的绝对标高、室外地坪及道路的标高。表明土方挖填情况、地面坡度及雨水排除方向。附近的地形情况一般用等高线或室外地坪标高表示，由等高线或室外地坪标高可以分析出地形的高低起伏情况。

④朝向和风向：用指北针表示房屋的朝向或用风向频率玫瑰图表示当地常年各方位吹风频率和房屋的朝向。风向玫瑰图是根据某一地区气象台观测的风向资料绘制出的图形，因图形似玫瑰花朵而得名。风向玫瑰图表示风向的频率。风向频率是在一定时间内各种风向出现的次数占所有观察次数的百分比。根据各个方向风的出现频率，以相应的比例长度按风向中心吹，描在用 8 个或 16 个方位所表示的图上，然后将各相邻方向的端点用直线连接起来，绘成一个形成一个宛如玫瑰的闭合折线，就是风向玫瑰图。风向玫瑰图用于反映建筑场地范围内常年主导风向（用实线表示）和夏季（6 月、7 月、8 月三个月）的主导风向（用虚线表示），图中线段最长者即当地主导风向，为城市规划、建筑设计和气候研究所常用。

⑤其他：如管线综合、竖向设计、道路剖面及绿化布置等内容视各工程设计情况而定。

（3）总平面图的读图步骤。

①先看图名、图标、图例及有关的文字说明。表 8-3 所列为常用总平面图图例。

常用总平面图图例   表 8-3

名称	图例	说明	名称	图例	说明
新建建筑物	8 ▲	（1）需要时，可用▲表示出入口，可在图形内右上角用点或数字表示层数； （2）建筑物外形（一般以±0.00 高度处的外墙定位轴线或外墙面线为准）用粗实线表示。需要时，地面以上建筑用中粗实线表示，地面以下建筑用细虚线表示	新建的道路	5 45.00 R8 50.00	"R8"表示道路转弯半径为 8m，"50.00"为路面中心控制点标高，"5"表示 5%，为纵向坡度，"45.00"表示变坡点间距离
原有的建筑物		用细实线表示	原有的道路		—

模块 8

建筑施工图识读

名称	图例	说明	名称	图例	说明
计划扩建的预留地或建筑物		用中粗虚线表示	计划扩建的道路		
拆除的建筑物		用细实线表示	拆除的道路		
坐标	$X=115.00$ $Y=300.00$	表示测量坐标	桥梁		(1)上图表示铁路桥,下图表示公路桥; (2)用于旱桥时应注明
	$A=135.50$ $B=255.75$	表示建筑坐标			
围墙及大门		上图表示实体性质的围墙,下图表示通透性质的围墙,如仅表示围墙时不画大门	护坡		(1)边坡较长时,可在一端或两端局部表示; (2)下边线为虚线时,表示填方
			填挖边坡		
台阶		箭头指向表示向下	挡土墙		被挡的土在"凸出"的一侧
铺砌场地			挡土墙上设围墙		

②了解工程性质、用地范围、地形地貌和周围环境情况。

③了解新建房屋的位置及定位情况。

④了解房屋朝向和主要风向。

总平面图上一般画有指北针和风向频率玫瑰图,即风玫瑰图。风玫瑰图是总平面图所在地的全年(图中细实线)和夏季(图中细虚线)风向频率变化图。

⑤了解道路交通情况、管线情况及绿化美化情况等。

⑥了解建筑物周围的给水、排水、供暖和供电的位置、管线布置走向。

(4)建筑总平面图识读示例如图8-11所示。

①读图名、比例。该图为总平面图,比例为1:500。

②读图例,了解工程性质、用地范围、地形地貌和周围环境情况。从图中可知,该总平面图表示的是某单位用地红线范围内的局部平面总体布局,新建建筑为二层(图中2F表示)办公楼,平面形状为T形(用粗实线表示),位于用地红线东南角;该区域范围内原有

298

建筑物和构筑物有办公楼、教学楼、住宅楼、食堂、门卫、停车棚等(用细线表示),还有计划扩建的实验楼和宿舍楼(用中虚线表示);主要出入口在南边,图中还表示了中心广场、停车坪、道路和绿化等情况,该区域北向和东南角上均有护坡,且东南角上有沟渠。

③读尺寸,了解新建建筑平面尺寸和定位尺寸。新建建筑以坐标或用地红线与原有建筑来定位,本建筑用测量坐标定位,根据角点坐标可以知道建筑物的长度方向两端定位轴线之间的距离为 18.00m,宽度方向(除突出部分外)两端定位轴线之间的距离为14.10m。

④读标高,了解室内外地面的高差、地势的高低起伏变化和雨水排除方向。从图中可以看出新建办公楼室内一层地面 ±0.00 相当于绝对标高 54.80m;从图中等高线可知,该区域西北方向地势较高,东南方向地势较低,雨水排除应考虑从北流向南。

⑤读指北针或风向频率玫瑰图,了解建筑物的位置、朝向和风向。读图中风向频率玫瑰图可知新建办公楼位于用地红线东南角,坐北朝南,全年主导风向以东南和东北方向为主,明确风向有助于建筑构造的选用和材料堆场的布置以及其他一些注意事项。

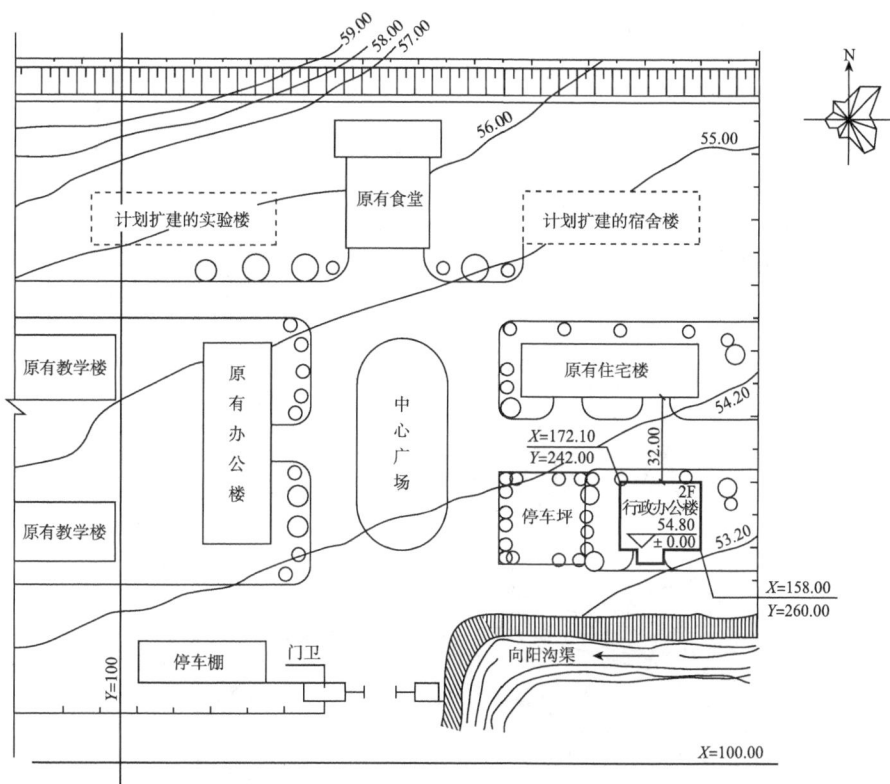

图 8-11　总平面图

学习情境 8.3　建筑平面图识读

◇ 知识链接 ◇

知识点:建筑平面图

1.建筑平面图的图示方法和图示内容

微课:建筑平面图识读

(1)建筑平面图的图示方法。

建筑平面图是假想用一个水平剖切平面沿各层门、窗洞口部位(指窗台以上、过梁以下的适当部位)水平剖切开来,对剖切平面以下的部分所作的水平投影图(图8-12)。建筑平面图主要表达房屋的平面形状、大小和房间的布置、用途、墙或柱的位置、厚度、材料、门窗的位置、大小和开启方向等,作为施工时定位放线、砌墙、安装门窗、室内装修及编制预算等的重要依据,是施工图中的重要图纸。

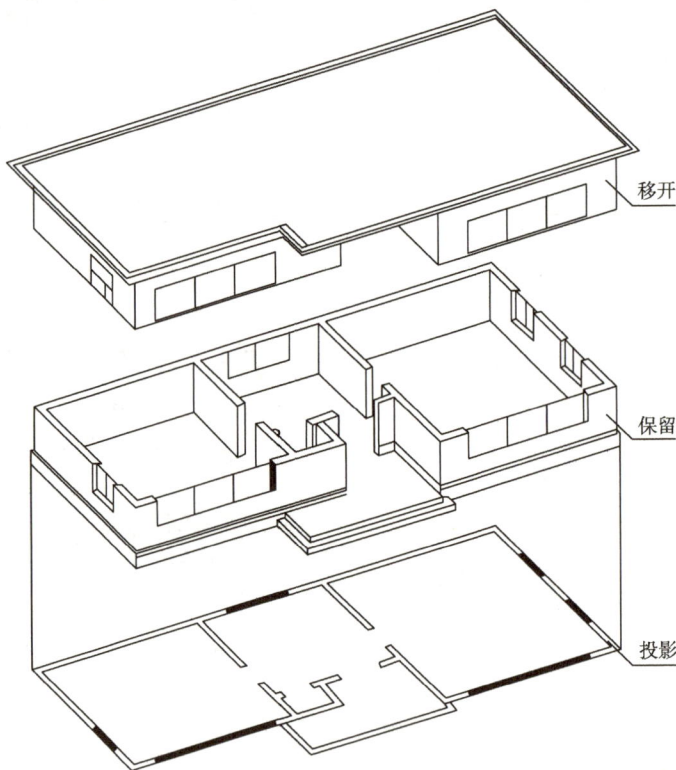

移开

保留

投影

图8-12　建筑平面图的形成

建筑平面图常用1:50、1:100、1:200的比例绘制。凡被水平剖切到的墙、柱等断面轮廓线用粗实线(b)画出,门的开启线、门窗轮廓线、屋顶轮廓线等构配件用中粗实线($0.7b$)画出,其余可见轮廓线均用中实线($0.5b$)画出,图例填充线、家具线、纹样线用细实线($0.25b$)画出,如需表达高窗、通气孔、搁板等不可见部分,则应以中粗虚线或中虚线绘制,由于房屋的体形很大,画图的比例通常较小,对于某些构造及配件不可能也没必要按真实投影画出,故可采用《建筑制图标准》(GB/T 50104—2010)规定的图例表示。

当建筑物各层的房间布置不同时,应分别画出各层平面图,如一层平面图、二层平面图……各层平面图、顶层平面图、屋顶平面图等。相同的楼层可用一个平面图来表示,称为标准层平面图。如平面对称,可用对称符号将两层平面图各画一半合并成一个图,并在图的下方左、右分别注写图名和比例。

(2)建筑平面图的图示内容。

①一层平面图:表示一层房间的平面布置、用途、名称、房屋的出入口、走道、楼梯等的位置,门窗类型、水池、搁板等,室外台阶、散水、雨水管、指北针、轴线编号、剖切符号、索引符号、门窗编号等内容。

②楼层平面图:楼层平面图的图示内容与一层平面图基本相同,不同之处在于:在楼层平面图中,不必再画出一层平面图已表示的指北针、剖切符号,以及室外地面上的台阶、花池、散水或明沟等。但应该按投影关系画出在下一层平面图中未表达的室外构配件和设施,如下一层窗顶的可见遮阳板、出入口上方的雨篷等。楼梯间上行的梯段被水平剖断,绘图时用45°倾斜折断线分界。

③屋顶平面图:屋顶平面图是将高于屋顶女儿墙水平投影后或楼梯间(有上人屋面楼梯间时)水平剖切后,用适当比例绘出的屋顶俯视图。在屋顶平面图中,一般表明突出屋顶的楼梯间、电梯机房、水箱、管道、烟囱、上人口等的位置和屋面排水方向(用箭头表示)及坡度、分水线、女儿墙、天沟、雨水口的位置以及隔热层、屋面防水、细部防水构造做法等。图中屋面为平屋面,前后两个方向排水,中间设分水线,排水坡度为2%,屋面防水构造做法为11ZJ001屋107,2F3(保温、非上人屋面),细部构造做法如泛水构造11ZJ201 1/11。

2. 建筑平面图识读示例

(1)读图名、比例。在平面图下方应注出图名和比例,如图8-13所示,从图中可知是一层平面图,比例为1∶100。

(2)读指北针,了解建筑物的方位和朝向。图中所示建筑正面朝南,背面朝北。

(3)读定位轴线及编号,了解各承重墙、柱的位置。图中横向定位轴线①～⑤轴有5根主轴线和1根分轴线(1/4轴线),纵向定位轴线Ⓐ～Ⓔ轴间有5根主轴线和2根分轴线,定位轴线均位于墙中间。

(4)读房屋的内部平面布置和外部设施,了解房间的分布、用途、数量及相互关系。图中平面形状为T形内廊式建筑。主要出入口大门和门厅在南向中间偏左,南向门厅两侧还设有休息间和办公室;北边中间为会议室,东边为男女卫生间,西边为楼梯间,上行的梯段被水平剖切面切断,用45°倾斜折断线表示;出入口室外台阶设有4个踏步,房屋四周设有散水和排水沟。

(5)读门、窗及其他构配件的图例和编号,了解它们的位置、类型和数量等情况。门、窗代号分别为M、C(汉语拼音首写字母大写),如图中大门为门连窗,编号为MC1,只有1个,宽度为6900mm(结合门窗表)。施工图中对于门窗型号、数量、洞口尺寸及选用标准图集的编号等一般都列有门窗表。

(6)读尺寸和标高,可知房屋的总长、总宽、开间、进深和构配件的型号、定位尺寸及室内外地坪的标高。平面图中,外墙一般要标注三道尺寸,最外一道为建筑物的总长和总宽,如图中房屋总长18240mm、总宽17520mm;中间一道是轴线间尺寸,表示房屋的开间和进深、走廊等尺寸,如图中房间开间3600mm、7200mm等,进深6000mm,走廊2100mm

宽等;最里面一道为细部尺寸,表示门窗等的定位和定形尺寸,如图中 C2 窗的定形尺寸为 2400mm、定位尺寸为 600mm 等。此外,还应注出必要的内部尺寸、外部尺寸和某些局部尺寸以及楼地面的标高等,如图中 M3 门洞的定形尺寸为 1500mm、定位尺寸为 300mm;散水的宽度 600mm、排水沟的宽度 260mm;楼梯的定位尺寸 1230mm、1650mm,梯段的定形尺寸(长度)为 3000mm、宽度为 1600mm;室内外地面标高 ±0.000m、−0.050m、−0.600m 等。

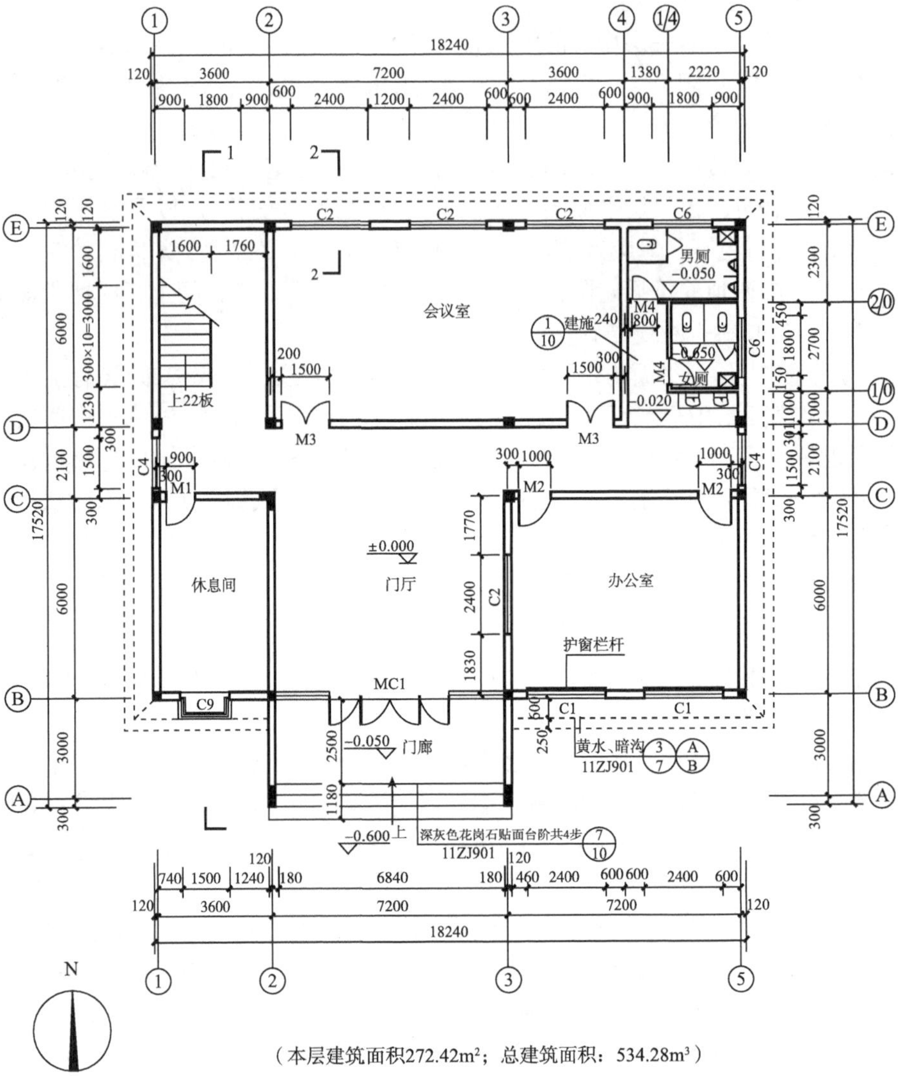

(本层建筑面积272.42m²;总建筑面积:534.28m³)

图 8-13　一层平面图(尺寸单位:mm)

注:图中低窗台处加护窗栏杆,做法参见11ZJ401 (21/34) (14/37)

(7)读剖切符号,了解剖切平面的位置和编号及投影方向;读索引符号,了解详图的编号和位置。在图样中的某一局部或构配件,如需另见详图时,常常用索引符号注明画出详图的位置、详图的编号以及详图所在的图纸编号。图中 1-1 剖视的剖切符号在① ~ ②轴间,剖切后均向右投影;2-2 剖视的剖切符号在② ~ ③轴间,剖切后均向左投影;图中还画出了索引符号,11ZJ901 2/10、3/7、A/8 分别表示台阶、散水暗沟的做法。

(8)读标题栏,可以了解到设计单位名称、注册师签章、工程项目名称、图纸编号及内容、审核人员、设计人员、绘图人员姓名、日期等内容。

学习情境 8.4　建筑立面图识读

◇◇ 知识链接 ◇◇

知识点:建筑立面图

1.建筑立面图的图示方法和图示内容

(1)建筑立面图的图示方法。

微课:建筑立面图识读

建筑立面图简称立面图,它是在与房屋立面平行的投影面上所作的房屋正投影图。立面图反映建筑的高度(尺寸和标高)、层数、外貌、线脚、门窗、窗台、雨篷、阳台、台阶、雨水管、烟囱、屋顶檐口等构配件以及立面装修的做法,它是表达房屋建筑图的基本图样之一,是确定门窗、檐口、雨篷、阳台等的形状和位置以及指导房屋外部装修施工和计算有关预算工程量的依据。

建筑立面图的比例一般与平面图一致。通常用特粗线($1.4b$)表示地平线,用粗实线(b)表示立面图的外轮廓线,墙上构配件阳台、门窗、窗台、雨篷、勒脚、台阶、花台等轮廓线用中粗实线($0.7b$)表示;其余细部图形线,如门窗分格线、详图材料做法引出线、墙面装饰分格线、栏杆、尺寸线等用中实线($0.5b$)表示;图例线、纹样线等用细实线表示($0.25b$)。

建筑立面图的名称,有定位轴线的建筑物,宜根据两端定位轴线号编注立面图名称,如①~⑤轴立面、⑤~①轴立面等;无定位轴线的建筑物可按平面图各面的朝向确定名称,如东、西、南、北立面;一般民用房屋以坐北朝南布置,这时南立面主要反映该房屋的外貌特征,作为主要立面,故又称正立面。相应的则有东、西立面,又称侧立面,北立面又称背立面。若房屋左右对称时,正立面图和背立面图也可合成一个图,同时画上对称符号,并在图的下方注写各自的图名。立面图上的门、窗扇等细部难以详细表达出来,则只用图例表示。它们的构造和做法另有详图、表格、文字说明或标准图集索引,习惯上在立面图上只画一两个门窗的图例作为代表,其他都可简化,只画出它们的轮廓线。

(2)建筑立面图的图示内容。

①外形和构配件:表明建筑物的外形、门窗、阳台、雨篷、台阶、雨水管、烟囱等的位置。

②装修与做法:外墙的装修与做法、要求、材料和色泽,窗台、勒脚、散水等的做法,其装饰做法和建筑材料也可用图例表示并加注文字说明。

③尺寸标注:立面图上的尺寸主要标注标高尺寸,室外地坪、勒脚、窗台、门窗顶等处完成面的标高,一般注在图形外侧,标高符号要求大小一致,整齐地排列在同一竖线上。

2.建筑立面图识读示例

如图 8-14 所示。

(1)从图名、比例及轴线编号,了解该图是哪一向立面图。如图中为①~⑤轴立面图,对照一层平面图的指北针可知是南向立面,比例为 1:100。

(2)读房屋的层数、外貌、门窗和其他构配件。图中房屋层数为二层,采用平屋顶。将立面图与各层平面图结合起来,可知该立面图表达的是一层Ⓐ轴处雨篷和台阶以及其余Ⓑ轴墙面的外貌,设门窗、檐口等,主要出入口大门位于房屋中部靠左,雨篷在出入口上方。

(3)读外墙装修做法、装饰节点详图的索引符号。外墙面各部位(如墙面、檐口、雨篷、阳台、窗台、窗顶、勒脚等)的装修做法(包括用料和色彩),在立面图中常用引出线引出文字说明。立面图上有时标出各部分构造、装饰节点详图的索引符号。

(4)读室外地坪、各层、门窗、檐口、女儿墙等完成面标高和竖向尺寸等。从图中可知,室外地坪标高为 - 0.600m,二层标高为 3.300m,屋面标高为 6.300m,门窗标高为0.300m、0.500m、2.600m、2.700m、4.200m、5.700m、5.900m 等,檐口标高为 6.100m,女儿墙标高为 6.900m。

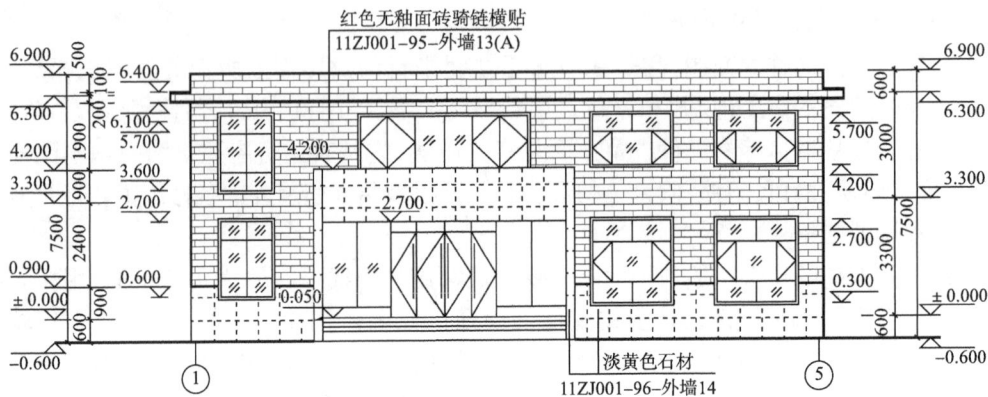

图 8-14 ①～⑤立面图(尺寸单位:mm)

学习情境8.5 建筑剖面图识读

◇ 知识链接 ◇

知识点：建筑剖面图

1. 建筑剖面图的图示方法和图示内容

（1）建筑剖面图的图示方法。

微课：建筑剖面图识读

建筑剖面图，简称剖面图，它是假想用一铅垂剖切面将房屋剖切开后移去靠近观察者的部分，作出剩下部分（图8-15）的投影图。建筑剖面图主要反映建筑物内部的结构或构造方式、屋面形状、分层情况和各部位的联系、材料、构配件以及其必要的尺寸、标高等。它与平、立面图互相配合，用于计算工程量，指导各层楼板和屋面施工、门窗安装和内部装修等，是不可缺少的重要图样之一。

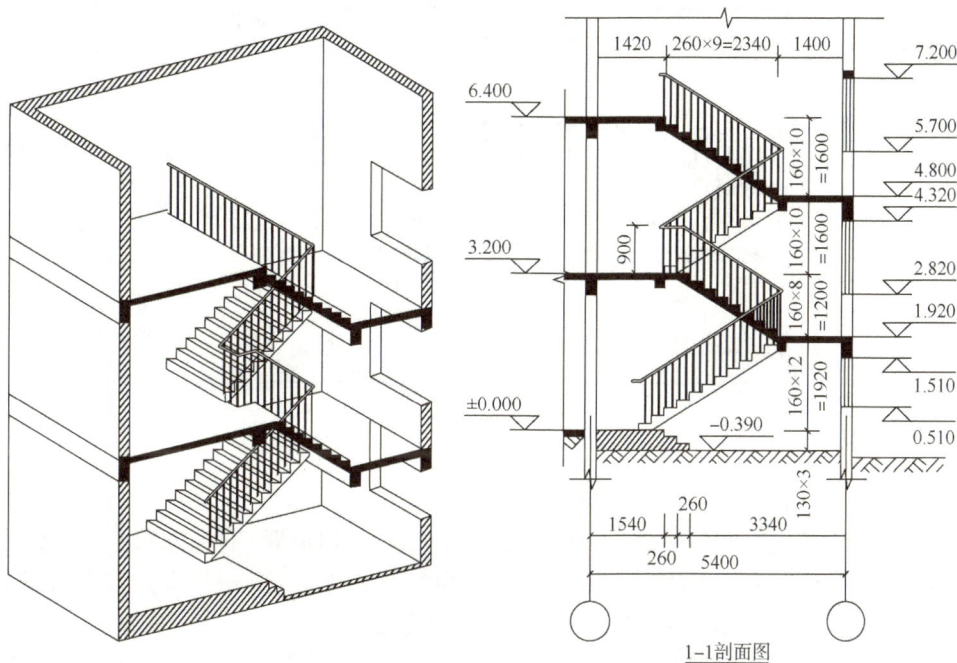

图8-15　建筑剖面图的剖切（尺寸单位：mm）

剖面图一般不画基础，图形比例及线形要求同平面图。剖面图的剖切部位和数量应根据房屋的用途或设计深度，在平面图上选择能反映全貌、构造特征以及有代表性的部位剖切；剖切面的位置一般为横向或纵向，应选择在房屋内部构造比较复杂或有代表性的部位，如门窗洞口和楼梯间等位置，剖视的剖切符号标注在一层平面图中，剖面图的图名应与平面图上所标注的剖视的剖切符号的编号一致，如1-1剖面图、2-2剖面图等。剖面图中被剖切到的构配件应画上截面材料图例。当比例大于1∶50时，应画出抹灰层、保温隔热层等与楼地面、屋面的面层线，并宜画出材料图例；当比例等于1∶50时，宜画出保温隔热层、楼地面、屋面的面层线,抹灰层的面层线应根据需要确定;当比例小于1:50时,可不画出抹灰层,但宜画出楼地面、屋面的面层线;当比例为1:200~1:100时,可简化材料图例,钢筋混凝土断面涂黑,但宜画出楼地面、屋面的面层线;当比例小于1:200时,可不画材料图例,且楼地面、屋面的面层线可不画出。

(2)建筑剖面图的图示内容。

①剖面图中用标高尺寸和线性尺寸注写完成面标高及高度方向的尺寸,表明建筑物高度,表示构配件以及室内外地面、楼层、檐口、屋脊等完成面标高以及门窗、窗台高度等。

②表明建筑物各主要承重构件间的相互关系,各层梁、板及其与墙、柱的关系,屋顶结构及天沟构造形式等。

③可表示室内吊顶,室内墙面和地面的装修做法、要求、材料等各项内容。

2. 建筑剖面图识读示例

如图 8-16 所示。

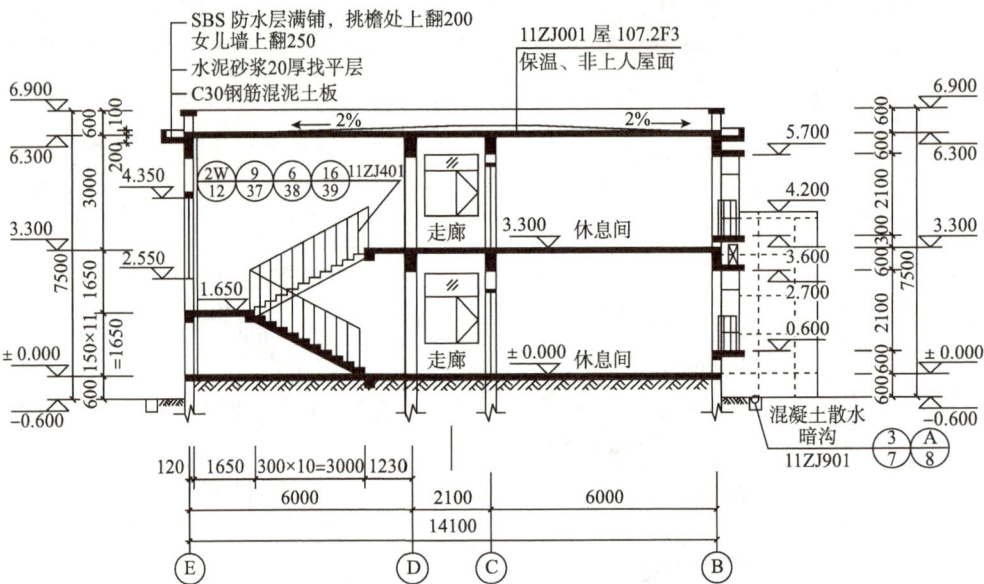

图 8-16   1-1 剖面图(尺寸单位:mm)

(1)读图名、比例、定位轴线,与平面图对照,了解剖切位置、剖视方向。从图中可知是 1-1 剖面图、比例为 1:100,对照一层平面图中的剖切符号及其编号可知该剖面图是在①轴与②轴之间剖切后向右投影所得到的横向剖面图。

(2)读剖切到的部位和构配件,在剖面图中应画出房屋室内外地坪以上被剖切到的部位和构配件的断面轮廓线。与平、立面对照,1-1 剖面图中所表达的被剖切到的部位有一、二层平面图中休息室、走廊、楼梯等,被剖切到的构配件有Ⓑ、Ⓒ、Ⓓ、Ⓔ轴上墙体及墙体上的门和窗、门窗过梁和一层地面、二层楼板、顶上屋面板及天沟,还有室外散水、暗沟等;其中剖到的钢筋混凝土楼板、楼梯、屋顶、梁、天沟等钢筋混凝土构件采用涂黑表示。

(3)读未剖切到的可见部分。图中有走廊上窗、未剖切到的楼梯、屋顶女儿墙、飘窗侧板以及门廊侧板等。

(4)读尺寸和标高。在剖面图中,一般应标注剖切部分的一些必要尺寸和标高,图中标注了室内外地面、楼层、梯间平台、雨篷、女儿墙、檐口、窗台、窗顶等完成面标高以及门

建筑构造

窗、窗台、女儿墙高度、层高、建筑物总高等,同时还注写了轴线间的尺寸以及梯段的长度和高度等。

(5)读索引符号、图例等,了解节点构造做法、楼地面构造层次。图中涂黑部分表示钢筋混凝土构件,硬木扶手、不锈钢栏杆做法详见 11ZJ401 2W/12、9/37、6/38、16/39,混凝土散水暗沟详见 11ZJ901 3/7、A/8。

学习情境 8.6 建筑详图识读

◇◇ 知识链接 ◇◇

知识点:建筑详图

1.建筑详图的作用和内容

建筑详图是将房屋细部构造及构配件的形状、大小、材料做法等用较大的比例(1:50～1:1)按正投影法详细准确地表达出来的图样。详图下方应标注详图符号(或××剖面图、或××大样),与被索引(或被剖切)的图样上的索引符号(或剖切符号)相对应,且在详图符号(或××剖面图、或××大样)的右下侧注写比例。详图比例大,表达详尽清楚,尺寸标注齐全,文字说明详尽,是房屋细部施工、室内外装修、门窗立口、构配件制作和编制工程预算等的重要依据。一幢房屋施工图通常需表达外墙剖面详图、某些局部详图和构配件详图(如门窗、阳台、壁柜等,这些构配件详图一般可以查找标准图集或采用通用详图,不必再画详图)等。

2.墙身节点详图

外墙剖面详图一般是由被剖切墙身的各主要部位的局部放大图组成,因此又称为墙身剖面节点详图,其节点表达外墙与地面、楼面、屋面的构造连接情况以及檐口、门窗顶、窗台、勒脚、散水、明沟的尺寸、材料、做法等构造情况。在墙身剖面详图上,应根据各构件分别画出所用材料图例,并在屋面、楼面和墙面画出抹灰线,表示粉刷层的厚度。对于屋面和楼地面的构造做法,一般用文字加以说明,被说明的地方均用引出线引出。凡引用标准图的部位,如勒脚、散水和窗台等其他构配件,均可标注有关的标准图集的索引编号,而在详图上只画出其简略的投影或图例来表示,并合理标注各部位的定形、定位尺寸,这是保证正确施工的主要依据。多层房屋中,若各层的构造情况一样,可只表达一层、中间层(楼层)、屋顶三个墙身节点的构造,如图8-17所示剖面图,识读方法如下:

(1)读详图编号和墙身轴线编号,知道剖切位置。外墙剖面详图编号为2-2剖面,墙身轴线编号为Ⓔ轴,外墙的剖视的剖切符号表达在一层平面图中的Ⓔ轴线上。

(2)从图中引出线读屋面、楼面、地面等的构造层次和做法。图中屋面因防水要求采用9层构造(从上往下):①25厚1:2.5或M15水泥砂浆,分格面积宜为1m²;②满铺0.3厚聚乙烯薄膜一层;③3.0厚SBS或APP改性沥青防水卷材;④1.2厚合成高分子防水涂料;⑤基层处理剂;⑥20厚1:2.5水泥砂浆找平;⑦20厚(最薄处)1:8水泥憎水膨胀珍珠岩找2%坡;⑧干铺120厚水泥聚苯板;⑨钢筋混凝土屋面板,表面清扫干净。图中还表达了楼面、地面的构造做法。

(3)读檐口构造及排水形式。檐口是房屋的一个重要节点,当不画墙身剖面详图时,必须单独画出檐口节点详图或用索引符号查找标准图集。檐口节点主要表达屋面与墙身相接处的排水构造,如图中采用外天沟有组织的排水形式,还表达了女儿墙、压顶的形式及要求。

(4)读门窗过梁(或圈梁)、窗台的构造及窗框的位置。如图中门窗过梁为钢筋混凝

土矩形过梁,窗台做成斜坡以利排水,窗框位于墙的中间靠外侧。

(5)读内、外墙装修、保温和勒脚、散水暗沟、踢脚、防潮层等墙身细部构造和索引。如图中混凝土散水做法索引11ZJ9013/7、A/8,排水坡度为4%。

(6)读各部分标高和墙身细部的具体尺寸。墙身剖面应标注室内外地坪、防潮层、各层楼面、屋面、窗台、圈梁或过梁、檐口、女儿墙等处的标高,以及墙身、散水、勒脚、窗台、檐口等细部的具体尺寸。如图中标高室内地面±0.000m、室外地坪-0.600m、防潮层-0.060m,二层楼面3.300m,屋面6.300m,窗台0.900m、4.200m,窗顶过梁2.700m、5.700m、檐口6.100m等,散水宽度600mm,暗沟尺寸260mm,檐沟挑出尺寸600mm,立边高度300mm,墙身厚度240mm,轴线位于墙中心。

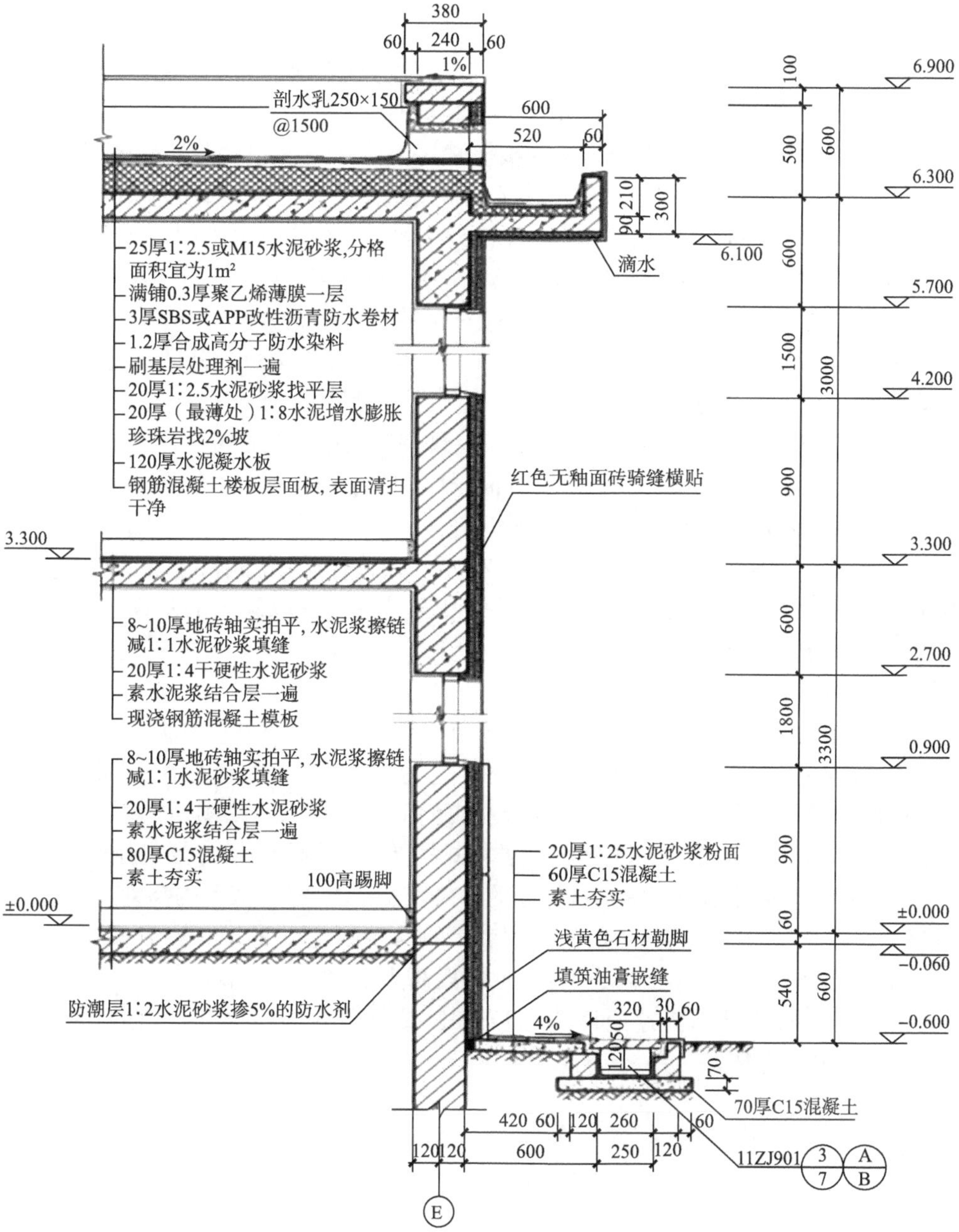

图 8-17 2-2 剖面图(尺寸单位:mm)

建筑施工图识读

309

3. 楼梯详图

楼梯是多层房屋上下交通的主要设施,它除应满足人流通行及疏散外,还应有足够的坚固耐久性,楼梯由梯段(包括踏步和斜梁)、平台(包括平台梁和平台板)、栏杆(或栏板)等组成。楼梯详图主要表示楼梯的类型、结构形式、各部位尺寸及做法,是楼梯施工的主要依据。

楼梯详图一般包括楼梯平面图、剖面图、踏步及栏杆等节点详图,并尽可能把它们画在同一张图纸内。楼梯详图一般用 1∶50 的比例画出,节点详图一般采用 1∶20~1∶2 的比例画出。楼梯详图有建筑详图和结构详图,分别编入"建施"和"结施"中。

1) 楼梯平面图

楼梯平面详图是房屋平面图中楼梯间部分的局部放大图。多层房屋的楼梯,当中间各层的楼梯位置、梯段数、踏步数、踏步尺寸均相同时,一般只表达底层、二层或中间层和顶层楼梯平面详图(图8-18)。当为两跑楼梯时,楼梯平面图是沿两跑楼梯之间的休息平台的下表面作水平剖切向下投影而得。按《建筑制图标准》(GB/T 50104—2010)规定,应在楼梯底层、中间层平面图上行的梯段中以45°细斜折断线表示水平剖切面剖断的投影,并表达该段楼梯的全部踏步数,图中箭头表示上或下的方向,并注明"上"或"下"字样,表示人站在该层的地面(或楼面)从该层往上或往下走。

如图8-18所示楼梯平面详图,比例为1∶50,除注出楼梯间的开间和进深尺寸、楼地面和平台面的标高尺寸外,还需注出各细部的详细尺寸。通常把梯段长度尺寸与踏面数、踏面宽的尺寸合并写在一起。图中底层楼梯平面图中的 260×11=2860,表示该梯段有11个踏面,每一个踏面宽为260mm,梯段长为2860mm。为便于阅读、简化标注,通常将各楼梯平面详图画在同一张图纸内,互相对齐标出楼梯间的轴线,且在底层楼梯平面图标注楼梯剖面图的剖视的剖切符号。读楼梯平面图时,应注意梯段最高一级的踏面与平台或楼面重合,因此在楼梯平面图中,每一梯段画出的踏面数,总比踢面及踏步级数少1。

2) 楼梯剖面图

楼梯剖面详图是假想用一铅垂面通过房屋各层的一个梯段和门窗洞口将楼梯剖开,向另一未剖到的梯段方向投影所作的剖面图。它应能完整、清晰地表示出各梯段踏步级数、梯段类型、平台、栏杆(栏板)等的构造及它们的相互关系。如图所示1-1楼梯剖面图,比例为1∶50,为一双跑现浇钢筋混凝土板式楼梯(底层不等跑、二层等跑),表达了地面、平台、楼面、门窗洞(屋面可省略)等处的标高以及梯段、栏杆扶手的高度尺寸,梯段的高度尺寸是踏步高与梯段踏步级数的乘积表示的,如图中标注的 160×12=1920,表示该梯段有12个踏步,每一个踏面高为160mm,梯段高为1920mm。踏步、扶手和栏杆等细部构造一般采用标准设计图集通用详图(11ZJ401)或用更大的比例,画出它们的形式、大小、材料以及构造情况。

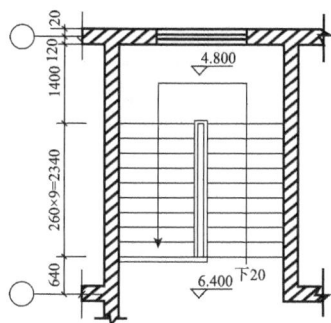

楼梯间顶层平面图

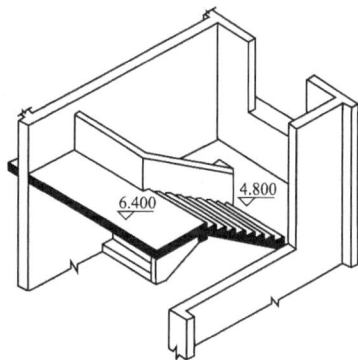

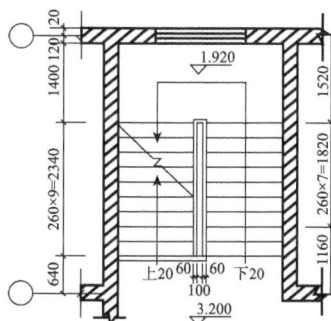

楼梯间二层平面图

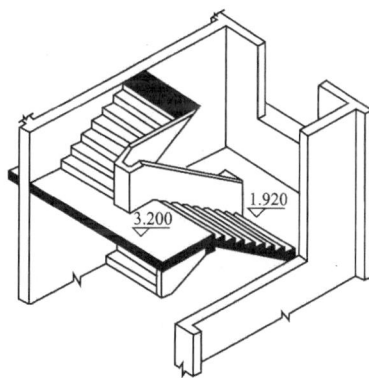

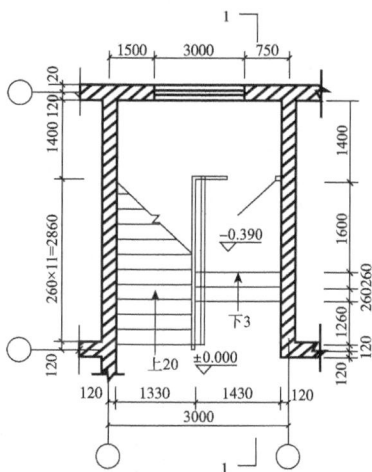

楼梯间底层平面图

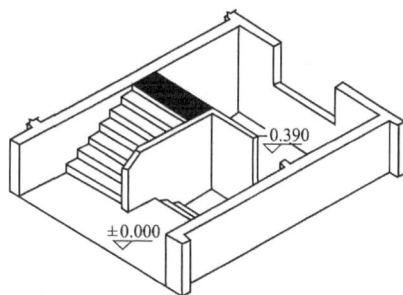

图 8-18　楼梯平面图的形成(尺寸单位:mm)

建筑施工资料展示

×××办公楼图纸目录

×××建筑设计院		建筑单位	×××有限公司			
		工程名称	×××办公楼			
序号	图纸名称	图别	图号	备注	图纸二维码	
1	建筑设计总说明	建施	01	A3		
2	屋顶平面图	建施	02	A3		
3	二层平面图	建施	03	A3		
4	三层平面图	建施	04	A3		
5	一层平面图	建施	05	A3		
6	7~3轴立面图	建施	06	A3		
7	2~8轴立面图	建施	07	A3		

附录
建筑施工资料展示

315

×××建筑设计院		建筑单位	×××有限公司			
		工程名称	×××办公楼			
序号	图纸名称	图别	图号	备注	图纸二维码	
8	7~1轴立面图	建施	08	A3		
9	8~1轴立面图	建施	09	A3		
10	A~P轴立面图	建施	10	A3		
11	墙身详图	建施	11	A3		
12	楼梯总布置图	建施	12	A3		
13	5.90m标高楼梯平面图	建施	13	A3		
14	13.70m标高楼梯平面图	建施	14	A3		

建筑构造

×××建筑设计院		建筑单位	×××有限公司		
		工程名称	×××办公楼		
序号	图纸名称	图别	图号	备注	图纸二维码
15	2~4楼梯立面图	建施	15	A3	
16	9.80m标高楼梯平面图	建施	16	A3	
17	2.233m标高楼梯平面图	建施	17	A3	
18	6~7楼梯立面图	建施	18	A3	
19	结构设计总说明	结施	01	A3	
20	一层柱平法施工图	结施	02	A3	
21	基础平面布置图	结施	03	A3	

附录

建筑施工资料展示

×××建筑设计院		建筑单位	×××有限公司		
		工程名称	×××办公楼		
序号	图纸名称	图别	图号	备注	图纸二维码
22	地沟结构平面布置图	结施	04	A3	
23	一层顶梁平法配筋图	结施	05	A3	
24	一层顶板配筋图	结施	06	A3	
25	电梯机房、风机房梁平法配筋图	结施	07	A3	

制表人：　　　　　　　　　　　　　审核：　　　　　　　　　　×××× 年 ×× 月

建筑构造

× × × 办公楼门窗表

附表 1

类型	设计编号	洞口尺寸 宽(mm)×高(mm)	樘数	门窗型号	采用标准图集及编号 图集代号	采用标准图集及编号 编号	材料 框材	材料 扇材	过梁	备注
门	M1	900×2100	2	平开	98ZJ681	GJM101C1-1021	实木夹板门，底漆一遍 色调和漆二遍			
	M2	1000×2100	7	平开	98ZJ681	GJM101C1-1021				
	M3	1500×2400	2	平开	982J681	GJM124C1-1521				
	M4	800×2100	4	GS40-PM 平开门	15ZJ602	仿 $PM_1$0921	塑钢门	透明玻璃 (5+9A+8厚)		全玻地弹簧门
组合门	MC1	6900×2700	1	平开		见大样	铝合金型材	中空玻璃 (6+9A+6厚)		窗台300mm
窗	C1	2400×2400	2	L70-PC 平开窗	15ZJ602	见大样	铝合金型材	中空玻璃 (6+9A+6厚)		窗台900mm
	C2	2400×1800	3	L70-PC 平开窗	15ZJ602	仿 PC_2P2118	铝合金型材	中空玻璃 (6+9A+6厚)		窗台900mm
	C3	1500×1500	2	L70-PC 平开窗	15ZJ602	$PC_1$1515	铝合金型材	中空玻璃 (6+9A+6厚)	GLI5242	窗台900mm
	C4	1500×1800	2	L70-PC 平开窗	15ZJ602	仿 PC_1P1518	铝合金型材	中空玻璃 (6+9A+6厚)		窗台900mm
	C5	4800×1500	1	L70-PC 平开窗	15ZJ602	见大样	铝合金型材	中空玻璃 (6+9A+6厚)		窗台900mm
	C6	1800×900	4	L70-PC 平开窗	15ZJ602	$PC_1$1809	铝合金型材	中空玻璃 (6+9A+6厚)	GLI8242	窗台1500mm
	C7	2400×1500	4	L70-PC 平开窗	15ZJ602	仿 PC_2P2115	铝合金型材	中空玻璃 (6+9A+6厚)		窗台900mm
	C8	2400×1500	1	L70-PC 平开窗	15ZJ602	PC_{12}2115	铝合金型材	中空玻璃 (6+9A+6厚)		窗台900mm 外设金属防盗网
	C9	(600+1500+600)×2100	2	L70-PC 平开窗(凸窗)	15ZJ602	见大样	铝合金型材	中空玻璃 (6+9A+6厚)		窗台高度见图示
	C10	1800×2100	1	L70-PC 平开窗	15ZJ602	仿 PC_2P1821	铝合金型材	中空玻璃 (6+9A+6厚)		窗台900mm

附录

建筑施工资料展示

×××办公楼装修表

房间名称	地面		楼面		内墙面		顶棚		踢脚		备注
	做法	颜色	做法	颜色	做法	颜色	做法	颜色	做法	颜色	
门厅	地105(f)(基层)楼202(f)(面层)	米色	—	—	内堵102(A)涂304	乳白色	顶206	乳白色	踢5(A)	红褐色	米色花岗石防滑地面砖800mm×800mm,吊顶高5.8m
会议室	地105(f)(基层)楼202(f)(面层)	米色	—	—	内堵102(A)涂304	乳白色	顶206	乳白色	踢5(A)	红褐色	米色花岗石防滑地面砖800mm×800mm,吊顶高2.8m
办公室、楼梯间	地105(f)(基层)楼202(f)(面层)	米色	楼202	米色	内堵102(A)涂304	乳白色	顶103涂304	乳白色	踢5(A)	红褐色	米色防滑陶瓷地面砖600mm×600mm
休息间	地105(f)(基层)楼202(f)(面层)	米色	楼202	米色	内堵102(A)涂304	乳白色	顶103涂304	乳白色	踢5(A)	红褐色	米色防滑陶瓷地面砖600mm×600mm
走廊	地105(f)(基层)楼202(f)(面层)	米色	楼202	米色	内堵102(A)涂304	乳白色	顶213	乳白色	踢5(A)	红褐色	仿花岗石陶瓷地砖600mm×600mm,吊顶高2.6m
男、女卫生间、盥洗室	地202(f)	米色	地202(f)	米色	内堵202(A)	乳白色	顶216	乳白色	—	—	米色防滑陶瓷地面砖300mm×300mm,内墙贴300mm×250mm,面砖至吊顶(高2.2m)
门廊	同台阶	—	—	—	内墙102(A)	—	顶103涂304	乳白色	—	—	深灰色花岗石贴面
屋面、雨篷、女儿墙(含压顶)	—	—	—	—	内墙102(A)	—	—	—	—	—	—

320

建筑构造

编号	装修名称	用料及分层做法	编号	装修名称	用料及分层做法
地105(f)	细石混凝土防潮地面	1.40厚C20细石混凝土随打随抹光； 2.3厚粘贴SBS改性沥青防水卷材； 3.刷基层处理剂一遍； 4.15厚1:2水泥砂浆找平； 5.80厚C15混凝土； 6.素土夯实	楼202	陶瓷地砖楼面	1.8~10厚地砖铺实拍平,水泥浆擦缝或1:1水泥砂浆填缝； 2.20厚1:4干硬性水泥砂浆； 3.素水泥浆结合层一遍； 4.现浇钢筋混凝土楼板
细石混凝土防潮地202(F)	陶瓷地砖防水地面	1.8~10厚地砖铺实拍平,水泥浆擦缝或1:1水泥砂浆填缝； 2.20厚1:4干硬性水泥砂浆； 3.1.2厚合成高分子防水涂料制基层处理剂一遍； 4.最薄处15厚1:3水泥砂浆或30厚C20细石混凝土找坡层抹平； 5.80厚C15混凝土； 6.素土夯实	楼202(F)	陶瓷地砖防水楼面	1.8~10厚地砖铺实拍平,水泥浆擦缝或1:1水泥砂浆填缝； 2.20厚1:4干硬性水泥砂浆； 3.1.2厚合成高分子防水涂料刷基层处理剂一遍； 4.最薄处15厚1:3水泥砂浆或30厚C20细石混凝土找坡层抹平； 5.现浇钢筋混凝土楼板
内墙202(A)	面砖墙面	1.15厚1:3水泥砂浆； 2.刷素水泥浆一遍； 3.4~5厚1:1水泥砂浆加水重20%白乳胶镶贴； 4.8~10厚面砖、水泥浆擦缝	内墙102(A)	混合砂浆墙面	1.15厚1:1.6水泥石灰砂浆； 2.5厚1:0.5:3水泥石灰砂浆
涂304	合成树脂乳液涂料(乳胶漆)	1.清理抹灰基层； 2.满刮腻子一遍； 3.刷底漆一遍； 4.乳胶漆二遍	外墙13(A)	面砖外墙面	1.30厚1:2.5水泥砂浆,分层灌装花岗岩外培； 2.20~30厚龙岗岩板(背面用双股16号铜丝绑扎与墙面固定),水泥浆擦缝
踢5(A)(100)	面砖踢脚	1.17厚1:3水泥砂浆； 2.3~4厚1:1水泥砂浆加水重20%白乳胶镶贴； 3.8~10厚面砖、水泥浆擦缝	外墙14	花岗岩外墙面	1.30厚1:2.5水泥砂浆,分层灌装； 2.20~30厚花岗岩板(背面用双股16号铜丝绑扎与墙面固定),水泥浆擦缝

附录

建筑施工资料展示

编号	装修名称	用料及分层做法	编号	装修名称	用料及分层做法
顶103	混合砂浆顶棚	1. 钢筋混凝土板底面清理干净； 2. 5 厚 1:1:4 水泥石灰砂浆； 3. 5 厚 1:0.5:3 水泥石灰砂浆； 4. 表面喷刷涂料另选	屋107(不上人屋面)	水泥砂浆保护层屋面（保温、非上人屋面）	1. 25 厚 1:2.5 或 M15 水泥砂浆，分格面积宜为 1m²； 2. 满铺 0.3 厚聚乙烯薄膜一层； 3. 厚 SBS 或 APP 改性沥青防水卷材； 4. 1.2 厚合成高分子防水涂料； 5. 刷基层处理剂一遍； 6. 20 厚 1:2.5 水泥砂浆找平层； 7. 20 厚（最薄处）1:8 水泥憎水膨胀珍珠岩找 2% 坡； 8. 干铺 120 厚水泥聚苯板； 9. 钢筋混凝土楼板屋面板，表面清扫干净
顶213	铝合金封闭式条形板吊顶	1. 配套金属龙骨； 2. 铝合金条板板宽150	顶206	轻钢龙骨石膏装饰板吊顶	标准骨架: 主龙骨中距 900 ~ 1000，次龙骨中距 600，600 × 600 厚10 石膏装饰板。自攻螺钉拧牢孔眼用腻子填平
顶216	铝合金方形板吊顶	1. 配套金属龙骨银合金方形板吊顶； 2. 铝合金方形板规格 600×600	—	—	—

结语 | Epilogue

按技能抽查标准要求,本部分完成的任务是识读并绘制建筑施工图。重点讲述首页图和总平面图包含的内容和作用以及建筑施工图(平、立、剖面图,墙身节点详图和楼梯平、剖面及节点详图)的图示内容、图示方法及识读示例和画法步骤。

(1)首页图是一套建筑施工图的第一张图纸,包括设计说明、图纸目录、门窗表、装修做法表等。建筑设计说明主要说明工程的概况和总的要求。内容包括工程设计依据(如工程地质、水文、气象资料)、设计标准(建筑标准、抗震要求、耐火等级、防水等级、结构荷载等级、采暖通风要求、照明标准)、建设规模(建筑面积、占地面积、工程造价)、工程做法及材料要求(如墙体、楼地面、门窗、屋面、装饰、节能等)。

(2)建筑总平面图是将新建建筑工程一定范围内的建筑物、构筑物及其自然状况,用水平投影图和相应的图例画出来的图样,用以表明新建建筑物及其周围的总体布局情况,它主要反映新建建筑物的平面形状、位置和朝向及其与原有建筑物的关系、标高、道路、绿化、地貌、地形等情况,作为新建房屋定位、施工放线、土方施工以及绘制水、暖、电等管线总平面图和施工总平面图的依据。

(3)建筑平面图是假想用一个水平剖切平面沿各层门、窗洞口部位(指窗台以上、过梁以下的适当部位)水平剖切开来,对剖切平面以下的部分所作的水平投影图,它主要表达房屋的平面形状、大小和房间的布置、用途、墙或柱的位置、厚度、材料、门窗的位置、大小和开启方向等,作为施工时定位放线、砌墙、安装门窗、室内装修及编制预算等的重要依据,是施工图中的重要图纸。

(4)建筑立面图是在与房屋立面平行的投影面上所作的房屋正投影图,它主要反映建筑的高度(尺寸和标高)、层数、外貌、线脚、门窗、窗台、雨篷、阳台、台阶、雨水管、烟囱、屋顶檐口等构配件以及立面装修的做法,它是表达房屋建筑图的基本图样之一,是确定门窗、檐口、雨篷、阳台等的形状和位置以及指导房屋外部装修施工和计算有关预算工程量的依据。

(5)建筑剖面图是假想用一铅垂剖切面将房屋剖切开后移去靠近观察者的部分,做出剩下部分的投影图,它主要反映建筑物内部的结构或构造方式、屋面形状、分层情况和各部位的联系、材料、构配件以及其必要的尺寸、标高等。它与平、立面图互相配合用于计算工程量,指导各层楼板和屋面施工、门窗安装和内部装修等,是不可缺少的重要图样之一。

(6)建筑详图是将房屋细部构造及构配件的形状、大小、材料做法等用较大的比例(1:1~1:50)按正投影法详细准确地表达出来的图样。详图下方应标注详图符号(或××剖面图、或××大样),与被索引(或被剖切)的图样上的索引符号(或剖切符号)相对应,且在详图符号(或××剖面图、或××大样)的右下侧注写比例。详图比例大,表达详尽清楚,尺寸标注齐全,文字说明详尽,是房屋细部施工、室内外装修、门窗立口、构配件制作和编制工程预算等的重要依据。一幢房屋施工图通常需表达外墙剖面详图、某些局部详图(如卫生间、厨房布置,楼梯间详图等)和构配件详图(如门窗、阳台、壁柜等,这些构配件详图一般可以查找标准图集或采用通用详图,不必再画详图)等。

参考文献 | References

[1] 董海荣,赵永东.房屋建筑学[M].2 版.北京:中国建筑工业出版社,2022.

[2] 杨智慧,王静,熊艺媛.装配式建筑构造[M].北京:中国建筑工业出版社,2021.

[3] 魏松、刘涛.房屋建筑构造[M].2 版.北京:清华大学出版社,2018.

建筑构造

目录 Contents

第一部分:任务实训工单

第二部分：任务评价反馈表

建筑概论读图报告①
建筑分类分级

一、建筑类别

1. 该建筑使用性质为_____,属于_____建筑(公共或居住)。

2. 该项目建筑面积为_____ m²,共_____层,建筑高度_____ m,属于低层、多层还是高层建筑?

3. 该建筑耐久年限为_____年,属于_____类。

二、建筑等级

1. 该建筑设计等级为_____级。

2. 该建筑耐火等级为_____级,根据其耐火等级填写该建筑构件的耐火极限和燃烧性能表(表1-1)。

建筑构件的燃烧性能和耐火极限　　　　表1-1

建筑构件	梁	柱	楼板	疏散楼梯	楼梯间隔
耐火极限					
燃烧性能					

三、建筑规范

1. 该建筑主要遵循的规范有:_____

_____

_____

2. 查阅《民用建筑设计统一标准》(GB 50352—2019),根据本建筑的类别和规模,分别遵循了哪些具体规范条文进行设计?

_____

_____

_____

_____

学校				成绩
专业		姓名		
班级		学号		

1

建筑概论读图报告②
建筑标准化和模数制

一、建筑整体尺寸与模数

该建筑高度为_____,采用的模数为_____;一层层高为_____,采用的模数为_____;均属于_____模数。

二、建筑中型构件与模数

该建筑 C1821 窗洞口宽为_____ mm,C2428 窗洞口宽为_____ mm,采用的模数为_____,均属于_____模数;该建筑 C1821 窗洞口高为_____ mm,C2428 窗洞口高为_____ mm,采用的模数为_____,均属于_____模数。

三、建筑小型构件与模数

该建筑护窗栏杆高度为_____ mm,采用的模数为_____;栏杆钢管立柱直径为_____ mm,采用的模数为_____。以上均属于_____模数。

四、模数制应用

已知某小学教室面积60m² 左右,窗户总面积至少为12m²,请参阅《中小学校设计规范》(GB 50099—2011),试选取合适的模数设计其进深、开间和门窗洞口尺寸(见表1-2,可自行添加序列),绘制平面示意图,并进行标注。

某小学教室尺寸设计(mm)　　　　表 1-2

项目	进深	开间	窗1	门1	窗2	门2
尺寸						
采用模数						

学校			成绩	
专业		姓名		
班级		学号		

地基分析读图报告

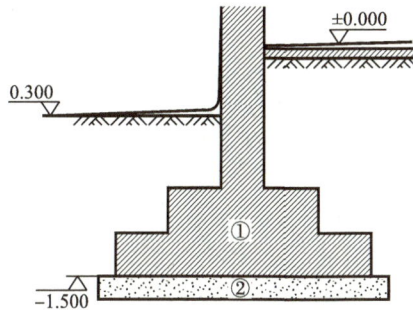

图 2-1　地基基础示意图(高程单位:m)

一、图纸分析

1. 上图中①是指_____,②是指_____。

2. 上图中的基础埋置深度为_____。

二、地基处理方式分析

1. 工程概况

该工程的建筑性质是_____,层数为_____,地下水位高度差为_____,基层岩层为_____。

2. 分析以下几个地基处理方法的优势和适应范围

(1)强夯法。

(2)换填法。

(3)预压法。

(4)水泥粉煤灰碎石桩法。

3. 结论

学校			成绩	
专业		姓名		
班级		学号		

基础类型认知表

表 2-1

基础类型	基础特点	适应范围	工程概况
毛石基础 （编号 A）			某建筑为塔楼，层数 27～31 层，基础底面基本位于粉质黏土层。其承载力为 200kPa；该层不能作为基础持力层。全风化花岗岩层距离底板底部 4～24m；全风化、强风化岩层很厚，局部接近 40m
独立柱基础 （编号 B）			该工程为某有限公司办公楼，地上 7 层、地下 1 层，采用框架剪力墙结构，地质条件比较好
条形基础 （编号 C）			某有限公司拟建的办公楼为四层砖混结构，设计地坪标高 470.1m，荷载 300kN/m。地质条件比较好，地下水位比较高
筏形基础 （编号 D）			某高楼为地上 32 层、地下 2 层，地上部分为住宅，建筑高度为 94.9m；剪力墙结构，具备天然地基条件
箱形基础 （编号 E）			某建筑物地上 30 层、地下 1 层。地上部分为商住建筑，建筑高度为 90.9m
桩基 （编号 F）			某学校拟建的教学楼为 6 层框架结构，设计地坪标高 79.1m，荷载 320kN/m，地质条件比较好

学校				成绩
专业		姓名		
班级		学号		

刚性基础细部构造读图报告

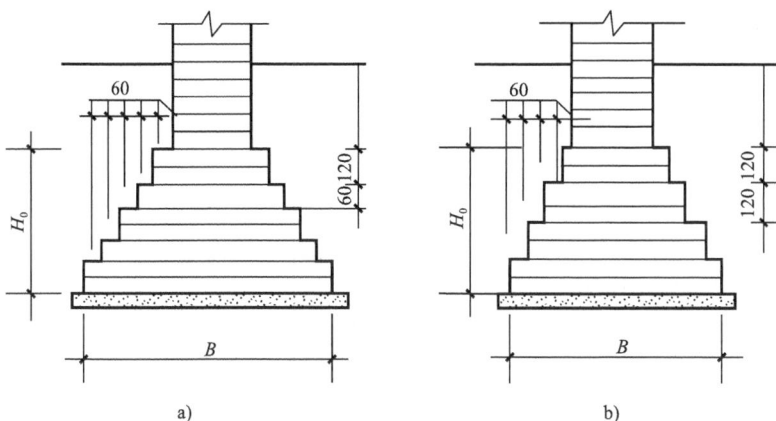

图 2-2　刚性基础细部构造(尺寸单位:mm)

(1)图中均为砖基础,属于_____(刚性、柔性)基础。

(2)砖的刚性角为 $\tan\alpha =$ _____。

在图 a)中,砖基础采用_____砌法;其大放角为 $\tan\alpha_0 =$ _____;并在图 a)中用铅笔绘制出来。

在图 b)中,砖基础采用_____砌法;其大放角为 $\tan\alpha_0 =$ _____;并在图 b)中用铅笔绘制出来。

(3)判断基础 a)、基础 b)是否满足刚性角的限制,并简述原因。

(4)《建筑地基基础设计规范》(GB 50007—2011)的第 8.1.1 条中,是如何利用刚性角的概念来进行基础构造设计的?

_____

_____

学校			成绩	
专业		姓名		
班级		学号		

地下室读图报告

一、工程概况

1. 按埋入深度分类,该地下室是_____。

2. 该地下室的组成有_____。

3. 该地下室的防水等级是_____,该地下室主要部位采用的防水措施是_____。

二、基本知识

1. 地下室防潮的适用范围_____。

2. 在图2-3中补绘地下室的水平防潮层与垂直防潮层的位置,并标注出垂直防潮层的构造做法。

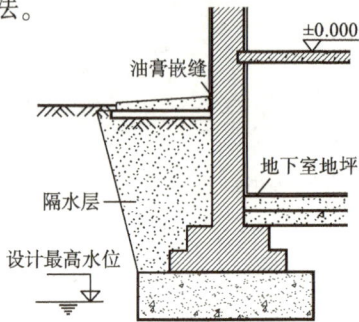

假设本图所建房屋抗震设防烈度为7度,抗震等级为三级,此地下室水平防潮层可以采用的构造做法是_____。

图 2-3

3. 如果该工程地下室采用卷材防水,此卷材防水层应铺贴在_____,此时防水类型称为_____。

三、细部构造

补填右图(图2-4)地下室转角处防水构造大样做法。

(1)_____

(2)_____

(3)_____

(4)_____

(5)_____

(6)_____

(7)_____

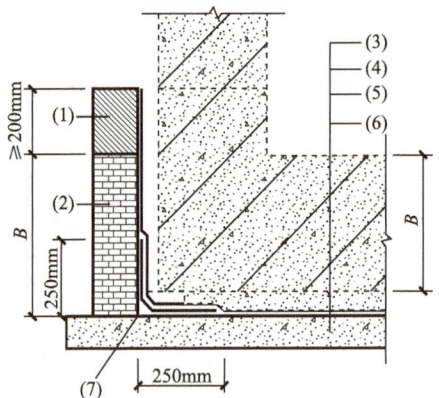

图 2-4

学校			成绩	
专业		姓名		
班级		学号		

变形缝分析报告

一、变形缝类型分析填空

1.（　　　）是避免建筑物因热胀冷缩剧烈而使结构构件产生裂缝和破坏而设置的变形缝。

2.（　　　）是防止由于地基的不均匀沉降,结构内部产生附加应力引起的破坏而设置的缝隙。

3.（　　　）是为了防止建筑物各部分在地震时相互撞击引起破坏而设置的缝隙。

二、变形缝构造分析填空

填写下列墙体变形缝截面形式(图2-5)。

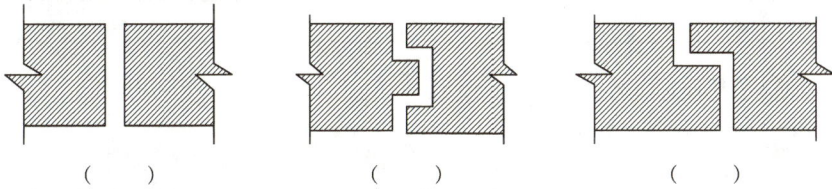

（　　　）　　　　　　（　　　）　　　　　　（　　　）

图　2-5

学校			成绩	
专业		姓名		
班级		学号		

初识墙体分析报告

一、墙体分类

1.该建筑结构形式是_____,墙体在该建筑中的作用是_____。

2.该建筑一层平面图中 D 轴墙体按墙体在建筑中的位置和走向分类,该处墙体可称为_____。按承重情况分类,该处墙体可称为_____。

二、墙体组砌

1.该建筑地下室内墙所采用的砌块材料是_____,强度等级为_____,应采用表 3-1 中的砂浆材料是_____,砂浆的强度等级是_____。

表 3-1

类型	特点	适用范围
水泥砂浆	强度较低,可塑性好,遇水强度降低	地上砌体
混合砂浆	具有较好的可塑性和保水性	地上的次要建筑
石灰砂浆	强度高,防水性能好,抗裂性能差,保水性差,成本较高	潮湿环境的砌体,如地下室、基础等

2.该建筑一层平面图中 B 轴墙体厚度是_____,如果此墙采用普通砖进行砌筑,则此墙可以采用的组砌方式是_____。

三、墙体承重方案

假设该建筑结构采用砌体结构形式,那么该图纸中二层办公室采用的墙体承重方案是哪种?(　　)

A.横墙承重方案　　　　　　　　B.纵墙承重方案

C.纵横墙承重方案　　　　　　　D.内框架承重方案

学校			成绩
专业		姓名	
班级		学号	

墙体读图报告

一、散水部位

请结合图集和图纸，补绘出项目平面图窗下墙体的散水、勒脚、墙身防潮层的构造做法，并标注出相应的构造做法。

二、门窗洞口部位

请结合图集和图纸，补绘平面图中门窗过梁的构造做法，并标注出相应的尺寸。

学校			成绩	
专业		姓名		
班级		学号		

墙体读图报告②

一、圈梁

1. 图纸中圈梁的作用是_____,圈梁的截面尺寸是_____,纵向钢筋_____,箍筋间距_____,混凝土强度_____。

2. 图纸中圈梁的布置位置_____。

3. 如下立面图所示,有一窗户将二层处圈梁断开,需布置附加圈梁,假设此处窗户为1800mm×2300mm,墙体厚度均为240mm。

二、构造柱

1. 图纸中构造柱的作用是_____,构造柱的截面尺寸是_____,纵向钢筋_____,箍筋_____,混凝土强度_____。

2. 图纸中构造柱的砌筑方式是先_____,后_____。

学校			成绩	
专业		姓名		
班级		学号		

墙面装修分析报告

一、基本知识

1. 墙面装修的作用有＿＿＿＿＿＿＿＿＿＿＿。

2. 图纸中建筑外墙的装修类型有＿＿＿＿＿＿＿＿＿＿＿，建筑内墙的装修类型有＿＿＿＿＿＿。

二、内墙面装修

1. 抹灰类墙面装修的构造层次有＿＿＿＿＿＿＿＿＿＿＿。

2. 图纸中内墙阳角部位的构造做法是＿＿＿＿＿＿＿＿＿＿＿。
请补绘内墙阳角部位平面大样图,并标注其尺寸及构造做法。

3. 图纸中卫生间部位采用的装修构造做法是＿＿＿＿＿＿＿＿＿。

三、外墙面装修

1. 该图纸中外墙工程做法说明中,涂料墙面的装饰做法的装修类型是＿＿＿＿＿＿＿＿＿。

2. 外墙的装修构造做法中抹灰层的分隔缝留置方式是＿＿＿＿＿＿＿＿,其作用是＿＿＿＿＿＿＿＿,试补绘一下外墙分隔缝处构造详图,并标注其构造做法。

学校			成绩	
专业		姓名		
班级		学号		

墙体保温节能分析报告

一、墙体保温

1. 墙面保温的作用有＿＿＿＿＿＿＿＿＿＿＿＿＿＿。

2. 目前实际工程中常用保温类型主要是＿＿＿＿＿＿＿＿＿＿＿＿，其优点是＿＿＿＿＿＿＿＿＿。

3. 图纸中采用的保温材料有＿＿＿＿＿＿＿＿＿＿＿，采用的建筑保温类型是＿＿＿＿＿＿＿＿。

4. 对下列工程做法与对应的保温类型进行连线（图3-1～图3-3）。

图3-1 外墙内保温   图3-2 外墙外保温   图3-3 外墙夹芯保温

二、热桥部位处理

1. 热桥部位是指＿＿＿＿＿＿＿＿＿＿＿＿。

2. 热桥部位外保温常采用的材料是＿＿＿＿＿＿＿＿＿＿＿。

三、墙体隔热措施

目前,建筑墙体常用的隔热措施有＿＿＿＿＿＿＿＿＿＿＿＿。

学校			成绩	
专业		姓名		
班级		学号		

楼地层绘图报告

请判断图 4-1 是地层构造详图还是楼板层构造详图,并在详图上填写构造层名称。

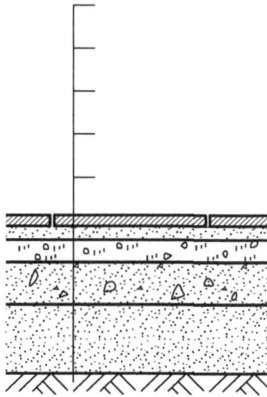

图 4-1　某构造详图

学校				成绩	
专业		姓名			
班级		学号			

楼板层认知表

一、请完成下列表格(表 4-1)。

表 4-1

楼板层形式	楼板层名称	特点	适用范围
板　次梁　主梁　柱			

二、请判断下面两幅图(图 4-2)中哪个是单向板,哪个是双向板。

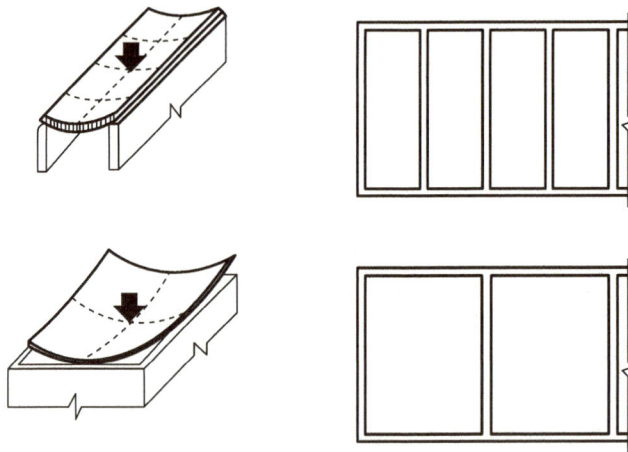

图　4-2

学校			成绩
专业		姓名	
班级		学号	

建筑构造活页实训手册

楼地层绘图报告

一、读图回答下列问题

1. 本项目地面装饰有几种做法？分别为哪些？适用范围分别是什么？

2. 本项目楼面面层装饰有几种做法？分别为哪些？适用范围分别是什么？

3. 本项楼板顶棚层装饰有几种做法？分别为哪些？适用范围分别是什么？

学校				成绩	
专业		姓名			
班级		学号			

二、构造大样图绘制。

请根据项目工程做法，说明在图 4-3 中补绘二层办公楼卫生间楼面面层及顶棚装饰构造大样图。

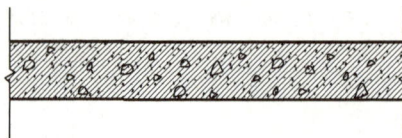

图 4-3

学校				成绩
专业		姓名		
班级		学号		

阳台和雨篷识图报告

请完成下列表格内容的填写(表4-2)。

表4-2

项目	形式	类型名称	适用范围
阳台	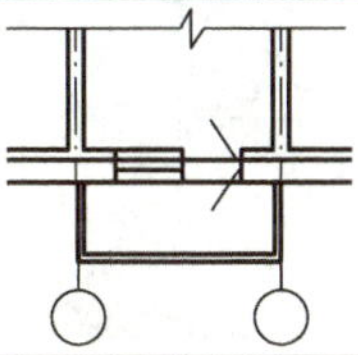		
	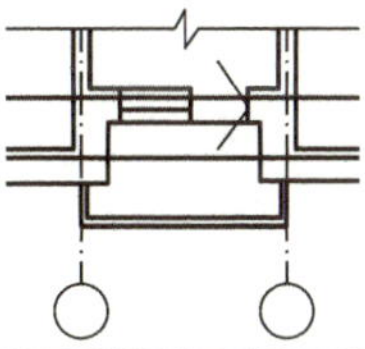		
	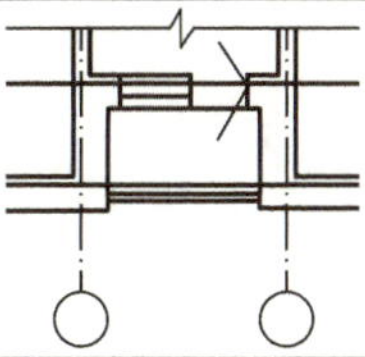		
	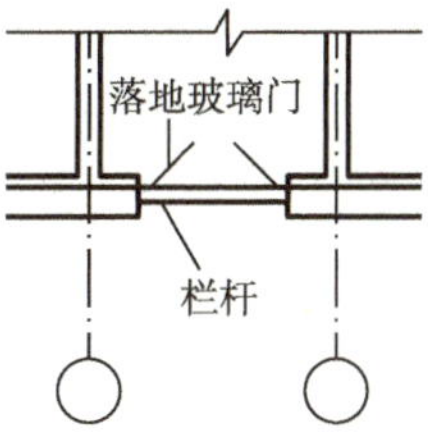 落地玻璃门 栏杆		
雨篷	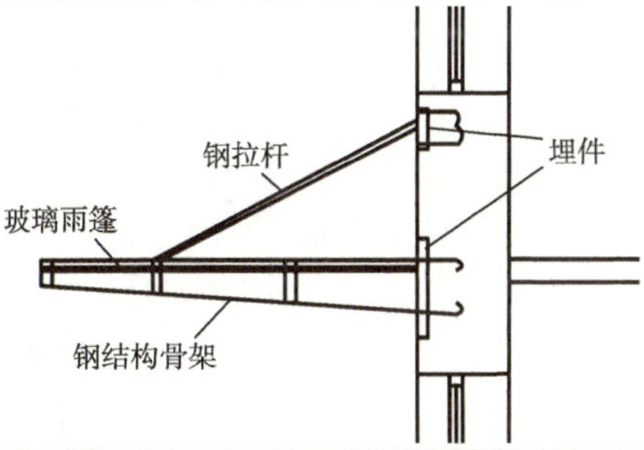 钢拉杆 埋件 玻璃雨篷 钢结构骨架		

学校			成绩	
专业		姓名		
班级		学号		

17

楼梯形式认知表

表 5-1

楼梯形式	楼梯名称	楼梯实景(拍摄打印贴图)	工程概况
			某住宅建筑为 LOFT 户型,套内层高 4.5m
			选择:
			某建筑为住宅建筑,共 32 层,建筑高度为 92.4m
			选择:
			某建筑为医院门诊大楼,共 4 层
			选择:
			某建筑为办公大楼,共有 3 个楼梯,其中 1 个为主要疏散楼梯
			选择:
			某建筑为商业建筑,共 5 层,2~4 层为大型商场
			选择:

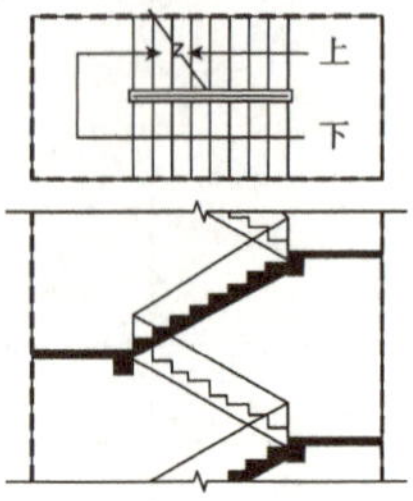

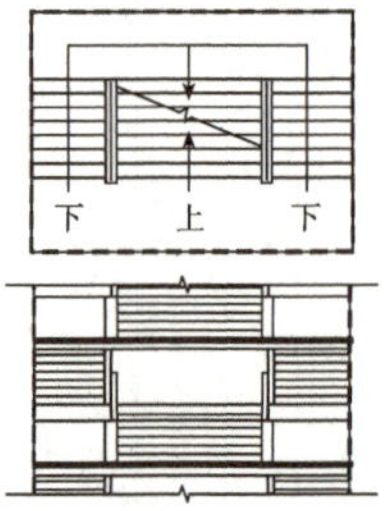

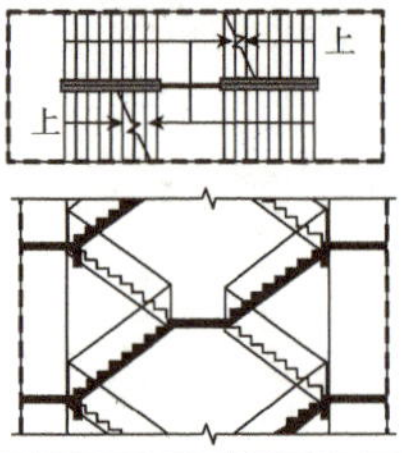

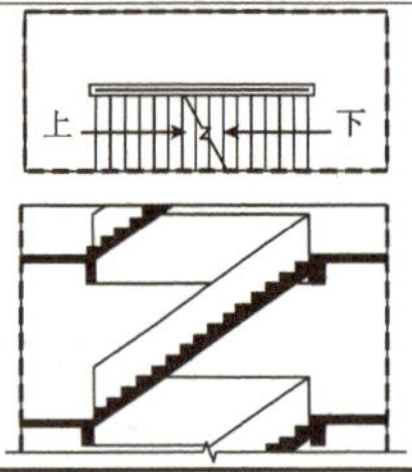

学校			成绩	
专业		姓名		
班级		学号		

建筑构造活页实训手册

楼梯详图读图报告

一、楼梯平面图阅读

1.楼梯间在建筑物中的位置。

_____

2.楼梯间墙体厚度和门窗位置。

_____

3.梯井的尺寸、一层至二层的踏步宽度及数量。

_____

4.顶层的楼梯踏步是否有上行的方向。

_____

5.梯段各层楼层平台和中间平台的标高。

_____

6.底层平面图中楼梯剖面图的剖切位置和投影方向。

_____

二、识读楼梯剖面图

1.楼梯的构造形式。

_____

2.楼梯在竖向和进深方向的有关尺寸(楼梯的开间、进深、楼梯净空高度)。

_____

3.被剖切梯段的踏步数及踏步的高、宽尺寸。

_____

图中索引符号的含义。$\dfrac{15J403-1}{余同}$③①

_____

三、识读楼梯节点详图

1.简述楼梯栏杆的构造做法。

_____

2.简述踏步的构造做法。

_____

3.简述扶手的构造做法。

_____

四、建筑规范

该楼梯详图涉及的规范图集有哪些?

学校				成绩	
专业		姓名			
班级		学号			

模块 5

楼梯

19

楼梯尺寸设计计算书

学校			成绩
专业		姓名	
班级		学号	

楼梯细部构造详图读图报告

一、填写楼梯细部构造信息

1. 楼梯踏步材料是_____，其防滑措施是_____。

2. 防滑的原理是_____。

3. 该楼梯栏杆扶手高度为_____，平直段扶手高度为_____，护窗栏杆高度为_____，栏杆的水平间距是_____。

4. 这些尺寸确定的原理是_____。

5. 该楼梯的栏杆扶手的材料是_____，栏杆的材料是_____。

6. 下图为该楼梯栏杆与墙体的连接采用的是预埋件焊接，预埋件大样，其中，$a =$_____，$b =$_____，$c =$_____，$d =$_____，$t =$_____。

7. 如图 5-1 所示，该楼梯栏杆与梯段、栏杆扶手与墙或柱的连接方式为_____。

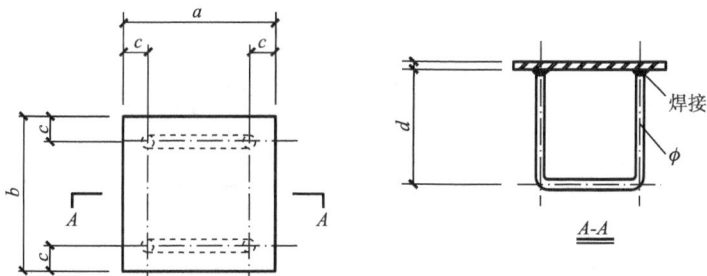

图 5-1　楼梯栏杆与墙体连接

二、如图 5-2 所示，补充楼梯细部构造图

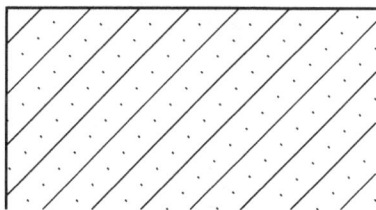

图 5-2　楼梯细部构造图

学校			成绩
专业		姓名	
班级		学号	

设计变更单

表 5-2

建设单位		设计号		专业	建筑	编号	01	日期	
项目名称	××有限公司办公楼	变更原因				共1页 第1页			
主送单位		抄送单位							

变更内容:

1. 如图 5-3 所示,该栏杆扶手与墙面连接的方式为焊接,其中法兰盘形式改为 T 形。

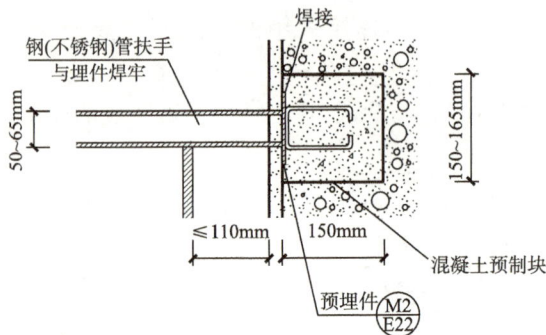

图 5-3

2. 如图 5-4 所示,楼梯踏步面层材料不变,将踏面防滑措施改为 10mm 的 1:1 水泥金刚砂防滑条两条,间距 10mm,离踏面前缘距离为 30mm。

图 5-4

审核		设计总负责		专业负责		校队		设计	

签复意见:

主送单位签收人: 　年　月　日

台阶细部构造详图读图报告

一、台阶细部构造读图

1. 台阶的坡度是_____,台阶的平台宽_____。

2. 台阶的踏步高_____,踏步宽_____。

3. 台阶的变形缝设置的原因是_____。

4. 台阶的材料是_____,其选用材料的原理是_____。

二、台阶细部构造图变更绘图(尺寸单位:mm)

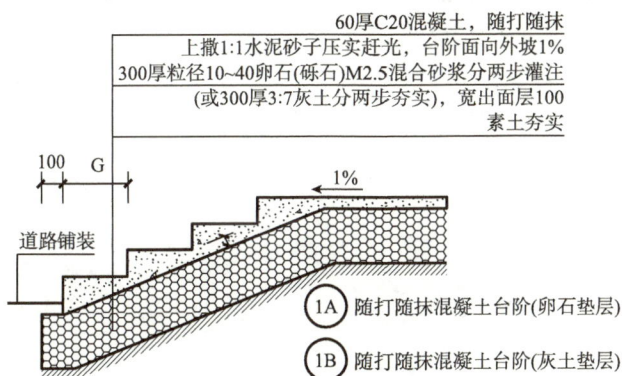

60厚C20混凝土，随打随抹
上撒1:1水泥砂子压实赶光,台阶面向外坡1%
300厚粒径10~40卵石(砾石)M2.5混合砂浆分两步灌注
(或300厚3:7灰土分两步夯实),宽出面层100
素土夯实

100 G

1%

道路铺装

1A 随打随抹混凝土台阶(卵石垫层)

1B 随打随抹混凝土台阶(灰土垫层)

图 5-5

三、建筑规范

该台阶细部构造详图涉及的规范图集有哪些?

学校			成绩	
专业		姓名		
班级		学号		

设计变更单

表 5-3

建设单位		设计号		专业	建筑	编号	01	日期	
项目名称	××有限公司	变更原因				共1页　第1页			
主道单位		抄送单位							

变更内容：

台阶平台坡道改为 2%，面层改为 15～20 厚碎拼青石片面层（表面平整）。

1:2 水泥砂浆灌缝，表面抹平更改如下：

审核		设计总负责				校对		设计	

签复意见：

主送单位签收人：　　年　月　日

建筑构造活页实训手册

门窗的类型读图报告

一、填写门窗表(表6-1)

表6-1

设计编号	窗洞口尺寸(mm)		樘数	采用标准图集及编号		备注
	宽	高		图集代号	编号	乙级防火门
				参03J609	2M01-1521	甲级防火门
FM2					2M01-1021	乙级防火门
	600	1800		厂家定制	2M01-1021	节能门
M1				参03J603	49-2.78	装饰木门
				参2002浙J46	1ZM1521	
					1ZM1021	节能门
			2	参03J603	49-2.78	带通风百叶胶合板门
			14	参浙J2-93	19M0921	
				—	尺寸见详图	节能玻璃幕,厂家定制
C1					尺寸见详图	
C2				—	尺寸见详图	
C3					尺寸见详图	
C4					尺寸见详图	
C5					尺寸见详图	
C6					尺寸见详图	
C7					尺寸见详图	
C8					尺寸见详图	
C9					尺寸见详图	
C10					尺寸见详图	
C11					尺寸见详图	节能窗
C12					尺寸见详图	
C13				参03J603	尺寸见详图	
C14					尺寸见详图	
C15					尺寸见详图	
C16					尺寸见详图	
C17					尺寸见详图	
C18					尺寸见详图	
C19					尺寸见详图	转角节能窗
C20					尺寸见详图	
C21					尺寸见详图	节能窗
C22					尺寸见详图	

学校		成绩	
专业		姓名	
班级		学号	

二、绘制窗户开启标识

图 6-1(尺寸单位:mm)中 C5 为推拉窗、C6 为下悬窗、C1 为百叶窗、C12 为立转窗、C16 为平开窗、C17 为中悬窗。请按规范绘制窗户开启标识(用蓝色笔标出可开启部分)。

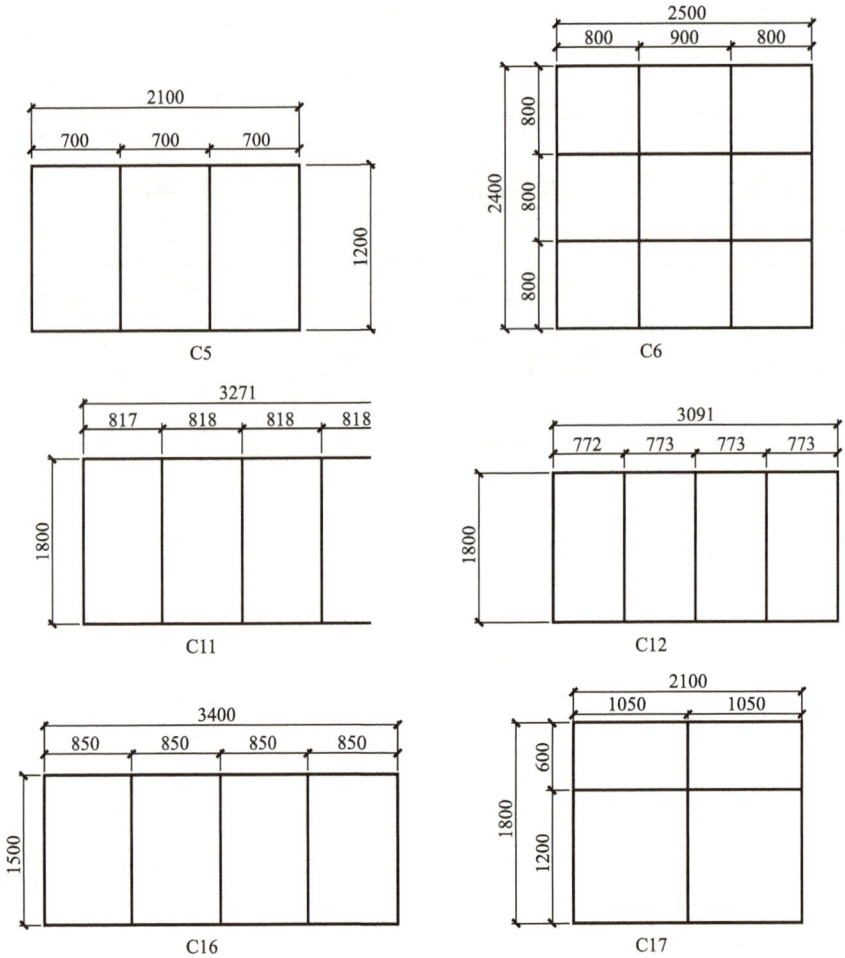

图 6-1

学校			成绩
专业		姓名	
班级		学号	

门窗的构造读图报告

1. 门的节点构造

根据图6-2铝合金门的立面图,参照门窗相关图集,并写出各构造节点名称。

1.(   )
2.(   )
3.(   )
4.(   )
5.(   )

图6-2　门立面图

2. 窗的节点构造

图6-3为铝合金窗的立面图,参照门窗相关图集,在图6-4的括号中填入构造节点名称。

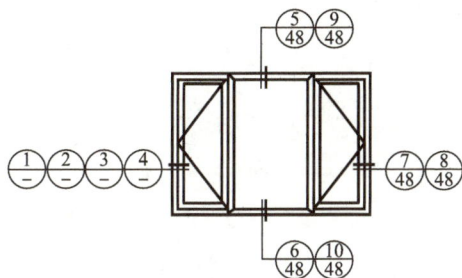

图6-3　窗立面图

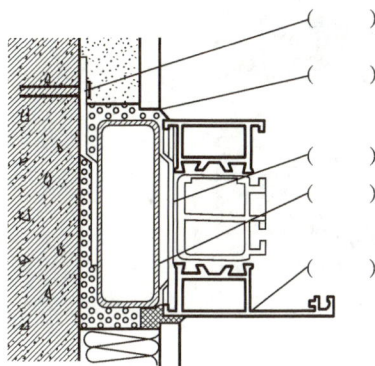

注:1. 连接件尺寸≥140mm×20mm×1.5mm。

2. 焊接板尺寸≥140mm×20mm×1.5mm。

3. 金属膨胀螺栓≥M6×65;
塑料锚栓套管外径7～10mm。

4. 射钉≥3.7mm×42mm。

5. 附框仅为示意。

图6-4　①附框安装

学校			成绩	
专业		姓名		
班级		学号		

建筑屋顶认知表

表 7-1

屋顶实景	屋顶类型	屋顶实景	屋顶类型

学校			成绩	
专业		姓名		
班级		学号		

建筑构造活页实训手册

屋顶排水平面图

学校			成绩	
专业		姓名		
班级		学号		

屋顶防水实例分析报告

一、屋顶防水分析

1.该建筑屋顶防水等级为_____,需要_____道防水设防。

2.该建筑屋顶防水采用的材料为_____,施工前用材料进行找平处理,找平层厚_____mm,分隔缝宽_____mm,间隔至少_____m。

3.卷材铺贴与屋脊_____(平行/垂直),卷材接缝长边搭接宽度至少为_____mm,短边搭接宽度至少为_____mm。

4.该建筑屋顶上人屋面保护层为_____,非上人屋面保护层为_____。

二、补图

将图7-1所示建筑上人防水屋面泛水构造大样图补全,注写图名,并进行文字标注。

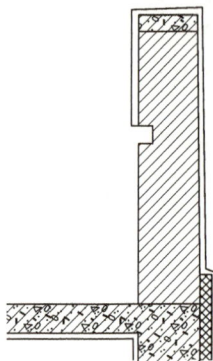

图　7-1

学校			成绩
专业		姓名	
班级		学号	

建筑构造活页实训手册

保温屋顶分析报告

一、屋顶保温分析

1. 该建筑屋顶保温材料为＿＿＿＿＿＿＿，属于＿＿＿＿类保温材料。

2. 该建筑屋顶保温构造属于＿＿＿＿保温类型，隔汽层采用材料为＿＿＿＿，隔离层采用的材料为＿＿＿＿＿＿。

二、补图

将该屋面构造改为倒置式保温做法(可根据需求选择其他构造材料)，将下方倒置式屋面构造大样图补全(图7-2)，注写图名，并进行文字标注。

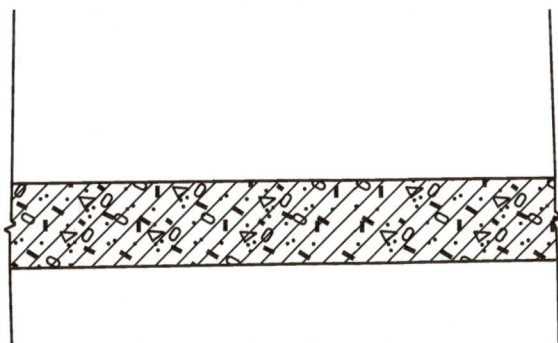

图 7-2

学校			成绩	
专业		姓名		
班级		学号		

坡屋顶读图报告

一、坡屋顶构造

该屋面构造层包括钢筋混凝土结构板、混凝土整浇层、防水垫层、挂瓦条、顺水条、聚苯乙烯泡沫塑料板、波形瓦、脊瓦。观察下方三维透视图(图7-3),将其构造层填写到相对应的位置。

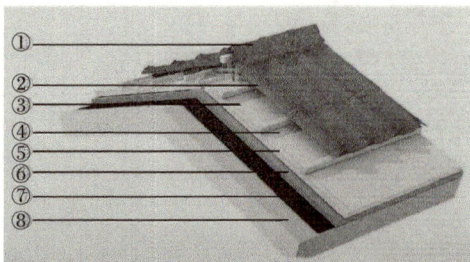

图7-3 三维透视图

①_____;②_____;③_____;④_____;
⑤_____;⑥_____;⑦_____;⑧_____

二、补图

选取合适的材料图例,补全下方该坡屋面构造剖面大样(图7-4),并进行文字标注构造做法。

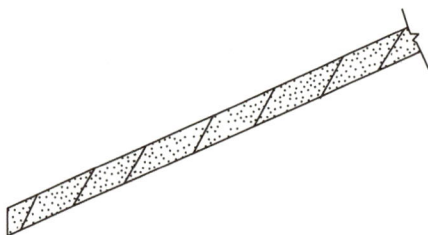

图7-4 坡屋面构造剖面大样

学校			成绩	
专业		姓名		
班级		学号		

学习情境1.1　任务评价反馈表

学生自评表

班级：		姓名：	学号：		
学习情境		初识建筑			
评价项目		评价对象标准		分值	得分
基本分类基本知识	按使用性质	能根据建筑的使用性质进行分类		10	
	按建筑高度	能根据建筑的高度进行分类		20	
	按耐久性分类	能根据建筑的不同情况进行耐久性分类		10	
建筑分级基本知识	设计等级	能理解建筑的设计等级概念		5	
	耐火等级	能理解耐火等级、燃烧性能和耐火极限的含义		5	
建筑耐火等级对构件的要求		能正确根据耐火等级和规范，找出梁、板、墙等构件的燃烧性能和耐火极限要求		20	
建筑设计常用规范		能对建筑行业常用规范有初步了解并能正确进行识读		10	
工作态度		态度端正、认真，无缺勤、迟到、早退现象		10	
工作质量		能够按计划完成工作任务		10	
合计				100	

教师评价表

班级：		姓名：	学号：		
学习情境		初识建筑			
评价项目		评价对象标准		分值	得分
基本分类基本知识	按使用性质	能根据建筑的使用性质进行分类		10	
	按建筑高度	能根据建筑的高度进行分类		20	
	按耐久性分类	能根据建筑的不同情况进行耐久性分类		10	
建筑分级基本知识	设计等级	能理解建筑的设计等级概念		5	
	耐火等级	能理解耐火等级、燃烧性能和耐火极限的含义		5	
建筑耐火等级对构件的要求		能正确根据耐火等级和规范，找出梁、板、墙等构件的燃烧性能和耐火极限要求		20	
建筑设计常用规范		能对建筑行业常用规范有初步了解并能正确进行识读		10	
工作态度		态度端正、认真，无缺勤、迟到、早退现象		10	
工作质量		能够按计划完成工作任务		10	
合计				100	

综合评价	自评(30%)	教师评价(70%)	综合得分

学习情境1.2 任务评价反馈表

学生自评表

班级：	姓名：	学号：		
学习情境	建筑构造概论			
评价项目	评价对象标准		分值	得分
建筑标准化基本知识	能理解建筑标准化的概念,建筑标准和标准图集的区别		10	
建筑模数制基本知识	能理解基本模数概念,模数分类和模数数列内容		25	
模数应用	能根据建筑尺寸和构件选择对应的模数		25	
尺寸概念基本知识	能理解三种尺寸概念和区别		20	
工作态度	态度端正、认真,无缺勤、迟到、早退现象		10	
工作质量	能够按计划完成工作		10	
合计			100	

教师评价表

班级：	姓名：	学号：		
学习情境	建筑构造概论			
评价项目	评价对象标准		分值	得分
建筑标准化基本知识	能理解建筑标准化的概念,建筑标准和标准图集的区别		10	
建筑模数制基本知识	能理解基本模数概念,模数分类和模数数列内容		25	
模数应用	能根据建筑尺寸和构件选择对应的模数		25	
尺寸概念基本知识	能理解三种尺寸概念和区别		20	
工作态度	态度端正、认真,无缺勤、迟到、早退现象		10	
工作质量	能够按计划完成工作		10	
合计			100	

综合评价	自评(30%)	教师评价(70%)	综合得分

建筑构造活页实训手册

学习情境2.1 任务评价反馈表

学生自评表

班级：		姓名：	学号：		
学习情境		地基及基础的相关概念			
评价项目		评价对象标准	分值	得分	
基础的埋置深度	基底标高	能正确找出基底标高，并扣除基底垫层厚度	15		
	室内外标高	能区分室内外标高，能正确识图	15		
	基础埋置深度计算	能根据基础埋置深度的概念正确计算基础埋置深度	20		
地基处理	地基处理的几种方案	能了解几种地基处理方案	20		
	选择地基处理方案，并作出结论	针对简单具体的项目，选择合适的地基处理方案	15		
职业素养部分	工作态度	态度端正、认真，无缺勤、迟到、早退现象	5		
	工作质量	能够按计划完成工作任务	10		
合计			100		

教师评价表

班级：		姓名：	学号：		
学习情境		地基及基础的相关概念			
评价项目		评价对象标准	分值	得分	
基础的埋置深度	基底标高	能正确找出基底标高，并扣除基底垫层厚度	15		
	室内外标高	能区分室内外标高，能正确识图	15		
	基础埋置深度计算	能根据基础埋置深度的概念正确计算基础埋置深度	20		
地基处理	地基处理的几种方案	能了解几种地基处理方案	20		
	选择地基处理方案，并作出结论	针对简单具体的项目，选择合适的地基处理方案	15		
职业素养部分	工作态度	态度端正、认真，无缺勤、迟到、早退现象	5		
	工作质量	能够按计划完成工作任务	10		
合计			100		

综合评价	自评(30%)	教师评价(70%)	综合得分

学习情境2.2　任务评价反馈表

学生自评表

学习情境		基础选型及基础构造识读		
评价项目		评价对象标准	分值	
阅图部分	刚性角的理解	能理解刚性角的概念及内涵	10	
	刚性基础的构造要点	能正确掌握砖基础的构造要点	10	
	能够理解规范对刚性基础的高宽比的限制原理	通过对砖基础的阅读,能够深层次地理解规范的相关条文规定	15	
基础选型部分	基础的特点和适应范围	能够通过对教学资源的学习,归纳出各类基础的特点和适应范围	15	
	基础的选型	能够根据给出的建筑概况,初步选择合适的基础类型	20	
职业素养部分	工作态度	态度端正、认真,无缺勤、迟到、早退现象	10	
	工作质量	能够按计划完成工作任务	10	
	职业素质	能做到保护环境,爱护公共设施	10	
合计			100	

教师评价表

学习情境		基础选型及基础构造识读		
评价项目		评价对象标准	分值	
阅图部分	刚性角的理解	能理解刚性角的概念及内涵	10	
	刚性基础的构造要点	能正确掌握砖基础的构造要点	10	
	能够理解规范对刚性基础的高宽比的限制原理	通过对砖基础的阅读,能够深层次地理解规范的相关条文规定	15	
基础选型部分	基础的特点和适应范围	能够通过对教学资源的学习,归纳出各类基础的特点和适应范围	15	
	基础的选型	能够根据给出的建筑概况,初步选择合适的基础类型	20	
职业素养部分	工作态度	态度端正、认真,无缺勤、迟到、早退现象	10	
	工作质量	能够按计划完成工作任务	10	
	职业素质	能做到保护环境,爱护公共设施	10	
合计			100	

综合评价	自评(30%)	教师评价(70%)	综合得分

学习情境2.3 任务评价反馈表

学生自评表

班级：		姓名：	学号：		
学习情境		地下室防潮防水			
评价项目		评价对象标准		分值	得分
工程概况	地下室分类	能知道地下室的分类		5	
	地下室的组成	能知道地下室的构造组成部分及作用		5	
	地下室常用防水构造	能掌握地下室防水等级及对应做法		15	
基本知识	地下室防潮与防水的适用范围	能掌握地下室防潮的常用构造做法，并且了解它们各自的特点和适用范围		15	
	地下室防水的构造做法	能掌握地下室防水的常用构造做法、适用范围		15	
	地下室防槽的构造做法	能掌握水平防潮层与垂直防潮层的构造做法		20	
细部构造	地下室转角处的防水构造	能掌握地下室转角处的防水构造做法		25	
合计				100	

教师评价表

班级：		姓名：	学号：		
学习情境		地下室防潮防水			
评价项目		评价对象标准		分值	得分
工程概况	地下室分类	能正确按照不同分类方式进行地下室的分类		5	
	地下室的组成	能正确指出地下室的各构造组成部分及作用		5	
	地下室常用防水构造	能正确阅读图纸了解地下室防水等级信息，借助规范知道主要部位常用防水构造措施		5	
基本知识	地下室防潮防水的区别	能掌握地下水位与地下室防潮防水的关系		5	
	地下室防潮的作用及位置	能掌握地下室防潮层的位置并正确绘制		10	
	地下室防潮的构造做法	能按照规范的要求正确绘制地下室水平防潮层与垂直防潮层的构造做法		15	
细部构造	地下室转角处的防水构造	能按照规范的要求正确绘制地下室转角处的防水构造大样		25	
	工作态度	态度端正、认真，无缺勤、迟到、早退现象		15	
	工作质量	能够按计划完成工作任务		15	
合计				100	

综合评价	自评(30%)	教师评价(70%)	综合得分

学习情境2.4 任务评价反馈表

学生自评表

班级：	姓名：	学号：		
学习情境	变形缝的类型与构造			
评价项目	评价对象标准	分值	得分	
变形缝的基础知识	正确掌握变形缝的类型和功能	10		
变形缝的构造特点	正确判断墙体变形缝截面形式	20		
	正确填写楼地面变形缝构造做法	25		
	正确填写屋顶变形缝构造做法	25		
工作态度	态度端正、认真，无缺勤、迟到、早退现象	10		
工作质量	能够按计划完成工作任务	10		
合计		100		

教师评价表

班级：	姓名：	学号：		
学习情境	变形缝的类型与构造			
评价项目	评价对象标准	分值	得分	
变形缝的基础知识	正确掌握变形缝的类型和功能	10		
变形缝的构造特点	正确判断墙体变形缝截面形式	20		
	正确填写楼地面变形缝构造做法	25		
	正确填写屋顶变形缝构造做法	25		
工作态度	态度端正、认真，无缺勤、迟到、早退现象	10		
工作质量	能够按计划完成工作任务	10		
合计		100		

综合评价	自评(30%)	教师评价(70%)	综合得分

建筑构造活页实训手册

38

学习情境3.1 任务评价反馈表

学生自评表

班级：		姓名：	学号：		
学习情境		初识墙体			
评价项目		评价对象标准		分值	得分
墙体分类	墙体的作用	能说出墙体的作用		5	
	墙体分类	能根据图片说出墙体的分类名称		5	
墙体组砌	墙体的材料	能说出墙体常用的组砌材料，能指出水泥砂浆、混合砂浆的适用范围及特点		20	
	墙体的组砌方式及墙体厚度	能指出图纸中墙体的组砌方式与墙体的厚度关系		20	
墙体的承重方案		能根据所学知识指出图纸中某一个部位墙体的承重方案，并指出这种承重方案的特点		20	
工作态度		态度端正、认真，无缺勤、迟到、早退现象		10	
工作质量		能够按计划完成工作任务		5	
协调能力		与小组成员、同学间能够友好合作交流、协调工作		5	
职业素质		能保持严谨细致的工作作风		5	
创新意识		举一反三，能够说出其他细部构造的要求		5	
合计				100	

教师评价表

班级：		姓名：	学号：		
学习情境		初识墙体			
评价项目		评价对象标准		分值	得分
墙体分类	墙体的作用	能说出墙体的作用		5	
	墙体分类	能根据图片说出墙体的分类名称		5	
墙体组砌	墙体的材料	能说出墙体常用的组砌材料，能指出水泥砂浆、混合砂浆的适用范围及特点		20	
	墙体的组砌方式及墙体厚度	能指出图纸中墙体的组砌方式与墙体的厚度关系		20	
墙体的承重方案		能根据所学知识指出图纸中某一个部位墙体的承重方案，并指出这种承重方案的特点		20	
工作态度		态度端正、认真，无缺勤、迟到、早退现象		10	
工作质量		能够按计划完成工作任务		5	
协调能力		与小组成员、同学间能够友好合作交流、协调工作		5	
职业素质		能保持严谨细致的工作作风		5	
创新意识		举一反三，能够说出其他细部构造的要求		5	
合计				100	

综合评价	自评（30%）	教师评价（70%）	综合得分

模块
3

墙
体

学习情境3.2 任务评价反馈表

学生自评表

班级：	姓名：	学号：		
学习情境		墙体的细部构造		
评价项目		评价对象标准	分值	得分
散水部位构造	散水构造	能正确绘制墙体散水的位置、尺寸及构造做法	20	
	墙身防潮层构造	能正确补绘墙身防潮层的位置并正确标注其构造做法	20	
	勒脚构造	能正确标注勒脚的位置及构造做法	10	
门窗过梁构造		能根据建筑平、立面图补绘出窗洞过梁的节点大样图,并标注其构造做法和尺寸	20	
工作态度		态度端正、认真,无缺勤、迟到、早退现象	10	
工作质量		能够按计划完成工作任务	5	
协调能力		与小组成员、同学间能够友好合作交流、协调工作	5	
职业素质		能保持严谨细致的工作作风	5	
创新意识		举一反三,能够说出其他细部构造的要求	5	
合计			100	

教师评价表

班级：	姓名：	学号：		
学习情境		墙体的细部构造		
评价项目		评价对象标准	分值	得分
散水部位构造	散水构造	正确绘制墙体散水的位置、尺寸及构造做法	20	
	墙身防潮层构造	能正确补绘墙身防潮层的位置并正确标注其构造做法	20	
	勒脚构造	能正确标注勒脚的位置及构造做法	20	
门窗过梁构造		能根据建筑平、立面图补绘出窗洞过梁的节点大样图,并标注其构造做法和尺寸	20	
工作质量		能够按计划完成工作任务	5	
协调能力		与小组成员、同学间能够友好合作交流、协调工作	5	
职业素质		能保持严谨细致的工作作风	5	
创新意识		举一反三,能够说出其他细部构造的要求	5	
总和			100	

综合评价	自评(30%)	教师评价(70%)	综合得分

建筑构造活页实训手册

学习情境3.3 任务评价反馈表

学生自评表

班级：		姓名：		学号：	
学习情境		墙身加固			
评价项目		评价对象标准		分值	得分
圈梁	圈梁作用	能知道圈梁的作用		5	
	圈梁的位置	能正确掌握圈梁的位置		5	
	圈梁的构造要求	能通过规范及图纸正确掌握圈梁的构造要求		15	
	附加圈梁	能掌握附加圈梁的位置及构造要求		15	
构造柱	构造柱的作用	能知道构造柱的作用		5	
	构造柱的砌筑顺序	能正确掌握构造柱的砌筑顺序及施工做法		5	
	构造柱的位置	能通过规范及图纸要求正确布置构造柱		20	
	构造柱的墙身拉结	能通过规范和图纸了解构造柱与墙体钢筋的拉结要求		15	
	构造柱的构造要求	能通过规范及图纸正确掌握构造柱的构造要求		15	
合计				100	

教师评价表

班级：		姓名：		学号：	
学习情境		墙身加固			
评价项目		评价对象标准		分值	得分
圈梁	圈梁的作用	能知道圈梁的作用		10	
	圈梁的位置	能正确掌握圈梁的位置		10	
	附加圈梁	能通过规范及图纸正确掌握圈梁的构造要求		10	
	勒脚构造	能掌握附加圈梁的位置及构造要求		10	
构造柱	构造柱的作用	能知道构造柱的作用		5	
	构造柱的砌筑顺序	能正确掌握构造柱的砌筑顺序及施工做法		5	
	构造柱的位置	能通过规范及图纸要求正确布置构造柱		20	
	构造柱的墙身拉结	能掌握构造柱与周边墙体钢筋的拉结要求		10	
	构造柱的构造要求	能通过规范及图纸正确掌握构造柱的构造要求		5	
工作态度		态度端正、认真，无缺勤、迟到、早退现象		10	
工作质量		能够按计划完成工作任务		5	
合计				100	

综合评价	自评(30%)	教师评价(70%)	综合得分

学习情境 3.4 任务评价反馈表

学生自评表

班级：		姓名：	学号：		
学习情境		墙面装修			
评价项目		评价对象标准		分值	得分
墙面装修的作用		能了解墙面装修的作用		5	
墙面装修的分类		能了解墙面装修的分类方法		5	
抹灰类墙面装修构造做法要点		能说出抹灰类墙面常用的构造做法及细部构造要点		20	
贴面类墙面装修构造做法要点		能说出贴面类墙面常用的构造做法及细部构造要点		20	
现场内外墙装修构造做法		能根据所学装修构造要求进行现场内外墙装修构造的验收并说出其构造要求		20	
工作态度		态度端正、认真，无缺勤、迟到、早退现象		10	
工作质量		能够按计划完成工作任务		5	
协调能力		与小组成员、同学间能够友好合作交流、协调工作		5	
职业素质		能保持严谨细致的工作作风		5	
创新意识		举一反三，能说出其他细部构造的要求		5	
合计				100	

教师评价表

班级：		姓名：	学号：		
学习情境		墙面装修			
评价项目		评价对象标准		分值	得分
墙面装修的作用		能了解墙面装修的作用		5	
墙面装修的分类		能了解墙面装修的分类方法		5	
抹灰类墙面装修构造做法要点		能说出抹灰类墙面常用的构造做法及细部构造要点		20	
贴面类墙面装修构造做法要点		能说出贴面类墙面常用的构造做法及细部构造要点		20	
现场内外墙装修构造做法		能根据所学装修构造要求进行现场内外墙装修构造的验收并说出其构造要求		20	
工作态度		态度端正、认真，无缺勤、迟到、早退现象		10	
工作质量		能够按计划完成工作任务		5	
协调能力		与小组成员、同学间能够友好合作交流、协调工作		5	
职业素质		能保持严谨细致的工作作风		5	
创新意识		举一反三，能说出其他细部构造的要求		5	
合计				100	

综合评价	自评(30%)	教师评价(70%)	综合得分

学习情境 3.5 任务评价反馈表

学生自评表

班级：	姓名：		学号：	
学习情境	墙体的保温和隔热			
评价项目	评价对象标准		分值	得分
墙体保温常用材料	能说出常用的墙体保温材料及其特点		15	
墙体保温的构造形式	能掌握墙体保温的构造形式及特点		20	
热桥部位保温措施	掌握热桥效应的概念，并指出一种热桥部位的局部保温措施		20	
墙体的隔热措施	能举例说明几种常用的瑞体隔热措施		20	
工作态度	态度端正、认真，无缺勤、迟到、早退现象		10	
协调能力	与小组成员、同学间能够友好合作交流、协调工作		5	
职业素质	能保持严谨细致的工作作风		5	
创新意识	举一反三，能说出其他细部构造的要求		5	
合计			100	

教师评价表

班级：	姓名：		学号：	
学习情境	墙体的保温和隔热			
评价项目	评价对象标准		分值	得分
墙体保温常用材料	能说出常用的墙体保温材料及其特点		15	
墙体保温的构造形式	能掌握墙体保温的构造形式及特点		20	
热桥部位保温措施	掌握热桥效应的概念，并指出一种热桥部位的局部保温措施		20	
墙体的隔热措施	能举例说明几种常用的瑞体隔热措施		20	
工作态度	态度端正、认真，无缺勤、迟到、早退现象		10	
协调能力	与小组成员、同学间能够友好合作交流、协调工作		5	
职业素质	能保持严谨细致的工作作风		5	
创新意识	举一反三，能说出其他细部构造的要求		5	
合计			100	

综合评价	自评（30%）	教师评价（70%）	综合得分

学习情境4.1 任务评价反馈表

学生自评表

班级：	姓名：	学号：		
学习情境	初识楼地层			
评价项目	评价对象标准		分值	得分
楼层、地层的概念	楼层与地层判断正确		10	
楼层各面层的名称	楼层各构造层名称填写正确		25	
地层各面层的名称	地层各构造层名称填写正确		25	
楼层构造图绘制	卫生间楼板层构造做法图绘制正确		30	
工作质量	能够按计划完成工作任务		10	
合计			100	

教师评价表

班级：	姓名：	学号：		
学习情境	初识楼地层			
评价项目	评价对象标准		分值	得分
楼层的概念	能理解什么是楼层		5	
地层的概念	能理解什么是地层		5	
楼层各面层的名称	能区分楼层各面层及其作用		20	
地层各面层的名称	能区分地层各面层及其作用		20	
楼层构造图绘制	能根据图纸说明完成构造图绘制		20	
工作态度	态度端正、认真，无缺勤、迟到、早退现象		10	
工作质量	能够按计划完成工作任务		10	
职业素质	能做到保护环境，爱护公共设施		10	
合计			100	

综合评价	自评(30%)	教师评价(70%)	综合得分

建筑构造活页实训手册

44

学习情境4.2　任务评价反馈表

学生自评表

班级：	姓名：		学号：	
学习情境	楼板的分类			
评价项目	评价对象标准		分值	得分
楼板层的类型	能正确填写楼板层类型的名称		15	
各类型楼板的特点	能正确填写各类型楼板的特点		15	
各类型楼板的适用范围	能正确填写各类型楼板的适用范围		20	
单向板及双向板的判断依据	能正确判断单向板及双向板		20	
工作态度	态度端正、认真，无缺勤、迟到、早退现象		10	
工作质量	能够按计划完成工作任务		10	
职业素质	能做到保护环境，爱护公共设施		10	
合计			100	

教师评价表

班级：	姓名：		学号：	
学习情境	楼板的分类			
评价项目	评价对象标准		分值	得分
楼板层的类型	能正确填写楼板层类型的名称		15	
各类型楼板的特点	能正确填写各类型楼板的特点		15	
各类型楼板的适用范围	能正确填写各类型楼板的适用范围		20	
单向板及双向板的判断依据	能正确判断单向板及双向板		20	
工作态度	态度端正、认真，无缺勤、迟到、早退现象		10	
工作质量	能够按计划完成工作任务		10	
职业素质	能做到保护环境，爱护公共设施		10	
合计			100	

综合评价	自评(30%)	教师评价(70%)	综合得分

模块 4 楼地层

学习情境4.3 任务评价反馈表

学生自评表

班级：	姓名：	学号：		
学习情境	楼地层的装饰			
评价项目	评价对象标准	分值	得分	
楼层面层装饰分类	楼层面层装饰做法填写正确	5		
不同类型楼层面层装饰适用范围	楼层面层装饰类型适用范围填写正确	5		
地层面层装饰分类	地层面层装饰做法填写正确	5		
不同类型地层面层装饰适用范围	地层面层装饰类型适用范围填写正确	10		
楼层顶棚层装饰分类	楼层顶棚层装饰做法填写正确	10		
不同类型楼层顶棚层装饰适用范围	楼层顶棚层装饰类型适用范围填写正确	15		
绘制楼层面层装饰做法图	楼层面层装饰做法图正确	25		
绘制楼层顶棚层装饰做法图	楼层顶棚层装饰做法图正确	25		
合计		100		

教师评价表

班级：	姓名：	学号：	
学习情境	楼地层的装饰		
评价项目	评价对象标准	分值	得分
楼层面层装饰分类及适用范围	能理解楼层面层装饰分类有哪些,分别适合什么情况	15	
地层面层装饰分类及适用范围	能理解地层面层装饰分类有哪些,分别适合什么情况	15	
顶棚层装饰分类及适用范围	能理解楼层顶棚层装饰分类有哪些,分别适合什么情况	10	
地层各面层的名称	能区分地层各面层及其作用	10	
楼层构造图绘制	能根据图纸说明完成构造图绘制	30	
工作态度	态度端正、认真,无缺勤、迟到、早退现象	10	
工作质量	能够按计划完成工作任务	10	
合计		100	

综合评价	自评(30%)	教师评价(70%)	综合得分

建筑构造活页实训手册

学习情境4.4 任务评价反馈表

学生自评表

班级：	姓名：	学号：		
学习情境	阳台和雨篷			
评价项目	评价对象标准		分值	得分
阳台的类型	正确填写阳台的类型		10	
不同类型阳台的特点	正确填写不同类型阳台的特点		15	
不同类型阳台的适用范围	正确填写不同类型阳台的适用范围		15	
雨篷的类型	正确填写雨篷的类型		10	
不同类型雨篷的特点	正确填写不同类型雨篷的特点		15	
不同类型雨篷的适用范围	正确填写不同类型雨篷的适用范围		15	
工作态度	态度端正、认真，无缺勤、迟到、早退现象		5	
工作质量	能够按计划完成工作任务		10	
职业素质	能做到保护环境，爱护公共设施		5	
合计			100	

模块4
楼地层

教师评价表

班级：	姓名：	学号：		
学习情境	阳台和雨篷			
评价项目	评价对象标准		分值	得分
阳台的类型	正确填写阳台的类型		10	
不同类型阳台的特点	正确填写不同类型阳台的特点		15	
不同类型阳台的适用范围	正确填写不同类型阳台的适用范围		15	
雨篷的类型	正确填写雨篷的类型		10	
不同类型雨篷的特点	正确填写不同类型雨篷的特点		15	
不同类型雨篷的适用范围	正确填写不同类型雨篷的适用范围		15	
工作态度	态度端正、认真，无缺勤、迟到、早退现象		5	
工作质量	能够按计划完成工作任务		10	
职业素质	能做到保护环境，爱护公共设施		5	
合计			100	

综合评价	自评(30%)	教师评价(70%)	综合得分

学习情境 5.1 任务评价反馈表

学生自评表

班级：	姓名：	学号：		
学习情境		楼梯形式及楼梯间的分类		
评价项目		评价对象标准	分值	得分
一、楼梯的类型	楼梯的几种类型	能认识平行双跑楼梯、剪刀楼梯、螺旋楼梯等楼梯的平面、剖面示意图，并将名称正确填入	25	
	楼梯的感性认知	能够认知并判断身边熟悉的楼梯类型，拍摄相对应的图片，与教材的楼梯示意图相对应	20	
二、楼梯的选型部分	楼梯的适应范围	能够根据建筑概况，进行初步分析，选择合适恰当的楼梯类型	30	
三、职业素养部分	工作态度	态度端正、认真，无缺勤、迟到、早退现象	5	
	工作质量	能够按计划完成工作任务	10	
	协调能力	与小组成员、同学间能够友好合作交流、协调工作	5	
	职业素养	能做到保护环境，爱护公共设施	5	
合计			100	

教师评价表

班级：	姓名：	学号：		
学习情境		楼梯形式及楼梯间的分类		
评价项目		评价对象标准	分值	得分
一、楼梯的类型	楼梯的几种类型	能认识平行双跑楼梯、剪刀楼梯、螺旋楼梯等楼梯的平面、剖面示意图，并将名称正确填入	25	
	楼梯的感性认知	能够认知并判断身边熟悉的楼梯类型，拍摄相对应的图片，与教材的楼梯示意图相对应	20	
二、楼梯的选型部分	楼梯的适应范围	能够根据建筑概况，进行初步分析，选择合适恰当的楼梯类型	30	
三、职业素养部分	工作态度	态度端正、认真，无缺勤、迟到、早退现象	5	
	工作质量	能够按计划完成工作任务	10	
	协调能力	与小组成员、同学间能够友好合作交流、协调工作	5	
	职业素养	能做到保护环境，爱护公共设施	5	
合计			100	

综合评价	自评（30%）	教师评价（70%）	综合得分

学习情境5.2 任务评价反馈表

学生自评表

班级:	姓名:		学号:	
学习情境	楼梯详图的识图与测绘			
评价项目	评价对象标准		分值	得分
测绘部分	正确测绘楼梯的开间、进深、踏步、梯井、平台宽度等尺寸		15	
	正确填写尺寸表		15	
绘图部分	能够根据测绘的数据绘制楼梯的底层、标准层平面图		20	
	能够根据测绘的数据绘制楼梯的剖面图		20	
	绘制图形符合《房屋建筑制图统一标准》(GB/T 50001—2017)		10	
工作态度	态度端正、认真,无缺勤、迟到、早退现象		5	
工作质量	能够按计划完成工作任务		5	
协调能力	与小组成员、同学间能够友好合作交流、协调工作		5	
职业素质	能做到保护环境,爱护公共设施		5	
合计			100	

教师评价表

班级:	姓名:		学号:	
学习情境	楼梯详图的识图与测绘			
评价项目	评价对象标准		分值	得分
测绘部分	正确测绘楼梯的开间、进深、踏步、梯井、平台宽度等尺寸		15	
	正确填写尺寸表		15	
绘图部分	能够根据测绘的数据绘制楼梯的底层、标准层平面图		20	
	能够根据测绘的数据绘制楼梯的剖面图		20	
	绘制图形符合《房屋建筑制图统一标准》(GB/T 50001—2017)		10	
工作态度	态度端正、认真,无缺勤、迟到、早退现象		5	
工作质量	能够按计划完成工作任务		5	
协调能力	与小组成员、同学间能够友好合作交流、协调工作		5	
职业素质	能做到保护环境,爱护公共设施		5	
合计			100	

综合评价	自评(30%)	教师评价(70%)	综合得分

学习情境 5.3   任务评价反馈表

学生自评表

班级：		姓名：	学号：		
学习情境		楼梯的尺寸设计要求及案例			
评价项目		评价对象标准		分值	得分
楼梯基本知识		能正确理解楼梯的类型、构造组成、构造特点，掌握楼梯间的分类，正确选择楼梯类型		5	
楼梯各个部分尺寸要求		能正确掌握梯段坡度、踏步、梯段宽、梯段水平投影长度、平台宽度、梯井和扶手的尺寸要求，具有建筑规范意识		5	
楼梯各个部分尺寸计算		能根据规范正确计算楼梯各个部分尺寸，进行楼梯尺寸设计；能根据规范正确校核楼梯平台和楼梯净高是否满足规范要求，并对不满足规范之处进行修改		40	
楼梯施工图绘制		能根据计算出的楼梯尺寸，绘制楼梯各层平面图和剖面图		20	
工作质量		能够按计划完成工作任务		15	
协调能力		与小组成员、同学间能够友好合作交流、协调工作		5	
职业素质		能做到保护环境，爱护公共设施		5	
创新意识		楼梯形式有创新点		5	
合计				100	

教师评价表

班级：		姓名：	学号：		
学习情境		楼梯的尺寸设计要求及案例			
评价项目		评价对象标准		分值	得分
楼梯基本知识		能正确理解楼梯的类型、构造组成、构造特点，掌握楼梯间的分类，正确选择楼梯类型		5	
楼梯各个部分尺寸要求		能正确掌握梯段坡度、踏步、梯段宽、梯段水平投影长度、平台宽度、梯井和扶手的尺寸要求，具有建筑规范意识		5	
楼梯各个部分尺寸计算		能根据规范正确计算楼梯各个部分尺寸，进行楼梯尺寸设计；能根据规范正确校核楼梯平台和楼梯净高是否满足规范要求，并对不满足规范之处进行修改		40	
楼梯施工图绘制		能根据计算出的楼梯尺寸，绘制楼梯各层平面图和剖面图		20	
工作质量		能够按计划完成工作任务		15	
协调能力		与小组成员、同学间能够友好合作交流、协调工作		5	
职业素质		能做到保护环境，爱护公共设施		5	
创新意识		楼梯形式有创新点		5	
合计				100	

综合评价	自评(30%)	教师评价(70%)	综合得分

建筑构造活页实训手册

学习情境 5.4 任务评价反馈表

学生自评表

班级：		姓名：	学号：		
学习情境		钢筋混凝土楼梯的细部构造			
评价项目		评价对象标准		分值	得分
一、识图绘图部分	图集的使用	能正确迅速地查找图集		10	
	楼梯栏杆的尺寸	能标注出楼梯栏杆、防滑条的关键尺寸，并与平面图相一致		10	
	栏杆连接的构造层次	完整，无纰漏		15	
	防滑条的构造形式	完整，无纰漏		15	
二、构造原理	栏杆链接的形式	能够叙述栏杆连接的三种形式，并能回答其原理		15	
	防滑条的构造做法	能够叙述防滑条细部构造层次的做法，并能回答其原理		15	
三、职业素养部分	工作态度	态度端正、认真，无缺勤、迟到、早退现象		10	
	工作质量	能够按计划完成工作任务		5	
	职业素养	做到保护环境爱护公共设施		5	
合计				100	

模块 5

楼梯

教师评价表

班级：		姓名：	学号：		
学习情境		钢筋混凝土楼梯的细部构造			
评价项目		评价对象标准		分值	得分
一、识图绘图部分	图集的使用	能正确迅速地查找图集		10	
	楼梯栏杆的尺寸	能标注出楼梯栏杆、防滑条的关键尺寸，并与平面图相一致，符合规范要求		10	
	栏杆连接的构造层次	绘制图形，符合建筑制图规范		15	
	防滑条的构造形式	绘制图形，符合建筑制图规范		15	
二、构造原理	栏杆链接的形式	能够理解栏杆连接的三种形式，完成图纸绘制		15	
	防滑条的构造做法	能够理解防滑条细部构造层次的做法，完成图纸绘制		15	
三、职业素养部分	工作态度	态度端正、认真，无缺勤、迟到、早退现象		10	
	工作质量	能够按计划完成工作任务		10	
合计				100	

综合评价	自评(30%)	教师评价(70%)	综合得分

学习情境 5.5　任务评价反馈表

学生自评表

班级：		姓名：		学号：	
学习情境		建筑其他垂直交通——台阶、坡道、电梯			
评价项目		评价对象标准		分值	得分
一、识图绘图部分	图集的使用	能正确地查找图集		15	
	台阶的尺寸标注	能标注出台阶的关键尺寸，完成读图报告相关内容		30	
	台阶的构造层次	能够补完整构造图并理解，完成读图报告相关内容		35	
二、职业素养部分	工作态度	态度端正、认真，无缺勤、迟到、早退现象		10	
	工作质量	能够按计划完成工作任务		10	
合计				100	

教师评价表

班级：		姓名：		学号：	
学习情境		建筑其他垂直交通——台阶、坡道、电梯			
评价项目		评价对象标准		分值	得分
一、识图绘图部分	图集的使用	能正确迅速地查找图集		15	
	台阶的尺寸标注	能标注出台阶的关键尺寸，如坡度、平台宽度、踏步宽、高等，并与平面图相一致，符合规范		30	
	台阶的构造层次	绘制图形符合建筑制图规范		35	
二、职业素养部分	工作态度	态度端正、认真，无缺勤、迟到、早退现象		10	
	工作质量	能够按计划完成工作任务		10	
合计				100	

综合评价	自评（30%）	教师评价（70%）	综合得分

建筑构造活页实训手册

学习情境6.1 任务评价反馈表

学生自评表

班级：		姓名：	学号：		
学习情境		门窗的类型和尺寸			
评价项目		评价对象标准		分值	得分
识读门窗	门窗的类型	能准确识别图纸中门窗的类型		15	
	门窗的数量	能准确统计门窗的数量		15	
	门窗的大小	能正确识读门窗大小		15	
门窗的图例		能根据门窗的开启形式绘制立面图例		30	
工作态度		态度端正、认真，无缺勤、迟到、早退现象		10	
工作质量		能够按计划完成工作任务		5	
职业素质		能够做到保护环境，爱护公共设施		10	
合计				100	

教师评价表

班级：		姓名：	学号：		
学习情境		门窗的类型和尺寸			
评价项目		评价对象标准		分值	得分
识读门窗	门窗的类型	能准确识别图纸中门窗的类型		15	
	门窗的数量	能准确统计门窗的数量		15	
	门窗的大小	能正确识读门窗大小		15	
门窗的图例		能根据门窗的开启形式绘制立面图例		30	
工作态度		态度端正、认真，无缺勤、迟到、早退现象		10	
工作质量		能够按计划完成工作任务		5	
职业素质		能够做到保护环境，爱护公共设施		10	
合计				100	

综合评价	自评(30%)	教师评价(70%)	综合得分

模块 6

门和窗

53

学习情境6.2　任务评价反馈表

学生自评表

班级：	姓名：	学号：		
学习情境	门窗的构造和安装			
评价项目	评价对象标准		分值	得分
图集的识读	正确找到门窗图集相对应的内容		10	
门的节点构造识读	能正确地填写门的节点安装构造中的构件名称		35	
窗的节点构造识读	能正确填写窗的节点安装构造中的构件名称		35	
工作态度	态度端正、认真，无缺勤、迟到、早退现象		10	
工作质量	能够按计划完成工作任务		5	
职业素质	能做到保护环境，爱护公共设施		5	
合计			100	

教师评价表

班级：	姓名：	学号：		
学习情境	门窗的构造和安装			
评价项目	评价对象标准		分值	得分
图集的识读	正确找到门窗图集相对应的内容		10	
门的节点构造识读	能正确地填写门的节点安装构造中的构件名称		35	
窗的节点构造识读	能正确填写窗的节点安装构造中的构件名称		35	
工作态度	态度端正、认真，无缺勤、迟到、早退现象		10	
工作质量	能够按计划完成工作任务		5	
职业素质	能做到保护环境，爱护公共设施		5	
合计			100	

综合评价	自评(30%)	教师评价(70%)	综合得分

学习情境7.1 任务评价反馈表

学生自评表

班级：	姓名：	学号：		
学习情境	屋顶的类型和功能			
评价项目	评价对象标准	分值	得分	
屋顶基本类型特点	能区分平屋顶和坡屋顶	15		
屋顶其他类型基本知识	能掌握其他类型屋顶的常见种类	30		
中国古代建筑屋顶基本知识	能理解中国古代建筑屋顶常见类型和特点	30		
工作态度	态度端正、认真,无缺勤、迟到、早退现象	10		
工作质量	能够按计划完成工作任务	10		
职业素质	能做到保护环境,爱护公共设施	5		
合计		100		

教师评价表

班级：	姓名：	学号：		
学习情境	屋顶的类型和功能			
评价项目	评价对象标准	分值	得分	
屋顶基本类型特点	能区分平屋顶和坡屋顶	15		
屋顶其他类型基本知识	能掌握其他类型屋顶的常见种类	30		
中国古代建筑屋顶基本知识	能理解中国古代建筑屋顶常见类型和特点	30		
工作态度	态度端正、认真,无缺勤、迟到、早退现象	10		
工作质量	能够按计划完成工作任务	10		
职业素质	能做到保护环境,爱护公共设施	5		
合计		100		

综合评价	自评(30%)	教师评价(70%)	综合得分

学习情境7.2 任务评价反馈表

学生自评表

班级:		姓名:	学号:		
学习情境		平屋面排水方式与方案设计			
评价项目		评价对象标准		分值	得分
屋顶排水规范应用		能了解屋顶排水需查阅哪些规范		15	
屋顶排水基本知识		能理解排水的类型和适用范围		20	
排水坡度基本知识		能掌握排水坡度的表示方法和形成方法		15	
屋顶排水设施		能根据实际项目情况选择正确的屋顶排水方式和设施		15	
屋顶排水方案设计		能根据规范正确设计并绘制简单的屋顶排水方案		15	
工作态度		态度端正、认真,无缺勤、迟到、早退现象		5	
工作质量		能够按计划完成工作任务		5	
协调能力		与小组成员、同学间能够友好合作交流、协调工作		5	
职业素质		能做到保护环境,爱护公共设施		5	
合计				100	

教师评价表   表7-6

班级:		姓名:	学号:		
学习情境		平屋面排水方式与方案设计			
评价项目		评价对象标准		分值	得分
对屋顶排水规范的掌握		能正确运用规范进行屋面排水设计,不与规范相冲突		15	
对屋顶排水基本知识的掌握		根据项目情况选择正确的屋面排水方式、划分排水分区		20	
排水坡度的基本知识		排水坡度符合要求,表示方式符合制图规范		15	
屋顶排水设施的选择		雨水管、檐沟等设置符合要求,绘制符合规范		15	
屋顶排水方案设计和绘制		排水方案内容齐备,标注齐全,文字整齐		15	
工作态度		态度端正、认真,无缺勤、迟到、早退现象		5	
工作质量		能够按计划完成工作任务,图面整洁,线条清晰		5	
协调能力		与小组成员、同学间能够友好合作交流、协调工作		5	
职业素质		能做到保护环境,爱护公共设施		5	
合计				100	

综合评价	自评(30%)	教师评价(70%)	综合得分

建筑构造活页实训手册

学习情境7.3   任务评价反馈表

学生自评表

班级:	姓名:	学号:		
学习情境	平屋面防水构造原理与做法			
评价项目	评价对象标准		分值	得分
屋顶防水基本知识	能理解防水的类型、特点,掌握屋顶防水的分级		10	
卷材对基层的要求和做法	能掌握卷材铺贴前对基层的平整度、干净度要求,以及基层处理剂的用途,了解找平层材料及施工做法		25	
卷材防水铺贴要求	能正确掌握不同类型卷材铺贴形式和配套使用的胶粘剂类型;卷材铺贴方向、顺序以及特殊结构的铺贴		5	
卷材防水搭接要求	能正确掌握卷材搭接宽度选择以及缝隙处理方法		10	
保护层做法	能掌握不同情况下保护层的选用范围和做法		10	
卷材防水细部	能掌握常见卷材防水细部构造做法并进行绘制		40	
合计			100	

教师评价表

班级:		姓名:	学号:		
	学习情境	平屋面防水构造原理与做法			
	评价项目	评价对象标准		分值	得分
知识评价	屋顶防水基本知识	能理解掌握屋顶防水的分级、防水材料基本知识并正确读图		10	
	卷材对基层的要求和做法	能掌握卷材铺贴前对基层的要求以及基层处理剂的用途,了解找平层材料及施工做法		25	
	卷材防水铺贴要求	能正确掌握不同类型卷材铺贴形式,卷材铺贴方向、顺序以及特殊结构的铺贴		5	
	卷材防水搭接要求	能正确掌握卷材搭接宽度选择以及缝隙处理方法		10	
	保护层做法	能正确识读保护层做法		10	
	卷材方式细部绘制	材料图例正确,做法满足要求,标注符合规范		30	
	工作态度	态度端正、认真,无缺勤、迟到、早退现象		5	
	工作质量	能够按计划完成工作任务		5	
合计				100	

综合评价	自评(30%)	教师评价(70%)	综合得分

学习情境7.4　任务评价反馈表

学生自评表

班级：		姓名：		学号	
学习情境		平屋顶的保温隔热			
评价项目		评价对象标准		分值	得分
屋顶保温材料基本知识		能理解保温材料的类型、常见材料特点		15	
屋顶保温构造基本知识		能理解保温屋面类型、掌握保温构造特点		15	
保温屋面的保护要求		能正确掌握隔汽层、隔离层的功能、设置条件		25	
保温构造设计		能根据需求制定并绘制替代屋顶保温方案		25	
工作质量		能够按计划完成工作任务		10	
工作态度		态度端正、认真，无缺勤、迟到、早退现象		10	
合计				100	

教师评价表

班级：		姓名：		学号：	
学习情境		平屋顶的保温隔热			
评价项目		评价对象标准		分值	得分
屋顶保温材料基本知识		能判断保温材料的类型、常见材料特点		20	
屋顶保温构造基本知识		能区分保温屋面类型		20	
保温屋面的保护要求得掌握		能正确识读隔汽层、隔离层		20	
替代方案的合理性		替代保温方案合理，大样图绘制符合规范，标注齐全		10	
创新能力		替代方案新颖，采用新型节能环保材料		10	
工作态度		态度端正、认真，无缺勤、迟到、早退现象		10	
工作质量		能够按计划完成工作任务		10	
合计				100	

综合评价	自评(30%)	教师评价(70%)	综合得分

学习情境7.5　任务评价反馈表

学生自评表

班级：	姓名：	学号：		
学习情境	坡屋顶的构造做法			
评价项目	评价对象标准		分值	得分
坡屋顶基本知识	能理解坡屋顶的结构类型、常见坡屋顶材料特点		10	
坡屋顶的防水构造	能掌握不同防水等级对坡屋顶防水做法的要求、防水材料及施工做法		20	
坡屋顶的保温构造	能正确掌握不同类型保温构造做法		20	
坡屋顶的隔热构造	能正确选择坡屋顶隔热的处理方法		15	
坡屋顶的细部构造	能根据构造做法绘制坡屋面构造大样图		20	
工作态度	态度端正、认真,无缺勤、迟到、早退现象		10	
工作质量	能够按计划完成工作任务		5	
合计			100	

教师评价表

班级：	姓名：	学号：		
学习情境	坡屋顶的构造做法			
评价项目	评价对象标准		分值	得分
坡屋顶基本知识	能理解坡屋顶的结构类型、常见坡屋顶材料特点		10	
坡屋顶的防水构造	能掌握不同防水等级对坡屋顶防水做法的要求、防水材料及施工做法		20	
坡屋顶的保温构造	能正确掌握不同类型保温构造做法		20	
坡屋顶的隔热构造	能正确选择坡屋顶隔热的处理方法		15	
坡屋顶的细部构造	能根据构造做法绘制坡屋面构造大样图		20	
工作态度	态度端正、认真,无缺勤、迟到、早退现象		10	
工作质量	能够按计划完成工作任务		5	
合计			100	

综合评价	自评(30%)	教师评价(70%)	综合得分

模块 7
屋顶